全国高等职业院校医学美容技术专业规划教材

美容营养学

（供医学美容技术及相关专业用）

主　编　赵　琼　李叶青

副主编　邓福忠　郭晓敏

编　者　（以姓氏笔画为序）

王福娟（广东江门中医药职业学院）

邓福忠（重庆医药高等专科学校）

付红艺（重庆医科大学附属第一医院）

刘子琦（重庆三峡医药高等专科学校）

刘治会（重庆医药高等专科学校附属第一医院）

李叶青（广东江门中医药职业学院）

赵　琼（重庆医药高等专科学校）

郭艳东（保山中医药高等专科学校）

郭晓敏（楚雄医药高等专科学校）

龚　琬（四川中医药高等专科学校）

覃　麟（遵义医药高等专科学校）

温媛媛（山东中医药高等专科学校）

编写秘书　罗桂林（重庆医药高等专科学校）

中国健康传媒集团

中国医药科技出版社

内 容 提 要

　　本教材为"全国高等职业院校医学美容技术专业规划教材"之一，系根据本课程教学大纲的基本要求和课程特点编写而成，内容上涵盖了美容与营养的基础理论知识、营养素的生理功能及美容作用、皮肤生理与营养关系、食物对美容的影响、针对不同肤质的营养调配以及美容药膳、皮肤的衰老与营养、美容手术与营养、美容健康教育等。本教材为书网融合教材，即纸质教材有机融合数字教材，教学配套资源（PPT、微课、视频、图片等）、题库系统、数字化教学服务（在线教学、在线作业、在线考试），使教学资源更加多样化、立体化。

　　本教材主要供高等职业院校医学美容技术专业师生教学使用，还可供营养师及营养技师、美容师和美容顾问、医务工作者和美容工作者、美容产品研发人员、美妆博主以及对健康与美容有兴趣者参考使用。

图书在版编目（CIP）数据

美容营养学 / 赵琼，李叶青主编. -- 北京：中国
医药科技出版社，2025.4
全国高等职业院校医学美容技术专业规划教材
ISBN 978-7-5214-4615-9

Ⅰ. ①美… Ⅱ. ①赵… ②李… Ⅲ. ①美容-饮食营
养学-高等职业教育-教材 Ⅳ. ①TS974.1②R151.1

中国国家版本馆 CIP 数据核字（2024）第 099200 号

美术编辑　陈君杞
版式设计　友全图文

出版　**中国健康传媒集团** | 中国医药科技出版社
地址　北京市海淀区文慧园北路甲 22 号
邮编　100082
电话　发行：010 - 62227427　邮购：010 - 62236938
网址　www. cmstp. com
规格　889mm × 1194mm $\frac{1}{16}$
印张　17 $\frac{1}{4}$
字数　558 千字
版次　2025 年 4 月第 1 版
印次　2025 年 4 月第 1 次印刷
印刷　北京盛通印刷股份有限公司
经销　全国各地新华书店
书号　ISBN 978-7-5214-4615-9
定价　**65.00 元**

获取新书信息、投稿、
为图书纠错，请扫码
联系我们。

数字化教材编委会

主　编　赵　琼　李叶青

副主编　邓福忠　郭晓敏

编　者　（以姓氏笔画为序）

王福娟（广东江门中医药职业学院）

邓福忠（重庆医药高等专科学校）

付红艺（重庆医科大学附属第一医院）

刘子琦（重庆三峡医药高等专科学校）

刘治会（重庆医药高等专科学校附属第一医院）

李叶青（广东江门中医药职业学院）

赵　琼（重庆医药高等专科学校）

郭艳东（保山中医药高等专科学校）

郭晓敏（楚雄医药高等专科学校）

龚　琬（四川中医药高等专科学校）

覃　麟（遵义医药高等专科学校）

温媛媛（山东中医药高等专科学校）

出版说明

为深入学习贯彻党的二十大精神，落实《国务院关于印发国家职业教育改革实施方案的通知》《关于深化现代职业教育体系建设改革的意见》《职业教育提质培优行动计划（2020—2023年）》《关于推动现代职业教育高质量发展的意见》等有关文件精神，适应学科发展和高等职业教育教学改革等新要求，对标国家健康战略、对接医药市场需求、服务健康产业转型升级，建设高质量教材，支持高质量现代职业教育体系发展的需要，使教材更好地服务于院校教学，中国健康传媒集团中国医药科技出版社在教育部、国家药品监督管理局的领导下，组织和规划了"全国高等职业院校医学美容技术专业规划教材"的修订和编写工作。本套教材具有以下特点。

1. 强化课程思政，辅助三全育人

教材编写将价值塑造、知识传授和能力培养三者融为一体，坚决把立德树人贯穿、落实到教材建设全过程的各方面、各环节，深度挖掘提炼专业知识体系中所蕴含的思想价值和精神内涵，科学合理拓展课程的广度、深度和温度，多角度增加课程的知识性、人文性，提升引领性、时代性和开放性，辅助实现"三全育人"（全员育人、全程育人、全方位育人），培养新时代创新人才。

2. 推进产教融合，体现职教精神

教材编写坚持现代职教改革方向，体现高职教育特点，以人才培养目标为依据，以岗位需求为导向，围绕"教随产出、产教同行"，教材融入行业人员参与编写。教材正文适当插入典型临床案例，使学生边读边想、边读边悟、边读边练，做到理论与相关岗位相结合，形成以案例为引导的职业教育教学模式新突破，提升人才培养针对性和适应性。

3. 体现行业发展，突出必需够用

教材编写坚持"已就业为导向，已全面素质为基础，以能力为本位"的现代职业教育教学改革方向。构建教材内容应紧密结合当前实际要求，吸收新技术、新方法、新材料，体现教材的先进性，教材编写落实"必需、够用"原则，教材编写以满足岗位需求、教学需求和社会需求的高素质人才，体现高职教学特点。同时做到与技能竞赛考核、职业技能等级证书考核的有机结合。

4. 建新型态教材，适应转型需求

适应职业教育数字化转型趋势和变革要求，依托"医药大学堂"在线学习平台，搭建与教材配套的数字化资源（数字教材、教学课件、图片、视频、动画及练习题等），丰富多样化、立体化教学资源，并提升教学手段，促进师生互动，满足教学管理需要，为提高教育教学水平和质量提供支撑。

本套教材的出版得到了全国知名专家的精心指导和各有关院校领导与编者的大力支持，在此一并表示衷心感谢。希望广大师生在教学过程中积极使用本套教材并提出宝贵意见，以便修订完善，共同打造精品教材。

前言 PREFACE

在现代社会，美容与健康已成为人们日常生活不可或缺的重要组成部分。特别是在追求外在美与内在健康并重的背景下，"美容营养学"应运而生，逐渐成为一个重要的交叉学科。健康是美丽的基石，而合理的营养则是健康的核心基础，美容营养学将营养学与美容医学相结合，系统探讨营养素、饮食与皮肤、头发、指甲等美容效果及美容相关疾病之间的关系，引导爱美人士科学美容、健康美容，以达到预防疾病、健康长寿和塑造美丽人生的目的。在这个快速发展的领域，理解营养对美容的重要性，掌握美容营养学的核心知识，对于从事美容行业的专业人员来说，尤为重要。

本教材是根据本套教材的编写指导思想和原则要求，秉承科学性、系统性和实用性的原则，结合专业培养目标和本课程的教学目标、内容与任务要求编写而成。本教材专业针对性强，编写紧密结合岗位知识和职业能力需求，理论与实践密切联系，对接健康管理师、公共营养师等考试要求。本教材紧盯社会发展的脉搏，有正确的营养观、贯彻《健康中国行动（2019—2030年）》《国民营养计划（2017—2030年）》等国家相关政策，注重结合最新的研究成果与实践经验，确保所提供的信息既具有科学依据，又能满足实际应用的需求。在保证科学的基础上，突出了语言的通俗性和内容的实用性；确保每一章的内容不仅严谨、准确，同时也易于理解和操作。本教材重视实训内容的编写，通过案例一步步引导学生操作，实用性强。还特别考虑了学生的学习体验，采用了图表、案例分析等多种形式，力求使复杂的知识变得生动有趣，激发学生的学习兴趣。美容营养学不仅关乎个人的健康与美丽，更是社会文化与价值观的重要体现。在这一课程中，我们合理嵌入思政元素，将正确的美容文化观、科学营养观、科学饮食行为等理念融入课程中，适当增强学生将所学知识服务于社会的责任心，强化爱国情怀与自我奉献的精神。

本教材由赵琼、李叶青担任主编，具体编写分工如下：项目一由赵琼编写，项目二由郭艳东和王福娟编写，项目三由覃麟编写，项目四由赵琼、龚琬和李叶青编写，项目五由刘治会编写，项目六、项目七由刘子琦编写，项目八由温媛媛、郭晓敏编写，项目九由付红艺编写，项目十、项目十一由邓福忠编写，项目十二、项目十三由温媛媛编写。另外还有13个实训项目，分别由相关编写理论内容的老师编写。本教材每一项目都增设了案例、课后目标检测题等内容，以帮助读者巩固所学知识，提升实际应用能力。

教材编写过程中得到了各编者所在院校的大力支持，谨致谢意！但由于编者水平与能力有限，书中难免有疏漏之处，期待各院校师生和读者的反馈与建议，以便我们不断修订完善。

编　者
2025 年 1 月

CONTENTS 目录

模块一　美容营养学基础

模块二　临床美容与营养

模块三　药膳与美容

模块四　美容营养教育

项目一　绪　论

PPT

学习目标

知识目标：通过本项目的学习，掌握营养、营养素、植物化学物、膳食营养素参考摄入量的概念，营养素的种类；熟悉膳食营养素参考摄入量各个指标的用途；了解美容营养学的发展和美容营养学的研究范畴。

能力目标：具备运用膳食营养素参考摄入量各个指标的用途进行科学消费和膳食补充剂指导的能力。

素质目标：通过本项目的学习，帮助学生树立"健康美"才是"最明智的美"的价值观。

任务一　美容营养学相关概念

情境导入

情境：王某，女，66 岁，患骨质疏松 15 年，躯体变形，医生对其进行膳食调查并作出评价，其每天膳食中钙的平均摄入量为 380mg，根据《中国居民膳食营养素参考摄入量（2023 版）》的建议，王某每天钙的推荐摄入量为 800mg，可耐受最高摄入量为 2000mg，判定其膳食钙摄入不足。于是医生为其开了钙片补钙，每片含钙量为 300mg。

思考：1. 王某每天可吃几片钙片？

2. 王某每天的补钙量不能超过几片？

一、营养学与美容营养学

（一）营养学

营养是指机体从外界摄取食物，经过体内的消化、吸收和（或）代谢后，或参与构建组织器官，或满足生理功能和体力活动需要的必要的生物学过程。

营养学是指研究机体营养规律以及改善措施的科学，即研究食物中对人体有益的成分及人体摄取和利用这些成分以维持、促进健康的规律和机制，在此基础上采取具体的、宏观的、社会性措施改善人类健康、提高生命质量。因此，它主要涉及食物营养、人体营养和公共营养三大领域。还可将其分为基础营养、食物营养、公共营养、特殊人群营养和临床营养这五大领域。

（二）美容营养学

美容营养学是建立在基础医学、临床医学、预防医学和康复医学的基础上，从医学美容角度来研究食物、营养与美容保健关系的一门学科。美容营养学是研究平衡膳食以及如何补充机体所需的营养素，通过营养调理，预防、治疗机体的营养不足或过剩及营养失衡，维护人体健康，使容貌、体形达到健康美，延缓衰老，延年益寿，并增进人的生命活力和美感，提高生命质量的一门应用学科。

二、营养素

营养素是指机体为维持机体繁殖、生长发育和生存等一切生命活动和过程，需要从外界环境中摄取的物质。来自食物的营养素种类繁多，人类所需大约 40 种，根据其化学性质和生理作用分为七大类，即蛋白质、脂类、碳水化合物、矿物质、维生素、水和膳食纤维。根据人体的需要量或体内含量多少，可将营养素分为宏量营养素和微量营养素。

（一）宏量营养素

人体对宏量营养素需要量较大，包括碳水化合物、脂类和蛋白质，这三种营养素经体内氧化可以释放能量，又称为产能营养素。碳水化合物是机体的重要能量来源，成年人所需能量的 50%~65% 应由食物中的碳水化合物提供。脂肪作为能源物质在体内氧化时释放的能量较多，可在机体大量储存。一般情况下，人体主要利用碳水化合物和脂类氧化供能，在机体所需能源物质供能不足时，可将蛋白质氧化分解获得能量。

（二）微量营养素

相对宏量营养素来说，人体对微量营养素需要量较少，包括矿物质和维生素。根据在体内的含量不同，矿物质又可分为常量元素和微量元素。维生素则可分为脂溶性维生素和水溶性维生素。

三、生物活性物质

大量的流行病学研究结果表明，除了某些营养素的作用外，在植物性食物中还有一些生物活性成分，它们具有保护人体、预防心血管病和癌症等非传染性慢性疾病（简称慢性病）的作用，这些生物活性成分统称为植物化学物，主要包括类胡萝卜素、植物固醇、皂苷、芥子油苷、多酚、蛋白酶抑制剂、单萜类、植物雌激素、硫化物、植酸等几大类。

天然食物中还存在一些在人类营养过程中具有特定作用的有机化合物，如肉碱、半胱氨酸、牛磺酸、谷氨酰胺等。这些物质中有的合成原料是必需营养素，如肉碱合成的前体物是必需氨基酸赖氨酸和蛋氨酸；蛋氨酸和丝氨酸通过转硫作用可生成半胱氨酸，半胱氨酸是合成辅酶 A、牛磺酸和无机硫的前体。这些有机物大多数可以在人体内合成，但在某些特殊条件下，其合成的数量和速度不能满足人体需要，仍需要从食物中得以补充。

四、膳食营养素参考摄入量 📱微课

膳食营养素参考摄入量（dietary reference intakes，DRIs）是为了保证健康个体和群体，合理摄入营养素，避免缺乏和过量，在推荐膳食营养素供给量（recommended dietary allowance，RDA）的基础上发展起来的每日平均膳食营养素摄入量的一组科学参考值或标准。制定 RDA 的目的是预防营养缺乏病；2000 年制定的 DRIs 把 RDA 的单一概念发展为包括平均需要量（estimated average requirement，EAR）、推荐摄入量（recommended nutrint intake，RNI）、适宜摄入量（adequate intake，AI）、可耐受最高摄入量（olerable upperitake level，UL）在内的一组概念，其目的是预防营养缺乏病和防止营养素摄入过量对健康的危害。2013 版中国营养学会修订的 DRIs 增加了与慢性非传染性疾病有关的三个参考摄入量：宏量营养素可接受范围（acceptable macronutrient distribution ranges，AMDR）、预防非传染性慢性病的建议摄入量（proposed inake for preventing non‐communicable chronic diseases，PI‐NCD，简称建议摄入量，PI）和特定建议值（specific proposed levels，SPL）。2023 年 9 月，中国营养学会在第十四届亚洲营养大会上发布了第九版 DRIs——《中国居民膳食营养素参考摄入量（2023 版）》，对 PI - NCD 和 SPL 两个概念保留但做适当修改，将预防非传染性慢性病的建议摄入量改为降低膳食相关非传染性疾病风险的建议摄入量（proposed inake for reducing the risk of diet - related non - communicabl diseases，PI - NCD，简称建议摄入量，PI）。

（一）平均需要量

平均需要量（EAR）是指某一特定性别、年龄及生理状况群体中的所有个体对某营养素需要量的平均值。按照 EAR 水平摄入营养素，根据某些指标判断可以满足这一群体中 50% 个体需要量水平。

EAR 是制订 RNI 的基础，也可用于评价或计划群体的膳食摄入量，或判断个体某营养素摄入量不足的可能性。由于某些营养素的研究尚缺乏足够的资料，因此并非所有的营养素都已制定出其 EAR。

针对人群，EAR 可用于评估群体中摄入不足的发生率。针对个体，可检查其摄入不足的可能性。EAR 不是计划个体膳食的目标和推荐量，当用 EAR 评价个体摄入量时，如某个体的摄入量远高于 EAR，则此人的摄入量有可能是充足的；如某个体的摄入量远低于 EAR，则此个体的摄入量很可能为不足。

（二）推荐摄入量

推荐摄入量（RNI）是指可以满足某一特定性别、年龄及生理状况群体中绝大多数个体（97%~98%）需要量的某种营养素摄入水平。长期摄入 RNI 水平，可以满足机体对该营养素的需要维持组织中有适当的营养素储备和机体健康。RNI 相当于传统意义上的 RDA。RNI 的主要用途是作为个体每日摄入该营养素的目标值。

如果已知某种营养素的 EAR 及其标准差，则其 RNI 值为 EAR 加两个标准差，即 RNI = EAR + 2SD；如果资料不充分，不能计算某营养素 EAR 的标准差时，一般设定 EAR 的变异系数为 10%，RNI 定为 EAR + 20% EAR，即 RNI = 1.2 × EAR。

RNI 的主要用途是作为个体每日摄入该营养素的推荐值，是健康个体膳食摄入营养素的目标。RNI 在评价个体营养素摄入量方面的作用有限，当某个体的日常摄入量达到或超过 RNI 水平，则可认为该个体没有摄入不足的危险，但当个体的营养素摄入量低于 RNI 时，并不一定表明该个体未达到适宜营养状态。

能量需要量（estimated energy requirement，EER）是指能长期保持良好的健康状态、维持良好的体型、机体构成以及理想活动水平的人或人群，达到能量平衡时所需要的膳食能量摄入量。群体的能量推荐摄入量直接等同于该群体的能量 EAR，而不是像蛋白质等其他营养素那样等于 EAR 加 2 倍标准差。所以能量的推荐摄入量不用 RNI 表示，而直接使用 EER 来描述。

（三）适宜摄入量

适宜摄入量（AI）是通过观察或试验获得的健康人群某种营养素的摄入量。当某种营养素的个体需要量研究资料不足而不能计算出 EAR，从而无法推算 RNI 时，可通过设定 AI 来代替 RNI。例如纯母乳喂养的足月产健康婴儿，从出生到 6 个月，他们的营养素全部来自母乳，故母乳中的营养素含量就是婴儿所需各种营养素的 AI。

AI 和 RNI 的相似之处是两者都可以作为目标人群中个体营养素摄入量的目标值，可以满足该群体中几乎所有个体的需要。但值得注意的是，AI 的准确性远不如 RNI，可能高于 RNI，因此，使用 AI 作为推荐标准时要比使用 RNI 更加注意。AI 主要用作个体的营养素摄入目标，当某群体的营养素平均摄入量达到或超过 AI 水平，则该群体中摄入不足者的危险性很小。

（四）可耐受最高摄入量

可耐受最高摄入量（UL）是营养素或食物成分的每日摄入量的安全上限，是一个健康人群中几乎所有个体都不会产生毒副作用的最高摄入量。UL 的主要用途是检查摄入量过高的可能，避免对机体造成危害。

对一般群体来说，摄入量达到 UL 水平对几乎所有个体均不致损害健康，但并不表示达到此摄入水平对健康是有益的。对大多数营养素而言，健康个体的摄入量超过 RNI 或 AI 水平并不会产生益处，因此 UL 并不是一个建议的摄入水平。在制定个体和群体膳食时，应使营养素摄入量低于 UL 以避免营养素摄入过量可能造成的危害。但 UL 不能用来评估人群中营养素摄入过多而产生毒副作用的危险性，因为 UL 对健康人群中最易感的个体也不应造成危害。对许多营养素来说，目前尚缺乏足够的资料来制定它们的 UL，但没有 UL 值并不意味着过多摄入这些营养素没有潜在的危害。

（五）宏量营养素可接受范围

宏量营养素可接受范围（AMDR）是指脂肪、蛋白质和碳水化合物理想的摄入量范围，该范围可以提供这些必需营养素的需要，并且有利于降低慢性病的发生危险，常用占能量摄入量的百分比表示。其显著的特点之一是具有上限和下限。

（六）降低膳食相关非传染性疾病风险的建议摄入量

膳食营养素摄入量（PI）过高或过低导致慢性疾病一般涉及肥胖、糖尿病、高血压、血脂异常、脑卒中、心肌梗死以及某些癌症。PI 是以非传染性慢性病的一级预防为目标，提出的必需营养素的每日摄入量。当 NCD 易感人群某些营养素的摄入量接近或达到 PI 时，可以降低他们发生 NCD 的风险。某些营养素的 PI 可能高于 RNI 或 AI，例如维生素 C、钾等；而另一些营养素可能低于 AI，例如钠。

（七）特定建议值

特定建议值（SPL）是指某些疾病易感人群膳食中某些生物活性成分的摄入量达到或接近这个建议水平时，有利于维护人体健康。专用于营养素以外的其他食物成分而建议的有利于人体健康的每日摄入量。

综上所述，人体每天都需要从膳食中获得一定量的各种必需营养素。如果人体长期摄入某种营养素不足就有发生该营养素缺乏症的危险，如图 1-1 所示。当日常摄入量为 0 时，摄入不足的概率为 1.0。当摄入量达到 EAR 水平时，发生营养素缺乏的概率为 0.5，即有 50% 的机会缺乏该营养素。摄入量达到 RNI 水平时，摄入不足的概率变得很小，也就是绝大多数的个体都没有发生缺乏症的危险。摄入量达到 UL 水平后，若再继续增加就可能开始出现毒副作用。RNI 和 UL 之间是一个"安全摄入范围"。

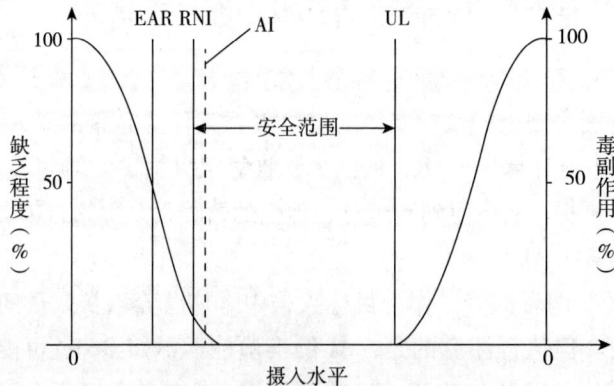

图 1-1　营养素安全摄入范围示意图

任务二　美容营养学的发展及研究范畴

一、美容营养学的发展

（一）营养学的历史发展

1. 古代营养学的发展　营养学是一门既古老又富有生命力的现代学科。我国对食物营养及其对人体健康影响的认识历史悠久，源远流长。早在 3000 多年前我国古代的西周时期（约公元前 1100 年—公元前 771 年），官方医政制度就把医学分为四大类：食医、疾医、疡医、兽医，其中食医排在"四医"之首。食医是专门从事饮食营养的医生。2000 多年前的战国至西汉时代编写的中医经典著作《黄帝内经·素问》中，就提出了"五谷为养、五果为助、五畜为益、五菜为充、气味合而服之，以补精益气"的原则，这是最早提出的膳食平衡理念。东晋葛洪撰写的《肘后备急方》记载了用豆豉、大豆、小豆、胡麻、牛乳、鲫鱼等六种方法治疗和预防脚气病。唐代医学家孙思邈在饮食养生方面，强调顺应自然，特别要避免"太过"和"不足"的危害。另外，他还明确提出了"食疗"的概念和药食同源的观点，认为就食物功能而言，"用之充饥则谓之食，以其疗病则谓之药"。公元 659 年，孙思邈的弟子孟诜撰写了我国第一部食疗专著《食疗本草》。宋、金、元时期，食疗学及其应用有了较全面的发展，如宋朝的王怀隐等编写的《太平圣惠方》，记载了 28 种疾病的食疗方法。元朝忽思慧等撰写的《饮膳正要》，针对各种保健食物、补益药膳以及烹调方法进行了较为深入的研究。明代李时珍总结了我国 16 世纪以前的药学经验，撰写了《本草纲目》，其中有关抗衰老的保健药物及药膳达 253 种。

人类在长达几百万年探索饮食与健康关系的历史进程中，不仅积累了丰富的实践经验和感性认识，还逐渐形成了中医学中关于营养保健的独特理论体系，即"药食同源学说""药膳学说""食物功能的性味学说""食物的升、降、浮、沉学说""食物的补泻学说""食物的归经学说""辨证施食学说"等。这些学说依据中医学的理论，站在哲学的高度，用辨证、综合、联系和发展的观点研究饮食与健康的关系。

国外最早关于营养方面的记载始见于公元前 400 多年前的著作中。《圣经》中就曾描述将肝汁挤到眼睛中治疗一种眼病。古希腊名医希波克拉底在公元前 400 多年已认识到膳食营养对于健康的重要性，并提出"食物即药"的观点，这与我国古代关于"药食同源"的学说有相似之处。不仅如此，他还尝试用海藻治疗甲状腺肿、用动物肝脏治疗夜盲症和用含铁的水治疗贫血，这些饮食疗法有些现在仍被沿用。

2. 现代营养学的发展　现代营养学奠基于 18 世纪中叶，发展大约经历三个阶段。

（1）第一阶段　营养学的萌芽与形成期（1785—1945 年）。此期的特点：①在认识到食物与人体基本化学元素组成基础上，逐渐形成了营养学的基本概念、理论；②建立了食物成分的化学分析方法和动物实验方法；③明确了一些营养缺乏病的病因；④1912—1942 年，分离和鉴定了食物中绝大多数营养素，该时期是发现营养素的鼎盛时期，也是营养学发展的黄金时期；⑤1934 年美国营养学会的成立，标志着现代营养学的基本框架已经形成。

（2）第二阶段　营养学的全面发展与成熟期（1945—1985 年）。此期的特点有：①继续发现一些新营养素，并系统研究了这些营养素消化、吸收、代谢及生理功能，营养素缺乏引起的疾病及其机制；②不仅关注营养缺乏问题，而且还开始关注营养过剩对人类健康的危害；③公共营养的兴起，这是该时期营养学发展的显著特点。第二次世界大战期间，美国政府为防止士兵患营养缺乏病而建立了战时食物配给制度，这些调整食物结构的政策以及预防营养缺乏病所采取的社会性措施为公共营养的发展奠定了基础。战后，国际上开始研究宏观营养，营养工作的社会性不断得到加强；随后在世界卫生组织（World Health Organization，WHO）和联合国粮农组织（Food and Agiculure Organization，FAO）的努力下，加强了全球营养工作的宏观调控性质，公共营养学应运而生。1996 年，Mason 等提出、并经 1997 年第十六届国际营养大会讨论同意，将"公共营养"的定义最终明确下来，它标志着公共营养的发展已经成熟。

（3）第三阶段　营养学发展的新的突破与孕育期（1985 年至今）。此期的特点有：①营养学研究领域更加广泛。除传统营养素外，植物化学物对人体健康的影响及其对慢性病的防治作用逐渐成为营养学研究热点；植物化学物的深入研究不仅有利于健康促进、防治人类重大慢性病，同时植物化学物作用机制的深入研究将更加明确其在人类健康中的作用和地位。另外，不仅研究营养素的生理功能，还研究其对疾病的预防和治疗作用；②营养学的研究内容更加深入。随着分子生物学技术和理论向各学科的逐渐渗透，特别是在 1985 年分子营养学名词的提出及 2006 年《分子营养学》教材的出版，分别标志着分子营养学研究的开始以及这门学科的成熟。分子营养学从微观的角度研究营养与基因之间的相互作用及其对人类健康的影响。分子营养学的深入研究，将促进发现营养素新的生理功能，同时利用营养素以促进人体内有益基因的表达和（或）抑制有害基因的表达；另外，还可根据人群个体不同基因型制定不同的膳食营养素参考摄入量，为预防营养相关疾病提出重要的科学依据；③营养学的研究内容更加宏观。2005 年 5 月发布的吉森宣言及同年 9 月第十八届国际营养学大会上均提出了营养学的新定义，营养学（也称之为新营养学）是一门研究食品体系、食品和饮品及其营养成分与其他组分和它们在生物体系、社会和环境体系之间及之内的相互作用的科学。新营养学特别强调营养学不仅是一门生物学，还是一门社会学和环境科学，是三位一体的综合性学科。因此，它的研究内容不仅包括食物与人体健康，还包括社会政治、经济、文化等以及环境与生态系统的变化，对食物供给的影响进而对人类生存、健康的影响。它不仅关注一个地区、一个国家的营养问题，还更加关注全球的营养问题；不仅关注现代的营养问题，还更加关注未来营养学可持续发展的问题。

因此，新营养学比传统营养学的研究内容更加广泛和宏观。新营养学的进一步发展将从生物学社会学和环境科学的角度，综合制定出"人人享有安全、营养的食品"权利的方针、政策，最大限度地开发人类潜力，享有最健康的生活，发掘、保持和享受多元化程度逐渐提高的居住环境与自然环境。

以上三个方面的研究才刚刚起步，还处于初级阶段，但其未来的发展前景、将要产生的重大突破及其对人类和社会发展的巨大贡献是可预见的。因此这一时期是营养学发展的新的突破孕育期。

进入 21 世纪，分子营养学为又一研究热点。目前膳食纤维、植物化学物、营养素与慢性病成为研究的热点，主要涉及营养与免疫、营养与基因表达等。

3. 我国现代营养学的发展　我国现代营养学的发展约始于 20 世纪初。当时的生化学家做了一些食物成分分析和膳食调查方面的工作。1927 年，刊载营养学论文的《中国生理杂志》创刊。1928年、1937 年分别发表了《中国食物的营养价值》和《中国民众最低营养需要》。1939 年，中华医学会参照国联建议提出了我国历史上第一个营养素供给量建议。1941 年，中央卫生实验院召开了全国第一次营养学会议。1945 年中国营养学会在重庆正式成立，并创办《中国营养学杂志》。当时的中国正处于半封建、半殖民的政治经济条件下，加上连年的战争状态，营养学研究工作举步维艰，难以收到实际成效。

中华人民共和国成立后，我国营养学和人民营养事业有了长足发展。中华人民共和国成立初期根据营养学家的建议，国家采取了对主要食品统购、统销和价格补贴政策，保证了食物合理分配和人民基本需要。设置了营养科研机构，在全国各级医学院开设了营养卫生课程，为我国培养了大批营养专业人才队伍。结合国家建设和人民健康需要，开展了多方面富有成效的工作，先后进行了"粮食适宜碾磨度""军粮标准化""5410豆制代乳粉""提高粗粮消化率"等研究工作。1952年，我国出版第1版《食物成分表》；1955年，提出中华人民共和国成立后第一个营养素供给量建议；1956年，营养学报创刊；1959年，开展了我国历史上第一次全国性营养调查。

1978年，党的十一届三中全会以后，我国的营养学事业驶向了快速发展的轨道，并取得了长足进展，重新恢复了中国营养学会和营养学课程，复刊了营养学报，开展了学科各个领域的建设、科研和实际工作。1982—2012年，每隔10年进行一次全国性营养调查。1988年中国营养学会修订了每人每天膳食营养素供给量，并于1989年制订了我国第一个膳食指南。与此同时，我国的营养科学工作者进行了一些重要营养缺乏病包括克山病、碘缺乏病、佝偻病及癞皮病等的防治研究，并结合防治克山病及硒中毒的研究结果，提出了人体硒需要量，受到各国学者的高度重视。另外，在基础营养学研究如我国居民蛋白质、能量需要量以及利用稳定同位素技术检测微量元素、体内代谢等研究领域已接近世界先进水平，并取得了重要成果。

根据社会发展和居民膳食结构的改变，1997年、2007年、2016年和2022年中国营养学会先后修订了《中国居民膳食指南》，并发布了《中国居民平衡膳食宝塔》；2000年，中国营养学会发布了《中国居民膳食营养素参考摄入量》，并于2013年和2023年进行了修订。

我国政府一直十分重视居民营养与健康问题，1993年，国务院发布了《九十年代食物结构改革与发展纲要》，次年国务院总理签发了《食盐加碘消除碘缺乏危害管理条例》；1997年国务院办公厅发布了《中国营养改善行动计划》；2001年和2014年分别发布了《中国食物与营养发展纲要（2001—2010年)》和《中国食物与营养发展纲要 （2014—2020年)》。这一系列具有法律效力的文件，不仅为改善与促进国民健康提供了有力的保障，还为我国营养学的发展注入了巨大的推动力。

（二）美容营养学的历史发展

利用食物进行营养美容在我国有着悠久的历史，早在《神农本草经》中就记载了不少可以用来美容的食物，如生姜、葱白、芝麻、大枣、核桃、山药、百合等。东汉张仲景在《伤寒论》中明确指出猪皮能和血脉、润肌肤。晋唐时期的美容古方中食物的品种更加繁多，涉及油类、禽兽肉、鱼类、豆类、水果、干果类、蔬菜类、瓜类、调料及饮料类等。明代开始，名医李时珍在其巨著《本草纲目》中记载了700多个既是药物又是食物，既营养肌肤又美化容颜的验方。主张内调外养，润泽保养。后来，我国宫廷的一些美容方法集历代之大成，进而再三筛选和补充，同时比较注重饮食营养，形成了一套系列化的养颜健体的独特方法。

中华人民共和国成立后，医学、生物学、化学、物理学、营养学和遗传学的发展，使人们能从科学的角度掌握皮肤的生理及病理的内外因果关系。20世纪90年代的人们倡导"返璞归真、回归自然"。为了延缓皮肤老化，各种生化科技产品推向市场，美容已同现代医学、化学及生物学紧密结合在一起。

但总的来讲，就我国而言，美容营养的实践起步早，但系统理论研究较晚，尤其是对基础理论及作用机制的研究仍有待深入。以营养学和美容美发学为基础，以人体美容健体为目的，通过合理营养和特定膳食来防治营养失衡所致的美容相关疾病，从而达到延缓衰老、促进健康已是美容美发行业一个新的研究方向，与国民生活的关系密切，具有较强的科学性、社会性、理论性和应用性。

2003年11月，全国医学美容技术专业教育会议将"美容营养学"列入课程设置计划，安排学生学习与营养美容相关的知识，熟悉基本营养学知识，了解营养对人的容貌和体型的影响，及由于营养缺乏或过剩引起的人体容貌和体型的常见疾病，并研究如何预防和治疗这类疾病，了解中医养颜和美容保健食品的基本知识，更好地为所学专业打下营养学基础。

二、美容营养学的研究范畴

美容营养学涉及面广泛，研究的内容较多，主要有以下几个方面。

1. 营养素与美容 主要研究人体所需营养素的生理功能与缺乏症、参考摄入量与食物来源、各种营养素与美容的关系。

2. 食物与美容 主要研究各类食物的营养成分、营养价值特点以及美容保健作用。

3. 合理营养与美容 主要研究合理营养与平衡膳食对健康的影响及营养食谱的编制。

4. 机体各组织器官的营养与美容 主要研究营养素对各个系统的影响。

5. 皮肤美容与营养 主要研究皮肤衰老的机制及对形体、容貌的影响，延缓人体衰老的对策以及抗衰老的膳食。

6. 损容性疾病与营养 主要研究各种常见的损容性皮肤疾病、损容性内分泌疾病及其他损容性相关疾病对形体、容貌的影响及预防治疗对策。如痤疮、黄褐斑、垂体性侏儒症、甲状腺功能亢进症、原发性骨质疏松症、肥胖、消瘦、白发、脱发等与美容的关系及营养膳食治疗。

7. 美容外科与营养 主要研究美容外科相关问题与膳食营养的关系。如促进伤口愈合瘢痕修复的营养膳食措施，美容外科手术、美容外科围手术期的膳食营养。

8. 衰老与美容保健 主要研究衰老对体形容貌的影响及延缓衰老的饮食营养对策。

9. 中医食疗与美容 主要研究中医药膳美容养颜功效、美容养颜药膳的配方。如祛斑增白药膳、美体瘦身药膳、美乳丰胸药膳、美目健齿护唇药膳、美发乌发药膳等。

三、美容营养学的展望

人体美的展现，其前提和基础是人体生命现象的存在。摄取食物作为人类的本能行为和必需行为之一，是人类生命存在的保证，也与健身美容有莫大的关系。营养不良、贫血、失眠、便秘、肝病或肾病等患者，其颜面所显示出来的必然是一副病态，任何化妆品都掩盖不了这种病容，自然与美艳动人无缘。

随着营养学及美容医学研究的逐步深入，人们认识到营养学研究范畴中许多因素会对机体体形、容貌有一定的影响，甚至是引起质的变化的重要影响。营养与美容这两门学科在物质生活水平日益提高的今天越来越受到人们的关注，而营养学与美容美体的关系又不能完全归属于任何一个学科研究范畴。由此可见，美容营养学是在当代医学研究分工不断细化的前提下派生出的又一年轻交叉学科。交叉学科发展的基本特征规范和影响着美容营养学的学科属性，即美容医学与营养学的交叉演变过程，构筑了美容营养学的整体学科背景。

干枯的枝条开不出鲜艳的花朵，有疾病的机体难有美丽的容颜。健康的身体需要合理的营养，美丽的容貌有赖于科学的膳食。5000年前印度阿育吠陀的格言即指出：膳食平衡，医生种田；营养不好，仙丹无效。经过艰难的历程，无论美容者还是被美容者，都已经开始明白"渴而穿井，斗而铸锥"实属不易的道理，所以"晴天修水路，饱时备饥粮"已成为美容双方明智的选择。美容营养学中利用天然食物进行预防性保健美容，进而防病治病，结合中医美容传统理论，加速美容外科术后恢复或延缓衰老等思路将越来越受重视。美容营养学的研究因为适应了人们追求自身健美的天性，成为21世纪的研究热点之一。

目标检测

答案解析

单项选择题

1. 我国自古就有的平衡膳食观念是（ ）
   A. 五谷为助、五果为养、五畜为益、五菜为充
   B. 五谷为养、五果为助、五畜为益、五菜为充
   C. 五谷为养、五果为益、五畜为助、五菜为充
   D. 五谷为益、五果为养、五畜为充、五菜为助
   E. 五谷为充、五果为助、五畜为养、五菜为益

2. 我国第一部食疗专著是（ ）
   A. 《食疗本草》　　　　B. 《神农本草经》　　　　C. 《饮膳正要》
   D. 《千金要方》　　　　E. 《本草纲目》

3. 全国医学美容技术专业教育会议《美容营养学》列入课程设置计划的时间是（ ）
   A. 2003 年 9 月　　　　B. 2003 年 10 月　　　　C. 2003 年 11 月
   D. 2003 年 12 月　　　　E. 2004 年 1 月

4. 提供人体能量的三大营养素是（ ）
   A. 脂肪、碳水化合物、维生素　　　　B. 蛋白质、脂肪、纤维素
   C. 纤维素、维生素、碳水化合物　　　　D. 蛋白质、脂肪、碳水化合物
   E. 蛋白质、脂肪和维生素

5. 营养素目前分为七大类，除了（ ）
   A. 蛋白质　　　　B. 植物化学物　　　　C. 脂肪
   D. 碳水化合物　　　　E. 无机盐和维生素

6. 按营养素新的分类，以下属于微量营养素的是（ ）
   A. 蛋白质　　　　B. 脂肪　　　　C. 矿物质
   D. 糖类　　　　E. 水

7. 中国居民膳食营养素参考摄入量不包括（ ）
   A. EAR　　　　B. RDA　　　　C. RNl
   D. AI　　　　E. UL

8. 我国膳食营养素参考摄入量（DRls）是指（ ）
   A. 一组每日平均膳食营养素摄入量的参考值
   B. 某一特定群体对某营养素需要量的平均值
   C. 可以满足某一特定群体中绝大多数个体的营养素需要量的摄入水平
   D. 通过观察或试验获得的健康人群某种营养素摄入量
   E. 某一特定群体对某营养素需要量的最低值

9. 推荐摄入量是可以满足某一特定性别、年龄及生理状况群体中绝大多数个体需要的营养素摄入水平，这里的绝大多数指的是（ ）
   A. 97%~98% 的个体　　　B. 95%~97% 的个体　　　C. 95%~98% 的个体
   D. 97%~99% 的个体　　　E. 98%~99% 的个体

10. 主要的产热营养素是（　　）

  A. 蛋白质、维生素、矿物质 B. 脂类、碳水化合物、蛋白质

  C. 碳水化合物、维生素、矿物质 D. 脂肪、蛋白质、维生素

  E. 矿物质、水、脂肪

书网融合……

  重点小结   微课   习题

项目二 食物成分与美容

学习目标

知识目标：通过本项目的学习，掌握必需氨基酸、氨基酸模式、完全蛋白质、氮平衡、生物价、蛋白质营养不良、脂类、必需脂肪酸、膳食纤维、血糖生成指数、血糖负荷、能量系数、基础代谢、食物热效应的概念，蛋白质、脂类、碳水化合物的功能以及与美容的关系，能量的消耗和能量单位的换算，蛋白质、脂类、碳水化合物、矿物质、维生素、水、膳食纤维、食物中的生物活性成分的参考摄入量、来源及美容功效；熟悉蛋白质、脂类、碳水化合物的营养价值评价，矿物质、维生素的缺乏症状；了解食物中生物活性成分的分类与美容功效。

能力目标：具备通过合理膳食解决营养与美容问题的能力，并能灵活应用到实际生活和工作中。

素质目标：通过本项目的学习，培养对食物成分与美容知识的探索精神，关注相关的科学研究成果，并且愿意将正确的营养知识传播给他人。

任务一　蛋白质与美容

PPT

情境导入

情境：患者，女，35岁，职业为广告策划。近半年来，她发现自己的皮肤逐渐失去光泽，变得干燥、松弛，皱纹明显增多，尤其是眼角和嘴角周围。同时，头发也变得干枯、易断裂，缺乏弹性，每次洗头和梳头时都会掉落大量头发。指甲也出现了问题，变得脆弱易折断，表面不再光滑。患者自述工作压力较大，饮食不规律，经常以方便食品或快餐充饥，很少摄入肉类、蛋类、豆类等富含蛋白质的食物。

思考：1. 该患者可能缺乏何种营养素？

2. 如何对该患者进行营养治疗？

蛋白质是维持生命的重要物质基础，可促进生长发育、修补组织、提高机体的免疫功能，也是皮肤所必需的营养成分。摄入适宜的蛋白质不仅可以保持皮肤润泽、有活力，还可以使肌肉坚实。反之，若蛋白质摄入不足，则会使人面色苍白、失去光泽、出现皱纹、皮肤弹性降低及头发枯黄。因此蛋白质不仅是维持生命的重要物质基础，也是人体美容的基础。

一、必需氨基酸与氨基酸模式

（一）氨基酸及其分类

1. 必需氨基酸　是指人体内不能合成或合成速度不能满足机体需要，必须从食物中直接获得的氨基酸。构成人体蛋白质的氨基酸有20种，其中9种氨基酸为必需氨基酸，即异亮氨酸、亮氨酸、赖氨酸、蛋氨酸、苯丙氨酸、苏氨酸、色氨酸、缬氨酸和组氨酸，其中组氨酸是婴儿的必需氨基酸。

2. 条件必需氨基酸　某些氨基酸在正常情况下能够在体内合成，为非必需氨基酸；但在某些特定条件下，由于合成能力有限或需要量增加，不能满足机体需要，必须从食物中获取，变成必需氨基酸，即条件必需氨基酸。如正常情况下谷氨酰胺和精氨酸是非必需氨基酸；但在创伤或患病期间谷氨酰胺为必需氨基酸，肠道代谢功能异常或严重生理应激条件下，精氨酸也成为必需氨基酸。此外，半胱氨酸和酪氨酸在体内分别由蛋氨酸和苯丙氨酸转变而成，如果膳食中能直接提供半胱氨酸和酪氨酸，则人体对蛋氨酸和苯丙氨酸的需要可分别减少30%和50%。因此，在计算食物必需氨基酸组成时，往往将半胱氨酸和蛋氨酸，苯丙氨酸和酪氨酸合并计算。但是如果膳食中的蛋氨酸和苯丙氨酸供给不足，或由于某些原因机体不能转化（如苯丙酮尿症患者），半胱氨酸和酪氨酸就成为必需氨基酸，也必须来源于食物。

3. 非必需氨基酸 是指人体可以自身合成，不一定需要从食物中直接供给的氨基酸。

（二）氨基酸模式和限制氨基酸

1. 氨基酸模式 指蛋白质中各种必需氨基酸的构成比例。反映人体蛋白质以及各种食物蛋白质在必需氨基酸的种类和含量上的差异。计算方法是将该种蛋白质中的色氨酸含量定为1，分别计算出其他必需氨基酸的相应比值，这一系列的比值就是该种蛋白质的氨基酸模式。

2. 限制氨基酸 指蛋白质中含量相对较低的必需氨基酸。由于食物中这些必需氨基酸的缺乏，可导致其他必需氨基酸在体内不能被充分利用而浪费，造成食物蛋白质营养价值较低。其中含量最低的称为第一限制氨基酸，其余以此类推。谷类蛋白质的第一限制氨基酸为赖氨酸，豆类蛋白质的第一限制氨基酸为蛋氨酸。

二、蛋白质的分类

（一）按营养价值分类

1. 完全蛋白质 必需氨基酸种类齐全，氨基酸模式与人体蛋白质氨基酸模式接近，营养价值较高，不仅可维持成人的健康，也可促进儿童生长、发育的蛋白质，也被称为优质蛋白质。如蛋、奶、肉、鱼等动物性蛋白质以及大豆蛋白等。其中鸡蛋蛋白质与人体蛋白质氨基酸模式最接近，在试验中常以它作为参考蛋白。

2. 半完全蛋白质 必需氨基酸的种类齐全，但是氨基酸模式与人体蛋白质氨基酸模式差异较大，其中一种或几种必需氨基酸相对含量较低，导致其他的必需氨基酸在体内不能被充分利用而浪费，造成蛋白质营养价值降低，虽可维持生命，但不能促进生长发育的蛋白质。

3. 不完全蛋白质 必需氨基酸种类不全，既不能维持生命又不能促进生长发育的食物蛋白质。如玉米胶蛋白、动物结缔组织中的胶原蛋白等。

（二）按分子形状分类

1. 球状蛋白质 蛋白质分子的长轴与短轴相差不大，一般长短轴之比小于10，整个分子盘曲呈球状或橄榄状。生物界多数蛋白质属球状蛋白，如胰岛素、血红蛋白等。

2. 纤维状蛋白质 蛋白质分子的长轴与短轴相差悬殊，一般长短轴之比在10倍以上。分子的构象呈长纤维形，多由几条肽链合成麻花状的长纤维，如毛发、指甲中的角蛋白；皮肤、骨、牙和结缔组织中的胶原蛋白和弹性蛋白等。

三、蛋白质的生理功能

（一）构成机体和修复组织

蛋白质是生命存在的主要形式，人体的各个组织和器官，从毛发、皮肤、肌肉、血液到骨骼、牙齿、内脏器官和大脑等，都是以蛋白质作为重要的组成部分。蛋白质参与机体代谢，且具有修复破损组织的功能。因此，蛋白质对于维持组织的生长、更新和修复起着重要作用。

皮肤中含有多种蛋白质，指甲中亦含有角蛋白，皮肤中各种蛋白质的代谢维持着皮肤相应的生理功能。表皮蛋白质有纤维性蛋白和非纤维性蛋白两种，纤维性蛋白是角蛋白的主要成分，是表皮细胞、毛发和指甲的结构蛋白，表皮细胞约每 28 天完成一次更新，即进行一次角蛋白的代谢。非纤维性蛋白参与除角化过程外的其他细胞功能。真皮中的蛋白质主要包括结缔组织纤维中的胶原蛋白和弹性蛋白，基质中主要是黏蛋白。胶原蛋白能使皮肤丰满、充盈、细腻而富有光泽，可减少皱纹；弹性蛋白可使皮肤弹性增强，从而使皮肤光滑而富有弹性。

（二）构成体内各种重要的生理活性物质，调节生理功能

1. 构成酶　酶是一类具有特异性生物活性的蛋白质，能催化体内物质代谢，如消化酶；调节机体氧化还原平衡，如过氧化物酶；参与物质的转移，如胆碱乙酰化酶。

2. 构成激素　某些激素本身就是蛋白质，或由蛋白质参与构成，这些激素调节着各种生理过程并维持着内环境的稳定，如生长激素、胰岛素、甲状腺素等。

3. 构成抗体　抗体可以抵御外来微生物及其他有害物质的入侵，发挥机体免疫调节作用。

4. 构成转运体　细胞膜和血液中的蛋白质担负着各类物质的运输和交换。

5. 维持体液渗透压和酸碱度　体液内可解离为阴、阳离子的可溶性蛋白质能使体液的渗透压和酸碱度得以稳定，有助于维持机体的体液平衡，蛋白质丢失过多可引起水肿。

（三）供给能量

蛋白质中含碳、氢、氧元素，当碳水化合物、脂肪提供的能量不能满足机体需要时，蛋白质可被代谢水解，释放能量，1g 食物蛋白质在体内产生约 16.7kJ（4kcal）的能量。

（四）肽类的特殊生理功能

1. 参与机体的免疫调节　免疫调节肽主要是从牛的 κ 酪蛋白、$α_1$ 酪蛋白及 β 酪蛋白中得到，对免疫系统既有抑制又有增强作用。

2. 促进矿物质吸收　如酪蛋白磷酸肽是近年发现的促进钙、铁吸收的物质。

3. 降血压　是通过抑制血管紧张素转化酶的活性来实现降压功能的。

4. 清除自由基　作为自由基清除剂，可保护细胞膜，使之免遭氧化性破坏，防止红细胞溶血及促进高铁血红蛋白的还原，如谷胱甘肽。

除此，蛋白质还有利于防止和消除面部皱纹，对健美有益。

四、蛋白质的互补作用

蛋白质的互补作用是指将两种或两种以上食物蛋白质混合食用，其中所含有的必需氨基酸取长补短、相互补充，达到较好的比例，从而提高蛋白质利用率。如小麦、小米、大豆、牛肉单独使用时其蛋白质的生物价值分别是 67、57、64 和 76，若将它们按 39%、13%、22% 和 26% 的比例搭配食用，则蛋白质的利用率可高达 89%。这是因为肉类和大豆蛋白可弥补面、米蛋白质中赖氨酸的不足。为充分发挥食物蛋白质的互补作用，在调配膳食时，应遵循以下 3 个原则。

1. 食物的生物学种属越远越好　例如动物性和植物性食物搭配，像大米和牛肉一起食用，因为不同生物种属的食物，其氨基酸组成差异较大，能更好地实现互补。

2. 搭配的种类越多越好　多种食物一起搭配可以使氨基酸的种类更齐全。如将小麦、小米、牛肉、大豆同时食用，会比仅小麦和牛肉搭配更好地发挥互补作用。

3. 食用时间越近越好 最好是同时食用，因为单个氨基酸在血液中的停留时间约 4 小时，然后到达组织器官，再合成组织器官的蛋白质，而合成组织器官蛋白质的氨基酸必须同时到达才能发挥互补作用，合成组织器官蛋白质。

五、氮平衡

营养学上将摄入蛋白质的量和排出蛋白质的量之间的关系称为氮平衡，氮平衡关系式如下。

$$氮平衡 = 摄入氮量 - (尿氮 + 粪氮 + 皮肤氮)$$

当摄入氮和排出氮相等时为零氮平衡，即氮平衡 = 0，健康的成年人应该维持在零氮平衡并富裕 5%。如摄入氮多于排出氮则为正氮平衡，即氮平衡 > 0，儿童处于生长发育阶段、妇女妊娠时、疾病恢复时以及运动和劳动需要增加肌肉时等均应保证适当的正氮平衡，以满足机体对蛋白质额外的需要。而摄入氮少于排出氮时为负氮平衡，即氮平衡 < 0，人在饥饿、疾病及老年时往往处于这种状况，应注意尽可能减轻或改变负氮平衡，以保持健康、促进疾病康复和延缓衰老。

六、食物蛋白质的营养价值评价 🄴微课1

（一）蛋白质的含量

虽然蛋白质的含量不等于质量，但是没有一定的数量，再好的蛋白质其营养价值也有限，所以蛋白质含量是食物蛋白质营养价值的基础。食物中蛋白质含量测定一般使用凯氏定氮法，先测定食物中的氮含量，再乘以由氮换算成蛋白质的换算系数，就可以得到食物蛋白质的含量。换算系数对同种食物来说，一般是不变的，是根据氮占蛋白质的百分比而计算出来的。一般来说，食物中含氮量占蛋白质 16%，其倒数即为 6.25，由氮计算蛋白质的换算系数即 6.25。

（二）蛋白质消化率

蛋白质消化率不仅反映了蛋白质在消化道内被分解的程度，同时还反映消化后的氨基酸和肽被吸收的程度。

1. 蛋白质真消化率 蛋白质真消化率（%）=［食物氮 -（粪氮 - 粪代谢氮）］/食物氮 × 100%

2. 蛋白质表观消化率 蛋白质表观消化率（%）=（食物氮 - 粪氮）/食物氮 × 100%

粪代谢氮是指肠道内源性氮，是在试验对象完全不摄入蛋白质时，粪中的含氮量。成年人 24 小时内粪代谢氮一般为 0.9～1.2g。

在实际应用中，往往不考虑粪代谢氮。这样不仅试验方法简单，而且因所测得的结果比真消化率要低，具有一定安全性。

（三）蛋白质利用率

1. 生物价 是反映食物蛋白质消化吸收后，被机体利用程度的指标，生物价的值越高，表明其被机体利用程度越高，最大值为 100。计算公式如下。

$$生物价(\%) = 储留氮/吸收氮 \times 100$$
$$吸收氮 = 食物氮 - (粪氮 - 粪代谢氮)$$
$$储留氮 = 吸收氮 - (尿氮 - 尿内源性氮)$$

尿内源性氮是指在试验对象完全不摄入蛋白质时，其尿中的含氮量。生物价对指导肝、肾病患者的膳食有很多意义。生物价高，表明食物蛋白质中氨基酸主要用来合成人体蛋白，避免有过多的氨基酸经肝、肾代谢而释放能量或由尿排出多余的氮，从而大大减少肝肾负担。美容手术恢复期、儿童、孕妇及老年人，要多选择生物学价值高的蛋白质类食物。

2. 蛋白质净利用率　是反映食物蛋白质被利用的程度，包括食物蛋白质的消化和利用两方面，因此更为安全。

$$蛋白质净利用率（\%）＝消化率×生物价＝-储留氮/食物氮×100\%$$

3. 蛋白质功效比值（protein efficiency ratio，PER）　是用处于生长阶段中的幼年动物（一般用刚断奶的雄性大白鼠），在实验期内，其体重增加（g）和摄入蛋白质的量（g）的比值来反映蛋白质营养价值的指标。显然，动物摄食持续时间、年龄、实验开始的体重和所用动物的种类都是很重要的变量。由于所测蛋白质主要被用来提供生长的需要，所以该指标被广泛用来作为婴幼儿食品中蛋白质的评价。实验时，饲料中被测蛋白质是唯一蛋白质来源，占饲料的10%，实验期为28天。

$$蛋白质功效比值＝动物体重增加(g)/摄入食物蛋白质(g)$$

同一种食物在不同的实验条件下，所测得的功效比值往往有明显差异。为了使实验结果具有一致性和可比性，实验期间用标化酪蛋白为参考蛋白作为对照组，将上面计算得到的PER值与对照组（即标化酪蛋白组）的PER值相比，再用标准情况下酪蛋白的PER（2.5）进行校正，得到被测蛋白质功效比值。

$$被测蛋白质功效比值＝实验组功效比值×2.5/对照组功效比值$$

4. 氨基酸评分和经消化率修正的氨基酸评分　氨基酸评分又叫蛋白质化学评分，是目前被广为采用的一种评价方法。该方法是用被测食物蛋白质的必需氨基酸评分模式和推荐的理想模式或参考蛋白模式进行比较，因此是反映蛋白质构成和利用率的关系。

氨基酸评分＝被测蛋白质每克氮（或蛋白质）中氨基酸量（mg）/理想模式或参考蛋白质中每克氮（或蛋白质）中氨基酸量（mg）

确定某一食物蛋白质氨基酸评分分两步：第一步计算被测蛋白质每种必需氨基酸的评分值；第二步是在上述计算结果中，找出最低的必需氨基酸（第一限制氨基酸）评分值，即为该蛋白质的氨基酸评分。

氨基酸评分的方法比较简单，缺点是没有考虑食物蛋白质的消化率。为此，美国食品药品管理局通过了一种新的方法，即经消化率修正的氨基酸评分。

$$经消化率修正的氨基酸评分＝氨基酸评分×真消化率$$

七、蛋白质与美容的关系

（一）蛋白质缺乏与美容

体内长期蛋白质摄入不足，不仅影响机体器官的功能，降低机体对各种致病因子的抵抗力，还会导致皮肤的生理功能减退。就肌肤而言，蛋白质是构成表皮、真皮以及保持皮肤弹性的胶原纤维的主要成分。缺少蛋白质，皮肤的弹性降低、功能减退，易松弛、干燥和出现皱纹；由于血红蛋白的不足引起贫血，亦可导致皮肤苍白、失去光泽。

蛋白质缺乏常与能量缺乏同时存在，被称为蛋白质-能量营养不良（protein-energy malnutrition，PEM）。PEM是一种因蛋白质和能量都缺乏而引起的营养缺乏性疾病，多见于婴幼儿。根据临床表现可分为以下两种类型。

1. 消瘦型　由于蛋白质和能量均长期严重缺乏所致。多见于母乳不足、喂养不当、饥饿、疾病及先天性营养不良患者。临床上表现为生长发育缓慢或停滞、体重减轻，患者明显消瘦，皮下脂肪减少或消失，肌肉萎缩，皮肤干燥，毛发细黄、无光泽，常伴有腹泻、脱水，机体抵抗力降低，容易发生感染，但无水肿。

2. 水肿型　由于蛋白质严重缺乏而能量供给勉强能维持最低需要水平所致。多见于断乳期的婴幼儿。临床上表现为精神萎靡不振、反应冷漠、食欲减退、体重不增或有所减轻，下肢或全身水肿，皮肤干燥、可有色素沉着，毛发稀少、无光泽，也可伴有肝大、脾大等体征。水肿最先出现在下肢，进一步可发展至腹部，然后是上肢和面部。主要是由于蛋白质缺乏导致肝功能障碍，使合成的清蛋白减少，降低了血浆渗透压，使组织内的水分不能进入血液进而经肾脏滤过排出所致。

（二）蛋白质过量与美容

蛋白质摄入过量会对美容产生多种危害。在皮肤方面，过量的蛋白质会增加肾脏负担，影响身体的代谢废物排出。当肾脏不能很好地处理这些代谢产物时，可能会引起皮肤问题。比如，体内毒素堆积可能会导致皮肤暗沉、无光泽，还可能引发痤疮等皮肤炎症。而且，过多的蛋白质代谢会使身体产生较多的酸性物质，为了维持酸碱平衡，身体会从骨骼中释放钙，这可能间接影响皮肤的健康状态。对于头发而言，过量蛋白质可能会干扰头发的正常营养吸收平衡。例如，摄入过多蛋白质会使身体微量元素（如锌、铁）的吸收相对减少，而这些微量元素对于头发生长和保持健康色泽是非常关键的。这可能导致头发变得脆弱、易折断，甚至出现脱发问题。在指甲上，过量蛋白质摄入会导致指甲生长异常。比如，可能使指甲变得过硬、过厚，容易出现分层和断裂的情况，而且指甲的颜色也可能变得不正常。

除此，蛋白质摄入过多尤其是动物性蛋白质摄入过多，将会对机体带来不利影响：摄入过多的动物蛋白质常伴随着较多动物脂肪和胆固醇的摄入；动物蛋白质摄入过多，也可由于含硫氨基酸增多而加速尿钙排出，易产生骨质疏松症；过多摄入的蛋白质在代谢过程中需要大量水分，增加了肾脏负担；蛋白质超过需要时可转变为能量或储存为脂肪；摄入较多同型半胱氨酸的男性，发生心脏疾患的风险是对照组的 3 倍；摄入蛋白质过多可能与一些癌症有关，尤其是结肠癌、乳腺癌、肾癌、胰腺癌和前列腺癌。

八、蛋白质的参考摄入量和食物来源

（一）蛋白质的参考摄入量

理论上成人每天摄入约 30g 蛋白质就可满足零氮平衡，但从安全性和消化吸收等其他因素考虑，成人按 $0.8g/(kg \cdot d)$ 摄入蛋白质为宜。我国由于以植物性食物为主，所以成人蛋白质推荐量为 $1.16g/(kg \cdot d)$。也可按摄入蛋白质所提供的能量百分比来计算，我国成人摄入蛋白质所提供的能量应占膳食总能量的 $10\% \sim 20\%$。中国营养学会推荐成人蛋白质的 RNI 为：男性 65g/d，女性 55g/d。

（二）蛋白质的食物来源

蛋白质广泛存在于动植物性食物中。动物性蛋白质质量好、利用率高，但同时富含饱和脂肪酸与胆固醇，而植物性蛋白利用率较低。因此，注意蛋白质互补，适当进行搭配是非常重要的。大豆可提供丰富的优质蛋白质，其对人体健康的益处也越来越被认可；牛奶也是优质蛋白质的重要食物来源，我国人均牛奶的年消费量很低，应大力提倡我国各类人群增加牛奶和大豆及其制品的消费。猪蹄、动物筋腱和猪皮等含丰富的胶原蛋白和弹性蛋白，但营养价值低。

任务二　脂类与美容

PPT

脂类包括脂肪和类脂，是一类化学结构相似或完全不同的有机化合物，是人体重要的供能营养素，也是体内主要的储能物质。人体脂类总量占体重的 $10\% \sim 20\%$。脂肪又称甘油三酯，是体内重要的储能和供能物质，约占体内脂类总量的95%，类脂主要包括磷脂和固醇类，约占全身脂类总量的5%，是细胞膜、机体组织器官，尤其是神经组织的重要组成成分。脂类在美容方面发挥着重要的作用，脂肪可以防止皮肤干裂、毛发断裂。保持适度的皮下脂肪，不仅可使皮肤丰润、富有弹性和光泽，增添容貌的光彩和身体的曲线美，还有助于保持体温，防止热量的丧失，对机械的撞击起到缓冲作用，保护机体抵御外界的伤害。必需脂肪酸及其衍生物具有抗炎作用，可增进皮肤血管的健全，对紫外线等引起的皮肤损伤具有保护作用，可延缓皮肤的衰老。

一、脂类的分类

（一）脂肪

脂肪也称甘油三酯，由三分子脂肪酸与一分子的甘油化合而成。通常，来自动物性食物的甘油三酯由于碳链长、饱和程度高，熔点高，常温下呈固态，故称为脂；来自植物性食物中的甘油三酯由于不饱和程度高，熔点低，故称为油。甘油三酯分子中的三个脂肪酸，其结构不完全相同，在自然界中还未发现由单一脂肪酸构成的甘油三酯。组成天然脂肪的脂肪酸种类很多，根据碳链的长短、有无双键、双键数目、双键位置以及空间结构的不同，脂肪酸可以有不同的分类方法。根据碳链的长短可将脂肪酸分为长链脂肪酸（含14~24碳）、中链脂肪酸（含8~12碳）、短链脂肪酸（含6碳以下）。根据碳链上有无双键及双键数目可将脂肪酸分为饱和脂肪酸（saturated fatty acid，SFA）、单不饱和脂肪酸（monounsaturated fatty acid，MUFA）及多不饱和脂肪酸（poly-unsaturated fatty acid，PUFA）。根据脂肪酸分子结构中，从甲基端数第一个不饱和键出现的位置，可分为 $\omega-3$ 及 $\omega-6$ 系列不饱和脂肪酸。根据空间结构的不同可分为顺式和反式脂肪酸。

（二）类脂

1. 磷脂 含有磷酸的脂类称为磷脂，具有亲水性和亲脂性的双重特性。磷脂是除甘油三酯以外，在体内含量较多的脂类。磷脂按其组成结构可以分为两类：一类是磷酸甘油脂，即甘油三酯中一个或两个脂肪酸被磷酸或含磷酸的其他基团所取代的一类脂类物质，常见有卵磷脂、脑磷脂、肌醇磷脂等，其中最重要的是卵磷脂，它是由一个磷酸胆碱基团取代甘油三脂中一个脂肪酸而形成的；另一类是神经鞘磷脂，其分子结构中含有脂肪酰基、磷酸胆碱和神经鞘氨醇，但不含甘油。神经鞘磷脂是膜结构的重要磷脂，它与卵磷脂并存于细胞膜外侧。人红细胞膜的磷脂中20%~30%为神经鞘磷脂。

2. 固醇类 是含有多个环状结构的脂类化合物。其中最重要的是胆固醇，它是细胞膜的重要成分，也是胆汁、性激素、肾上腺素和维生素D的合成原料，与高脂血症、动脉粥样硬化和冠心病有关。

二、脂类的生理功能 🅔微课2

（一）脂肪的生理功能

1. 储存和提供能量 当人体摄入能量过多不能被利用时，就转变为脂肪而储存起来。当机体需要时，脂肪细胞中的脂肪分解酶立即分解甘油三酯释放出甘油和脂肪酸进入血液循环，和食物中被吸收的脂肪一起被分解释放出能量以满足机体的需要。由于甘油三酯中碳、氢的含量远高于蛋白质和碳水化合物，所以可提供较多的能量，1g脂肪可产生能量约39.7kJ（9.46kcal）。

2. 保温及润滑作用 脂肪组织有隔热保温的作用，维持体温正常和恒定，且在体内对器官有支撑和衬垫作用，可保护内部器官免受外力伤害及减少器官间的摩擦，腹腔大网膜中大量脂肪在胃肠蠕动中起润滑作用，甚至皮脂腺分泌脂肪对皮肤也起到润滑护肤作用。

3. 节约蛋白质作用 脂肪在体内代谢分解的产物，可以促进碳水化合物的能量代谢，使其更有效地释放能量。充足的脂肪可保护体内蛋白质（包括食物蛋白质）不被用来作为能源物质，而使其有效地发挥其他生理功能，脂肪的这种功能被称为节约蛋白质作用。

4. 机体构成成分 细胞膜中含有大量脂类，是细胞维持正常的结构和功能的重要成分。

5. 脂肪组织内分泌功能 人体的脂肪组织还具有内分泌作用。现已发现的由脂肪组织所分泌的因子有瘦素、雌激素、脂联素等。这些脂肪组织来源的因子参与机体的代谢、免疫、生长发育等生理过程。

6. 增加饱腹感 食物脂肪由胃进入十二指肠时，可刺激十二指肠产生肠抑胃素，使胃蠕动受到抑制，造成食物由胃进入十二指肠的速度相对缓慢。食物中脂肪含量越多，胃排空的速度越慢，所需时间越长，从而增加饱腹感。

7. 改善食物的感官性状 脂肪作为食品烹调加工的重要原料，可以改善食物的色、香、味、形，达到美观和促进食欲的作用。

8. 提供脂溶性维生素 食物脂肪中同时含有各类脂溶性维生素，脂肪不仅是这类脂溶性维生素的食物来源，也可促进它们在肠道中的吸收。

（二）磷脂的生理功能

1. 提供能量 和甘油三酯一样，磷脂也可提供能量。

2. 细胞膜成分 由于磷脂具有极性和非极性双重特性，可帮助脂类或脂溶性物质如脂溶性维生素、激素等顺利通过细胞膜，促进细胞内外的物质交流。磷脂的缺乏会造成细胞膜结构受损，使毛细血管脆性和通透性增加，皮肤细胞对水的通透性增高引起水代谢紊乱，产生皮疹。

3. 乳化剂作用 磷脂可以使体液中的脂肪悬浮在体液中，有利于其吸收、转运和代谢。

4. 改善心血管作用 磷脂能改善脂肪的吸收和利用，防止胆固醇在血管内沉积、降低血液的黏度、促进血液循环，对预防心血管疾病具有一定作用。

5. 改善神经系统功能 食物磷脂被机体消化吸收后释放出胆碱，进而合成神经递质乙酰胆碱，可促进和改善大脑组织与神经系统的功能。

（三）胆固醇的生理功能

1. 细胞膜成分 胆固醇是细胞膜的重要成分，人体内90%的胆固醇存在细胞之中。

2. 人体内许多重要的活性物质的合成材料 如胆汁、性激素（如睾酮）、肾上腺素（如皮质醇）等，因此肾上腺皮质中胆固醇含量很高，主要作为激素合成的原料。胆固醇还可在体内转变成7－脱氢胆固醇，后者在皮肤中经紫外线照射可转变成维生素 D_3。

三、必需脂肪酸

必需脂肪酸（essential fatty acid，EFA）是人体不可缺少且自身不能合成，必须通过食物供给的脂肪酸。EFA 有 $\omega-6$ 系的亚油酸和 $\omega-3$ 系的 $\alpha-$ 亚麻酸。EFA 主要有以下功能。

1. 构成磷脂的组成成分 磷脂是细胞膜的主要结构成分，它是膜磷脂具有流动特性的物质基础，所以 EFA 与细胞膜的结构和功能直接相关。

2. 前列腺素等体内活性物质的前体 前列腺素、血栓素以及白三烯等体内活性物质的前体，参与血管的扩张和收缩、体内免疫调节、炎性反应及血栓的形成和溶解过程。

3. 参与胆固醇代谢 体内大约70%的胆固醇与脂肪酸酯化成酯。在低密度脂蛋白和高密度脂蛋白中，胆固醇与亚油酸形成亚油酸胆固醇酯，然后被转运和代谢。HDL 可将胆固醇运往肝脏而被代谢分解。

4. α－亚麻酸的衍生物 EPA 和 DHA 的特殊生理功能 二十碳五烯酸（eicosapentaenoic acid，EPA）具有抗炎、抗血栓形成、降血脂、舒张血管的特性。二十二碳六烯酸（docosahexoenoic acid，DHA）俗称"脑黄金"，是人体脑细胞和视网膜细胞的结构和功能成分，对脑和视网膜的发育及功能具有重要作用。两者均有益于预防和治疗冠心病、高血压、关节炎、其他炎症性和自身免疫性疾病及肿瘤。

5. 构成皮脂膜的成分，保护皮肤抵御外来侵害 皮脂膜为覆盖于皮肤表面的一层透明薄膜，又称为水脂膜。主要由汗腺分泌的汗液作为水相和皮脂腺分泌的皮脂作为油相乳化而成。其主要成分为具有保湿作用的神经酰胺、具有防晒作用的角鲨烯及具有抗炎作用的亚油酸、亚麻酸及脂质成分。

四、反式脂肪酸

（一）反式脂肪酸的来源

1. 天然来源 反刍动物（如牛、羊）的肉和乳制品中含有少量天然反式脂肪酸，这是由反刍动物瘤胃中微生物的生物氢化作用产生的。

2. 加工来源 植物油的氢化加工过程会产生反式脂肪酸，像人造黄油、起酥油等部分氢化油脂是反式脂肪酸的主要来源，其中，人造奶油、蛋糕、饼干、油炸食品、乳酪产品以及花生酱等食品富含反式脂肪酸。另外，油脂的精炼脱臭过程中，高温处理也会产生少量反式脂肪酸。部分油炸食品在反复油炸过程中，油脂发生异构化，也会生成反式脂肪酸。

（二）反式脂肪酸的危害

1. 对心血管系统有害 它会升高血液中低密度脂蛋白胆固醇水平，降低高密度脂蛋白胆固醇水平，增加动脉粥样硬化和冠心病的发病风险。

2. 影响认知功能 可能会对婴幼儿和青少年的大脑发育和认知功能产生不良影响。

3. 增加糖尿病风险 会干扰胰岛素的敏感性，从而增加患 2 型糖尿病的风险。

（三）反式脂肪酸对美容的影响

反式脂肪酸会影响皮肤的正常代谢。反式脂肪酸进入人体后，可能会引起体内炎症反应，这种炎症会干扰皮肤的新陈代谢，让皮肤变得粗糙。而且炎症会影响皮肤的胶原蛋白合成，使皮肤失去弹性，加速皮肤老化，出现皱纹。

反式脂肪酸还会导致皮脂分泌异常。它可能会使皮脂腺分泌过于旺盛，进而堵塞毛孔，增加粉刺、痘痘等皮肤问题出现的概率。

五、脂类的美容作用

1. 构成角质层细胞膜的脂质双层结构 皮肤最外层的角质层与皮肤美容关系最密切，是皮肤的主要"卫士"，对皮肤具有保护、防晒、吸收、保湿和美容五大功能。角质层主要是由角质细胞和脂质构成的，角蛋白和脂质紧密有序的排列能抵御外界各种物理、化学和生物性有害因素对皮肤的侵袭。皮肤的屏障功能被形象地比喻为"砖墙学说"，其中角质细胞是"砖块"。角质层细胞是由表皮基底层的角质细胞增生分化而来的，脂类物质构成角质层细胞膜的脂质双层结构，可以防止保湿因子的丢失，维持稳定的水合状态，在皮肤的屏障功能中发挥一定的作用。

2. 作为角质形成细胞间隙中的成分 角质形成细胞间隙中的脂质可比作"灰浆"，其中含有神经酰胺、脂肪酸和胆固醇。它们填充于角质形成细胞之间，像"灰浆"一样将"砖块"紧密地结合在一起，形成皮肤的稳定结构，保证皮肤的屏障功能。角质层间隙的脂质有利于脂溶性物质的吸收，角质层的脂质与天然保湿因子使角质层保持一定的含水量，使皮肤光滑、柔韧而富有弹性。

3. 亚油酸、亚麻酸等是皮脂膜的组成成分　皮脂膜和"砖墙结构"构成了抵御物理、化学和生物因素危害皮肤的第一道屏障。包裹在皮肤表面的脂质是皮肤屏障的组成部分，可避免水分从皮肤中过度流失。表皮中的脂质能锁住水分，阻止真皮营养物质、保湿因子和水分的散失，对皮肤有滋润、保湿的作用。表皮中的亚油酸、亚麻酸亦是抗炎因子，对外界炎性刺激具有抵抗作用。

六、脂类的营养价值评价

1. 脂肪的消化率　食物脂肪的消化率与其熔点密切相关。熔点低于体温的脂肪消化率可高达97%~98%；高于体温的脂肪消化率约90%；熔点高于50℃的脂肪较难消化，多见于动物脂肪。含不饱和脂肪酸和短链脂肪酸越多的脂肪，熔点越低，越容易消化，多见于植物脂肪。一般植物脂肪的消化率要高于动物脂肪。

2. 必需脂肪酸含量　一般植物油中亚油酸和 α - 亚麻酸含量高于动物脂肪，其营养价值优于动物脂肪。但椰子油中亚油酸含量很低，其不饱和脂肪酸含量也少。

3. 各种脂肪酸的比例　机体对饱和脂肪酸、单不饱和脂肪酸和多不饱和脂肪酸的需要不仅要有一定的数量，还应有一定的比例。有研究推荐饱和脂肪酸、单不饱和脂肪酸、多不饱和脂肪酸的比例应为1：1：1；日本学者则建议为3：4：3比例更适宜。所以三者之间的比例仍需要进一步的研究。

4. 脂溶性维生素含量　脂溶性维生素含量高的脂类其营养价值也高。植物油中富含维生素E，特别是谷类种子的胚油（如麦胚油）维生素 E 的含量非常丰富。动物皮下脂肪几乎不含维生素，而器官脂肪如肝脏脂肪中含有丰富的维生素 A、维生素 D，某些海产鱼肝脏脂肪中维生素 A、维生素 D 含量更高。

七、脂类与美容的关系

磷脂和必需脂肪酸缺乏将影响人体免疫功能、生长发育、皮肤健康以及人类早期生长发育过程中脑及视网膜的发育和功能。对皮肤健康的影响，临床上可表现为毛细血管脆性和通透性增加，易发生皮疹。

脂肪摄入过多尤其是饱和脂肪酸摄入量过多，是导致血胆固醇、甘油三酯和低密度脂蛋白胆固醇升高的主要原因，可增加患冠心病的危险性，多不饱和脂肪酸对人体健康虽然有很多益处，但摄食也不宜过量。多不饱和脂肪酸在代谢过程中，其结构中的不饱和双键易产生脂质过氧化作用，产生的过氧化脂质是促进衰老和发生肿瘤的危险因素之一。此外，ω - 3 系列多不饱和脂肪酸还有抑制免疫功能的作用，所以也要防止过多摄入。

尽管 EPA 和 DHA 有诸多有益作用，但也并非多多益善。EPA 和 DHA 分别含有 5 个和 6 个双键，是高度不饱和脂肪酸，易受体内活性氧自由基攻击而引发脂质过氧化反应，产生脂质过氧化物。脂质过氧化物可破坏细胞膜，而免疫细胞的功能高度依赖于正常的膜结构和功能。因此，脂质过氧化作用对免疫细胞膜结构和功能的损害将对机体免疫功能造成不利影响。另外，脂质过氧化物能破坏人体中的 DHA 而引起癌变，脂质过氧化产物中的丙二醛能使蛋白质交联而使肌肉失去弹性，还可使黑色素增多、出现老年斑，这是人老化的重要因素之一。因此选用 EPA、DHA 时要同时服用维生素 E 等抗氧化剂。

八、脂类的参考摄入量和食物来源

（一）脂类的参考摄入量

脂肪摄入过多，可导致肥胖症、心血管疾病、高血压和某些癌症发病率的升高，因此预防此类疾病发生的重要措施就是降低脂肪的摄入量。中国营养学会推荐成人脂肪摄入量应占总能量的20%~30%。建议健康成年人的饱和脂肪酸、单不饱和脂肪酸及多不饱和脂肪酸摄入量均应在膳食总能量的10%以下。ω-6系列多不饱和脂肪酸与ω-3系列多不饱和脂肪酸的比例为4∶1~6∶1，由于目前关于膳食胆固醇摄入与血脂代谢和脑血管疾病死亡之风险之间的关系仍存在争议，《中国居民膳食营养素参考摄入量（2023版）》未设定膳食胆固醇的AMDR，但对于心脑血管疾病患者，建议参考对应疾病防控指南。反式脂肪酸的上限摄取量为总能量的1%。《中国居民膳食营养素参考摄入量》（2023版）提出，成年人亚油酸的适宜摄入量为占总能量的4%，ω-6多不饱和脂肪酸AMDR占总能量的2.5%~9%；α-亚麻酸的适宜摄入量为占总能量的0.6%，ω-3多不饱和脂肪酸AMDR占总能量的0.5%~2%。婴幼儿DHA的适宜摄入量为100mg/d，孕妇和乳母EPA和DHA的AI值为250mg/d，其中DHA为200mg/d。一般来说，只要注意摄入一定量的植物油，便不会造成必需脂肪酸的缺乏。

饱和脂肪酸多存在于动物脂肪和乳脂中，可使血中低密度脂蛋白胆固醇（low-density lipoprotein cholesterol，LDL-C）水平升高，这与心血管疾病的发生有关。因为其不易被氧化而产生有害的氧化物、过氧化物等，且一定量的饱和脂肪酸有助于高密度脂蛋白胆固醇（HDL）的形成，因此人体不应完全限制饱和脂肪酸的摄入。单不饱和脂肪酸的代表是油酸。茶油和橄榄油中油酸含量达80%以上，棕榈油中含量也很高，约40%。据多数研究报道，单不饱和脂肪酸降低血胆固醇、甘油三酯和LDL-C的作用与多不饱和脂肪酸相近，但大量摄入亚油酸在降低LDL-C的同时高密度脂蛋白胆固醇（high-density lipoprotein cholesterol，HDL-C）也降低，而大量摄入油酸则无此情况。同时单不饱和脂肪酸不具有多不饱和脂肪酸潜在的不良作用，如促进机体脂质过氧化、促进化学致癌作用和抑制机体的免疫功能等，所以可用单不饱和脂肪酸取代部分膳食饱和脂肪酸。

（二）脂类的食物来源

人类膳食脂肪主要来源于动物脂肪组织、肉类及植物的种子。畜禽等动物脂肪中饱和脂肪酸和单不饱和脂肪酸含量较多，而多不饱和脂肪酸含量较少。水产品却富含不饱和脂肪酸，如深海鱼、贝类食物含二十碳五烯酸（EPA）和二十二碳六烯酸（DHA）相对较多。植物脂肪（或油）主要富含不饱和脂肪酸。植物油中普遍含有亚油酸，豆油和紫苏籽油、亚麻籽油中α-亚麻酸较多，但可可油、椰子油和棕榈油则富含饱和脂肪酸。磷脂含量较多的食物为蛋黄、肝脏、大豆、麦胚和花生等。含胆固醇丰富的食物是动物脑、肝、肾等内脏和蛋类，肉类和奶类也含有一定量的胆固醇。

任务三　碳水化合物与美容

PPT

碳水化合物是由碳、氢、氧三种元素组成的有机化合物，因分子式中氢和氧的比例恰好与水相同为2∶1而得名。但是一些不属于碳水化合物的分子也有同样的元素组成比例，如甲醛（CH_2O）、乙酸（$C_2H_4O_2$）等。因此，国际化学名词委员会在1927年曾建议用"糖"一词来代替碳水化合物。但由于习惯和接受率，"碳水化合物"一词至今仍被广泛使用。

碳水化合物是最早被发现的营养素之一，广泛存在于动植物中，包括构成结构的骨架物质如膳食纤维、果胶、黏多糖和几丁质，以及为能量代谢提供原料的物质如淀粉、糊精和糖原等。碳水化合物是人类膳食能量的主要来源，对人类营养有着重要作用。

一、碳水化合物的分类

（一）糖

1. 单糖 是不能被水解的最简单的碳水化合物，按照羧基在分子中的位置可为多羟醛（醛糖）和多羟酮（酮糖）。根据分子中功能碳原子的数目，单糖依次命名为乙糖、丙糖、丁糖、戊糖、己糖及庚糖。分子中碳原子数≥3的单糖因含有不对称碳原子，所以有D－及L－两种构型，天然存在的单糖多为D－型。食物中最常见的单糖是葡萄糖和果糖。葡萄糖是一类具有右旋性和还原性的醛糖，因而在工业上常称为右旋糖。在人体禁食情况下，它是体内唯一的游离存在的单糖，在血中的浓度大约是5mmol/L（100mg/dl）。果糖主要存在于水果和蜂蜜中。在糖类中果糖最甜，其甜度是蔗糖的1.2~1.5倍。

2. 双糖 蔗糖是最具有商业意义的双糖，主要来源于甘蔗和甜菜。蔗糖由一分子的葡萄糖和一分子的果糖结合而成，无还原性。麦芽糖是由两个分子的葡萄糖结合构成，无还原性。乳糖是仅存在于乳品中的双糖，它由葡萄糖和β－半乳糖结合，有还原性。在消化过程中需要乳糖酶将乳糖水解为单糖才能被人体吸收。乳糖不耐受者不能或仅能少量地分解、吸收乳糖，而大量的乳糖因未被吸收而进入大肠，在肠道细菌的作用下产酸、产气，引起胃肠不适、胀气、痉挛和腹泻等。造成乳糖不耐受的原因主要有：①先天性缺少或不能分泌乳糖酶；②某些药物如抗癌药物或肠道感染而致乳糖酶分解和减少；③更多的人则是由于年龄增加，乳糖酶水平不断降低所致。一般自2岁以后到青年时期，乳糖酶水平可降至出生时的5%~10%。

3. 糖醇 是单糖还原后的产物，广泛存在于生物界特别是在植物中。因为糖醇的代谢不需要胰岛素，常用于糖尿病患者膳食。在食品工业上，糖醇也是重要的甜味剂和湿润剂，目前常使用的有甘露醇、麦芽糖醇、乳糖醇、木糖醇和混合糖醇等。

（二）寡糖

寡糖又称低聚糖，是由3~10个的单糖分子通过糖苷键构成的聚合物，根据糖苷键的不同而有不同名称。目前已知的几种重要的功能性低聚糖有低聚果糖、异麦芽低聚糖、海藻糖、低聚木糖及大豆低聚糖等，一些低聚糖存在于水果和蔬菜中，多数低聚糖不能或只能部分被吸收，能被结肠益生菌利用，产生短链脂肪酸。

▌知识链接

益生菌、益生元、合生元

益生菌是指服用足够量时能对人体产生有益作用的一类活的微生物，具有调节肠道菌群、改善肠道环境和抑制癌症因子的作用。"益生元"一词最早由吉布森和罗伯弗里德创造，它被定义为"一种不可消化的食物成分，可以选择性地刺激结肠中一种或有限数量细菌的生长和活动，从而改善宿主健康"，常见的益生元主要有低聚果糖、菊粉和低聚半乳糖等。益生菌和益生元的组合被称为合生元，具有增强内源性和外源性益生菌活性的双重作用，即它可以发挥益生菌的生理活性，也可以快速增加该菌株的数量，使其作用效果更加显著和持久。作为新一代的微生态调节制剂，合生元使益生菌和益生元协同作用，共同对抗疾病，维护机体的微生态平衡。

（三）多糖

多糖指带有 10 个或以上单糖分子通过 1,4 – 或 1,6 – 糖苷键相连而成的聚合物。其性质与单糖和低聚糖不同，一般不溶于水，无甜味，不形成结晶，无还原性。在酶或酸的作用下，可水解成单糖残基数不等的片断，最后成为单糖。

淀粉存在于谷类、根茎类等植物中，由葡萄糖聚合而成，因聚合方式不同分为直链和支链淀粉，支链淀粉遇碘产生棕色反应，易使食物糊化，从而提高消化率，直链淀粉遇碘产生蓝色反应，且易"老化"，形成难消化的抗性淀粉。抗性淀粉是膳食纤维的一种，是在人类小肠内不能吸收、在大肠内被发酵的淀粉及其分解产物。

膳食纤维是指植物性食物或原料中含有 3 个以上糖苷键、不能被人体小肠消化和吸收、对人体有健康意义的碳水化合物。主要包括纤维素、木质素、抗性低聚糖、果胶、抗性淀粉等，以及其他不可消化的碳水化合物。根据膳食纤维能否在温水或热水中溶解可将其分为以下几种。

1. 不溶性膳食纤维

（1）纤维素　植物细胞壁的组成成分，一般不能被肠道微生物分解，在麸皮中存在较多。

（2）半纤维素　谷类纤维的主要成分，在麸皮中存在较多。

（3）木质素　植物木质化过程中形成的非碳水化合物，不能被人体消化吸收，主要存在于植物的木质化部分和种子中。

2. 可溶性膳食纤维　指既可溶于水，又可以吸水膨胀，并能被大肠中微生物酵解的膳食纤维。存在于植物细胞液及细胞间质中。

（1）果胶　是被甲酯化至一定程度的半乳糖醛酸多聚体，通常存在于水果和蔬菜中。

（2）树胶和黏质　由不同的单糖及其衍生物组成，如阿拉伯胶、瓜拉胶。

（3）某些半纤维素　有些半纤维素也是可溶性膳食纤维。

二、碳水化合物的生理功能

（一）提供能量

膳食碳水化合物是人类最经济和最主要的能量来源。以葡萄糖为主供给机体各种组织能量，每克葡萄糖在体内氧化可以产生 16.7kJ（4kcal）的能量。

（二）构成组织结构及生理活性物质

碳水化合物是构成机体组织的重要物质，并参与细胞的组成和多种活动。每个细胞都含有碳水化合物，主要以糖脂、糖蛋白和蛋白多糖的形式存在，分布在细胞膜、细胞器膜、细胞质以及细胞间基质中。糖结合物还广泛存在于各组织中，如脑和神经组织中含大量糖脂，糖脂是细胞与神经组织的结构成分之一。糖与蛋白质结合生成的糖蛋白如黏蛋白与类黏蛋白，是构成软骨、骨骼和眼角膜、玻璃体的组成成分；某些酶如核酸酶等都是糖蛋白。一些具有重要生理功能的物质，如抗体、酶和激素的组成成分，也需碳水化合物参与。

（三）抗生酮及节约蛋白质的作用

当膳食中碳水化合物供应不足时，机体为了满足自身对葡萄糖的需要，则通过糖异生作用产生葡萄糖，主要动用体内蛋白质。而当摄入充足的碳水化合物，则不需要动用蛋白质来供能，进而减少蛋白质的消耗，即碳水化合物具有节约蛋白质的作用。

（四）解毒作用

糖类代谢可产生葡糖醛酸，葡糖醛酸可与体内毒素结合进而解毒。

（五）维持脑细胞的正常功能

人体的大脑和红细胞必须依靠血糖供给能量，因此维持神经系统和红细胞的正常功能也需要糖类。葡萄糖是维持大脑正常功能的必需营养素，当血糖浓度下降时，脑组织可因缺乏能源而使脑细胞功能受损，造成功能障碍，并出现头晕、心悸、出冷汗甚至昏迷等低血糖症状。

（六）血糖调节作用

食物对于血糖的调节作用主要在于食物消化吸收速率和利用率。碳水化合物的含量、类型和摄入总量是影响血糖的主要因素。不同类型的碳水化合物，即使摄入的总量相同，也会产生不同的血糖反应。食物中消化快的淀粉、糖等成分，可以很快在小肠吸收并升高血糖水平；而一些抗性淀粉、寡糖或其他形式的膳食纤维，则不能显著升高血糖，而是一个持续缓慢释放过程。这是因为抗性淀粉只有进入结肠经细菌发酵后才能吸收，对血糖的应答影响缓慢而平稳。因此在糖尿病患者膳食中，应合理使用碳水化合物的种类及数量。

三、血糖生成指数与血糖负荷

（一）血糖生成指数

食物血糖生成指数（glycemic index，GI）简称生糖指数，是反映食物引起人体血糖升高程度的指标，是人体进食后机体血糖生成的应答状况。GI = 某食物在食后 2 小时血糖曲线下面积/相当含量葡萄糖在食后 2 小时血糖曲线下面积 × 100%。它是 Jenkins 在 1981 年提出，可以衡量某种食物或某种膳食组成对血糖浓度的影响。一般 GI > 70 为高生糖指数，70 ~ 55 为中生糖指数，≤55 为低生糖指数食物。GI 反映食物被消化吸收后升高血糖的程度，GI 高的食物或膳食，进入胃肠后消化快、吸收完全，葡萄糖迅速进入血液；反之则在胃肠内停留时间长，释放缓慢，葡萄糖进入血液后峰值低，下降速度慢。

（二）血糖负荷

餐后血糖水平除了与碳水化合物的血糖指数高低有关外，还与食物中碳水化合物的含量密切相关。GI 高的食物，如果碳水化合物含量很少，尽管其容易转化为血糖，但对血糖总体水平的影响并不大。因此在 GI 的基础上提出血糖负荷（glycemic load，GL）的概念，用来评价某种食物摄入量对人体血糖影响的幅度。其计算公式为：GL = 摄入食品中碳水化合物的重量 × 食品的 GI 值/100。一般认为 GI < 10 为低 GL 食物，10 ~ 20 为中 GL 食物，>20 为高 GL 食物，提示食用相应重量的食物对血糖的影响是明显不同的。GL 与 GI 结合使用，可反映特定食品的一般摄入量中所含可消化碳水化合物的数量和质量，因此更接近实际。

四、碳水化合物与美容的关系

碳水化合物缺乏会导致营养不良、生长迟缓、低体重、消瘦、低血糖、易疲乏、头晕、心悸等症状，除此之外，还会导致肌肉松弛。长期摄入过量碳水会导致胰岛素抵抗，甚至引发糖尿病、肥胖症，还会带来一系列的糖基化问题，如高血压、高血脂等心脑血管疾病，除此，过量碳水化合物会导致皮肤早衰，皮肤上过多的糖与皮肤上的蛋白质（胶原蛋白为主）发生了糖基化反应，使皮肤发黄、发暗，甚至出现暗斑。皮肤在发生糖基化反应的过程中，还会释放出大量的自由基，这些自由基会进一步加速皮肤的老化，会让皮肤的胶原蛋白丢失，皮肤的弹性变差，渗透水的能力也会降低，最后的结局就是皮肤干燥、皮肤衰老，出现比同龄健康人群更多的皱纹。

五、碳水化合物的参考摄入量和食物来源

（一）碳水化合物的参考摄入量

2023 年中国营养学会 DRIs 修订专家组对碳水化合物的 DRIs 进行了修订，确定我国成年人的平均需要量为 120g，可接受范围为总能量的 50%~65%；膳食纤维的适宜摄入量为 25~30g/d。对添加糖摄入量进行限制，每日不超过 50g，最好限制在 25g 以内。

（二）碳水化合物的食物来源

碳水化合物的来源应含有多种不同种类的谷物，特别是全谷物，应限制纯热能食物如糖的摄入量，以保障人体能量充足和营养素的需要。富含碳水化合物主要有面粉、大米、玉米、土豆、红薯等食物。粮谷类一般含碳水化合物 60%~80%，薯类含量为 15%~29%，豆类为 40%~60%。单糖和双糖的来源主要是白糖、糖果、甜食、糕点、水果、含糖饮料和蜂蜜等。全谷类、蔬菜、水果等富含膳食纤维，一般含量在 3% 以上。

任务四　能量与美容

PPT

在生命活动中，机体不断地从外界环境中摄取食物，以获取所需要的能量和营养物质。食物中的产能营养素在体内氧化后可产生能量，以满足机体生命活动对能量的需要，同时，机体每天也在不断地消耗能量，使得能量的摄入和消耗处于动态平衡之中。适宜的运动能促进血液循环和新陈代谢，增加皮肤血液携氧量及血流量，使皮肤红润健康，可延缓皮肤衰老。能量平衡可因机体内外环境因素的变化而受到影响，一旦能量平衡失调，将会引起一系列的健康及美容问题。

一、能量单位及能量系数

（一）能量单位

国际通用的能量单位是焦耳（joule，J）、千焦耳（kilojoule，kJ）或兆焦耳（megajoule，MJ）。营养学领域常使用的能量单位是卡（calorie，cal）和千卡（kilocalorie，kcal）。能量单位换算关系如下。

$$1kJ = 0.239kcal$$
$$1kcal = 4.184kJ$$
$$1000kcal = 4.18MJ$$

（二）能量系数

每克碳水化合物、脂肪和蛋白质在体内氧化分解（或在体外燃烧）时所产生的能量值称之为能量系数或食物的热价。碳水化合物和脂肪在体内氧化分解与在体外燃烧的热能是相等的，最终产物均为 CO_2 和 H_2O；因此，碳水化合物和脂肪的物理热价和生物热价相等。但蛋白质在体内不能完全氧化，除了 CO_2 和 H_2O 外，还产生一些不能继续被分解利用的含氮化合物（如尿素、尿酸、肌酐和氨），每克蛋白质产生的这些含氮物质在体外继续完全燃烧，还可产生 5.44kJ 的能量。如果采用体外测试热量试验推算体内氧化产生的能量值时，1g 碳水化合物、脂肪和蛋白质在体内氧化时平均产生的能量分别为 17.15kJ（4.1kcal）、39.54kJ（9.45kcal）和 23.65kJ（5.65kcal）。一般情况下，食物营养素在人体消化道不能全部被吸收，且消化率也不相同。混合膳食中碳水化合物、脂肪和蛋白质的

吸收率分别为98%、95%和92%，因此，在实际应用中，将产能营养素产生的能量多少按照以下关系进行换算。1g碳水化合物：17.15kJ×98%＝16.81kJ（4kcal）；1g脂肪：39.54kJ×95%＝37.56kJ（9kcal）；1g蛋白质：(23.64－5.44)×92%＝16.74kJ/g（4kcal）。此外，乙醇也能提供较高的能量，1g乙醇产生的能量为29.3kJ（7kcal）。

二、人体能量的来源和转换

能量主要来源于食物中的碳水化合物、脂肪和蛋白质，其普遍存在于各种食物中。谷薯类含有丰富的碳水化合物，是最经济最廉价的膳食能量来源；油脂类富含脂肪；动物性食物则富含蛋白质与脂肪；果蔬类能量含量较少。我国成年人膳食中碳水化合物提供的能量应占总能量的50%～65%、脂肪占20%～30%、蛋白质占10%～20%为宜。年龄越小，脂肪供能占总能量的比重应适当增加，但成年人脂肪摄入量不宜超过总能量的30%。

酒的主要成分为乙醇，可以产生较高的热能、促进机体脂肪的沉积，每克乙醇可产生29.3kJ（7kcal）的热能。过多的热能可以转化为脂肪。若饮酒可少量饮用低度酒，如葡萄酒含多种植物化学物，具有抗氧化、延缓衰老作用。青少年不应饮酒。

生物氧化主要是指糖、脂肪、蛋白质等营养物质在生物体内进行一系列氧化分解，最终生成CO_2和H_2O并释放出能量的过程。生物氧化释放出的能量使ADP磷酸化生成ATP，供生命活动需要。生物体内能量的贮存、转移和利用都是以ATP为中心进行的，ATP几乎是细胞能够直接利用的唯一能源，水解时释放的能量可直接供给各种生命活动，如肌肉收缩、腺体分泌、离子平衡、神经传导、合成代谢、维持体温等。

三、机体的能量消耗

食量与体力活动的平衡，亦是能量摄入与消耗的平衡。能量的摄入与消耗不平衡，可导致肥胖或消瘦，影响形体美，导致相关疾病的发生。因此，食量与体力活动的平衡非常重要。在理想的能量平衡状态下，人体对能量的需要与消耗是一致的，即机体的能量需要等于其能量消耗。能量消耗主要用于维持基础代谢、食物热效应、进行体力活动以及特殊生理阶段的需要。

（一）基础代谢

基础代谢又称基础能量消耗（basic energy expenditure，BEE），是指维持机体最基本的生命活动所需要的能量消耗，占人体总能量消耗的45%～70%。WHO/FAO对基础代谢的定义是人体经过10～12小时空腹和良好的睡眠、清醒仰卧、恒温条件下（一般为22～26℃），无任何身体活动和紧张的思维活动，全身肌肉放松时的能量消耗。此时能量消耗仅用于维持体温、呼吸、心脏搏动、血液循环及其他组织器官和细胞的基本生理功能的需要。基础代谢的水平用基础代谢率（basal metabolic rate，BMR）来表示，是指人体处于基础代谢状态下，每小时每千克体重（或每平方米体表面积）的能量消耗，其常用单位为kJ/(kg·h)或kcal/(kg·h)、kJ/(m²·h)或kcal/(m²·h)。影响人体基础代谢能量消耗的因素如下。

1. 体型与体质　基础代谢与体表面积的大小成正比，体表面积越大，向外环境散热越快，基础代谢能量消耗亦越高。机体组织（包括肌肉、心脏、肝脏、肾脏及脑等）是代谢活跃的组织，其消耗的能量占基础代谢能量消耗的70%～80%，脂肪组织消耗的能量明显低于瘦体组织；因此，同等体重情况下，瘦高且肌肉发达者的基础代谢能量消耗高于矮胖者。年龄和体表面积相同，男性瘦体组织所占比例一般高于女性，其基础代谢能量消耗比女性高5%～10%。

2. 生理与病理状况　婴幼儿和青少年生长发育迅速，基础代谢能量消耗相对较高。成年后基础代谢水平随年龄增长不断下降，30 岁后 BMR 每 10 年降低 1%~2%，更年期后下降更多，且能量消耗减少。另外，妊娠期妇女和哺乳期妇女的基础代谢能量消耗也较高，主要表现在妊娠期妇女的子宫、胎盘、胎儿的发育及体脂储备以及哺乳期妇女合成与分泌乳汁均需要额外能量的补充。甲状腺素、肾上腺素和去甲肾上腺素等分泌异常、应激状态（发烧、创伤、失眠以及精神心理紧张）时，能量代谢增强，直接或间接影响人体的基础代谢能量消耗。

3. 生活和作业环境　寒冷、大量摄食以及体力过度消耗均可提高基础代谢水平；而禁食、饥饿或少食时，基础代谢能量消耗相应降低。

（二）身体活动

身体活动是指任何由骨骼肌收缩引起能量消耗的身体运动，占人体总能量消耗的 25%~50%，随人体活动量的增加，其能量消耗也将大幅度增加。不同的身体活动水平是导致人体能量需要量不同的主要因素，人体可通过调整身体活动水平来控制能量消耗、保持能量平衡和维持健康。影响身体活动能量消耗的因素包括：肌肉越发达者，活动时消耗能量越多；体重越重者，做相同的运动所消耗的能量也越多；工作越不熟练者，消耗能量就越多。

国际上身体活动强度的通用单位是能量代谢当量（metabolic equivalence of energy，MET），1MET 相当于能量消耗为 1kcal/（kg·h）或耗氧量 3.5ml/（kg·min）的活动强度。身体活动强度一般以 7~9MET 为高强度身体活动，3~6MET 为中等强度身体活动，1.1~2.9MET 为低等强度身体活动。

（三）食物热效应

食物热效应，又称食物特殊动力作用，是指人体在摄食过程中所引起的额外能量消耗，是摄食后发生的一系列消化、吸收利用以及营养素及其代谢产物之间相互转化过程中所消耗的能量，又称食物特殊动力作用。食物热效应的高低与食物营养成分、进食量和进食速度有关。食物中不同产能营养素的食物热效应不同，其中蛋白质的食物热效应最大，为本身产生能量的 20%~30%，而脂肪和碳水化合物分别为 0%~5% 与 5%~10%。混合膳食的食物热效应所消耗的能量相当于基础代谢的 10%。摄食量越多，能量消耗也越多；进食快者比进食慢者食物热效应高，这主要是由于进食快时中枢神经系统较活跃，激素和酶的分泌速度快且数量多，吸收和储存的速率较高，能量消耗也相对较多。

（四）特殊生理阶段的能量消耗

特殊生理阶段包括妊娠期、哺乳期和婴幼儿、儿童、青少年等阶段。妊娠期额外能量消耗的增加主要包括胎儿生长发育和孕妇子宫、乳房与胎盘的发育及母体脂肪的储存以及这些组织的自身代谢等；哺乳期妇女产生乳汁及乳汁自身含有的能量等也需要额外的能量消耗。婴幼儿、儿童和青少年阶段生长发育额外能量的消耗，主要指机体生长发育中合成新组织所需的能量，如出生后 1~3 月龄，能量需要量占总能量需要量的 35%；2 岁时，约为总能量需要量的 3%；青少年期为总能量需要量的 1%~2%。

四、能量与美容的关系

能量过剩或能量不足都会对美容产生影响。能量过剩时，多余的热量主要以脂肪形式储存，会导致体重增加。肥胖可能会引起皮肤褶皱处容易出现炎症、感染，像颈部、腋窝等部位。而且脂肪堆积还会让脸部轮廓变得圆润，缺乏线条感。另外，能量过剩还可能引发内分泌失调，促使皮脂腺分泌过多油脂，堵塞毛孔，增加痤疮等皮肤问题出现的概率。

能量不足时，身体得不到足够的营养来维持皮肤的正常代谢。例如缺乏蛋白质，会使皮肤变得松弛，弹性降低。缺少维生素和矿物质等营养素，皮肤可能会变得干燥、粗糙、失去光泽，并且伤口愈合也会变慢。长期能量不足还会导致脱发，使头发稀疏，影响整体的美容效果。

人群的能量推荐摄入量与其他营养素不同，可以直接等同于该人群的能量平均需要量（EAR）。确定 EER 时，需要充分考虑性别、年龄、体重、身高、体力活动和生长发育等因素。对于妊娠期妇女和哺乳期妇女而言，EER 还应该包括胎儿组织沉积、泌乳过程的能量需要量。确定人体能量的需要，通常采用下述方法。

（一）基础能量消耗计算法

目前，FAO/WHO/UNU 联合专家委员会、欧盟等组织或国家（澳大利亚、荷兰、日本以及东南亚国家等）修订的能量推荐摄入量仍然是以估算基础能量消耗（BEE）为重要基础，再与身体活动水平（physical activity level，PAL）的乘积来估算成年人 TEE，推算出成年人的 EER。

目前，最为公认的推算 BEE 的公式是 Schofield 公式，见表 2 - 1。按照此公式计算中国人的基础代谢偏高，且我国尚缺乏人群基础代谢的研究数据，因此，中国营养学会建议将 18 ~ 59 岁人群按此公式计算的结果减去 5%，作为该人群的基础代谢能量消耗参考值。

表 2 - 1　按体重计算基础能量消耗的公式

年龄（岁）	男		女	
	kcal/d	MJ/d	kcal/d	MJ/d
18 ~ 30	$15.057W + 692.2$	$0.0629W + 2.89$	$14.818W + 486.6$	$0.0619W + 2.03$
30 ~ 60	$11.472W + 873.1$	$0.0479W + 3.65$	$8.126W + 845.6$	$0.0340W + 3.53$
>60	$11.711W + 587.7$	$0.0490W + 2.457$	$9.082W + 658.5$	$0.0379W + 2.753$

注：W 为体重（kg）。

人体活动水平或劳动强度的大小直接影响机体能量需要量。中国营养学会专家委员会在制订 DRIs（2023 版）时，将中国人群成人身体活动强度分为三级，即低强度身体活动水平（PAL1.4）、中等强度身体活动水平（PAL1.70）和高强度身体活动水平（PAL2.00），具体见表 2 - 2。

表 2 - 2　根据双标水法测定结果估测的生活方式或职业的 PAL 值

生活方式	从事的职业或人群	PAL
休息，主要坐位或卧位	不能自理的老年人或残疾人	1.2
静态生活方式/坐位工作，很少或没有高强度的休闲活动	办公室职员或精密仪器机械师	1.4 ~ 1.5
静态生活方式/坐位工作，有时需走动或站立，但很少有高强度的休闲活动	实验室助理，司机，学生，装配线工人	1.6 ~ 1.7
主要是站着或走着工作	家庭主妇，销售人员，侍应生，机械师，交易员	1.8 ~ 1.9
高强度职业工作或高强度休闲活动方式	建筑工人，农民，林业工人，矿工，运动员	2.0 ~ 2.4
每周增加 1 小时的中等强度身体活动		+0.025（增加量）
每周增加 1 小时的高强度身体活动		+0.05（增加量）

由基础代谢率随着年龄增长而降低，中国营养学会对 50 岁以上的人群各 PAL 组的基础能量消耗进行了调整，较 18 ~ 49 岁人群组 BEE 下调 5%（按照 kg 体重计）。

（二）膳食调查

一般健康者在食物供应充足、体重不发生明显变化时，其能量摄入量基本上可反映出能量需要量。一般情况下，通过 5 ~ 7 天的膳食调查，借助《食物成分表》和食物成分分析软件等工具计算出平均每日膳食中碳水化合物、脂肪和蛋白质摄入量，结合调查对象的营养状况，间接估算出人群每日的能量需要量。

（三）能量平衡法

根据膳食摄入量与体重的变化来推算能量需要量。健康成年人在普通劳动和生活条件下，摄入的能量与消耗的能量相近，体重保持相对稳定，为能量平衡，即能量消耗量（MJ）=能量摄入量（MJ）。如果能量摄入小于消耗，机体动员储备脂肪，体重降低，则为能量负平衡，可致消瘦、生理功能紊乱和抵抗力下降，影响儿童生长发育。如果能量摄入大于消耗，多余的能量以脂肪的形式储存，体重增加，为能量正平衡，可致肥胖，加重心脏负担，引起多种疾病。这两种情况不仅妨碍健康，还影响人的外在形象和形体美。因此，在日常生活中保持能量平衡，可有效预防肥胖或消瘦，保持体态的健美和身体的健康。衡量能量的摄入与消耗是否平衡的常用观察指标是体重，可经常测量体重的变化，将体重控制在正常、合理的范围之内。

每增加 1kg 体重，机体将储存 25～33MJ 的能量（平均为 29MJ）。在实际工作中，如果能准确计算一定时期（≥15 天）摄入的能量，并观察体重的变化，则可按下列公式计算每日能量的消耗量。

1. 体重减少 能量消耗量(MJ)=能量摄入量(MJ)+平均体重减少量(kg)×29MJ/调查天数（d）。

2. 体重增加 能量消耗量(MJ)=能量摄入量(MJ)−平均体重增加量(kg)×29MJ/调查天数（d）。

任务五 矿物质与美容

PPT

一、矿物质的分类与生理功能

目前已知人体内主要的矿物质元素有钾、钠、钙、铜、锌、钴、镍、钼、磷、硒、锰、镁、钒、硅、氟、铬等 60 余种。人体对它们的需要量并不太多，而且一旦过量就会发生中毒，但是它们又不可缺少。除了碳、氢、氧、氮主要以有机化合物形式存在外，其余各种元素统称为矿物质。人体内矿物质的总量虽然仅占体重的 4% 左右（碳、氢、氧、氮诸元素约占体重的 96%），需要量也不像蛋白质、脂类、碳水化合物那样多，但其中的二十余种，已被证实为人类营养所必需。其中含量较多的，在机体中含量大于体重 0.01% 以上的，如钙、镁、钾、钠、磷、硫、氯等为主要元素，也称常量元素；而含量小于体重 0.01% 的为微量元素，人体必需的微量元素有铁、锌、碘、硒、氟、铜、钼、锰、铬、镍、钒、锡、硅、钴等 14 种。

矿物质虽然不能直接供能，但在正常生命活动中具有重要作用。

（一）构成机体组织的重要材料

钙、磷、镁是骨骼和牙齿的重要组成成分；铁参与血红蛋白、肌红蛋白和细胞色素的组成；而磷是核酸的基本成分。

（二）维持机体的酸碱平衡和渗透压

Na^+、Cl^- 是维持细胞外液渗透压的主要离子；K^+、HPO_4^{2-} 是维持细胞内液渗透压的主要离子。细胞内外液之间的渗透压平衡由以上离子的浓度决定。这些离子同时也是体液中各种缓冲对的主要成分，在维持体液的酸碱平衡上起重要作用。

（三）维持组织的正常兴奋性

各种矿物质离子对神经肌肉的兴奋性有不同的影响，有些增强其兴奋性，有些则抑制其兴奋性。实验证明，神经肌肉的兴奋性与下列离子浓度和比例有关，Na^+、K^+ 浓度升高，可提高神经肌肉的兴奋性，Ca^{2+}、Mg^{2+} 浓度升高则降低神经肌肉的兴奋性。心肌细胞的兴奋性则不同，Na^+、Ca^{2+} 浓度升高，可提高心肌细胞的兴奋性，K^+、Mg^{2+} 浓度升高则降低心肌细胞的兴奋性。

（四）酶的组成成分和激活剂

不少矿物质离子是酶的组成成分，如过氧化物酶含铁、碳酸酐酶含锌、酚氧化酶含铜。某些无机离子可提高酶的活性，是酶的激活剂，如氯离子是淀粉酶的激活剂，可提高酶对淀粉的消化能力。

二、常量元素

（一）钙

1. 含量与分布　钙是人体含量最多的一种矿物质，成年时总量可达 1200g，为体重的 1.5%~2.0%，其中 99% 以羟磷灰石的形式存在于骨骼和牙齿中，其余分布在体液和软组织中。正常成年人血清钙浓度为 2.45mmol/L 左右。

2. 生理功能

（1）构成骨骼和牙齿　钙为骨骼的主要成分，由于骨骼不断更新，故每日必须补充相当量的钙才能保证骨骼的健康成长和功能维持。

（2）维持神经肌肉的正常兴奋性　神经肌肉的兴奋、神经冲动的传导和心脏的正常搏动都需要钙。当血浆钙离子明显下降时，可引起手足抽搐，甚至惊厥。

（3）维持细胞膜和毛细血管的正常功能　只有 Ca^{2+} 与卵磷脂密切结合，才能维持毛细血管和细胞膜的正常通透性和功能。

（4）参与血液凝固过程　钙有激活凝血酶原使之变成凝血酶的作用。

（5）其他　钙在体内还参与调节或激活多种酶的活性作用，如 ATP 酶、脂肪酶等，钙对细胞的吞噬、激素的分泌等也有影响。

3. 缺乏或过量的危害

（1）钙缺乏的危害　钙缺乏症是较常见的营养性疾病。儿童长期缺乏钙和维生素 D 可引起生长发育迟缓，骨软化、骨骼变形，严重者可导致佝偻病，出现"X"形或"O"形腿等症状。成年人膳食缺钙时，容易发生骨质软化，随年龄增加，老年人及绝经妇女骨质丢失加快，易引起骨质疏松症。

（2）钙过量的危害　钙的过量摄入会增加肾结石的危险性，钙与一些矿物质存在相互干扰和拮抗作用，如钙明显抑制铁的吸收，高钙膳食会降低锌利用率；长时间摄入过量钙与碱，会引起乳碱综合征。

4. 膳食参考摄入量　我国人群中钙缺乏的发生率较高，这是与膳食中的钙量不足、质差以及钙吸收率受众多因素影响有关。《中国居民膳食营养素参考摄入量（2023 版）》建议我国居民成人钙的 RNI 为 800mg/d，UL 为 2000mg/d。

5. 食物来源　钙的最理想来源是奶及奶制品，奶中不仅含钙丰富，而且吸收率高。动物性食物中蛋黄、鱼、贝类和虾皮等含量也高。植物性食物以干豆类含钙量丰富，此外绿叶蔬菜也含有丰富的钙。但有的蔬菜，如苋菜、菠菜等同时含草酸较多，会影响钙的吸收。谷类里含一定量的钙，但同时又含较多的植酸和磷酸盐，故不是钙的良好来源。

（二）磷

1. 含量和分布　除钙以外，磷是人体内含量最多的矿物质，成年人体内含量为 600~900g，其中约有 87.6% 以上存在于骨骼和牙齿中。

2. 生理功能　磷是构成骨骼和牙齿的主要物质；磷是组成细胞中很多重要成分的原料，如核酸、磷脂、磷蛋白以及某些酶等，参与和调节体内生理功能；磷参与糖类和脂肪的吸收与代谢，以高能磷酸键的形式储存能量，参与物质代谢和能量代谢；磷酸盐缓冲系统可参与体内酸碱平衡的调节。

3. 缺乏或过量的危害 由于许多食物含磷丰富，故一般不会引起磷缺乏。以母乳喂养的早产儿，因母乳含磷量较低，不足以满足早产儿骨磷沉积的需要，可发生磷缺乏，出现佝偻病样骨骼异常。长期补钙、输注高营养物质的早产儿，患有甲状腺功能亢进症、做过甲状腺切除术的妇女，长期静脉高营养的患者、创伤和败血症患者以及长期服用氢氧化铝、氢氧化镁或碳酸铝一类结合剂和服用利尿剂的患者容易发生低磷血症。低磷血症主要引起 ATP 合成不足和红细胞内 2,3 - 二磷酸甘油酯（2,3 - DPG）减少，导致组织缺氧。初始可无症状，随后出现厌食、贫血、全身乏力，重者可有肌无力、鸭态步、骨痛、佝偻病、病理性骨折、易激动、感觉异常、精神错乱、抽搐、昏迷，甚至死亡。这些严重症状常在血清无机磷水平降至 0.32mmol/L（10.0mg/L）以下才会出现。

4. 膳食参考摄入量 因为磷广泛存在于各种食物中，只要膳食中蛋白质和钙充分，磷也能满足需要。运动员供应量较高，特别是需耐力及力量性项目的运动员。磷的供给量与钙有关，我国建议成人为 1:（1.5~2）。磷的吸收率比钙高，故不易出现缺乏。《中国居民膳食营养素参考摄入量（2023版）》建议我国居民成人磷的 RNI 为 720mg/d，UL 为 3500mg/d。

5. 食物来源 动物性食物中，瘦肉、蛋、鱼、虾、奶中含磷丰富，植物性食物中豆类、杏仁、核桃、南瓜子、蔬菜也是磷的良好来源。

（三）镁

1. 含量与分布 成年人体内含镁量为 20~30g，其中 70% 分布于骨骼中，约 30% 左右贮存于骨骼肌、心肌、肝、肾、脑等组织的细胞内，只有 1% 分布于细胞外液。

2. 生理功能 镁是骨细胞结构和功能所必需的元素，是以磷酸盐和碳酸盐形式组成骨骼和牙齿的重要成分；镁是某些酶的辅助因子或激活剂，如羧化酶、己糖激酶、ATP 酶等需要 ATP 参与的酶促反应以及氧化磷酸化有关的酶均需 Mg^{2+} 存在；维持神经肌正常兴奋性，维持心肌正常结构与功能。

3. 缺乏或过量的危害

（1）镁缺乏的危害 健康人一般不会发生镁缺乏。引起镁缺乏的主要原因与镁摄入不足、吸收障碍、肾排出增多有关。镁缺乏可对机体产生明显影响。镁耗竭可导致低钙血症，镁缺乏可致神经肌肉兴奋性亢进；低镁血症患者可有房室性期前收缩、心房颤动以及心室颤动，半数伴有血压升高。镁缺乏也可导致胰岛素抵抗和骨质疏松。

（2）镁过量的危害 在正常情况下，肠、肾及甲状旁腺等能调节镁代谢，一般不易发生镁中毒。用镁盐抗酸、导泻、利胆、抗惊厥或治疗高血压疾病，并不至于发生镁中毒。但在肾功能不全、糖尿病酮症早期、肾上腺皮质功能不全、黏液水肿、骨髓瘤、草酸中毒、肺部疾患及关节炎等发生血镁升高时可见镁中毒。腹泻是评价镁毒性的敏感指标。过量镁摄入，血清镁在 1.5~2.5mmol/L 时，常伴有恶心、胃肠痉挛等胃肠道反应；当血清镁增高到 2.5~3.5mmol/L 时则出现嗜睡、肌无力、膝腱反射弱、肌麻痹；当血清镁增至 5mmol/L 时，深腱反射消失；超过 5mmol/L 时可发生随意肌或呼吸肌麻痹；超过 7.5mmol/L 时可发生心脏完全传导阻滞或心搏停止。

4. 膳食参考摄入量 镁是常量元素中体内含量最少的，一般不会缺乏。《中国居民膳食营养素参考摄入量（2023版）》建议我国居民成年人镁的 RNI 为 330mg/d。镁可从汗中丢失，运动员及高温环境下工作出汗较多时，或用利尿剂者从尿中失镁较多，供给量应增加。

5. 食物来源 镁广泛地存在于动植物组织中，绿叶蔬菜、粗粮、坚果、豆类等食物中镁含量丰富，肉类、淀粉类食物及牛乳中的镁含量中等，精制食品的镁含量一般是很低的。

（四）钠

1. 含量与分布 正常成年人体内的钠含量为 45~50mmol/kg 体重，其中约 45% 分布于细胞外液，

40%~45%分布于骨组织上，其余分布于细胞内液。

2. 生理功能 钠是细胞外液的主要阳离子，在维持细胞外液的渗透压和酸碱平衡中起重要作用，并对细胞的水分、渗透压、应激性、分泌和排泄等具有调节功能，同时可增强神经肌肉的兴奋性；钠与ATP的生成和利用、肌肉运动、心血管功能、能量代谢都有关系。此外，糖代谢、氧的利用也需有钠的参与。

3. 缺乏或过量的危害 一般情况下，人体内的钠不易缺乏。但当禁食、少食、高温、高强度身体活动、胃肠疾病等出现时，容易缺乏。钠的缺乏在早期症状不明显，中重度失钠时，可出现恶心、呕吐、血压下降、视力模糊、心率加速、疼痛反射消失，甚至出现休克，可因急性肾功能衰竭而死亡。钠摄入量过多是高血压的重要因素，在高血压家族人群中，较普遍存在对盐敏感的现象。

4. 膳食参考摄入量 《中国居民膳食营养素参考摄入量（2023版）》建议成年人钠的适宜摄入量（AI）为1500mg/d（1g食盐含393mg钠，约相当于食盐3.8g）。

5. 食物来源 食物中钠的来源可分为两大类，即天然存在于食物中的钠和加工食物过程中加入的含盐调味品。

（五）钾

1. 含量与分布 正常成年人的钾含量约为45mmol/kg体重，成年男性略高于女性。钾总量约98%在细胞内，而只有2%在细胞外。体内钾有70%在肌肉，10%在皮肤，红细胞内占6%~7%、骨内占6%、脑占4.5%、肝占4.0%。各种体液内都含有钾。

2. 生理功能 钾是细胞内液中的主要阳离子，也是血液的重要成分。钾不仅维持着细胞内液的渗透压和酸碱平衡，维持神经肌肉、心肌的兴奋性，而且还参与蛋白质、糖以及能量代谢的过程。血压与膳食钾、尿钾、总体钾或血清钾呈负相关，补钾对高血压及正常血压者有降低作用。

3. 缺乏或过量的危害 人体内钾总量减少可引起钾缺乏症，可在神经肌肉、消化、心血管、泌尿、中枢神经等系统发生功能性或病理性改变。如肌肉无力、瘫痪、心律失常、横纹肌肉裂解症及肾功能障碍等。静脉补液内少钾或无钾时，易发生钾不足。消化道疾患时可使钾损失，如频繁的呕吐、腹泻、引流、长期服用缓泻剂或轻泻剂等；各种以肾小管功能障碍为主的肾脏疾病，可使钾从尿中大量丢失；高温作业或高强度身体活动，大量出汗而钾大量流失等。

4. 膳食参考摄入量 据研究，要维持正常体内钾的储备、血浆及间质中钾离子的正常浓度，每日至少需摄入1627mg。因此，估计钾的需要量可能为1578~1718mg/d。《中国居民膳食营养素参考摄入量（2023版）》建议成年人钾的适宜摄入量（AI）为2000mg/d。

5. 食物来源 大部分食物都含有钾，但蔬菜和水果是钾最好的来源。每100g谷类中含钾100~200mg，豆类中含钾600~800mg，蔬菜和水果中含钾200~500mg，肉类中含钾150~300mg，鱼类中含钾200~300mg。每100g食物钾含量高于800mg以上的食物有紫菜、大豆、冬菇等。

（六）氯

1. 含量与分布 氯在成年人体内的总量为82~100g，占体重的0.15%，广泛分布在全身，主要以氯离子形式与钾、钠化合存在。其中氯化钾主要分布于细胞内液，而氯化钠主要在细胞外液中。肌肉、神经组织和骨中的氯含量很低。除红细胞、胃黏膜细胞的氯含量较高外，大多数细胞内氯的含量都很低。

2. 生理功能 氯对维持细胞外液渗透压和酸碱平衡起重要作用，并是合成胃酸的原料，也是唾液淀粉酶的激活剂，能促进唾液分泌，增进食欲。氯还有参与血液CO_2运输；刺激肝脏功能，促使肝中代谢废物排出；稳定神经细胞膜电位等作用。

3. 缺乏或过量的危害

（1）缺乏的危害　在正常情况下，不会由膳食引起氯缺乏。但是大量出汗、腹泻呕吐、肾功能改变等情况可引起氯缺乏。氯缺乏时易引起掉发和牙齿脱落，肌肉收缩不良，消化受损并影响生长发育等。氯缺乏常伴有钠缺乏，此时可造成代谢性碱中毒。

（2）过量的危害　氯摄入过多的情况并不多见，仅见于严重失水、持续摄入大量氯化钠或氯化铵时。当血清 Cl 水平高于 109mmol/L 时，可导致代谢性酸中毒。

4. 膳食参考摄入量　成年人每日氯化钠的需要量为 4.5～6.0g。在天热、运动等大量出汗的情况下，机体从汗中失钠较多，需要补充。补充以 0.3% 的浓度为宜，排汗 1L 补氯化钠 3g。《中国居民膳食营养素参考摄入量（2023 版）》建议成年人氯的适宜摄入量（AI）为 2300mg/d。

5. 食物来源　膳食中氯几乎完全来源于氯化钠，仅少量来自氯化钾。因此食盐及其加工食品，盐渍、腌制或烟熏食品，酱咸菜以及咸味食品等都含氯化物。一般天然食品中氯的含量差异较大；天然水中也几乎都含氯，估计日常饮水中可提供 40mg/d 左右，与从食盐来源的氯的量（约 6g）相比并不重要。

三、微量元素

（一）铁

1. 含量与分布　铁是人体内含量最多的一种必需微量元素，正常成年人体内含铁总量为 4～5g，女性较男性略低。体内铁总量的 60%～70% 存在于血红蛋白中，约 3% 分布于肌红蛋白中，约 0.3% 分布于含铁卟啉的酶类（细胞色素、过氧化物酶等），这部分具备代谢功能和酶功能的铁称功能性铁。另有 30% 以运铁蛋白或贮铁（铁蛋白和含铁血黄素）形式存在于肝、脾和骨髓中的铁称为储备铁。

铁是世界上缺乏率较高的营养素之一，据世界卫生组织报道，缺铁率在发达国家为 1%～20%，在发展中国家为 30%～40%，运动员中缺铁的发生率也较高。研究表明，剧烈运动不仅使人体内铁丢失增加，而且使铁的消化吸收率降低。

2. 生理功能　铁是肌红蛋白的组成成分，在人体内血红蛋白担负了 O_2 和 CO_2 运输的功能，肌红蛋白在肌肉中转运和储存氧，在肌肉收缩时释放氧以满足代谢的需要；含铁的细胞色素和一些酶类，参与体内一些物质氧化降解和能量释放；催化 β - 胡萝卜素转化为维生素 A，参与胶原的合成，并促进抗体的产生，增强机体免疫力。

3. 缺乏或过量的危害　铁是人体造血的重要原料，铁缺乏可引起缺铁性贫血，出现颜面苍白，皮肤无华，失眠健忘，肢体疲乏，学习、工作效率低下，指甲苍白、变薄、凹陷。多见于婴幼儿、孕妇及乳母。

4. 膳食参考摄入量　《中国居民膳食营养素参考摄入量（2023 版）》建议的成年男性铁的 RNI 为 12mg/d，女性为 18mg/d，孕中期为 25mg/d，乳母为 24mg/d，孕晚期为 29mg/d；UL 为 42mg/d。运动员的供给量应较高，每天 20～30mg，缺氧和受伤的情况下应略提高。

5. 食物来源　膳食中铁的良好来源是动物肝脏和全血，肉类和鱼类中含铁量也高，植物性食物中以绿叶蔬菜、花生、核桃、菌藻类、菠菜、黑木耳等含铁量较丰富。植物性食物中铁多为 Fe^{3+}，吸收率多在 10% 以下。动物性食物的铁为血红素型铁，吸收率较植物性食物高，蛋中铁的吸收率仅为 3%。必要时可通过铁强化食物和铁剂补充铁，但必须慎重，因为过量的铁在体内积蓄可造成铁中毒，对健康有害。一般通过正常膳食营养补铁不会引起铁中毒。

（二）锌

1. 含量与分布　锌是人体内多种酶的重要成分之一，是除铁以外，体内含量最多的一种必需微量元素。正常成年人含锌量为 1.4 ~ 2.3g。它参与人体内核酸及蛋白质的合成，主要分布在肌肉、骨骼和皮肤，在皮肤中的含量占全身含量的 20%。头发、视网膜、前列腺、精子等部位含量也较高。

2. 生理功能

（1）是许多金属酶的组成成分或一些酶的激活剂　已明确锌参与 18 种酶的合成，并可激活 80 余种酶。许多研究表明，锌是 DNA 聚合酶和 RNA 聚合酶呈现活性所必需，说明锌参与 DNA 和蛋白质的合成。锌缺乏可导致 DNA、RNA 和蛋白质的合成停滞，引起细胞分裂减少，从而影响胎儿的生长发育和性器官的正常发育，如形成侏儒症。

（2）增强机体免疫力　锌能促进淋巴细胞有丝分裂，T 细胞为锌依赖细胞，锌促使 T 细胞的功能增强，补体和免疫球蛋白增加，也促使免疫力和抗衡自由基的侵袭能力增强。

（3）加速创伤愈合　锌为合成胶原蛋白所必需，故能促进皮肤和结缔组织中胶原蛋白的合成，加速创伤、溃疡、手术伤口的愈合。

（4）促进维生素 A 代谢，保护夜间视力　锌为视黄醛酶的成分，该酶促进维生素 A 合成和转化为视紫红质，故缺锌时，暗适应能力下降，夜间视力受影响。

（5）改善味觉，促进食欲　唾液蛋白是一种味觉素，也是含锌的蛋白质，当机体缺锌时，此种蛋白质合成减少，将影响味觉和食欲。

（6）提高智力　锌是胱氨酸脱羧酶的抑制剂，也是脑细胞中含量最高的微量元素，它使脑神经兴奋性提高，思维敏捷。

3. 缺乏或过量的危害　人体缺锌时，表现为儿童生长发育迟缓、性器官发育不全，导致味觉异常，出现偏食、厌食或异食癖，伤口愈合困难，免疫力下降等。锌对第二性征体态的发育，特别是女性的"三围"有重要影响。视网膜锌含量很高，缺锌的人，眼睛会变得呆滞，甚至造成视力障碍。锌对皮肤健美有独特的功效，能防治痤疮、皮肤干燥和各种丘疹。

4. 膳食参考摄入量　《中国居民膳食营养素参考摄入量（2023 版）》建议成年男性锌的 RNI 为 12.0mg/d，女性为 8.5mg/d，UL 值为 40mg/d。

5. 食物来源　锌的最佳来源是海产品中蛤贝类，肉类、蛋类、豆类、菇类、硬果类等食物中含量也较丰富。而谷类食品不仅含锌量较低，而且因为有较多的纤维素和植酸而降低了锌的吸收率。

（三）铜

1. 含量与分布　成年人体内铜含量为 100 ~ 150mg，以肝、脑、肾及心含量最高，其次为肺、肠及脾，肌肉和骨骼中最低。血浆中的铜大部分（90%）与载体蛋白结合成铜蓝蛋白。铜的吸收机制与铁、锌相类似，即借助肠黏膜细胞中的载体蛋白，铜锌之间的拮抗作用可能与竞争共同的载体蛋白有关。

2. 生理功能

（1）氧化酶的组成成分　现今已知有 11 种含铜金属酶，都是氧化酶，如细胞色素氧化酶、过氧化氢酶、酪氨酸酶、单胺氧化酶等。铜缺乏的动物可见到与细胞色素氧化酶活性低下有关的心血管系统、神经系统的损害和与酪氨酸酶活性降低有关的毛发色素消失。

（2）促进组织中铁的转移和利用　铜是血浆铜蓝蛋白的成分，后者是铁的运输形式，当血浆铜低下时，铜蓝蛋白活性降低，使铁蛋白中铁的利用受阻从而引起铁在肝内蓄积，发展成含铁血黄素，则易患沉着性贫血。

（3）催化血红蛋白的合成　血红蛋白合成必须有铜的参与，它能使高铁血红蛋白转化为亚铁血红蛋白。

（4）清除自由基，防止衰老和抗癌。

3. 缺乏或过量的危害

（1）缺乏的危害　铜参与铁的代谢，缺铜时铁转运受阻，一方面使红细胞生成障碍，造血功能下降，另一方面使某些细胞中铁聚集，造成缺铜性贫血。含铜酶是心脏和动脉壁中三种主要结缔组织中的必要成分，对冠心病的形成起着重要的抑制作用。铜缺乏时可出现心电图异常、心脏收缩功能受损、线粒体呼吸功能受损和心肌肥大等，常伴有压力超载症状如高血压和主动脉狭窄。同时由于含铜酶合成减少，影响人体心肌细胞的氧化代谢，会导致脂质累积，胆固醇增加。铜缺乏可引起赖氨酰氧化酶活力下降，使弹性蛋白和胶原的生物合成减少而导致心脏和动脉组织强度降低引起破裂，以致死亡。孕妇铜缺乏可导致胎儿心脏、血管发育受损和脑畸形。

（2）过量的危害　铜对于大多数哺乳动物是相对无毒的，人体急性铜中毒主要是由于误食铜盐或食用与铜容器或铜管接触的食物或饮料，出现口腔有金属味、上腹疼痛、恶心呕吐等，严重者甚至发生肝肾衰竭、休克、昏迷以致死亡。

4. 膳食参考摄入量　《中国居民膳食营养素参考摄入量（2023版）》建议的成年人铜的推荐摄入量（RNI）为0.8mg/d，可耐受最高摄入量（UL）为8.0mg/d。

5. 食物来源　一般膳食都含有铜，尤以肝、肾、甲壳类、硬果类、干豆类、芝麻、绿叶蔬菜等食物中含量较丰富。植物性食物铜含量受其培育土壤中铜含量及加工方法的影响。食物中铜的平均吸收率为40%~60%。

（四）氟

1. 含量与分布　正常成年人含量约2.6g左右。人体组织以骨骼含氟量最多，其次是牙齿，指甲和毛发，少量存于内脏、软组织及体液中。人体内的氟含量与地球环境和膳食中氟的水平有关，高氟地区人群体内的氟含量高于一般地区人群。

2. 生理功能

（1）预防龋齿和老年性骨质疏松症　氟的存在使骨质稳定性增加，因氟可取代骨骼中羟磷灰石晶体的氢氧根离子，这种氟磷灰石晶体颗粒体积大，结构完善，在酸中溶解度低，氟在牙釉质表面的浓度很高，形成保护层，能抵抗酸的腐蚀，并抑制嗜酸细菌的活动和拮抗某些酶对牙齿的不利影响，有防龋作用。适量的氟有利于钙和磷的利用及其在骨骼中的沉积，可加速骨骼形成，增加骨骼的硬度。

（2）加速伤口愈合和铁的吸收　近年来通过试验发现，氟可加速伤口愈合和铁的吸收，但机制尚不明确。

3. 缺乏或过量的危害　缺氟后，牙釉质中氟磷灰石形成受阻，使结构疏松，易被微生物、有机酸及酶的作用侵蚀损坏而发生龋齿。在低氟地区，常可见到老年性骨质疏松症。在高氟地区，长期饮用含氟量超过1.2mg/L的饮水，会引起氟中毒，首先出现牙齿珐琅质的破坏，牙齿表面原有光泽逐渐消失，继而出现灰色斑点，变脆，此称斑釉病。

4. 膳食参考摄入量　氟的供给量以既能预防龋齿，又不至造成氟中毒为依据，成年人供给量为1.5mg/d，可耐受最高摄入量为3.0mg/d。《中国居民膳食营养素参考摄入量（2023版）》制定的成年人膳食的氟适宜摄入量（AI）为1.5mg/d，UL为3.5mg/d。

5. 食物来源　氟主要通过饮水获得，人体每日摄入的氟大约65%来自水，30%来自食物。植物性食物中含氟量较丰富，尤其是茶叶，故茶是含氟最高的饮料。

（五）碘

1. 含量与分布　人体必需的微量元素之一。成年人体内含碘量为20~50mg，其中约20%存在于甲状腺内，其余存在于肌肉、皮肤、骨骼、血浆、肾上腺和中枢神经系统、胸腺等组织中。

2. 生理功能 碘在体内主要参与甲状腺素的合成，其生理功能主要通过甲状腺素的生理作用显示出来。甲状腺素具有参与能量代谢、促进代谢和体格发育、促进脑发育、垂体激素作用等生理功能。

3. 缺乏或过量的危害 成年人缺碘可引起甲状腺肿，且低碘时碘摄入越少，甲状腺肿患病率越高。妊娠前及整个妊娠期缺碘可导致脑蛋白合成障碍，使脑蛋白含量减少，直接影响智力发育，严重时可发生以神经肌肉功能障碍为主要表现的克汀病。在胚胎期、婴儿期、儿童期，若碘缺乏可致其生长发育受阻，侏儒症很重要的一个病因就是缺碘，且缺碘对大脑神经的损伤是不可逆的。

4. 膳食参考摄入量 《中国居民膳食营养素参考摄入量（2023版）》制定的成年人膳食碘的RNI为120μg/d，孕期为230μg/d，乳母为240μg/d；UL为600μg/d。

5. 食物来源 人体所需的碘可由饮水、食物和食盐中获得。最理想的食物来源是海产品，如海带、紫菜、发菜、鲜海鱼、海虾、海蜇、海参等。陆地食物中一般是动物性食物的碘含量高于植物性食物。

碘缺乏症是一种世界性地方病，我国是世界上碘缺乏危害最重的国家之一，除沿海地区和大城市外，多数省份都有该病的流行。一般情况下，远离海洋的内陆山区，其土壤和空气中含碘较少，水和食物中含碘量也不高，因此，可能成为地方性甲状腺肿高发区。采用食盐加碘是我国预防地方性甲状腺肿的重要措施。

（六）硒

1. 含量与分布 成年人体内含硒14～20mg，广泛分布于所有组织和器官中，浓度高者有肝、胰、肾、心、脾、指甲及头发。头发中的硒含量常可反映体内硒的营养状况。

2. 生理功能

（1）维持细胞膜结构和功能的完整性 硒是谷胱甘肽过氧化物酶（GPX）的组成成分，而此酶作用与维生素E相似，有抗氧化作用，两者的作用部位虽不同，但协同清除细胞内的过氧化物，从而保护细胞膜使其不受过氧化物的损害。

（2）抗肿瘤作用 硒具有调节癌细胞的增殖、分化及使恶性表型逆转的作用，并能抑制癌细胞浸润、转移以延缓肿瘤的复发。因此对多种的癌症有预防和辅助治疗的作用。调查结果表明，硒与癌症的发病率呈负相关。

（3）抵御毒物对人体的危害作用 硒与金属有很强的亲和力，在体内与金属如汞、甲基汞、铜及铅等结合形成金属硒蛋白复合物而解毒，并使金属排出体外。

（4）预防克山病和大骨节病 临床证明用亚硒酸钠防治克山病取得了良好的效果。

（5）促进免疫球蛋白合成，增强机体免疫功能。

（6）促进生长和保护视觉器官的健全功能 试验表明硒为生长与繁殖所必需，缺硒可致生长迟缓。白内障患者与糖尿病性失明者补充硒后，视觉功能有改善。

3. 缺乏或过量的危害

（1）缺乏的危害 缺硒可导致克山病的发生，其主要症状有心脏扩大，心功能失代偿，发生心源性休克或心力衰竭、心律失常等。大骨节病也与缺硒有关。

（2）过量的危害 过量的硒可导致硒中毒，而抑制某些酶的活性，症状为脱发、脱甲，少数患者有神经症状。因此硒是人体中需要量最少的必需元素，也是毒性最大的元素。

4. 膳食参考摄入量 《中国居民膳食营养素参考摄入量（2023版）》制定的成年人膳食硒的RNI为60μg/d，孕期为65μg/d，乳母为78μg/d；UL为400μg/d。

5. 食物来源　食物中以海产品、鱼、蛋、肾、肉、大米及其他谷类含硒较多，而蔬菜、水果含量较低。食品中含硒量不仅与产地有关，也与食品加工有关。贫硒区的粮食和蔬菜缺硒是导致人体缺硒的地方性疾病发病的首因。

四、矿物质与美容的关系

矿物质元素通过与蛋白质和其他有机基团结合，形成了酶、激素、维生素等生物大分子，发挥着重要的生理生化功能，人体摄入矿物质元素不足或过量或元素间比例失调，都会对机体产生不利的影响，甚至导致某些疾病的发生，加速机体衰老。

（一）通过调节氧自由基代谢，防止过氧化损伤

人体在代谢的过程中会不断产生氧自由基，而且自由基水平会随着年龄的增长而不断积累，造成机体老化。机体中的抗氧化机制有多种，其中酶性抗氧化主要包括超氧化物歧化酶（SOD）和谷胱甘肽过氧化物酶（GSH – Px），矿物质元素在 SOD 和 GSH – Px 功能发挥方面起到重要作用。

SOD 是一种大分子金属蛋白酶，按其金属辅因子不同分为铜 SOD、锌 SOD、锰 SOD 和铁 SOD，而铜、锌、锰、铁则是 SOD 的活性离子。当缺乏上述离子时，SOD 的酶活性下降，机体抗氧化能力减弱，脂质过氧化过程增强，脂质过氧化物能与蛋白质相互作用，形成脂褐素聚集在皮下，即为黄褐斑，促进容颜老化。

硒是谷胱甘肽过氧化物酶的必需组成成分，也参与自由基的清除过程，不过 GSH – Px 与 SOD 的作用对象不同，SOD 主要清除超氧阴离子，而 GSH – Px 对过氧化氢有很好的清除作用，使有毒的过氧化物还原成毒性较低的羟基化合物，从而保护细胞的结构与功能，免受过氧化物干扰和损害，达到延缓衰老的目的。

（二）通过调节免疫功能延缓衰老

如硒能增加免疫球蛋白的合成，促进淋巴细胞的有丝分裂及 T 淋巴细胞的增殖，协助免疫因子激活巨噬细胞的活性，缺硒会使胸腺上皮细胞发生颗粒样变性，抗体产生受损，中性粒细胞杀菌能力减弱，结果使血液中 IgG、IgM、IgA 等免疫球蛋白减少。体内有充足的硒能使免疫系统分泌的抗体增加、脾的空斑细胞上升、补体水平增高，结果对病毒的易感性下降；钙在免疫细胞内信息传递、调节细胞膜的通透性和参与细胞分裂增殖代谢等方面起重要作用；游离铁有助于微生物繁殖，而铁结合蛋白有抑菌效果，并有维持上皮屏障的作用；锌可提高胸腺和脾脏等免疫器官的质量和抗脂质过氧化作用，使免疫器官免受过氧化损伤，增强机体免疫功能，延缓衰老过程的发生。

（三）通过促进激素合成调节"机体代谢"

矿物质元素还参与了激素和维生素的合成。如碘为甲状腺激素的生物合成所必需的；而锌在维持胰岛素的主体结构中亦不可缺少，每个胰岛素分子结合 2 个锌原子。而这些激素在调节机体代谢与健康方面发挥着十分重要的作用，间接地发挥了美容作用。

五、矿物质的美容作用

（一）矿物质与头发

头发是人体美的重要组成部分，人们应该重视头发的保养与护理。在合理营养、平衡膳食的基础上，注重与美发相关的营养素的摄入。许多矿物质元素都具有改善头发组织、增强头发弹性和光泽的作用。

1. 铜与头发　铜元素的含量与头发和皮肤颜色的深浅有很大关系。黑发所含的铜元素高于黄发，

黄发中的铜元素又高于白发。因为身体和头发中的黑色素是由酪氨酸产生的，酪氨酸酶是酪酸代谢产生黑色素过程中的关键酶，其本质是一种铜蛋白，铜缺乏时该酶活性下降，黑色素的生成减少，引起头发过早变白。

2. 钠与头发 钠离子摄入过多导致人体内水的潴留，同样在头发内滞留水分过多，影响头发正常生长发育。同时，头发里过多的盐分和水分给细菌滋生提供了良好的场所，易患头皮疾病。食盐太多还会诱发多种皮脂疾病，造成头垢增多，加重脱发现象，也叫食盐性脱发。

3. 碘与头发 碘可刺激与毛发生长有密切关系的甲状腺激素的分泌，能增加头发的光泽，阻止头发分叉，促进毛发正常生长。

（二）矿物质与皮肤

1. 锌与皮肤 锌在人体中参与80多种酶的合成，其中有DNA聚合酶和RNA聚合酶，它们参与蛋白质的合成和组织细胞的再生。皮肤含有大约体内锌总量的6%。可以促进上皮组织细胞的分裂增殖和更新，维护皮肤黏膜弹性、韧性，能使皮肤细嫩、光洁、柔滑，也是伤口愈合和新细胞生长所必需的营养成分。皮肤改变是缺锌的主要特征，出现一些明显的皮肤改变如红斑、鳞屑、皮肤粗糙及溃疡等。营养性缺锌可导致脱发，口腔部位出现水疱、脓疱性皮肤病。组织病理学也显示可以出现表皮内水疱。用电子显微镜观察到的细胞改变，包括角质形成细胞退化、角化不全、有丝分裂像增多。

2. 钙与皮肤 钙在哺乳动物表皮中作为细胞内、外的重要调控因子，调控了细胞的增殖和分化。钙离子浓度为低浓度（<0.5mmol/L）时角质形成细胞保持增殖活性，在高离子浓度下钙离子抑制角质形成细胞增殖，并导致细胞角蛋白和其他细胞分化标记的表达。医学研究已经证明角质形成细胞沿钙离子浓度梯度进行迁移，从而形成分层表皮，并增强了细胞粘连。钙离子通道阻断剂会导致末端角质形成细胞分化的阻断。

3. 铜与皮肤 人体内含丰富的胶原蛋白，当胶原蛋白扭结后就构成胶原纤维，胶原纤维是构成肌腱、骨骼、牙齿、软骨及疏松结缔组织的主要物质。铜在机体中的一个重要作用是参与胶原蛋白的交联，当人体内铜缺乏时就会影响胶原组织的交联不全，从而使人发生乏力、齿落、关节疼痛，血液黏稠度增高、皮肤干燥、粗糙，头发干枯，面色苍白，生殖功能衰弱，抵抗力降低等现象，严重缺乏时还可能发生"白癜风"等损容性皮肤病。

4. 铁与皮肤 铁对保持微循环和完善微血管起重要作用，人体汗腺的皮肤及表皮的脱落可造成体内铁元素的损失，并干扰血浆中铁的平衡。铁能帮助肌肤细胞供氧，促进细胞的呼吸，从而使皮肤润泽而富有弹性，缺乏时人就会感到精力不支、面色苍白、容颜苍老。铁还能帮助消除疲劳及促进皮肤健康。但如果摄食铁过多可能会发生"含铁血黄素沉积症"，使全身皮肤呈现黄色。

5. 硒与皮肤 硒作为谷胱甘肽过氧化酶的组成部分，能保护细胞膜，清除有害自由基，保持组织的弹性，延缓衰老。另外还能解除砷、汞、铅等引起的重金属中毒，抑制头皮屑的生成，滋润皮肤。

6. 铬与皮肤 铬有二价、三价和六价3种形式，其中只有三价铬具有生物化学效应，是糖代谢的重要催化剂，广泛存在于人体骨骼、肌肉、头发、皮肤、皮下组织、主要器官（肺除外）和体液之中。铬对核蛋白代谢有一定作用，能抑制脂肪酸和胆固醇的合成，影响脂类和糖类的代谢；能促进胰岛素的分泌，降低血糖，改善糖耐量。铬缺乏最常见的表现是引起动脉硬化症，老年人缺铬易患糖尿病和动脉硬化，妊娠期缺铬可引起妊娠糖尿病；正常人缺铬可出现皮肤干燥，皱纹增加，头发失去光泽和弹性。

7. 锗与皮肤 锗有明显的抗氧化能力，能防止过氧化，从而有助于保护皮肤弹性，减缓皱纹出现，增白美容，对于由于分娩或日照引起的黑色素沉着有淡化作用，还可治疗痤疮、湿疹和腋臭，有效预防皮肤癌变。

8. 锰与皮肤　锰参与机体的物质代谢，有氧化促进剂的作用，可以提高蛋白质在人体内的吸收利用效率，有利于蛋白质分解产物中对皮肤有刺激作用的有害物质的排泄。同时，锰还能激发多糖聚合酶和半乳糖转移酶的活力，催化维生素 B_1 和其他维生素在机体内的代谢，维持末梢神经兴奋传导的正常功能。锰在人体内的这些作用能保护皮肤，防止干燥，减轻或避免皮肤瘙痒的发生。

9. 碘与皮肤　碘在人体的主要生理功能为合成甲状腺素，调节机体能量代谢，促进生长发育，维持正常的神经活动和生殖功能；维护人体皮肤及头发的光泽和弹性。碘缺乏可导致甲状腺代偿性肥大、智力及体格发育障碍、皮肤多皱及失去光泽。

10. 镁与皮肤　镁可提高皮肤屏障功能，提高角质层的水合程度及减轻皮肤粗糙和炎症。已知镁盐能与水结合，影响表皮增生和分化及加快穿透性屏障的修复。

11. 钠与皮肤　食盐以钠离子和氯离子的形式存在于人体血液和体液中，它们在保持人体渗透压、酸碱平衡和水分平衡方面起着非常重要的作用。如果吃盐过多，体内钠离子增加就会导致面部细胞失水，从而造成皮肤老化，时间长了就会使皱纹增多、皮肤变暗。

（三）矿物质与牙齿

1. 钙、磷与牙齿　牙齿中钙磷含量及钙/磷值与牙釉质发育及牙齿对龋病的敏感性有关。钙盐及磷酸盐的缺乏会导致牙釉质形成及矿化不良、抗龋能力降低，影响牙齿的坚固和咀嚼能力。有研究认为饮食中的钙磷比例为 0.55 时，极少或几乎不发生龋病，而钙磷比例高于或低于 0.55 时龋病发生率较高。在牙齿萌出后，磷酸盐仍有一定的防龋作用，而钙则无明显的防龋作用。但是唾液或菌斑中钙的增加会使牙石形成增多，从而导致牙周炎的发生。

2. 氟与牙齿　氟可以取代牙齿内羟磷灰石的某些羟基而形成氟化羟磷灰石。氟化羟磷灰石增强了牙釉质对脱矿化的抵抗力。氟化物对牙釉质羟磷灰石本身的作用及对牙菌斑细菌的作用已被临床和实验室研究所证实：高浓度氟化物做局部治疗时可直接对细菌产生影响，至少可一时性干扰细菌代谢，抑制糖酵解过程，从而抑制变形链球菌生长；低浓度的氟化物，如氟化水源或使用含氟牙膏或氟含漱液局部补充氟时，则通过牙釉质内的羟磷灰石摄入氟化物使其溶解性降低并能改进其晶体结构。此外，氟化物还能促进和加速已脱矿牙齿结构的再矿化能力，使已脱矿釉质得以修复，机制是釉质再晶体化。因此，目前倡导用含氟牙膏、氟含漱液来预防龋病。但是氟过多时氟斑牙和氟骨病的发病率就会上升，同样影响美容。

（四）矿物质与骨骼

钙参与人体的骨代谢，它与磷结合后能促成蛋白质形成骨细胞，所以是骨组织的主要成分。人体内钙的含量不足时会使骨骼发育和钙化不良而影响健美。尤其是小儿在发育过程中的缺乏，严重时会出现佝偻病，并出现相应的体征如鸡胸、漏斗胸、"O"型及"X"型腿，影响形体。中老年人缺钙会导致骨质疏松症、骨质增生、异位钙化、易发生骨折、骨退行性变化，表现为腰腿疼痛、弯腰、驼背乃至发生病理性骨折。

（五）矿物质与指（趾）甲

指（趾）甲是指（趾）端背面扁平的甲状结构，属于结缔组织，由角化上皮细胞组成，其主要成分是角蛋白，起保护指（趾）端作用。

正常的指（趾）甲呈半透明、浅粉色、表面光洁、平滑，以正常的弧度附着于指（趾）端。指（趾）甲与人体代谢也有密切联系，故指（趾）甲向来被称为"指示体质的窗户""反映健康的镜子"，很多疾病的早期、中期和晚期可以引起指（趾）甲的变化，特别是一些营养障碍、微量元素代谢失调等疾病。

矿物质元素对指（趾）甲的生长有着重要的作用，其中锌能使对甲板亮泽起作用的一些酶发挥最大的作用。铜与甲板角质的形成及色素代谢有着密切的关系。铁使甲板润泽而富有弹性。如果体内缺乏某些矿物质元素，指（趾）甲就会出现相应的变化。如铁缺乏或吸收受限制时甲板可出现营养不良症状，如变污、变薄等；摄入过量的铁则会使甲板产生色素沉着。缺钙时指（趾）甲上出现小白点儿；缺锌时会出现匙状指（趾）甲；硒过多会引起脱指（趾）甲的病症，称为"脱甲风"等。现代女性都希望指（趾）甲长得健康漂亮，而提供这些营养的补给就绝对不可少。

任务六　维生素与美容

PPT

一、维生素的分类与特点

（一）维生素的定义与分类

维生素是机体维持正常人体代谢和生理功能所必需，但需求量极小，在体内不能合成，或合成量很少，必须由食物供给的一类低分子有机化合物。维生素以其本体或有活性的前体形式存在于天然食物中，它们既不能为机体供能，也不能成为机体组织细胞的组成成分；其主要作用是参与调节机体的物质代谢以及维持机体正常的生理功能。

维生素的种类很多，化学结构各不相同，生化功能各异。早在7世纪，我国古代医书就已有关于维生素A、维生素B_1缺乏病和用食物防治的记载；18世纪，欧洲航海者已知道用水果和新鲜蔬菜防治引起全身性出血的坏血病。至今已知有多种维生素，它们的化学结构已经清楚，皆为低分子的有机化合物。

维生素可按化学结构分类，但习惯上按溶解性质将其分为脂溶性维生素和水溶性维生素两大类。脂溶性维生素包括维生素A、维生素D、维生素E、维生素K；水溶性维生素包括B族维生素（维生素B_1、维生素B_2、维生素B_6、维生素B_{12}、维生素PP、泛酸、叶酸、生物素等）和维生素C。

（二）维生素的命名

维生素的命名一般是按被发现的先后顺序，在"维生素"之后加A、B、C、D等英文字母来命名。对于同一族的维生素，则在英文字母右下角按发现顺序注以阿拉伯数字1、2、3等加以区别，例如维生素B_1、维生素B_2及维生素B_{12}等；维生素也可根据生理功能命名，如维生素B_1又称抗脚气病维生素，维生素PP又称抗癞皮病维生素等；还有的根据化学结构特点命名，如维生素B_1分子结构中既含硫又含氨基，故又名硫胺素等。因此，同一种维生素可能会出现两个以上的名称。

还有一些最初发现时认为是维生素，后经大量的研究证实并非维生素。故目前维生素的命名不论是从字母顺序还是按阿拉伯数字排列来看，都是不连贯的。

（三）维生素的生理功能

一般来说，从合理膳食中可以得到机体所需的全部维生素，它们在体内不断代谢失活或直接排出体外，因此维生素供应不足或需要量增加时可导致物质代谢障碍，影响正常生理功能。因长期缺乏某种维生素而引起的一系列特殊症状，统称为"维生素缺乏症"。

为防止各种维生素缺乏症以及作为某些疾病的辅助治疗，维生素类药物应用广泛。如维生素A用于治疗夜盲症；维生素B_1用于治疗脚气病；维生素C用于治疗坏血病；维生素D用于治疗佝偻病等。但大剂量滥用维生素也可引起某些毒性反应或副作用。

（四）维生素缺乏或不足的常见原因

1. 摄取不足　膳食搭配不合理或者偏食、长期食欲不好等都会造成摄取不足；食物的储存及烹饪方法不当也可造成维生素大量破坏或流失，如淘米过度、米面加工过细等会损失维生素 B_1，蔬菜储存过久、先切后洗等会使维生素 C 大量流失。

2. 吸收障碍　某些原因造成的消化吸收障碍，如长期腹泻、肝胆系统疾病等可造成维生素缺乏。

3. 需要量增加　生长期儿童、妊娠及哺乳期妇女，对维生素 A、维生素 C、维生素 D 的需求量增加；高强度身体活动者及长期高热和慢性消耗性疾病患者对维生素 A、维生素 B_1、维生素 B_2、维生素 C、维生素 PP 等需求量增加，按常量供给不能满足需要，若未及时补充则引起维生素相对不足。

4. 药物影响　体内肠道细菌可合成维生素 K、泛酸、叶酸等，若长期服用抗菌药物，可抑制肠道细菌生长，导致某些维生素的摄取不足或缺乏。某些维生素的拮抗剂也会引起维生素的不足，如某些肿瘤化疗药物是叶酸拮抗剂。

5. 其他　由于特异性的缺陷也可引起维生素缺乏症，如慢性肝肾疾病会影响维生素 D 的羟化，导致活性维生素 D 的不足。

二、脂溶性维生素

常见的脂溶性维生素包括维生素 A、维生素 D、维生素 E、维生素 K 四种，它们不溶于水，易溶于脂类及有机溶剂，在食物中常与脂类共存，在肠道吸收时需要胆汁的帮助。在脂类吸收不良时其吸收也相应减少，甚至出现缺乏症。吸收后的脂溶性维生素主要在肝内储存，如长期摄入量过多，容易出现中毒症状。

（一）维生素 A

维生素 A 又称抗干眼病维生素。它是含有 β - 白芷酮环的不饱和一元醇，分子中有 5 个共轭双键，其中侧链 4 个双键可形成多种顺、反异构体。天然的有维生素 A_1 和维生素 A_2 两种，A_1 又称视黄醇，存在于哺乳动物及咸水鱼的肝脏中，A_2 又称 3 - 脱氢视黄醇，存在于淡水鱼的肝脏中。在脱氢酶的作用下，视黄醇和视黄醛可以相互转化。视黄醛中重要的为 9 - 顺视黄醛及 11 - 顺视黄醛。

植物体内存在的黄、红色素中很多是胡萝卜素，多为类胡萝卜素，其中最重要的是 β - 胡萝卜素，也能分解成为维生素 A。凡能分解形成维生素 A 的类胡萝卜素称为维生素 A 原。

维生素 A 和胡萝卜素溶于脂肪，不溶于水，对热、酸和碱稳定，一般烹调和罐头加工不致引起破坏，但易被氧化破坏，特别在高温条件下更甚，紫外线可促其氧化破坏。食物中含有磷脂、维生素 E 和抗坏血酸或其他抗氧化剂时，维生素 A 和胡萝卜素都非常稳定。

1. 维生素 A 的生理功能

（1）维护视力　维生素 A 对视网膜的生成和维持具有重要作用，能够提高视觉敏锐度，保护眼睛免受光线损害。

（2）促进生长发育　维生素 A 参与细胞生长、分化及基因表达调控，对儿童的生长发育至关重要。

（3）增强免疫力　维生素 A 能够调节免疫系统，提高人体抵抗力，预防感染。

（4）保护皮肤　维生素 A 促进皮肤细胞生成，维持皮肤、黏膜的完整性，保持皮肤柔软细嫩，富于弹性。

（5）促进骨骼发育　维生素 A 参与骨代谢，有助于维持骨骼密度，预防骨折。

2. 维生素 A 缺乏或过量症状

（1）维生素 A 缺乏症状

1）视力减退　夜盲、眼干燥症、角膜软化等。

2）生长发育迟缓　身材矮小、体重不足、抵抗力下降等。

3）皮肤干燥　从美容角度看，维生素 A 的缺乏会导致皮肤问题，如干燥、粗糙、起皱和脱皮等，这些都可能使皮肤看起来暗沉无光，影响整体美感。

4）免疫力下降　容易感冒、感染性疾病发病率增加。

5）骨骼发育不良　骨密度降低、骨折风险增加。

（2）维生素 A 过量症状　维生素 A 的摄入量不能过量，否则可能会引起维生素 A 过多症，这可能会导致颅内压增高、骨组织变形、血钙和尿钙上升、肝脏肿大，肝功能异常等问题。同时，胡萝卜素摄入过多也可能引起胡萝卜素血症，表现为血中胡萝卜素水平增高、皮肤黄染等现象。

3. 膳食参考摄入量　《中国居民膳食营养素参考摄入量（2023 版）》提出维生素 A 的参考摄入量成年男性为 770μgRAE/d，女性为 660μgRAE/d，成人 UL（可耐受最高摄入量）为 3000μgRAE/d。

一个视黄醇活性当量（μgRAE）$=1μg$ 全反式视黄醇 $=2μg$ 溶于油剂的纯品全反式 $β$-胡萝卜素 $=12μg$ 膳食全反式 $β$-胡萝卜素 $=24μg$ 其他膳食维生素 A 原类胡萝卜素。膳食 RAE 的计算方法为：

RAE $=$ 膳食或补充剂来源全反式视黄醇（μg）$+1/2$ 补充剂纯品全反式 $β$-胡萝卜素（μg）$+1/12$ 膳食全反式 $β$-胡萝卜素（μg）$+1/24$ 其他膳食维生素 A 原类胡萝卜素（μg）。

4. 食物来源　维生素 A 主要来自动物性食品，在肝脏、乳制品、蛋黄中含量较多。植物中一般不含维生素 A，但胡萝卜、番茄、菠菜、枸杞子等都含有丰富的类胡萝卜素，尤其是 $β$-胡萝卜素，其结构与维生素 A 相似，但不具有生物活性。在人及某些动物体内，$β$-胡萝卜素在肠壁及肝脏中转变为有活性的维生素 A，故称为维生素 A 原。肝脏是储存维生素 A 的主要场所。

（二）维生素 D

维生素 D 又叫钙化醇、抗佝偻病维生素。维生素 D 为类甾醇的衍生物，有多种，以维生素 D_2 和维生素 D_3 最为常见。维生素 D_3 稳定性较好，在中性和碱性溶液中耐热，不易被氧化，但在酸性溶液中逐渐分解。通常烹调加工中稳定，但脂肪酸败可使之破坏。过量辐射可形成有毒物。

1. 维生素 D 的生理功能

（1）促进小肠钙吸收　维生素 D_3→黏膜上皮细胞→诱发产生钙结合蛋白（钙运输载体）→增加黏膜对钙的通透性→钙吸收增加。

（2）促进肾小管对钙、磷的重吸收　维生素 D_3 直接作用肾脏→促进肾小管重吸收钙和磷，减少钙和磷的尿液排出。

（3）对骨细胞作用　血钙低时→骨钙、磷动员→血液；维生素 D_3 增加碱性磷酸酶的活性及骨钙化基因的表达→骨钙化。

（4）调节血钙平衡　当血钙降低时，甲状旁腺素升高，1,25-二羟 D_3 增多，通过其对小肠、肾、骨等靶器官的作用增高血钙水平；当血钙过高时，甲状旁腺素下降，降钙素增加，尿中钙、磷的排出量增加。

（5）美容功效　促进皮肤的新陈代谢，增强对湿疹、疥疮的抵抗力，缺乏时皮肤容易溃烂。

2. 维生素 D 缺乏或过量症状

（1）维生素 D 缺乏症状　缺乏维生素 D 时，儿童易发生佝偻病，成年人（特别是孕妇和乳母）更易发生骨软化症，老年人容易出现骨质疏松症。

（2）维生素 D 过量症状　如果维生素 D 摄入过多，会导致体内中毒，引发高钙血症、高尿钙症等，引起肾结石。

3. 膳食参考摄入量　《中国居民膳食营养素参考摄入量（2023 版）》提出维生素 D 的成年人维

生素 D 的 RNI 为 $10\mu g/d$，EAR 为 $8\mu g/d$。

4. 食物来源　人体维生素 D 的来源主要分为外源性，依靠食物来源；另一个为内源性，通过紫外线照射由皮肤组织产生，人体获得充足维生素 D 最简便的方法是经常晒太阳，成年人只要经常接触阳光，可维持维生素 D_3 在正常范围。

食物中维生素 D 主要存在肝、鱼肉、奶及蛋黄，以鱼肝油含量最为丰富。植物中不含维生素 D。动物、植物、微生物体内都含有可以转化为维生素 D 的固醇类物质，称为维生素 D 原。自然界中的维生素 D 原有十余种，以人及动物皮肤中的 7 – 脱氢胆固醇 – 维生素 D_3 原和麦角、酵母、植物油及其他真菌中的麦角固醇 – 维生素 D_2 原最为重要。经紫外线照射激活，它们可分别转化为维生素 D_3 和维生素 D_2。由于奶类中维生素 D 含量不高，婴幼儿可补充适量的鱼油，多接受日光照射，促进自身体内维生素 D 的合成。

（三）维生素 E

维生素 E 又称生育酚，天然存在的维生素 E 为生育酚和生育三烯酚。已知具有维生素 E 作用的物质有 8 种，以 α、β、γ、δ 四种较为重要。其中 α – 生育酚活性最大。维生素 E 为微黄色或黄色透明的黏稠液体，无臭，遇光色泽变深，在无氧条件下对热稳定，对氧十分敏感，极易被氧化。

1. 维生素 E 的生理功能

（1）抗氧化作用　维生素 E 是一种强抗氧化剂。它与 SOD（超氧化物歧化酶）、GP（谷胱甘肽过氧化物酶）构成抗氧化系统，保护细胞膜免受自由基损害。

（2）预防衰老　此功能与抗氧化有关。随着年龄增长体内脂褐质（俗称"老年斑"，是细胞内某些成分被氧化分解后的沉积物）不断增加。若补充维生素 E 可减少其形成，改善皮肤弹性，使性腺萎缩减轻，提高免疫能力。

（3）与生育有关　缺乏维生素 E 可出现睾丸萎缩及其上皮变性、孕育异常。维生素 E 有保胎作用（治疗先兆性流产）。

（4）改善脂类代谢，抗心血管病　可抑制胆固醇合成过程的限速酶，缺乏时导致血浆胆固醇（TC）与甘油三酯（TG）的升高，形成动脉粥样硬化。

2. 维生素 E 缺乏或过量症状　维生素 E 一般不易缺乏，在某些脂肪吸收障碍等疾病时可因其缺乏，表现为红细胞数量减少，寿命缩短，体外试验可见红细胞渗透脆性增加等贫血症。

维生素 E 的毒性较小，长期摄入大剂量维生素 E 可能出现中毒症状，如肌无力、视觉模糊、头痛、恶心、腹泻等。

3. 膳食参考摄入量　《中国居民膳食营养素参考摄入量（2023 版）》提出成年人（含孕妇）维生素 E 的 AI 为 $14mg\alpha-TE/d$，UL 为 $700mg\alpha-TE/d$。

4. 食物来源　食物中维生素 E 分布广泛，来源充足。广泛存在于植物油中，麦胚油、大豆油、葵花籽油、玉米油中含量丰富，豆类及绿叶蔬菜中含量也较高。

（四）维生素 K

维生素 K 又称凝血维生素，是 2 – 甲基萘醌的衍生物。广泛存在于自然界，常见的有维生素 K_1 和维生素 K_2 两种，均有耐热性，对光和碱敏感。维生素 K_3、维生素 K_4 为人工合成，水溶性，性质较稳定，为临床上所常用，可以口服或注射。

1. 维生素 K 的生理功能

（1）维生素 K 主要作用是参与凝血　它维持体内的第 Ⅱ、Ⅶ、Ⅸ、Ⅹ 凝血因子在正常水平，并使凝血酶原转变为凝血酶，后者促使纤维蛋白原转变为纤维蛋白，加速血液凝固。维生素 K 缺乏或肝损害等都可导致凝血因子合成障碍，易发生出血。

（2）维生素 K 具有解痉止痛作用　有报道用它来治疗支气管痉挛等，尤其对阿托品治疗无效的胆道蛔虫病患者的绞痛有一定疗效。

（3）维生素 K 还可防止内出血及痔疮　经常流鼻血的人，应该多从天然食物中摄取维生素 K。

2. 维生素 K 缺乏或过量症状　人体一般不缺维生素 K，若食物中缺乏绿色蔬菜或长期服用抗生素影响肠道微生物生长，可造成维生素 K 缺乏，表现为出血时间或凝血时间延长，服用维生素 K 可以防治。

缺乏维生素 K 引起的凝血障碍性疾病，临床主要见于新生儿出生前三个月内，为婴儿期较常见的疾病。由于维生素 K 难于通过胎盘屏障，如果孩子患病，可能会流血不止或腹泻、抽搐、脑水肿，严重者甚至导致死亡或留下神经系统后遗症。

3. 膳食参考摄入量　《中国居民膳食营养素参考摄入量（2023 版）》提出成年人维生素 K 的适宜摄入量（AI）为 $80\mu g/d$。

4. 食物来源　人体维生素 K 有食物和肠道菌群合成两种来源。食物中的绿色蔬菜、动物肝脏、鱼类含有较多的维生素 K_1，其次是牛奶、麦麸、大豆等食物。肠道中的大肠埃希菌、乳酸菌等能合成维生素 K_2。

三、水溶性维生素

水溶性维生素包括 B 族维生素和维生素 C。属于 B 族维生素的主要有维生素 B_1（硫胺素）、维生素 B_2（核黄素）、维生素 PP、泛酸、维生素 B_6、生物素、叶酸、维生素 B_{12}（钴胺素）等。其化学结构各不相同，生化功能也各异，它们在生物体内通过构成许多辅酶或辅基分子发挥重要的代谢调节作用。当它们在体内缺乏时会造成代谢紊乱，导致生长障碍。

水溶性维生素在体内的储存量不大，过剩的部分均可由尿排出体外，一般不会因在体内蓄积而发生中毒。又因为储存很少，必须经常从食物中摄取。

（一）维生素 B_1

维生素 B_1 又称抗脚气病维生素。其分子由噻唑环和嘧啶环两部分组成，因含有硫和氨基故又称为硫胺素。

维生素 B_1 在碱性溶液中加热极易分解，在酸性溶液中耐热性强，加热到 120℃ 也不会被破坏。对氧和光也比较稳定。维生素 B_1 大多以盐酸硫胺素的形式存在，为白色结晶，易被小肠吸收。

1. 维生素 B_1 的生理功能

（1）构成辅酶，维持体内正常代谢　维生素 B_1 可与三磷酸腺苷（ATP）结合形成焦磷酸硫胺素（TPP）。TPP 是维生素 B_1 的活性形式，在体内构成 α - 酮酸脱氢酶体系和转酮醇酶的辅酶。

（2）促进胃肠蠕动　维生素 B_1 可抑制胆碱酯酶对乙酰胆碱的水解，乙酰胆碱（副交感神经化学递质）有促进胃肠蠕动作用。

（3）对神经组织的作用　维生素 B_1 缺乏时可引起神经系统病变和功能异常。研究发现，在神经组织以 TPP 含量最多，大部分位于线粒体，10% 在细胞膜。TPP 可能与膜钠离子通道有关，当 TPP 缺乏时梯度渗透无法维持，引起电解质与水转移。

2. 维生素 B_1 缺乏症状　维生素 B_1 缺乏可引起脚气病，出现以两脚无力为主要特征，以及健忘、四肢肌肉麻木、下肢水肿或萎缩等脚气病症状。由于维生素 B_1 主要存在于种子外皮及胚芽中，故脚气病主要发生于高糖饮食及食用高度精细加工的米、面的人群。

维生素 B_1 还可抑制胆碱酯酶的活性，在神经传导中起一定作用，当维生素 B_1 缺乏时，胆碱酯酶活性增强，乙酰胆碱的水解加速，使神经传导受到影响，可造成胃肠蠕动缓慢、消化液分泌减少、食欲缺乏、消化不良等消化功能障碍。

3. 膳食参考摄入量　《中国居民膳食营养素参考摄入量（2023 版）》提出成年人维生素 B_1 的推荐摄入量（RNI）为男性 1.4mg/d，女性为 1.2mg/d。

4. 食物来源　维生素 B_1 广泛分布于植物中，主要存在于种子外皮及胚芽中，米、黄豆、芹菜、瘦肉等食物中含量也丰富。加工过于精细的谷物可造成其大量丢失。某些生鱼肌肉中含有热不稳定的硫胺素酶，能催化硫胺素分解，所以多食生鱼肉会导致维生素 B_1 缺乏。维生素 B_1 在机体不易储存，故每日必须由食物适当补充。

（二）维生素 B_2

维生素 B_2 又称核黄素，为橘黄色针状结晶，是异咯嗪衍生物，其分子上 N_1 和 N_5 与活泼的双键连接，使这两个氮原子可反复地受氢和脱氢，具有氧化还原性。维生素 B_2 在体内被转化为黄素单核苷酸（FMN）和黄素腺嘌呤二核苷酸（FAD）。维生素 B_2 在酸性溶液中稳定，耐热，易被碱和紫外线破坏。

1. 维生素 B_2 的生理功能　维生素 B_2 在体内的活性形式 FMN 和 FAD 都可和酶蛋白紧密地结合，成为黄素酶的辅基，参与体内多种氧化还原反应。在生物氧化过程中，FMN 和 FAD 能起递氢体的作用。同时维生素 B_2 能促进糖、脂肪和蛋白质的代谢，对维持皮肤黏膜和视觉的正常功能均有一定作用。

2. 维生素 B_2 缺乏症状　维生素 B_2 缺乏症常与其他 B 族维生素缺乏症同时出现，常见症状是口角炎、唇炎、阴囊炎、眼睑炎、皮炎等。维生素 B_2 缺乏还可引起人和动物铁吸收、储存、利用的降低。

3. 膳食参考摄入量　《中国居民膳食营养素参考摄入量（2023 版）》提出成年人维生素 B_2 的推荐摄入量（RNI）为男性 1.4mg/d，女性为 1.2mg/d。

4. 食物来源　维生素 B_2 分布很广，广泛存在于动物植物中，米糠、绿叶蔬菜、黄豆、小麦、酵母、动物肝脏、蛋黄中含量丰富。人体肠道细菌也能合成一部分，但不能满足机体需要，故必须从食物中摄取。

（三）维生素 PP

维生素 PP 又称抗癞皮病维生素或维生素 B_3，包括烟酸（又称尼克酸）和烟酰胺（又称尼克酰胺），属吡啶衍生物。在人体内被转化为尼克酰胺腺嘌呤二核苷酸（NAD^+）和尼克酰胺腺嘌呤二核苷酸磷酸（$NADP^+$），构成多种脱氢酶的辅酶。烟酸为白色针状结晶，微溶于水；烟酰胺为白色结晶，易溶于水。性质比较稳定，不易被酸、碱及热破坏，是各种维生素中性质最稳定的一种。

1. 维生素 PP 的生理功能　维生素 PP 在体内是以 NAD^+ 和 $NADP^+$ 的形式发挥其生理功能的。尼克酸和尼克酰胺在体内可互相转化，在体内尼克酰胺转化为脱氢酶辅酶，主要包括辅酶 Ⅰ（尼克酰胺腺嘌呤二核苷酸，NAD^+）和辅酶 Ⅱ（尼克酰胺腺嘌呤二核苷酸磷酸，$NADP^+$），NAD^+ 和 $NADP^+$ 都是作为不需氧脱氢酶的辅酶，参与机体内的生物氧化过程，起传递氢的作用。维生素 PP 还能维持神经组织的健康，对中枢和交感神经系统有维护作用。

2. 维生素 PP 缺乏症状　维生素 PP 缺乏时可引发癞皮病，主要表现为皮炎、腹泻及痴呆等。裸露部位出现对称性皮炎，皮炎处有明显而界限清楚的色素沉着，痴呆是神经组织病变的结果。

3. 膳食参考摄入量　《中国居民膳食营养素参考摄入量（2023 版）》提出成年男性烟酸的 RNI 为 15mgNE/d，女性 RNI 为 12mgNE/d，UL 为 35mgNE/d。烟酸除了直接从食物中摄取，还可在体内由色氨酸转化而来，因此烟酸的当量为：烟酸当量（mgNE）＝烟酸（mg）＋1/60 色氨酸（mg）。

4. 食物来源　维生素 PP 在自然界分布很广，酵母、肉类、谷物、花生中含量丰富。人体、植物和某些细菌可将色氨酸转化为维生素 PP，但转化率较低。因色氨酸为人体必需氨基酸，所以人体的维生素 PP 主要从食物中摄取。

长期以玉米为主食者易引起维生素 PP 缺乏症，一方面是因为玉米中色氨酸含量较低，影响烟酸合成，另一方面是维生素 PP 在玉米中常以不易被吸收的结合形式存在。

（四）维生素 B$_6$

维生素 B$_6$ 又称抗皮炎维生素，包括吡哆醇、吡哆醛和吡哆胺 3 种化合物，均为吡啶衍生物。维生素 B$_6$ 易溶于水和乙醇，微溶于脂溶剂，对光和碱均敏感，高温下迅速被破坏。

1. 维生素 B$_6$ 的生理功能

（1）参与氨基酸代谢　在体内吡哆醇可转化为吡哆醛或吡哆胺。经磷酸化生成磷酸吡哆醛和磷酸吡哆胺，它们是氨基酸转移酶的辅酶，起传递氨基的作用。磷酸吡哆醛是氨基酸代谢中转移酶及脱羧酶的辅酶。磷酸吡哆醛能促进谷氨酸脱羧，促进 γ-氨基丁酸的生成，γ-氨基丁酸是一种抑制性神经递质，当维生素 B$_6$ 缺乏可致中枢神经兴奋、呕吐等症状，临床上常用维生素 B$_6$ 治疗婴儿惊厥和妊娠呕吐。

（2）参与糖原和酯类代谢　磷酸吡哆醛是糖原磷酸化酶的重要组成部分，参与糖原分解。维生素 B$_6$ 还可以作为辅酶参与酯类代谢，故其具有防止动脉粥样硬化发生发展的作用。

2. 维生素 B$_6$ 缺乏症状　因食物中富含维生素 B$_6$，同时肠道菌群也可合成维生素 B$_6$，严重缺乏较少见，轻度缺乏较多，通常与 B 族维生素同时缺乏，缺乏症状主要包括五官周围皮肤的脂溢性皮炎，个别还有神经精神症状、贫血、腹部不适等，补充维生素 B$_6$ 后症状即会消失。

3. 膳食参考摄入量　《中国居民膳食营养素参考摄入量（2023 版）》提出成年人维生素 B$_6$ 的 RNI 为 1.4mg/d，UL 为 60mg/d。

4. 食物来源　一般食物中均含有维生素 B$_6$，谷物、种子外皮、麦胚芽、卷心菜、豆类、酵母、肝、肾、蛋黄、肉和鱼中含量都很丰富，酵母及米糠中含量最多。动物性食物的维生素 B$_6$ 生理利用率优于植物食物。

（五）叶酸

叶酸因绿叶中含量丰富而得名，又称蝶酰谷氨酸。它由蝶啶、对氨基苯甲酸、谷氨酸组成。叶酸为黄色结晶，微溶于水，不溶于脂溶剂。在酸性溶液中不稳定，容易被光破坏。食物在室温下储存时，其所含叶酸很容易损失。

1. 叶酸的生理功能　叶酸在体内的活化形式是 5,6,7,8-四氢叶酸（THFA 或 FH$_4$），它是催化一碳单位转移酶所需要的辅酶，参与许多重要物质的合成。四氢叶酸是体内一碳单位转移酶的辅酶，是一碳单位转移体，分子中 N$_5$ 和 N$_{10}$ 原子能携带转运一碳单位参与嘌呤、嘧啶核苷酸合成，所以，叶酸在核酸合成中起重要作用。

2. 叶酸缺乏症状　叶酸因在肉、水果、蔬菜中含量较多，肠道细菌也能合成，所以一般不易缺乏。叶酸缺乏的原因主要是膳食叶酸摄入不足、吸收利用不良和需要量增加（孕妇、乳母）。口服避孕药或抗惊厥药物能干扰叶酸的吸收及代谢，如长期服用此类药物时应考虑补充叶酸。如缺乏叶酸，DNA 合成受到抑制，骨髓幼红细胞分裂、成熟速度减慢，细胞体积变大，造成巨幼细胞贫血。在怀孕早期可引起胎儿宫内发育迟缓、神经管畸形、中枢神经系统发育异常等。

3. 膳食参考摄入量　《中国居民膳食营养素参考摄入量（2023 版）》提出成年人叶酸的 RNI 为 400μgDFE/d，孕妇为 600μgDFE/d，乳母为 550μgDFE/d。由于天然食物中的叶酸与合成的叶酸补充剂的生物利用率不同，天然食物中的利用率仅 50%，叶酸补充剂与膳食混合后生物利用率可达 85%，是天然食物叶酸利用率的 1.7 倍，因此叶酸的参考摄入量通常以膳食叶酸当量（DFE）表示，公式方法为：DFE（μg）= 膳食叶酸（μg）+ [1.7 × 叶酸补充剂（μg）]。

4. 食物来源　叶酸广泛存在各种动、植物食物中，在动物肝脏、肾脏、蛋类、奶类、豆类、水果和坚果中含量丰富。

（六）维生素 B_{12}

维生素 B_{12} 又名抗恶性贫血维生素，由于分子中含有金属元素钴，故又称钴胺素，是唯一含金属元素的维生素。维生素 B_{12} 是粉红色结晶，它的水溶液在弱酸下相当稳定，在强酸、强碱、日光、氧化剂及还原剂条件下均易被破坏。

1. 维生素 B_{12} 的生理功能　维生素 B_{12} 在体内主要有两种辅酶形式：辅酶 B_{12} 和甲基钴胺素。辅酶 B_{12} 可作为变位酶的辅酶参加一些异构化反应。甲基钴胺素参与体内一碳单位代谢，因此，维生素辅酶 B_{12} 与叶酸的作用有时是互相关联的。此外，维生素 B_{12} 对上皮组织细胞的正常新生和红细胞的新生与成熟都有重要的作用，临床上可用维生素 B_{12} 治疗恶性贫血。最新研究表明维生素 B_{12} 还有消除烦躁不安、增强记忆及平衡感等作用。

2. 维生素 B_{12} 缺乏症状　维生素 B_{12} 的缺乏主要包括先天和后天缺乏，最典型的症状是巨幼细胞贫血，可引起高同型半胱氨酸血症，是导致心血管疾病的危险因素，还可以对脑细胞产生毒性作用。

3. 膳食参考摄入量　《中国居民膳食营养素参考摄入量（2023 版）》提出成年人维生素 B_{12} 的 RNI 为 $2.4\mu g/d$，EAR 为 $2.0\mu g/d$。

4. 食物来源　维生素 B_{12} 在肉类、肝脏、蛋类等动物性食品中含量丰富，人类肠道细菌也可以合成，所以人体一般不缺。但植物性食物中含量极少，有严重吸收障碍疾患的患者及长期素食者易发生维生素 B_{12} 缺乏症。

（七）生物素

生物素旧称维生素 B_7 及维生素 H，是由噻吩和尿素结合的双环化合物，侧链是戊酸。自然界存在的生物素至少有两种：α – 生物素（存在于蛋黄中）和 β – 生物素（存在于肝脏中）。生物素为无色的长针状结晶，溶于热水而不溶于乙醇、乙醚及三氯甲烷，常温下相当稳定，但高温和氧化剂可使其丧失生理活性。

1. 生物素的生理功能　生物素是体内多种羧化酶的辅酶或辅基，在羧化反应中可与 CO_2 结合，并将 CO_2 固定在底物分子上，使其羧化，如丙酮酸羧化酶、乙酰辅酶 A 羧化酶等，可作为活动羧基载体参与体内多种酶促催化反应。生物素对糖、脂肪、蛋白质和核酸的代谢有重要意义。

2. 生物素缺乏症状　生物素来源广泛，且肠道微生物也合成，故一般不会缺乏。生鸡蛋清中含有一种抗生物素蛋白，能与生物素结合而使生物素不能为肠壁吸收，因此，长期食用生鸡蛋可导致生物素的缺乏病。另外，长期服用抗生素可抑制肠道正常菌群也会造成生物素缺乏。其症状是食欲缺乏、恶心呕吐、精神抑郁、严重的皮肤炎、干燥脱屑、贫血等。

3. 膳食参考摄入量　《中国居民膳食营养素参考摄入量（2023 版）》提出成年人生物素的适宜摄入量（AI）为 $40\mu g/d$。

4. 食物来源　生物素来源广泛，在肝、肾、蛋黄、牛乳、酵母、蔬菜及谷物中均含有，人体肠道细菌也能合成。

（八）维生素 C

维生素 C 能防治坏血病，故又称抗坏血酸，是一种酸性多羟基化合物，为无色或白色晶体，易溶于水，微溶于乙醇和甘油，不溶于有机溶剂。维生素 C 在酸性环境中稳定，但在有氧、热、光和碱性环境下不稳定，特别是有氧化酶及痕量铜、铁等金属离子存在时，可促使其氧化破坏。

1. 维生素 C 的生理功能　维生素 C 在体内以还原型和氧化型两种形式存在，两者能可逆转化，在氧化还原反应中起递氢体作用。氧化型和还原型维生素 C 同样具有生理功能。

（1）参与羟化反应　维生素 C 是许多羟化酶的必需辅助因子，可增强羟化酶的活性，参与体内一些重要的羟化反应。其中突出的是促进胶原蛋白的合成，对于结缔组织的生成和维持完好起着重要的作用。

（2）还原作用　维生素 C 参与体内的氧化还原反应。维生素 C 能保护酶的活性巯基，使巯基酶的—SH 维持还原状态，具有保护细胞膜和防治重金属中毒的作用。维生素 C 有促进造血的作用，红细胞内的 NADH 高铁血红蛋白酶系统在维生素 C 的参与下能使高铁血红蛋白还原为血红蛋白，恢复其运输氧的能力。除此以外，维生素 C 能保护维生素 A、维生素 B、维生素 E 免遭氧化，促使叶酸转变为有活性的四氢叶酸。

（3）其他功能　维生素 C 还参与体内其他的代谢反应。维生素 C 可促进抗体生成，增强机体抵抗力；维生素 C 还具有防治动脉粥样硬化、抗病毒和防癌的作用。

2. 维生素 C 缺乏或过量症状　缺乏维生素 C 可造成胶原蛋白合成障碍，于是细胞间隙增大，影响结缔组织的坚韧性，导致毛细血管通透性增加，易破裂出血，牙齿易松动，骨骼脆弱易折断，创伤时伤口不易愈合等典型的坏血病症状。因正常情况下体内可存一定量的维生素 C，故坏血病症状在维生素 C 缺乏后 3~4 月才会出现。

维生素 C 对人体是很重要的，但长期大量使用也可引起某些副作用，主要表现为尿中草酸含量显著增加，易发生尿路的草酸盐结石；还可降低某些妇女的生育能力及影响胚胎的发育；有的患者可导致肠蠕动增加，甚至腹泻。

3. 膳食参考摄入量　《中国居民膳食营养素参考摄入量（2023 版）》提出成年人维生素 C 的RNI 为 100mg/d，UL 为 2000mg/d。

4. 食物来源　新鲜水果和蔬菜中含有丰富的维生素 C，尤其是猕猴桃、山楂、橘子、鲜枣、番茄和辣椒中含量最丰富。植物中有维生素 C 氧化酶，所以储存久的水果蔬菜中的维生素 C 的含量会大量减少。各种干菜中几乎不含维生素 C，但种子一经发芽，便合成维生素 C。因此，各种豆芽菜类也是维生素 C 的极好来源。

四、维生素的美容作用

维生素是维持人体正常功能不可缺少的营养素，是一类与机体代谢有密切关系的低分子有机化合物，是物质代谢中起重要调节作用的许多酶的组成成分。各种维生素在美容护肤方面都有独特而无法替代的作用，合理的维生素营养可以促进皮肤光泽红润、美丽动人。

（一）脂溶性维生素与美容

1. 维生素 A 与美容　维生素 A 参与细胞膜表面的黏蛋白合成，可以促进上皮组织的形成与分化，维护上皮组织的正常结构与功能。在美容方面主要包括两方面的影响：一是维持正常的视觉上皮功能，使人们拥有一对明亮有神的双眼；二是维护正常的表皮功能。

膳食中维生素 A 摄入不足时，眼部会出现泪腺分泌减少、眼结膜干燥（眼干燥症）脱皮、角膜软化、夜盲症。皮肤的表现主要为皮肤干燥、弹性下降、脱屑、皱缩、毛囊角化等，加速皮肤老化，缺乏严重时会发展为鳞皮。维生素 A 在动物肝脏中含量丰富，使用过量可引起中毒，会出现头发干枯或脱落、皮肤干燥、食欲缺乏、贫血等中毒症状。所以，维生素 A 对于人体而言并不是越多越好。

2. 维生素 D 与美容　维生素 D 与钙、磷结合成为骨代谢的重要成分，常用于提高骨量和骨密度，能预防骨质疏松症的过早出现。它还能提高体表皮肤的吸氧水平，促进皮肤的新陈代谢，调节感光质的形成，从而降低紫外线对皮肤的损伤，保障皮肤的营养。另外，如果维生素 D 缺乏，不仅引起佝佝偻病使骨骼变形，也会增加皮肤对日光（紫外线）敏感度，日晒部位常会发生日光性皮炎、干燥、脱屑等。维生素 D 虽对肌肤保养有重要作用，但补充维生素 D 也不宜剂量过大。

3. 维生素 E 与美容

（1）预防皮肤的光老化　维生素 E 俗名叫"抗老素"，因主要发挥抗氧化作用而得名。维生素 E 可以预防皮肤的光老化，日光紫外线长时间照射人体皮肤的结果是促使皮肤游离基的生成、加速皮肤老化，而维生素 E 具有阻止和清除这种游离基的生成和积累的能力，对被紫外线灼伤的皮肤细胞有良好的修护作用。化妆品中将维生素 E 与其他紫外线吸收剂复合后用于防晒产品中就是这个原因。

（2）保持水分、润泽肌肤　维生素 E 具有保持水分、润泽肌肤的功能，它可以保护细胞膜内的脂质与蛋白质，使其发挥与水分结合的作用。维生素 E 的保持水分作用在机制上与常用的保湿剂甘油等有所不同，它不是采用封闭的吸水方法，而是从内部润湿、渗透，因此具有更为明显的保湿功效。

（3）保持肌肤弹性　维生素 E 是一种强抗氧剂，能保护人体内外易于氧化的物质免受破坏，可以改善蛋白质、脂肪和糖类的代谢，保持肌肤弹性。化妆品工业中常将其加入化妆品配方中，以提高产品稳定性，因为它可以抑制配方中油脂类原料微生物滋生，防止酸败。

（4）其他　维生素 E 还可以调节线粒体的呼吸速度，影响线粒体内细胞色素的含量，增强免疫功能，从而具有延缓衰老的作用。

（二）水溶性维生素与美容

1. 维生素 B_1 与美容　维生素 B_1 参与人体糖的代谢，维持神经、心脏与消化功能的正常运行，有助于人体消化而防止肥胖和滋润皮肤。它是神经酶的主要成分，所以神经炎、脂溢性皮炎和脱发都与维生素 B_1 缺少有关。但是维生素 B_1 的补充切不可剂量过大，如果服用过量也可出现头痛、眼花、烦躁、心律失常、乳房肿大、颜面潮红、皮肤瘙痒等症状，严重时还会发生低血压或引起肝功能损害，出现黄疸。

2. 维生素 B_2 与美容　维生素 B_2 参与体内许多氧化还原的过程，参加糖类、脂肪和蛋白质的代谢。当人体内脂肪超过需要量时，会通过皮脂腺将其排出皮肤表面或储存于毛孔之内，又由于毛孔内脂肪沉积，常成为螨虫和化脓菌繁殖之处，所以脂肪多了容易发生毛囊炎、粉刺、脱发等。而当人体燃烧脂肪时又需要大量维生素 B_2 的参与，所以维生素 B_2 缺乏会使皮肤粗糙、表面易起皱纹。

3. 维生素 B_3 与美容　维生素 B_3 是参与人体中间代谢的两个重要辅酶 NAD（烟酰胺二核苷酸腺嘌呤）和 NAPP（烟酰胺二核苷腺嘌呤磷酸盐）所必需的组成部分。在生物氧化呼吸链中起着递氢的作用，可促进生物氧化过程和组织新陈代谢，糖酵解、丙酮酸代谢、呼吸链和戊糖生物合成等 10 种生化反应与烟酰胺相关，为细胞进行氧化还原反应所必需，对维持正常组织（特别是皮肤、消化道和神经系统）的完整性具有重要作用。不足或缺乏时可引起细胞呼吸障碍并产生相应的临床表现。主要是皮肤损害，皮炎主要发生于人体暴露部位，如指背、手背、前臂、面部、颈胸部。皮损初起为对称性鲜红色斑片，界限清晰酷似晒斑，自感烧灼、微痒。继之皮损由鲜红变为暗红、棕红或咖啡；以后皮损逐渐变厚硬、粗糙，出现皲裂及色素沉着，最后发生萎缩。严重者亦可形成大疱红肿，疼痛剧烈，并可有继发感染，形成脓疱，偶有溃疡形成。患者常发生口腔炎、舌炎或外阴炎，舌呈亮红或猩红色，出现 Moeller – Hunter 舌炎表象，自感烧灼。

4. 维生素 B_6 与美容　维生素 B_6 参与氨基酸代谢（包括酪氨酸形成多巴胺）、脂肪代谢等，缺乏时会导致毛发生长不良，弥漫性脱发、毛发变灰及早生白发，甚至引起痤疮、酒渣鼻等损容性皮肤病。此外，它还对中枢及自主神经有维护作用。长期缺乏维生素 B_6 会出现皮肤和胃、肠功能失调的症状，影响营养素的正常吸收，但补充过多维生素 B_6 会引起烦躁、潮红、心悸、失眠等症状。

5. 叶酸与美容　叶酸作为体内重要的甲基供体，参与核酸的生物合成和 DNA 甲基化，对细胞的分裂生长，核酸、氨基酸、蛋白质的合成及许多基因表达起着重要的作用。人体缺少叶酸可导致红细胞的异常、未成熟细胞的增加、贫血及白细胞减少。叶酸是胎儿生长发育不可缺少的营养素。孕妇缺乏叶酸有可能导致胎儿出生时出现低体重、唇腭裂、神经管畸形等。

6. 维生素 B$_{12}$ 与美容　维生素 B$_{12}$ 能促进血红蛋白的合成，是重要的"造血原料"之一。维生素 B$_{12}$ 常用于治疗缺铁性贫血。由于它能让皮肤得到营养，使容颜红润，所以有美容功能。但过量则可引发药源性哮喘、药疹、湿疹等。

7. 维生素 C 与美容

（1）**通过参与体内氧化还原过程起到美容作用**　维生素 C 能增加毛细血管的致密性，降低其通透性和脆性，抑制皮肤内多巴胺的氧化作用，使皮肤内深层氧化的色素还原成浅色，保持皮肤白嫩，抑制色素沉着，从而预防黄褐斑、雀斑、皮肤瘀斑和头发枯黄等。研究发现缺乏维生素 C 时皮肤毛孔变粗大，毛孔口有角样栓状物，毫毛不能伸出而卷曲在内，毛孔周围血管增粗、充血，易形成粉刺。

（2）**通过参与体内的羟化反应达到美容作用**　胶原蛋白作为皮肤的保湿因子对滋养皮肤、促进皮肤新陈代谢、增强血液循环、增加皮肤紧密度、缩小毛孔、舒展粗纹、促使皮肤细胞正常成长等有重要的作用。在胶原的生物合成中有三种酶需要维生素 C 以进行脯氨酸或赖氨酸的羟化作用。肉碱参与体内长链脂肪酸的代谢，在减肥过程中发挥作用，在肉碱的合成途径中有两种酶也需要维生素 C 的参与。

（3）**通过影响黑色素生成达到美容作用**　皮肤的颜色主要由黑色素决定，黑色素由酪氨酸代谢产生，黑色素的颜色是由黑色素分子中的醌式结构决定的，而维生素 C 具有还原剂的性质，能使醌式结构还原成酚式结构，减少黑色素生成，淡化、减少黑色素沉积，达到美白功效。当黑色素细胞形成黑色素功能亢进时，颜面就会出现色素沉着症，最常见的有雀斑、老年斑、黄褐斑和黑皮症。

任务七　水与美容

PPT

水是保护皮肤清洁、滋润、细嫩的特效而廉价的美容剂。水是构成生物机体的重要物质。人体的所有组织都含有水。对人的生命而言，断水比断食的威胁更为严重。如果没有水，任何生命过程都无法进行。

一、人体内水的分布

水是人体中含量最多的成分。总体水量（体液总量）可因年龄、性别和体形的胖瘦而存在明显个体差异。新生儿总体水最多，约占体重的 80%；婴幼儿次之，约占体重的 70%；随着年龄的增长，总体水逐渐减少，10 ~ 16 岁以后，减至成年人水平；成年男子总体水约为体重的 60%，女子为 50% ~ 55%；40 岁以后随肌肉组织含量的减少，总体水也逐渐减少，一般 60 岁以上男性为体重的 51.5%，女性为 45.5%。由于小儿新陈代谢率高，神经系统、内分泌系统和肾等器官发育的不够完善，调节功能差，故易发生水电解质平衡紊乱。

总体水还随机体脂肪含量的增多而减少，因为脂肪组织含水量较少，仅 10% ~ 30%，而肌肉组织含水量较多，可达 75% ~ 80%，故水含量瘦者大于胖者。

水在体内主要分布于细胞内和细胞外。细胞内液约占总体水的 2/3，细胞外液约占 1/3。各组织器官的含水量相差很大，以血液中最多，脂肪组织中较少。女性体内脂肪较多，故水含量不如男性高。

人体水的含量与分布随年龄的影响见表 2 - 3。

表 2 - 3 不同年龄的体液分布（占体重%）

年龄	体液总量	细胞内液	细胞外液	
			组织间液	血浆
新生儿	80	35	40	5
婴儿	70	40	25	5
儿童（2~14 岁）	65	40	20	5
成年人	60	40	15	5
老年人	55	30	18	7

二、水的生理作用

体内的水一部分以自由状态存在，称为自由水；而大部分则与蛋白质、多糖、磷脂等结合，以结合水的形式存在。水在维持体内正常的代谢和生理活动方面起重要作用。

（一）构成细胞和体液的重要组成成分

成人体内水分含量约占体重的60%，血液中含水量占80%以上，水广泛分布在组织细胞内外，构成人体的内环境。

（二）促进物质代谢

水是良好的溶剂，多数营养物质、代谢产物能溶解于水中，有利于营养物质的消化、吸收、运输和代谢产物的排泄。体内的代谢反应主要是在有水的环境中进行。水还直接参与许多代谢反应，如水解、水化、脱水及氧化反应等。

（三）调节体温

水的比热大，因此水能吸收较多的热量而本身温度升高并不多，这样不致因代谢产热而使体温发生明显改变。水的蒸发热较大，蒸发少量的水（出汗）就能散发大量的热。水的流动性大，能随血液循环迅速分布全身，而且体液中水的交换非常快，物质代谢产生的热量能在体内迅速均匀分布。所以水是良好的体温调节剂，使机体不至于因内外环境温度的改变而发生明显波动。

（四）润滑作用

水有润滑作用，如泪液可防止眼球干燥，有利于眼球的转动；唾液有助于吞咽及咽部湿润；关节腔的滑液可减少运动时关节面之间的摩擦。

三、机体水的平衡和调节

正常人每日水的来源和排出处于动态平衡。水的来源和排出量每日维持在 2500ml 左右。体内水的来源包括食物水、饮水或饮料以及代谢水三大部分。体内水的排出以经肾脏为主，其次是经肺、皮肤和粪便排出。

（一）体内水的来源

正常人每天需水量约2500ml，其来源主要如下。

1. 食物 成年人每天从食物中摄取的水约1000ml。

2. 饮水或饮料 成年人每天大约摄入1200ml 水。一个人每天饮水量与气候、劳动、温度、运动和生活习惯有关。

3. 代谢水 糖、脂肪和蛋白质在体内氧化分解所产生的水称为代谢水。正常人一般情况下每天产生的代谢水量约为300ml。

（二）体内水的去路

正常情况下，成年人每天的排水量约为2500ml，其途径如下。

1. 呼吸蒸发 即呼吸时以水蒸气的形式丢失的水。成年人每天由呼吸道排出的水量约为350ml。

2. 皮肤蒸发 成年人每天由皮肤、黏膜蒸发的水分约500ml。皮肤不断蒸发水分，即使感觉不到出汗也在蒸发，称为非显性出汗。出汗明显时，称为显性出汗。汗液中含NaCl，大量出汗时往往丢失水大于钠，导致水、电解质平衡失调，因此，给高温作业的工人供应饮料时，必须注意适当补充钠盐。

3. 粪便排出 成年人每天随粪便排出的水约150ml。

4. 肾脏排出 肾脏排尿是体内排水的主要途径。成年人每日排出尿量约为1500ml。尿量受饮水量、活动、出汗等多种因素的影响。大量饮水时，尿量多而稀释；体内缺水时，尿量少而浓缩。因此，肾在调节水平衡上有重要意义。机体通过排尿既排出了水，又排出了代谢废物。体内代谢产生的废物每日约为35g，至少需要500ml尿液才能使之溶解排出，所以要求每天的最低尿量为500ml。正常成年人每日水的平均出入量见表2-4。

表2-4 正常成年人每日水的平均出入量

水的摄入量（ml）		水的排出量（ml）	
饮水或饮料	1200	呼吸蒸发	350
食物水	1000	皮肤蒸发	500
代谢水	300	粪便排出	150
		肾脏排出	1500
合计	2500	合计	2500

（三）水的参考摄入量与来源

1. 膳食参考摄入量 《中国居民膳食营养素参考摄入量（2023版）》提出成年人水的AI为成年男性1700ml/d；成年女性1500ml/d。在不同温湿度和（或）不同强度身体活动水平时，应进行相应调整（附录1）。

2. 食物来源 水的来源主要有两个途径：①直接饮用水，包括自来水、瓶装水、桶装水等；②食物中的水，许多食物中含有水分，如水果、蔬菜等，这些也可以作为水分的来源。

临床上给不能进水的患者要补充适当的水量，根据上述水的排出量进行计算，呼吸、皮肤蒸发和肾排泄废物共1500ml为必需排水量，补液量要大于此数，故一般每日补充2000ml左右的水以满足生活需要。

（四）水平衡的调节

体内水的正常平衡受神经系统的口渴中枢、垂体后叶分泌的抗利尿激素及肾脏调节。口渴中枢是调节体内水平衡的重要环节，当血浆渗透压过高时，可引起口渴中枢神经兴奋，激发饮水行为。抗利尿激素通过改变肾脏远端小管和集合小管对水的通透性，以影响水分的重吸收，调节水的排出。抗利尿激素的分泌也受血浆渗透压、循环血量和血压等调节。肾脏则是水分排出的主要器官，通过排尿多少和对尿液的稀释和浓缩功能，调节体内水平衡。当机体失水时，肾脏排出浓缩性尿，使水保留在体内，防止循环功能衰竭；体内水过多时，则排尿增加，减少体内水量。电解质与水的平衡有着依存关系，钠主要存在于细胞外液，钾主要存在于细胞内液，都是构成渗透压、维持细胞内外水分恒定的重要因素。因此钾、钠含量的平衡是维持水平衡的根本条件。当细胞内钠含量增多时，水进入细胞引起水肿；反之丢失钠过多，水量减少，引起缺水；而钾则与钠有拮抗作用。

四、水与美容的关系

（一）水是皮肤的重要组成部分

正常皮肤含 20%~30% 的水分，其中角质层含水量维持在 12%~15%。正常的含水量可以使皮肤细嫩、爽滑、柔和，并使皮肤的各种代谢处于正常状态。当角质层水分低于 10% 时，人的皮肤便变得粗糙，失去了弹性，甚至干裂。尤其秋天时，皮肤分泌物逐渐减少，皮肤缺水现象相对较多。而当人体缺水时，新陈代谢过程中能产生一种失水代谢产物，如果这种代谢产物在毛细血管中积累，能妨碍体内液体的流动，阻碍新陈代谢，于是衰老就开始了。如果能阻止体内的失水过程或使之推迟，人就会长寿，皮肤也更加靓丽，所以应补充足够的水分。而长期食用高盐饮食会造成肠道高渗状态，诱发便秘，而便秘是美容和皮肤保健的大敌。

（二）水的运输作用与美容

水的流动性大，一方面把氧气、营养物质、激素等运送到包括皮肤在内的各种组织，使这些组织得到充足的养分，并维持各种功能的正常进行；另一方面又可将体内代谢废物和毒素排出体外，减少它们的吸收，减轻对肠道的局部刺激。便秘的人肤色不佳就是因为排泄不畅、毒素吸收及刺激增加所致。

（三）水的润滑作用与美容

水是体内自备的润滑剂，可滋润皮肤，保持各器官的滑润。另外，如泪水可防止眼球干涩，唾液及消化液有利于吞咽和胃肠的消化，这些作用都可间接地起到美容与保健的功效。

（四）水的溶解性与美容

利用水的溶解力，许多物质解离为离子状态，发挥重要的生理功能；水在体内直接参与氧化还原反应，促进各种生理活动和生化反应的进行。

五、皮肤的水分及其影响因素　e 微课3

皮肤是人体最大的器官，不仅具有保护、排泄、分泌、感觉等多种功能，而且维持皮肤的正常生理状态离不开水分。皮肤水分对于皮肤的弹性和紧致度具有重要意义，充足的水分能使皮肤充满活力，焕发青春。然而，皮肤水分的流失和补充不足会导致皮肤干燥、粗糙、暗沉等问题，影响皮肤的健康和美观。

（一）皮肤水分的来源与流失

1. 皮肤水分的来源

（1）角质层水分　角质层是皮肤的最外层，含有天然保湿因子，如神经酰胺、尿素、乳酸等，能吸附水分，保持皮肤的湿润。

（2）真皮层水分　真皮层是皮肤的中间层，含有丰富的血管和胶原纤维，通过血管输送水分和营养物质，维持皮肤的水分平衡。

（3）皮下组织水分　皮下组织位于皮肤最底层，含有大量脂肪细胞，能储存一定量的水分，起到保温、缓冲作用。

2. 皮肤水分的流失　皮肤水分流失的主要原因如下。

（1）天然保湿因子流失　随着年龄的增长、环境污染和紫外线损伤等因素，皮肤中的天然保湿因子减少，导致皮肤水分流失。

（2）皮肤屏障损伤　皮肤屏障是皮肤保持水分的关键结构，由角质层和皮脂膜组成。屏障损伤会使皮肤水分更容易流失。

（3）环境因素　干燥、寒冷、低湿度的环境容易导致皮肤水分流失。

（二）影响皮肤水分的因素

1. 内源性因素

（1）年龄　随着年龄的增长，皮肤水分逐渐减少，皮肤的保湿能力下降。

（2）性别　女性皮肤水分含量普遍高于男性，皮肤保湿能力较强。

（3）基因　个体基因差异会影响皮肤水分的保持和流失。

2. 外源性因素

（1）护肤品　选用适合自己肤质的护肤品，能有效补充和保持皮肤水分。

（2）饮食　多摄入含有天然保湿因子的食物，如胶原蛋白、透明质酸等，有助于皮肤水分的保持。

（3）生活习惯　保持良好的作息、饮食习惯，避免过度洁面、摩擦等损伤皮肤的行为，有利于皮肤水分的维持。

（三）皮肤的补水美容

1. 外用补水　正常情况下，由于皮肤角质层有吸水作用和屏障功能，汗腺和皮脂腺所分泌的油脂有覆盖作用，可保持角质层中水分含量在 10%~20%，且不易散失。水–NMF–脂质处于平衡状态时，皮肤光滑细嫩，富有弹性。但在某些条件下，如在寒冷干燥的环境中，薄薄的皮脂已经控制不住水分的散失，此时如经常用碱性比较大的洗涤剂洗脸，会将皮脂也洗得干干净净。另外，由于疾病的原因，皮肤自身不能产生足够多的保湿物质。这些情况都会使平衡保湿机构遭到破坏，造成皮肤干燥、粗糙，甚至会产生皮屑。在这种情况下，除了确保正常健康的饮食及水的摄入之外，在避免外界不良因素影响的情况下，还应根据需要，使用合适的保湿化妆品或者从外界"直接"给表皮细胞补充水分，使水分进入表皮细胞内外，以增加皮肤的弹性。

2. 蒸气水美容　通过水蒸气的热力作用，软化毛孔的堵塞物、扩张毛孔和毛细血管，使水分子透过毛孔、毛囊壁渗透到表皮细胞，从而达到补充水分、促进血液循环、延缓皱纹出现的目的，在家中可以用电热杯烧水，待水蒸气上冲时即可以蒸面。若用蒸汽美容器（机），则效果更理想，每周熏蒸 2~3 次，干性皮肤每次 3 分钟，中性皮肤每次 5 分钟，油性皮肤每次 7~10 分钟。时间不宜过长，否则会松弛皮肤，得不偿失。

3. 温泉水美容　温泉水按所含化学成分的质和量的不同，可分为单纯温泉、硫黄温泉、碱泉、碳酸泉、食盐泉、明矾泉及反射性矿物泉等。温泉水具有温热和浮张力的特性，能帮助加快人体的血液循环，促进新陈代谢，提高皮肤的生理功能。同时，温泉浴对于感觉神经可起到镇静止痛的作用，缓解肌肉紧张，帮助消除疲劳。单纯温泉水，由于其中所含各种物质极少，作用缓和，对人体的有益作用主要是促进血液循环、增进新陈代谢、镇静镇痛、消除疲劳；硫黄温泉能治疗疥疮和预防一般寄生虫性皮肤病，对治疗关节炎也有些作用，食盐泉能增进新陈代谢，具有镇静镇痛效能，并且能促进局部炎性渗出物的吸收；碱泉、重碳酸钠泉能祛除皮肤表面的皮脂油污垢，使皮肤舒适。

（四）有助于改善皮肤水分状况的物质

皮肤是人体最大的器官，它的健康状况对人体整体状况有着重要影响。保持皮肤水分平衡是维持皮肤健康的关键。当皮肤水分充足时，皮肤会显得光滑、细腻、有弹性，反之，则可能导致皮肤干燥、脱屑、紧绷等问题。因此，寻找有助于改善皮肤水分状况的物质，对维护皮肤健康具有重要意义。

1. 天然保湿成分　许多天然成分具有优秀的保湿效果，如甘油、尿素、乳酸、玻尿酸等。这些成分能有效锁住皮肤水分，提高皮肤的保水能力。其中，玻尿酸是最为优秀的保湿剂，它能吸收自身重量 1000 倍的水分，为皮肤提供充足的水分支持。

2. 植物保湿成分　许多植物含有具有保湿效果的成分，如玫瑰水、薰衣草水、金缕梅提取物等。这些植物成分温和无刺激，适合各种肤质。它们能舒缓皮肤，提高皮肤的保水能力，使皮肤保持水润、光滑。

3. 生化保湿成分　主要包括胶原蛋白、弹性蛋白等。这些成分能够促进皮肤自身保湿能力的提高，增加皮肤的弹性和紧致度。通过补充这些成分，皮肤能更好地锁住水分，保持水嫩状态。

4. 抗氧化成分　维生素 C、维生素 E 等抗氧化成分对于改善皮肤水分状况也有积极作用。它们能减少皮肤水分流失，保护皮肤免受环境污染和紫外线伤害，提高皮肤的保湿效果。

5. 日常保湿措施　除了使用保湿产品外，日常生活中的一些小习惯也能帮助改善皮肤水分状况。如保持充足饮水、避免过度清洁、使用温和的护肤品、避免长时间待在空调房间等。

总之，改善皮肤水分状况的物质丰富多样。选择适合自己的保湿产品和方法，坚持做好皮肤保湿工作，让肌肤焕发水润光彩。

任务八　膳食纤维与美容

PPT

一、膳食纤维的定义

膳食纤维是不被人体消化道分泌的消化酶所消化的且不被人体吸收利用的多糖和木质素。

二、膳食纤维的分类

膳食纤维是人体无法消化的植物性成分，遍布于蔬菜、水果、全谷类和豆类等食物之中。根据其溶解性和化学性质，膳食纤维可分为水溶性膳食纤维与非水溶性膳食纤维两类。

（一）水溶性膳食纤维

水溶性膳食纤维在水中可溶解，主要包括果胶、树胶、藻胶等。在肠道内，这类纤维形成胶状物质，增加饱腹感，减缓胃排空速度，有助于控制血糖和胆固醇。水溶性膳食纤维主要来源于水果、蔬菜、燕麦等食物。

（二）非水溶性膳食纤维

非水溶性膳食纤维不易溶于水，主要包括纤维素、半纤维素和果胶等。在肠道内，这类纤维起到填充作用，增加粪便体积，促进肠道蠕动，有助于缓解便秘。非水溶性膳食纤维主要来源于全谷类、豆类、蔬菜和水果等食物。

三、膳食纤维的生理功能

膳食纤维不能被人体消化、吸收和利用，通常直接进入大肠，在通过消化道的过程中吸水膨胀，刺激和促进肠蠕动，连同消化道中其他"废物"形成柔软的粪便，易于排出，对身体健康和一些疾病的预防有着非常重要的意义。

（一）促进排便，预防便秘

膳食纤维具有良好的吸水作用，不仅可使粪便因含水较多、体积增加变软，还可刺激和加强肠蠕动，使消化吸收和排泄功能得到加强，发挥"清道夫"作用，以减轻直肠内压力，降低粪便在肠道中停留的时间。因此，可有效地预防便秘、痔疮、肛裂、结肠息肉、憩室性疾病和肠激惹综合征。

（二）促进肠道有益菌生长，预防肠癌

肠道中存在大量厌氧菌，其部分代谢产物可对人类致癌，若膳食中纤维素增加会诱导大量好氧菌群，很少产生致癌物，维持肠道微生态平衡。纤维素可与胆汁酸和胆汁酸代谢产物、胆固醇结合，减少初级胆汁酸和次级胆汁酸对肠黏膜的刺激作用。此外纤维素可吸附肠道中的致癌物并较快排出体外，达到防止肠癌的目的。

（三）预防糖尿病和心血管病

可溶性膳食纤维可减少小肠对糖的吸收，使血糖不致因进食而快速升高，因此可减少体内胰岛素的释放，而胰岛素可刺激肝脏合成胆固醇。膳食纤维具有降低血糖的功效，可延长食物在肠内的停留时间，降低葡萄糖的吸收速度，使餐后血糖升高的幅度减小，降低血胰岛素水平。其中可溶性纤维作用较大，例如果胶能吸收水分，在肠道内形成凝胶过滤系统，改变营养素包括单糖和双糖的消化吸收；减少胃肠道激素"抑胃肽"的分泌，使葡萄糖吸收率降低。

（四）降低胆固醇，预防胆结石

胆结石的形成与胆汁、胆固醇含量过高有关，当胆汁酸与胆固醇失去平衡时，就会析出小的胆固醇结晶而形成胆结石，由于膳食纤维可结合胆固醇，降低胆汁和胆固醇的浓度，因此可预防胆结石的形成。

（五）预防肥胖

富含膳食纤维的食物如谷物、全麦面、豆类、水果和蔬菜中只含有少量的脂肪，膳食纤维增加食物的体积，使人易产生饱腹感，从而减少摄入的食物量，避免摄食过多引起能量过剩而导致肥胖。同时膳食纤维还能够抑制淀粉酶的作用，延缓糖类的吸收，降低空腹和餐后血糖水平。果胶等能抑制脂肪的吸收，有助于肥胖、糖尿病和高脂血症的预防。

日常饮食中适量摄入膳食纤维，有益于维持身体健康。为保证膳食纤维摄入，建议多食用蔬菜、水果、全谷类和豆类等食物，并注意饮水量，充分发挥膳食纤维的益处。

四、膳食纤维与美容的关系

膳食纤维在维护皮肤健康方面发挥着至关重要的作用，其主要体现在以下几个方面。

首先，膳食纤维有助于保持胃肠功能正常和营养平衡，为皮肤健康奠定基础。它能与胆汁酸结合，促进其在肝脏中的降解，从而降低血脂和胆固醇水平，减少脂溢性皮炎等皮肤病的发生。

其次，膳食纤维在降低血压、预防动脉粥样硬化方面具有重要意义，有助于维持皮肤的血氧供应，延缓皮肤衰老过程，如干燥、粗糙和失去光泽等现象。对于糖尿病患者，膳食纤维还能改善皮肤干燥、瘙痒和色素沉着等问题。

再次，膳食纤维通过吸附胆固醇并促进其排出体外，有助于降低血胆固醇浓度，维护心血管系统健康。同时，它能排除体内肠源性毒素，减少毒素对组织器官的损害，进而有益于皮肤保健和美容。

最后，膳食纤维通过刺激肠道蠕动、增加粪便体积、软化粪便等途径，有助于及时排出毒素和废物，对维持肌肤健康和美丽具有积极作用。长期积聚在体内的粪便毒素可能导致皮肤问题，如粉刺、色斑等，而膳食纤维的摄入有助于预防这些问题的发生。

五、膳食纤维的参考摄入量和食物来源

（一）膳食参考摄入量

为保持健康，每人需适量摄入膳食纤维。膳食纤维摄入量因年龄、性别、体重、饮食习惯等因素而异。《中国居民膳食营养素参考摄入量（2023 版）》提出成年人的适宜膳食纤维摄入量为每天 20~35g。

（二）食物来源

1. 增加蔬菜和水果摄入　蔬菜和水果是膳食纤维主要来源，尤其是深色品种，如菠菜、胡萝卜、苹果等。建议每天摄入 5 种以上不同蔬菜和水果。

2. 选择全谷类食物　全谷类食物如燕麦、糙米、全麦面包等，富含膳食纤维。替换精制谷物如白米、白面，可增加膳食纤维摄入。

3. 摄入豆类食物　豆类食物如黄豆、黑豆、红豆等，含有丰富的膳食纤维。可通过豆腐、豆浆、豆干等豆制品增加膳食纤维摄入。

膳食纤维需要充足水分才能发挥作用，因此，补充膳食纤维时要注意水分摄入，建议每天摄入足够水分，保持身体水分平衡，同时要注意避免过量摄入。膳食纤维过量摄入可能导致胃肠不适、腹泻等。建议根据个人情况适量摄入膳食纤维。

任务九　食物中的生物活性成分与美容

PPT

食物中的生物活性成分主要包括来自植物性食物的黄酮类化合物、酚酸、有机硫化物、萜类化合物和类胡萝卜素等，也包括来源于动物性食物的辅酶 Q、γ－氨基丁酸、褪黑素及左旋肉碱等。它们不仅为食物带来了不同风味和颜色，还参与生理及病理生理的调节，其中许多还具有清除皮肤中自由基、促进皮肤新陈代谢、减少色素沉着、润泽肌肤等作用。

一、食物中常见的生物活性成分

（一）多酚类化合物

1. 分类及来源　多酚类化合物是所有酚类衍生物的总称，主要指酚酸和黄酮类化合物，包括黄酮和黄酮醇类、二氢黄酮和二氢黄酮醇类、黄烷醇类、异黄酮和二氢异黄酮类、双黄酮类、花色素类、查尔酮类及其他。主要来源有绿茶、各种有色水果及蔬菜、大豆、巧克力、药食两用植物等。

2. 生理功能

（1）抗氧化作用　机制为直接清除自由基。与自由基生成半醌式自由基，抑制与自由基产生有关的酶，如黄嘌呤氧化酶、细胞色素 P450 等，螯合 Fe^{3+}、Cu^{2+} 等金属离子，阻断自由基生成、增强其他营养素的抗氧化能力。

（2）抗肿瘤作用　尤其茶多酚和大豆异黄酮。

（3）保护心血管作用　流行病学调查证实，摄入富含黄酮类物质的食物可以减少冠心病、动脉粥样硬化的发生。

（4）抑制炎症反应　抑制花生四烯酸代谢酶，减少炎症反应递质的产生；抑制基质金属蛋白酶 2（MMP－2）和 MMP－9 活性；抑制活性氧，控制炎症反应；抑制 NF－κB 的活化，阻止炎症相关蛋

白合成。

(5) 抗微生物作用　抗菌、抗病毒。

(二) 类胡萝卜素

1. 分类与来源　类胡萝卜素是广泛存在于微生物、植物、动物及人体内的一类黄色、橙色或红色的脂溶性色素，具有抗氧化、抗肿瘤、增强免疫和保护视觉等多种生物学作用。主要分为 α – 胡萝卜素、β – 胡萝卜素、γ – 胡萝卜素、叶黄素、玉米黄素、β – 隐黄素、番茄红素等。主要存在于水果和新鲜蔬菜中。

2. 生理功能

(1) 抗氧化作用　在类胡萝卜素中，番茄红素的抗氧化活性最强。机制为类胡萝卜素含有许多双键，可淬灭单线态氧及清除自由基和氧化物，减少自由基和氧化物对细胞 DNA、蛋白质和细胞膜的损伤。

(2) 抗肿瘤作用　流行病学研究显示，摄食深绿色蔬菜水果降低癌症发生率与其所含类胡萝卜素密切相关。可能机制为抗氧化、抑制致癌物形成、调节药物代谢酶、增强免疫功能、调控细胞信号传导、抑制癌细胞增殖、诱导细胞分化及凋亡、诱导细胞间隙通信。

(3) 增强免疫功能。

(4) 保护视觉功能　叶黄素是视网膜黄斑的主要色素，吸收蓝光，保护视网膜免于光损害。

(三) 皂苷类化合物

1. 分类与来源　皂苷，又名皂素，是一类广泛存在于植物根、茎和叶中的化合物，具有调节脂质代谢、降低胆固醇、抗微生物、抗肿瘤、抗血栓、免疫调节、抗氧化等生物学作用。

根据皂苷元化学结构的不同，可分为甾体皂苷、三萜皂苷。广泛存在于植物茎、叶和根中。

2. 生物学功能

(1) 调节脂质代谢，降低胆固醇　多种皂苷提取物已作为降血脂药物用于临床。

(2) 抗微生物作用　抑制细菌，抗病毒，通过增强机体吞噬细胞和 NK 细胞的功能发挥对病毒杀伤作用。

(3) 抗肿瘤作用　大豆皂苷、葛根总皂苷、绞股蓝总皂苷、人参皂苷、薯蓣皂苷等具有抗多种肿瘤作用。

(4) 抗血栓作用　具有溶血特性，一度被视为抗营养因子；可激活纤溶系统；抑制纤维蛋白原向纤维蛋白转化；减少血栓素释放，抑制血小板聚集。

(5) 免疫调节作用　绞股蓝皂苷可升高白细胞数量、增强 NK 细胞活性；大豆皂苷可使 IL – 2 分泌增加、促进 T 细胞产生淋巴因子、提高 B 细胞转化增殖、增强体液免疫功能、提高 NK 细胞活性。

(6) 抗氧化作用　大豆皂苷、绞股蓝皂苷能减少过氧化脂质生成，增加 SOD 含量、清除自由基。人参皂苷可减少自由基的生成。

(四) 植物固醇

1. 分类与来源　植物固醇是一类主要存在于各种植物油、坚果、种子中的植物性甾体化合物，具有降低胆固醇、抗癌、调节免疫及抗炎等生物学作用。包括 β – 谷固醇、菜油固醇、豆固醇、相应的烷醇。主要来源于各种植物油、坚果、种子、豆类。

2. 生理功能

(1) 降低胆固醇作用　植物固醇的主要生物学作用。机制为降低胆固醇吸收；替换小肠腔内胆汁酸微团中的胆固醇；抑制肠腔内游离胆固醇的酯化；竞争性抑制胆固醇的转运；促进胆固醇排泄。

(2) 抗癌作用　可能机制为阻滞细胞周期；影响细胞膜结构与功能；诱导细胞凋亡，激活神经鞘磷脂循环产生神经酰胺；阻止肿瘤细胞转移；激素样作用；调节免疫，降低胆酸代谢物的浓度。

（3）调节免疫功能　选择性促进 TH1 细胞功能，抑制 TH2 细胞，激活 NK 细胞活性。

（五）芥子油苷

1. 分类与来源　芥子油苷又叫硫代葡萄糖苷或简称硫苷，是一类广泛存在于十字花科蔬菜中的重要次生代谢物，具有抗肿瘤、调节氧化应激、抗菌、调节机体免疫等多种生物学作用。

根据 R 基团的不同分为脂肪族 GS、芳香族 GS 和吲哚族 GS。广泛存在于十字花科蔬菜中（花椰菜、甘蓝、包心菜、白菜、芥菜、小萝卜、辣根、水田芥等）。

2. 生理功能

（1）对肿瘤的预防和抑制作用　流行病学研究表明，十字花科蔬菜能够降低多种癌症的患病危险。

（2）对氧化应激的双向调节作用　抗氧化作用主要表现在提高细胞内抗氧化蛋白水平、诱导 Ⅱ 相酶。致氧化作用主要是引起细胞内谷胱甘肽的耗竭、诱导活性氧的产生。

（3）抗菌作用　可抑制细菌，SFN 和日本辣根中的 AITC，芸薹属中的 AITC，西兰花中的 ITCs，抑制真菌。

（4）其他作用　调节免疫、抗炎、抑制组蛋白去乙酰化和微管蛋白多聚化。

二、食物中常见生物活性成分的美容功效

生物活性成分广泛存在于食物中，其中许多具有清除皮肤中自由基、促进皮肤新陈代谢、减少色素沉着、润泽肌肤等作用。在国外，含有的生物活性成分具有抗衰老、抗炎、美白或皮肤再生功效的化妆品配方越来越受到人们的青睐。在国内，已产业化开发出许多生物活性成分提取物，如甘草黄酮、大豆异黄酮等，其中一些已被应用于化妆品行业。主要的美容功效有抗皮肤过氧化与延缓衰老、美白、抗辐射与防晒、抗炎、抗过敏和抑菌、收敛和保湿作用等。

（一）抗皮肤过氧化与延缓衰老

根据衰老的自由基理论，体内过量的活性氧自由基与不饱和脂肪酸作用生成丙二醛（MDA）等物质，MDA 与细胞膜上的蛋白质等作用生成褐色素，沉淀于皮肤上形成各种色斑。自由基能使皮肤内的胶原纤维、弹性纤维交联、变性、变脆、失去弹性，当皮肤内水分不足时，容易使弹性纤维断裂而形成皱纹。类黄酮结构中的酚羟基具有还原性，其分子中的多个酚羟基可以作为氢供体，这些结构特性都赋予类黄酮清除皮肤中的自由基避免自由基对细胞损伤等作用。

（二）美白

在紫外线照射下，角质细胞会释放内皮素，当它被黑色素细胞的受体接受后，会刺激黑色素细胞增殖、分化，并激活酪氨酸酶的活性，提高黑色素的合成量。黄酮类化合物能够可逆性地抑制酪氨酸酶的活性，将黑色素的邻苯二醌结构还原成酚型结构，使色素褪色，抑制脂褐质和老年斑的形成。

（三）抗辐射与防晒

皮肤经太阳暴晒，会出现晒黑、灼痛、红肿，甚至引起红疹、皮炎及皮肤癌等。芹菜黄素、槲皮素、芦丁、查尔酮以及原花青素等黄酮类化合物均可抑制辐射引发的脂质过氧化，在紫外线光区有强吸收，可有效地防护因紫外线引起的损伤。有资料报道，在研究茶多酚、茶色素对紫外线照射致小鼠皮肤光老化的防护作用中，茶多酚、茶色素能改善光老化模型小鼠真皮弹性纤维的病变。茶多酚、茶色素通过内服或外涂两种作用方式均可达到有效的皮肤防护作用，但内服及外涂剂量及作用机制有待深入研究。

（四）抗炎、抗过敏和抑菌

体外试验表明，黄酮类化合物可调节与炎症相关蛋白质的基因表达，可抑制与炎症发生相关酶的活性。黄芩苷对全身性过敏、皮肤过敏亦显示出很强的抑制活性，其抗皮肤过敏的机制是因其具有抗组胺和乙酰胆碱的作用。皮肤表面的细菌容易引起感染和过敏，严重时可引起皮肤化脓和病变。黄芩苷具有广谱的抗菌活性，对金黄色葡萄球菌、铜绿假单胞菌、伤寒和布鲁氏菌等细菌都有不同程度的抑制作用。由于黄芩苷能促进巨噬细胞的吞噬功能，因此，能有效地清除囊肿性痤疮里的死亡细胞、死亡菌体及其他残余物，加速痤疮的痊愈。

（五）收敛和保湿作用

黄酮类化合物与蛋白质以疏水键和氢键的方式发生复合反应，对人肌肤产生收敛作用。这一性质使含黄酮类化合物的化妆品在防水条件下对皮肤有很好的附着能力，并且可使粗大的毛孔收缩，使松弛的皮肤收敛、绷紧，从而使皮肤显现出细腻的外观。如原花青素具有多羟基结构，能与多糖（透明质酸）、蛋白质、脂类（磷脂）、多肽等复合，在空气中易吸湿，使得原花青素具有收敛和保湿作用。值得一提的是，生物活性成分在皮肤方面的作用是综合性的，在抗皱、防晒、美白的同时也可起到保湿等作用，并可与维生素 C 或维生素 E 起协同效应。

（六）其他

生物活性成分还具有祛红血丝、促进毛发生长和再生、除臭、防龋抗龋及预防牙周炎等作用。红血丝又名毛细血管扩张症，是因毛细血管扩张、皮肤收缩而形成的，表现为皮肤上的红斑、网状或树脂状皮损。芦丁可减少毛细血管的通透性，抑制红血丝的形成。据研究，植物化学物中的原花青素能促进毛发生长和再生，对毛发的作用主要是基于对毛囊细胞有增殖和再生功能。单宁对引起龋齿的细菌具有较强的抑制作用，可消炎、除口臭，对牙周炎也有防治作用。

···· 目标检测

答案解析

单项选择题

1. 下列不属于蛋白质生理功能的是（　）
   - A. 构成机体和修复组织的成分
   - B. 构成酶、激素
   - C. 维持体液渗透压和酸碱度
   - D. 供给能量
   - E. 维持体温、保护脏器

2. 钙的最理想来源是（　）
   - A. 蔬菜
   - B. 奶及奶制品
   - C. 水果
   - D. 谷物
   - E. 薯类

3. 下列不是营养不良性消瘦病的临床表现是（　）
   - A. 皮下脂肪减少、消失
   - B. 皮肤干燥多皱纹
   - C. 患儿发育迟缓
   - D. 表情淡漠或易激惹
   - E. 四肢皮肤水肿

4. 癞皮病是缺乏维生素（　）
   - A. 维生素 A
   - B. 维生素 D
   - C. 维生素 E
   - D. 维生素 K
   - E. 维生素 PP

5. 以下不是脂肪的主要功能是（　）
   - A. 提供能量
   - B. 节约蛋白质
   - C. 增加饱腹感

D. 促进水溶性维生素吸收 　　　E. 构成机体成分

6. 含胆固醇较多的食物是（　　）

  A. 棕榈油 　　　　　　　　　　B. 豆油 　　　　　　　　　　C. 花生

  D. 深海鱼 　　　　　　　　　　E. 动物脑

7. 能引起胃肠胀气的碳水化合物是（　　）

  A. 糖原 　　　　　　　　　　　B. 水苏糖 　　　　　　　　　C. 海藻糖

  D. 蔗糖 　　　　　　　　　　　E. 淀粉

8. 碳水化合物的 AMDR（宏量营养素可接受范围）占总能量摄入量的（　　）

  A. 55%~70% 　　　　　　　　B. 50%~65% 　　　　　　　C. 45%~65%

  D. 45%~60% 　　　　　　　　E. 50%~70%

9. 食物中 1g 脂肪、碳水化合物、蛋白质产生的热量分别是（　　）kcal

  A. 1.0、2.0、3.0 　　　　　　B. 4.0、9.0、4.0 　　　　　C. 9.0、4.0、4.0

  D. 4.0、4.0、9.0 　　　　　　E. 4.0、6.0、4.0

10. 基础能量消耗占全天总能量消耗的（　　）

  A. 20%~30% 　　　　　　　　B. 30%~40% 　　　　　　　C. 40%~50%

  D. 45%~70% 　　　　　　　　E. 60%~70%

书网融合……

| 重点小结 | 微课1 | 微课2 | 微课3 | 习题 |

项目三　食物营养价值与美容

>> **学习目标** //

知识目标： 通过本项目的学习，掌握食物营养价值评价的方法，营养素质量指数的定义和评价标准；熟悉各类食物中营养素的种类、特点和特殊成分，常见各类食物与美容的关系，烹饪加工对食物营养素的影响，不同烹饪方法对食品营养价值的影响；了解各类食物的种类，非热加工对食品营养价值的影响。

能力目标： 具备根据食物营养价值评价方法、各类食物的营养价值与美容、烹饪加工对食物营养价值影响等知识进行美容保健指导的能力。

素质目标： 通过本项目的学习，增强以"食补"方式进行美容保健的意识。

任务一　食物及食物营养价值 📱 微课1

PPT

>> **情境导入** //

情境： 小张，女，22岁，身高160cm，体重68kg，大三学生，以过午不食方式减肥半年，近期持续疲劳，皮肤暗沉松弛，大量掉头发。经营养调查与评价发现，小张蛋白质缺乏较严重。若您是美容营养师，请对小张进行指导。

思考： 1. 从哪些方面评价食物营养价值，以帮助小张选择适合的食品？

2. 通过营养标签，如何较快地判断某食物是否适合用来补充蛋白质？

一、食物分类

食品和食物，从字面上可看作人类可食之品（物），从营养学意义上看，是为人体等具有新陈代谢功能的生命体提供能量和营养物质的物品总称，常被理解为一切可食用的物质。食物是"健美"的物质基础，为人类提供能量和生长发育、维护健康、美容保健等所需的各种营养物质。

自然界中供人类食用的食物有数百种。根据其性质和来源可分为两大类：植物性食物，包括谷类、薯类、豆类、蔬菜、水果等，主要提供能量、碳水化合物、蛋白质、脂肪、大部分维生素和矿物质；动物性食物，包括肉类、鱼类、蛋类、乳类等，主要提供优质蛋白质、脂肪、脂溶性维生素、矿物质等。另外还常见用以上两类天然食物为原料加工制取的制品和精纯食品，如油、酒、糖、罐头及各种制成品。根据《中国居民膳食指南（2022）》可将食物分为五大类：第一类是谷薯类，主要包括稻米、玉米、小麦、大麦、莜麦、小米、绿豆、芸豆、豌豆、赤小豆等谷类和杂豆类，以及甘薯、土豆、木薯、山药等薯类。谷薯类通常为主食材料，主要提供碳水化合物、蛋白质、膳食纤维、矿物质和B族维生素。第二类是蔬菜和水果，主要提供膳食纤维、矿物质、维生素和植物化学物。第三类是动物性食物，主要包括鱼、禽、蛋、奶等，主要提供蛋白质、矿物质、维生素A、维生素D和B族维生素。第四类是大豆和坚果类，主要提供蛋白质、脂肪、膳食纤维、矿物质、B族维生素和维生素E。第五类是纯热能食物，主要包括食用油、淀粉、食用糖和酒类。可见，食物种类不同营养价值也不相同。

二、食物营养价值评定及其意义

食物的营养价值通常是指食物中所含营养素和能量能满足人体营养需要的程度。

（一）食物营养价值的评定

食物营养价值的高低，取决于食物中所含营养素的种类是否齐全，数量是否充足，相互比例是否适宜以及是否易于被人体消化、吸收和利用等；另外食物的营养价值在很大程度上还受储存、加工和烹调方法的影响。因此，食物营养价值的评定主要从食物所含的能量、营养素种类和含量、营养素的相互比例、烹调加工的影响等方面考虑。

1. 营养素的种类和数量　一般情况下，食物中营养素的种类齐全、数量丰富，营养素的构成比例越与人体接近，其营养价值越高。

2. 营养素的质量　被人体消化吸收和利用程度是评价营养素质量的重要方面，人体对某食物的消化吸收率和利用率越高，其营养价值越高。

3. 营养质量指数　人体从食物中获得能量和营养物质，当能量摄入过多，可能导致各种慢性病和肥胖的发生，当营养素摄入过少也会导致营养素缺乏风险，因此常用营养质量指数（index of nutritional，INQ）进行综合判断。INQ 是在营养素密度的基础上提出来的，为某食物中能满足人体营养需要的程度（营养素密度）与该食物能满足人体能量需要的程度（能量密度）的比值，它的大小可以很直观看出食物提供能量的能力和提供营养素的能力高低。

$$INQ = \frac{营养素密度}{能量密度} = \frac{某营养素密度/该营养素参考摄入量}{所产生能量/能量参考摄入量}$$

评价标准为：

INQ = 1，表示该食物提供营养素的能力和提供能量的能力相当，二者满足人体需要的程度相当。

INQ > 1，表示该食物提供营养素的能力大于提供能量的能力。

INQ < 1，表示该食物提供营养素的能力小于提供能量的能力。

一般认为 INQ≥1 的食物营养价值高，INQ < 1 的食物营养价值低，长期单独摄入 INQ < 1 的食物易导致营养不足或能量过剩。INQ 最大优点是根据不同人群的营养需求来分别计算，同种食物对不同个体营养价值可能不同。

（二）食物营养价值评定的意义

对食物营养价值进行评定，可以全面了解其所含营养素种类和数量、非营养素类物质、抗营养因子等天然组分，发现食品营养缺陷，为改造或开发新食品提供方向，有助于解决抗营养因子问题，充分利用食物资源；可以了解加工、烹调过程中，食物营养素的变化和损失，以便采取合理的加工、烹调方式，充分保存营养素；可以指导人们科学地选购食物和合理配置平衡膳食，促进身体健康、预防疾病，更好的健体美容。

任务二　各类食物的营养价值与美容

PPT　　PPT

一、谷薯类的营养价值及美容　微课2

谷薯类是谷类和薯类食物的统称，常被称作主食，是热能、蛋白质、B 族维生素和一些矿物质的主要来源。谷类主要包括大米（稻米）、小麦、大麦以及玉米、高粱、小米、燕麦、莜麦、荞麦等杂粮。薯类主要包括甘薯、马铃薯、山药、芋头和木薯等。

（一）谷类的营养价值

1. 谷类的结构和营养素分布　不同的谷类品种形状和大小各异，但谷粒结构基本相似，由谷皮、糊粉层、胚乳和胚芽组成。

（1）谷皮　为种子的最外层，主要由纤维素和半纤维素组成，含较丰富的矿物质和脂肪，同时还含有一定量的蛋白质和维生素，不含淀粉，因谷皮难以被消化吸收，常于加工时弃去。

（2）糊粉层　位于谷皮和胚乳之间，含丰富的蛋白质、脂肪、B族维生素及矿物质，其中蛋白质含量靠近胚乳周围部分较高，越向胚乳中心，含量越低。此层营养素含量相对较高，但米面碾磨时易混入糠麸中损失掉。

（3）胚乳　为谷类的主要部分，约占全粒重量的83%，含大量淀粉和一定量的蛋白质，还有少量的脂肪、矿物质和维生素。胚乳中的蛋白质含量靠近周围部分较高，越向胚乳中心，含量越低。

（4）胚芽　位于谷粒一端，其中蛋白质、脂肪、矿物质、B族维生素和维生素E含量丰富。胚芽因质地软而有韧性，不易被粉碎，但加工时易混入糠麸中。

2. 谷类的营养素种类及特点　由于品种、气候、土壤、肥料和加工方法等情况的不同，不同谷类的营养素含量和组成也有差异。

（1）碳水化合物　谷类的碳水化合物占谷类重量的70%~80%，以淀粉为主，主要集中在胚乳的淀粉细胞内，此外，全谷类还含有丰富的膳食纤维，使其具有较低的血糖反应，还可调节肠道菌群平衡，大麦和燕麦中富含 β - 葡聚糖，可降低血糖、降低血清胆固醇和提高饱腹感。

（2）蛋白质　谷类蛋白质含量约为8%~15%，可分为谷蛋白、醇溶蛋白、清蛋白和球蛋白。谷类蛋白质必需氨基酸比例不适宜，赖氨酸为第一限制性氨基酸，苏氨酸、色氨酸和苯丙氨酸含量也较少，所以，将谷类与含赖氨酸多的豆类或动物性食物混合食用，可起到蛋白质互补作用，还可通过赖氨酸强化和培育高赖氨酸谷物品种的方法，来提高谷类蛋白质的营养价值。

（3）脂肪　谷类脂肪含量较少，大多数为1%~2%，主要集中在糊粉层和胚芽，以甘油三酯为主，还含有少量的植物固醇和卵磷脂，脂肪酸多为不饱和脂肪酸。

（4）维生素　谷类的维生素大部分集中在谷皮、糊粉层和胚芽中，以B族维生素尤其是维生素 B_1、泛酸、烟酸为主，其含量与加工程度成反比。

（5）矿物质　谷类矿物质含量为1.5%~3%，其中钙和磷含量最丰富，主要分布于谷皮和糊粉层中，受加工影响较大，且多以植酸盐存在，难以被消化吸收。黑色、紫色、红色等有色谷物中富含花青素、类黄酮等多酚类抗氧化成分，可清除体内自由基，有助于防癌抗癌。

3. 谷类食物与美容　中国居民常食用的谷类主要是稻米、小麦、玉米、燕麦、荞麦、大麦、小米、薏米。谷类食物是碳水化合物、B族维生素、蛋白质、一些矿物质和脂类的重要来源，对美容保健也起重要作用。

（1）稻米　由稻谷脱壳而成。根据颜色不同可分为白米、红米、紫米、黑米等，其中黑米含铜、锰、锌等矿物质为白米的3倍，还含有丰富的胱氨酸和半胱氨酸，是头发生长的基础营养物质，适当摄入有预防头发分叉、脱发等作用，更含有白米稀缺的维生素C、叶绿素、花青素、胡萝卜素等植物化学物，具有抗氧化等美容保健作用；根据加工程度不同可将稻米分为糙米和精米。糙米较精米含更多膳食纤维、维生素和矿物质，更能促进肠道蠕动，排出毒素，有助于维持肠道和皮肤健康。

（2）小麦　含丰富的碳水化合物、蛋白质及膳食纤维。小麦胚芽油富含维生素E，能抑制过氧化脂质的形成，有利于祛斑抗衰。

（3）玉米　含有谷氨酸，但玉米的烟酸为结合型的，不易被人体吸收，以玉米为主食的地区，应对玉米进行加碱加工处理使结合型烟酸转化成游离型的，有助于预防糙皮病的发生。较小麦和大麦，玉米胚芽占整个粒籽比例非常大，且玉米胚芽中约含有30%的脂类，含有丰富的维生素E，有抗衰老作用。玉米中还含有类胡萝卜素，主要是胡萝卜素和叶黄素，胡萝卜素以 β - 胡萝卜素为主，在体内有转化成维生素A的潜能，可增强上皮组织功能，保护皮肤，减少紫外线损伤。玉米直链淀粉含量多，在肠道中能很好形成抗性淀粉，对血糖和体重控制有积极作用。

（4）燕麦　又名莜麦，通常制粉食用，常见的燕麦制品有燕麦片和燕麦饼干。燕麦蛋白质含量较小麦高，且氨基酸模式好，吸收利用率高，在谷类中是独一无二的，此外，脱壳燕麦的蛋白质含量也较其他谷物高得多，能较好地补充蛋白质。燕麦脂类含量高于其他谷物，其中亚油酸含量占38%~46%，脱壳燕麦的大部分脂类（80%）存在于胚乳中，而不是胚芽或糠层中，加工损失较其他谷物少，这也是燕麦的独特性质。燕麦还有丰富的维生素E、膳食纤维。可见，燕麦在补充蛋白质、抗衰老、排毒、增强肠道功能方面具有积极的保健作用。

（5）荞麦　又名三角麦。蛋白质含量优于大米、小麦和玉米，氨基酸有19种且含量丰富，尤其苦荞氨基酸含量更高。荞麦的淀粉近似于大米淀粉，但颗粒较大，对血糖波动影响较大米低。脂肪酸组成好，还含有较多的烟酸、硫胺素、核黄素、芦丁和矿物质铬、铁、磷、镁等。因此，在降低血脂及胆固醇、防治心血管疾病及糖尿病、美容保健方面具有良好作用。

（6）大麦　蛋白质含量与小麦相近，平均含量为13%，皮大麦高于裸大麦；赖氨酸含量远高于其他谷类作物籽粒中的含量。大麦的脂类与其他谷物脂类相似，但脂肪酸饱和度较小麦高。大麦膳食纤维丰富，细胞壁中含有70%的 β - 葡聚糖和20%的阿拉伯木聚糖，黑麦粉中戊聚糖的含量较其他谷物高得多，为8%，可辅助降糖和促进通便排毒。

（7）小米　又称黍，由谷子去皮而成。小米蛋白质含量高，但赖氨酸含量低，亮氨酸过高，不宜单独作主食，宜与大豆、肉类搭配食用，提高其蛋白质营养价值；小米还富含维生素 B_1、维生素 B_{12} 和矿物质锌、铜、锰、硒等微量元素。

（8）薏米　有助于滋养、美白肌肤，增强皮肤代谢，减少痤疮，改善皮肤，其油具有润发护发作用。

（二）薯类营养价值及美容

中国居民常食用的薯类主要是土豆、甘薯、山药等，可直接作为主食食用，或切大块放入大米经烹煮后同食，也可作为菜肴或当作零食。

1. 薯类的营养素种类及特点

（1）碳水化合物　薯类碳水化合物含量丰富，鲜薯淀粉含量为8%~30%，淀粉颗粒大，膳食纤维含量高，利于润肠通便、增强饱腹感、调节血糖。甘薯胶原和黏多糖丰富，可维持血管壁的弹性，防止肝、肾结缔组织萎缩，具有预防心脏病和关节炎等特殊作用。

（2）蛋白质　薯类的蛋白质含量低，平均2%左右，氨基酸组成基本合理，赖氨酸含量较高，可与谷类搭配，充分发挥蛋白质的互补作用，甘薯、山药及芋头含有特殊黏性的蛋白，有助于防止动脉硬化。

（3）脂肪　薯类脂肪含量低于0.5%，主要为不饱和脂肪酸，有利于胆固醇和脂肪酸的代谢，具有良好的养生保健作用。

（4）维生素和矿物质　薯类富含B族维生素和维生素C；薯类矿物质含量也丰富，钾含量最高，其次为磷、钙、镁和硫，尤其山药和芋头钾含量更为丰富。

2. 薯类食物与美容　薯类的血糖生成指数低于精制米面，还含有特殊的一些物质，可以预防、改善便秘，具有较好的养生、美容保健价值。

（1）马铃薯　又名土豆、洋芋。新鲜的马铃薯淀粉含量为 8%～29%，较谷类低，适当食用可减少能量摄入，有利于体重的控制；蛋白质虽然含量不高，但质量好，由盐溶性蛋白和水溶性蛋白组成，其中球蛋白约占 2/3，为全价蛋白质，几乎含有所有的必需氨基酸；有机酸含量为 0.09%～0.3%，主要有枸橼酸、草酸、乳酸、苹果酸，以枸橼酸为主，有助于改善肤质；维生素 B_1、维生素 B_2、维生素 B_3、维生素 PP 及维生素 C 丰富，可促进机体代谢和促进胶原蛋白合成；还含有丰富的铁、酚类物质、类胡萝卜素，有助于清除人体自由基，延缓衰老。

（2）甘薯　又称红薯、地瓜、甜薯等，具有极高的营养和药用价值。甘薯膳食纤维含量高，能量与马铃薯相似；蛋白质低于马铃薯，氨基酸组成与大米相似，但必需氨基酸含量高；胡萝卜素、维生素 B_1、维生素 B_2、维生素 C 和烟酸的含量较其他谷类高；钾、钙、磷、铁等矿物质较多；尤其胡萝卜素（红薯薯肉）和维生素 C 的含量丰富。具有通便排毒、辅助降压降糖、保护血管、抑制皮肤老化等营养、保健、美容等作用。

（3）山药　又称薯蓣、淮山药、山芋、土薯等。山药含有丰富的淀粉和山药多糖，对免疫调节有重要作用。还含有薯蓣皂苷，是雌激素的母体，有滋润保养的作用；山药中的尿囊素，有助于润肤和化角质。

二、豆类及其制品的营养价值与美容

根据营养成分可将豆类分为大豆类和其他豆类两类。按种皮颜色差异，可将大豆类为黄、青、黑、褐和双色大豆五种；除大豆外的其他豆类统称为其他豆类，又叫杂豆类，主要包括蚕豆、豌豆、绿豆、小豆、豇豆、芸豆等；以大豆或其他豆类作为原料制作的发酵或非发酵食品称豆制品，主要包括豆浆、豆腐脑、豆腐、豆腐干、千张、豆腐乳、豆芽等。

（一）豆类的营养价值

大豆含有丰富的蛋白质、不饱和脂肪酸、钙、钾和维生素 E 等。

1. 大豆的营养素种类和特点

（1）蛋白质　大豆类蛋白质含量丰富，且为优质蛋白质。蛋白质含量一般为 35%～40%，其氨基酸模式与人体组织蛋白相近，利用率高；大豆的赖氨酸含量高，蛋氨酸含量较少，可将豆类和谷类搭配食用，起到蛋白质互补作用；大豆中天冬氨酸、谷氨酸和微量胆碱等含量较高，可促进脑神经系统的发育，增强记忆力。

（2）脂肪　大豆脂肪含量为 15%～20%，以黄豆和黑豆最高，常作为食用油提取原料，大豆脂肪大多为不饱和脂肪酸（占脂肪酸总量的 85% 以上），必需脂肪酸含量丰富（亚油酸 51.7%～57%，亚麻酸 2%～10%）。

（3）碳水化合物　大豆中碳水化合物含量为 20%～30%，其中一半是淀粉、阿拉伯糖、半乳聚糖和蔗糖，可被人体利用；另一半为人体不能消化、吸收和利用的寡糖，如棉籽糖、水苏糖。

（4）维生素和矿物质　大豆中含有丰富的钙、铁、硫胺素、核黄素、烟酸、胡萝卜素和维生素 E，但钙、铁的消化吸收率并不高，经过制成豆制品后可破坏抗营养因子，因此，大豆类是儿童和易患骨质疏松症老年人膳食钙的良好来源，但应注意，干豆类几乎不含维生素 C。

2. 大豆中的特殊成分　包括植物化学物类和抗营养因子。

（1）大豆低聚糖　主要是棉籽糖和水苏糖，因人体胃和小肠缺乏 α-D-半乳糖苷酶和 β-D-果糖苷酶，不能将其消化吸收，在肠道微生物作用下产酸产气，因而被称为胀气因子或抗营养因子。但大豆低聚糖能促进结肠益生菌增殖，且不被有害菌利用，能促进肠道微生态平衡、增强免疫力、降血脂、降血压，因此又被称为"益生元"。

（2）大豆异黄酮　主要分布在大豆种子的子叶和胚轴中。大豆异黄酮是具有 3 - 苯基色酮结构的化合物，具有预防癌症、心血管疾病、骨质疏松和更年期障碍症等多种生物学作用。

（3）大豆皂苷　又称皂素，含量约 4%，胚轴中含量可高达 10%，目前发现其具有抗氧化、降血脂、提高免疫力、抗病毒和抗肿瘤等生物学作用。

（4）大豆甾醇　结构与胆固醇相似，但吸收率低，能抑制胆固醇吸收，降低血脂，具有预防和治疗高血压、冠心病等心血管疾病的作用。

（5）大豆卵磷脂　对高脂血症和冠心病等营养相关慢性病有一定预防作用。

（6）植酸　含量为 1%~3%，可与钙、锌、镁、铁等矿质螯合，形成不可溶复合物，影响金属离子吸收，还可抑制胃蛋白酶、胰蛋白酶、脂肪酶和内源性淀粉酶活性，降低蛋白质、脂肪和碳水化合物的利用率，但植酸也具有防止脂质过氧化损伤和抗血小板凝集等积极作用。可将大豆浸泡在 pH 为 4.5~5.5 的溶液中，去除大部分植酸。

（7）蛋白酶抑制剂　大豆和绿豆的蛋白酶抑制剂含量可达 6%~8%，是豆类的重要抗营养因子，能抑制蛋白酶活性，降低大豆蛋白质的消化率，可经常压蒸汽加压 30 分钟或 1kg 压力加热 10~25 分钟将其破坏。但蛋白酶抑制剂也具有抗艾滋病毒等有益的生物学作用。

（8）豆腥味　生大豆中含有豆腥味和苦涩味，是由豆类脂肪经脂肪氧化酶降解，产生醇、酮、醛等小分子挥发性物质所致，生活中将豆类加热、煮熟可破坏脂肪氧化酶和去除豆腥味。

（9）植物血细胞凝集素　是一种蛋白质，可导致人和动物血细胞发生凝集；损伤肠黏膜上皮细胞，损害机体的器官和免疫；干扰多种酶，引起碳水化合物、脂肪、氨基酸和维生素 B_{12} 的吸收不良和代谢障碍。生大豆经加热可使其失活。

3. 杂豆类的营养价值　杂豆类蛋白质含量为 20%~25%；脂肪含量为 1% 左右；碳水化合物含量较高，可达 55%~60%，在中国居民平衡膳食宝塔中，常将杂豆类和谷类、薯类一起放在最底层，提供碳水化合物；鲜豆类的 B 族维生素和维生素 C 含量较丰富，常被作为蔬菜食用。杂豆类其他营养价值与大豆相近。

（二）豆制品的营养价值

1. 豆腐　因加工过程中需经浸泡、细磨、加热等处理，使其中的抗胰蛋白酶和植物血细胞凝集素被破坏，大部分植酸被去除，消化率显著提高；豆腐的原料含钙丰富，而豆腐常以钙盐（石膏）或镁盐（卤水）为凝固剂，因此，豆腐是膳食中钙、镁等矿物质的重要来源；另外，豆腐加工过程中也会引起 B 族维生素随水流失。

2. 干豆腐　由于排出了大量水分，营养成分得以浓缩，豆腐丝、豆腐皮、百叶的蛋白质含量可达 20%~45%。

3. 豆浆　在蛋白质供给上与鲜乳相当，且富含铁，但因水分增多，其他营养素，如脂肪、糖、蛋氨酸、钙、维生素 B_2、维生素 A 和维生素 D 含量相对较少。

4. 豆芽　发芽过程中，豆芽中的淀粉被水解为葡萄糖，可合成维生素 C。一般绿豆芽的维生素 C 的含量较黄豆芽高，发芽后第 6~7 天时维生素 C 含量最高，是维生素 C 的良好来源；此外，黄豆芽富含天冬氨酸，可增加菜肴鲜味。

5. 发酵豆制品　如豆豉、豆瓣酱和腐乳等因发酵作用使部分蛋白质水解，蛋白质消化率有所提高，发酵产生的谷氨酸可增加豆制品的鲜味，另外，核黄素、维生素 B_6 和维生素 B_{12} 的含量也有所提高，大豆的棉籽糖和水苏糖等寡糖被水解，食用后不会引起腹胀。

（三）豆类食物与美容

1. 大豆及其制品与美容　大豆及其制品蛋白质含量高，是植物蛋白质中最好地蛋白质来源，能够很好地补充蛋白质,有利于美容护肤,其中黑豆和黄豆的胱氨酸和半胱氨酸较其他大豆高,可构成头发的角蛋白,适当的摄入有利于维持头发乌黑、发亮、光滑有弹性、不分叉、不脱发,增强容貌美和精神气质。大豆含有较多的必需脂肪酸,适量摄入有利于改善皮肤屏障功能,有利于恢复皮肤功能正常化和改善老化皮肤的外观。大豆含有大豆磷脂,为1.1%~3.2%,在保护细胞膜和延缓衰老方面有良好的效果。大豆中的维生素E含量丰富,具有抗氧化抗衰老作用;大豆中的大豆异黄酮有利于改善女性内分泌,延缓衰老;大豆低聚糖可增强肠道,预防腹泻和便秘;大豆中的植酸对防止皮肤脂质过氧化有利。大豆制品尤其是发酵大豆制品中还含有大豆活性肽,为大豆降解后产物,有降低胆固醇、抗过敏、增强免疫力等作用。

2. 杂豆与美容 杂豆品种较多,含有较高的碳水化合物(55%~65%)、中等的蛋白质(20%~30%)和少量的脂肪(低于5%)。绿豆有明显的清热解毒、消暑利水功效,绿豆煮食有利于滋润皮肤。赤小豆有利水除湿、清热解毒功效,且富含维生素E、膳食纤维及多种矿物质,久食利于减肥。

三、蔬菜类的营养价值与美容

(一)蔬菜类的营养价值

1. 蔬菜的营养素种类和特点 蔬菜的营养成分因种类不同,差异较大。总体来看,新鲜蔬菜水分含量高,一般为65%~95%;维生素C、β-胡萝卜素、叶酸和钾是蔬菜最具有代表的营养素,此外,蔬菜还含有维生素B_1、维生素B_2、维生素E、钙、镁、铁等多种微量营养素和植物化学物,多数蔬菜碳水化合物、蛋白质和脂肪的含量均不高,但富含纤维素、果胶和有机酸,是膳食纤维的良好来源。

(1)蛋白质 蔬菜的蛋白质含量随品种不同而有较大差异。大多数蔬菜蛋白质含量为1%~2%,且赖氨酸和蛋氨酸含量较低;但鲜豆蛋白质含量较高,约4%左右;发菜、香菇和蘑菇等菌藻类的蛋白质含量则更丰富,高达20%以上,且必需氨基酸含量较高,组成也比较合理。

(2)脂肪 蔬菜的脂肪含量较少,一般不足1%。

(3)碳水化合物 大多数蔬菜碳水化合物含量为4%左右,但根茎类可高达20%。蔬菜的碳水化合物主要是单糖、双糖、淀粉和膳食纤维。其中胡萝卜、西红柿和南瓜的单糖和双糖含量较高,根茎类如芋头和藕则含有淀粉较多。蔬菜的膳食纤维含量为1%~3%,主要包括纤维素、半纤维素和木质素等,是良好的膳食纤维来源。蘑菇、香菇和银耳中含有多糖类物质,可提高机体免疫能力,同时,对肿瘤防治有积极作用。

(4)矿物质 蔬菜的矿物质含量丰富,包括钙、磷、钾、镁、铜、铁、碘、锌等元素。叶菜类矿物质含量较多,尤以绿叶蔬菜含量最多,但因含有草酸,钙、铁的吸收率并不高。菌藻类的铁、锌和硒的含量最丰富,为其他食物的数十倍。

(5)维生素 蔬菜富含维生素C、核黄素、叶酸和胡萝卜素等,蔬菜的维生素含量与品种、鲜嫩程度和颜色相关。一般叶部含量高于根茎,深色菜叶含量比浅色高;深绿色叶菜和橙黄色蔬菜还含丰富的胡萝卜素。

2. 蔬菜的特殊成分 蔬菜中除了营养素外,含有一些酶类、杀菌物质、具有特殊功能的生理活性成分和有害物质。如萝卜中含有淀粉酶,生食有助于消化;大蒜中含有植物杀菌素和含硫化物,可抗菌消炎、降低血清胆固醇等;洋葱、甘蓝、西红柿等含有生物类黄酮,可保护维生素C、维生素A和维生素E等不被氧化破坏;苦瓜含有苦瓜皂苷,对维持血糖稳定有积极作用;香菇有丰富的香菇多糖,可增强人体免疫力。木薯含有氰苷,可抑制人和动物体内细胞色素酶的活性;有些毒蕈中含有毒素,可引起食物中毒。茄子和马铃薯表皮含有的茄碱可引起喉部瘙痒和灼烧感。

3. 蔬菜制品的营养价值　常见的蔬菜制品有脱水蔬菜、罐藏蔬菜、速冻蔬菜、腌制蔬菜、蔬菜汁和蔬菜酱等，与新鲜蔬菜相比，蔬菜制品的储藏期延长，但营养素都有不同程度的损失。脱水蔬菜因脱水操作，营养物质如矿物质、碳水化合物、膳食纤维等得到浓缩，但水溶性营养素维生素C破坏较大，以真空干燥法制得的脱水蔬菜损失最小。罐藏蔬菜漂烫时，酶会失活，水溶性维生素会有损失，蛋白质和碳水化合物一般不会消失。速冻蔬菜很大程度上保持了蔬菜的营养，但水溶性营养素有一定损失。腌制蔬菜水溶性维生素和矿物质损失较大。

（二）蔬菜类食物与美容

蔬菜类碳水化合物、脂肪含量少，能量低，不仅为人体提供多种营养物质，还含有丰富的植物化学物，在美容上有重要作用。

1. 叶菜类　尤其是深色叶菜类是胡萝卜素、维生素 B_2、维生素 C、矿物质和膳食纤维的良好来源，有助于抗氧化、促进新陈代谢和排便排毒，起美容养颜和辅助控制体重作用。白菜（大白菜、小白菜）含有芥子油苷，有助于清除体内自由基，减少紫外线对皮肤的损害；绿叶蔬菜如莴苣、芹菜、茼蒿、芫荽、苋菜、雍菜、落葵等富含类胡萝卜素和皂苷，能抗氧化、防辐射损伤，有助于护肤美容。

2. 根茎类　蔬菜主要包括萝卜、藕、山药、马铃薯、甘薯、竹笋等，其碳水化合物含量相差很大，膳食纤维含量较叶菜类低，脂肪、蛋白质含量低，还含有多种植物化学物。胡萝卜富含类胡萝卜素，有利于防止皮肤干燥和粗糙，但过量食用胡萝卜也会皮肤黄染；竹笋是高蛋白、低脂肪、低淀粉、多膳食纤维蔬菜，有辅助预防高血压、冠心病、糖尿病、肥胖症等保健作用，适量摄入有滋养、润泽皮肤功效。

3. 瓜茄类　包括黄瓜、丝瓜、南瓜、冬瓜、茄子、西红柿、辣椒等。瓜类蔬菜含有皂苷、类胡萝卜素和黄酮类等多种活性成分，茄果类含有丰富的番茄红素和 β - 胡萝卜素，辣椒含有辣椒素，茄子含有芦丁等黄酮类物质。瓜茄类对美容养颜有积极作用。

4. 鲜豆类　主要有毛豆、四季豆、扁豆、豌豆等，蛋白质含量较叶菜类和根茎类高，类胡萝卜素含量普遍较高，铁含量较高的是刀豆、蚕豆、毛豆，锌含量较高的是蚕豆、豌豆、芸豆，硒的含量以毛豆、豆角和蚕豆最高。适当食用鲜豆类可营养皮肤和毛发。

5. 菌藻类　常见的有香菇、平菇、草菇、猴头菇、木耳、竹荪、口蘑、紫菜、海带、发菜等，菌藻类富含蛋白质、膳食纤维、矿物质和维生素，还含有多糖类物质。香菇还含有一定量的硫化物和三萜类物质。适量摄入菌藻类，能很好地补充蛋白质、增强免疫力、润泽皮肤、抗衰老。

四、水果类的营养价值与美容

水果种类繁多，一般可分为鲜果、干果和野果，按果实形态和生理特征又分为仁果类、核果类、浆果类、柑橘类和瓜果类等。

（一）水果的营养价值

水果主要提供维生素和矿物质，同时富含多种有机酸和果胶。

1. 水果的营养素种类和特点

（1）碳水化合物　水果碳水化合物含量差异较大，为 5%~30%，且主要以单糖、双糖、淀粉和膳食纤维的形式存在。成熟水果富含果糖和蔗糖，而不成熟水果则淀粉含量较高。苹果、梨等仁果类主要以果糖为主；葡萄、草莓、猕猴桃等浆果类主要以果糖和葡萄糖为主。杏、桃等核果类则主要以蔗糖为主。水果中的膳食纤维主要是果胶，可赋予水果凝胶力。

（2）矿物质　水果富含钾、钠、钙、铁、铜、镁等矿物质，有利于维持体液的酸碱平衡，桃、李、杏等富含铁。

（3）维生素 新鲜水果含有丰富维生素 C 和胡萝卜素，且随品种不同而异。酸枣含维生素 C 最多，其次是柠檬、草莓、橙、柑、柿、柚等，山楂也含有丰富的维生素 C。另外，橘、海棠、杏、山楂、枇杷和芒果的胡萝卜素含量较高，其中芒果含量最丰富。

2. 水果中的特殊成分 水果含有丰富的有机酸，赋予水果酸味，利于维生素 C 的稳定，并可促进消化液的分泌；水果还富含植物化学物，主要包括花青素类、类胡萝卜素、多酚类、单宁等；此外，还含有醇、酯、醛、酮等，赋予水果香味，刺激食欲。

3. 水果制品的营养价值 常见的水果制品有干果类、果汁类和罐头类，加工处理一般会导致水果营养成分不同程度的破坏。干果是新鲜水果经加工晒干制成，维生素尤其是维生素 C 损失较多；果汁类膳食纤维损失较大，但柑橘汁等酸性果汁中的维生素 C 可以得到较好的保存；罐头类维生素破坏较大。因此，水果应生食，尤其是富含维生素 C 的水果。

（二）水果类食物与美容

水果富含维生素、矿物质、膳食纤维和植物化学物，适量摄入具有通便排毒、抗氧化、延缓衰老、美白润肤等美容保健功效。

1. 蔷薇科水果 包括苹果、梨、桃、杏、李子、海棠、山楂、樱桃、枇杷等，以苹果最常见。苹果维生素 C 和胡萝卜素低，但富含多酚类物质、果胶、钾和有机酸，可促进肠道蠕动，有利于通便排毒；山楂富含维生素 C、山楂酸、枸橼酸和黄酮类，可改善微循环，减少皮肤色素沉积。

2. 柑橘类水果 主要包括橘、柑、橙、柚、柠檬等，富含维生素 C、胡萝卜素和钾，也是膳食中黄酮类物质的重要来源，具有抗氧化、抗衰老功效，起美容保健作用。

3. 莓类水果 主要包括草莓、蓝莓、蔓越莓、黑莓、黑醋栗和红醋栗等。莓类水果花青素类含量高，也富含钾、维生素 C、果胶和膳食纤维，具有抗衰老、降低炎症反应、减少肤色沉积、护肤美容等作用。

五、坚果类的营养价值与美容

坚果以种仁为食用部分，包括油脂类坚果和淀粉类坚果两大类。常见的有花生、核桃、葵瓜子、栗子、杏仁、榛子和松子等。

（一）坚果的营养素种类和特点

1. 蛋白质 坚果类蛋白质含量为 12%～22%，有些含量更高，如西瓜籽和南瓜籽蛋白质含量达 30% 以上，花生约 25%，葵瓜子为 24% 左右；坚果蛋白质的第一限制性氨基酸因品种而异，花生、榛子和杏仁含硫氨基酸不足，葵瓜子含硫氨基酸丰富但赖氨酸不足，核桃缺乏蛋氨酸和赖氨酸，因此，坚果类应与其他食物搭配食用以发挥蛋白质互补作用，提高食物的营养保健价值。

2. 脂肪 坚果类脂肪含量较丰富，多在 30%～78%，故能量较高，其中脂肪酸以不饱和脂肪酸为主，且单不饱和脂肪酸含量更为丰富，松子含有较多的 α - 亚麻酸，可改善膳食中 ω - 3 脂肪酸和 ω - 6 脂肪酸的比例。

3. 碳水化合物 坚果类碳水化合物含量低，多数低于 15%，但栗子、腰果、莲子的碳水化合物在 40% 以上，膳食纤维含量因品种而异，大杏仁含量丰富，可达 14%。

4. 矿物质 坚果矿物质含量丰富，尤其锌含量较高，开心果富含碘，芝麻富含铁，腰果富含硒，榛子富含锰。

5. 维生素 坚果富含硫胺素、核黄素、烟酸和叶酸等 B 族维生素与维生素 E。以黑芝麻维生素 E 含量最高，可达 50.4mg/100g，栗子和莲子还含有少量的维生素 C。

（二）坚果类食物与美容

坚果富含维生素、矿物质、不饱和脂肪酸及多酚类，具有营养肌肤、抗老防衰、美容美发等多种美容保健功效，但坚果类食物也富含脂肪，适量为宜。核桃，《食疗草本》谓之有"通经络、润血脉、黑须发"作用，具有营养肌肤、生发、润发、乌发等功效。花生富含蛋白质、不饱和脂肪酸、维生素A、维生素D、维生素E、维生素K、钙、磷、铁，适量摄入可抗老防衰美容养颜。黑芝麻富含铁、脂肪、钙、磷等，尤其铁含量极高，还富含不饱和脂肪酸及维生素A、维生素D、维生素E，有抗脂质过氧化、减少色斑生成、润发乌发等美容保健功效。

六、畜禽肉类及水产品类的营养价值与美容

（一）畜禽肉类的营养价值与美容

畜禽肉包括畜肉和禽肉。畜肉主要包括猪肉、牛肉、羊肉、兔肉、骡肉、驴肉等，也称"红肉"；禽肉主要包括鸡肉、鸭肉、鹅肉、火鸡肉、鹌鹑肉、鸵鸟肉、鸽子肉等，也称"白肉"。

1. 畜禽肉类的营养素种类及特点　畜禽肉类蛋白质量多质优，脂肪以饱和脂肪酸为主，胆固醇含量高，碳水化合物含量低，富含多种矿物质和维生素。适量食用为宜，过量对人体健康不利。

（1）蛋白质　畜禽肉类蛋白质为10%~20%，主要存在于肌肉组织中，其氨基酸组成比例与人体接近，属于优质蛋白。一般禽类比畜类蛋白质含量高，猪里脊肉的蛋白质高于猪奶脯肉；皮肤和筋膜蛋白质含量较高，为35%~40%，但主要为胶原蛋白和弹性蛋白，色氨酸和蛋氨酸含量较少，属不完全蛋白质。畜禽肉类中还有含氮浸出物，可刺激胃液的分泌，促进消化，一般禽肉含氮浸出物高于畜肉，老禽肉汤中的含氮浸出物高于幼禽，所以老禽肉的味道更鲜美。

（2）脂肪　畜禽肉的脂肪含量为2%~89%，随动物的种类和部位的不同而异。一般猪肉高于羊肉、牛肉和兔肉，鸭、鹅高于鸡和鸽子，火鸡和鹌鹑最低，约4%；畜类内脏含脂肪为2%~11%；肥肉中脂肪可达50%~80%；脑组织脂肪含量最高。畜类脂肪以饱和脂肪酸为主，还含有少量卵磷脂和胆固醇，脂肪熔点高，不易被分解；禽肉脂肪熔点低，易于消化吸收，且富含必需脂肪酸，占50%以上。胆固醇含量从高到低依次为脑 > 内脏 > 肥肉 > 瘦肉。

（3）碳水化合物　畜禽肉类碳水化合物含量为1%~3%，禽类比畜类低一些，常以糖原的形式存在于肌肉和肝脏中。畜禽宰杀前过度疲劳可使糖原含量下降；宰后后熟时，由于糖原在酶的作用下，继续被分解，因此，畜禽肉类糖原含量非常低。

（4）矿物质　畜禽肉类矿物质含量约为1%，一般内脏 > 瘦肉 > 肥肉。畜禽肉铁、锌、磷、硒、铜等矿物质含量丰富，还含有一定的硫、钾、钠等，但钙的含量较低。畜禽肉的铁含量主要以动物肝脏和血最为丰富，且肉类中的铁主要以血红素形式存在，生物利用率高，是膳食铁的良好来源。

（5）维生素　畜、禽类含有的维生素种类较多，以维生素A和B族维生素为主，内脏含量最高，禽肉还富含维生素E。维生素A以牛肝和羊肝最高，维生素B_2以猪肝的含量最高。

2. 畜禽肉制品的营养价值　肉制品是以肉类作为主要原料，经进一步加工而制成的产品，主要包括腌腊制品、酱卤制品、熏烧烤制品、干制品、油炸制品、肉灌制品、肉罐头制品等。

腌腊制品含盐增加，水分含量明显下降，相对而言脂肪和蛋白质含量因水分减少而升高。酱卤制品一部分肉中脂肪溶于卤汤中，脂肪含量下降，游离脂肪酸增加，饱和脂肪酸减少，B族维生素明显下降。烟熏制品水分含量下降，酚类和有机酸增加，但可产生较多多环芳烃类致癌物质；烧烤制品水分含量下降、脂肪减少，还会产生杂环胺类致癌物和多种致突变物质，含硫氨基酸和色氨酸下降，其中色氨酸和谷氨酸裂解产物致癌性最强。干制品因水分含量明显下降，因而蛋白质含量很高。油炸制品脂肪含量明显增加；蛋白质在高温下会产生致癌物质；若挂糊后再炸，碳水化合物含量也会增加，

但脆皮中的碳水化合物受热后可产生丙烯酰胺致癌物；若用富含不饱和脂肪酸的植物油，还可产生大量有毒物质和多环芳烃类致癌物质，必需脂肪酸大幅度下降；若使用黄油、牛油和猪油等，则产品中的饱和脂肪酸和胆固醇会显著增加。肉制品中，中式香肠脂肪含量明显增加，蛋白质含量高于西式香肠，矿物质和维生素含量与原肉相当；中式火腿肠游离氨基酸大大增加、游离脂肪酸升高；西式火腿脂肪含量低，富含蛋白质，含盐量也低于中式火腿，是营养价值较好的肉制品。肉罐头 B 族维生素含量下降，含硫氨基酸也可能损失。

3. 畜禽肉类食物与美容　畜禽肉类蛋白质量多质优，是优质蛋白质的良好来源；富含铁、锌、硒等矿物质；富含维生素 A 和 B 族维生素，具有促进新陈代谢、减少脂质过氧化损伤、抗老防衰、美容养肤等美容保健作用。

（二）水产品类的营养价值与美容

水产品是指水生的具有经济价值的动、植物原料，包括鱼类、甲壳动物、软体动物、棘皮动物、腔肠动物、爬行类和藻类植物等。

1. 水产动物类的营养素种类和特点

（1）蛋白质　动物水产品蛋白质含量丰富，且其氨基酸模式与人体接近，为优质蛋白质。鱼类蛋白质含量为 15%~22%，肌肉纤维短，较畜禽肉更易消化；河蟹、对虾和章鱼的蛋白质含量为 17% 左右；软体动物蛋白质含量约 15%，其中螺蛳、河蚬和蛏等较低，约 7%，酪氨酸和色氨酸较牛肉和鱼肉丰富。

（2）脂肪　动物水产品脂肪含量随品种不同而异。鱼类脂类含量为 1%~10%，软体动物平均约 1%。鱼类不饱和脂肪酸含量为 60% 以上，消化率达 95%，深海鱼油的不饱和脂肪酸主要是 EPA 和 DHA。螃蟹胆固醇含量较高，高达 267mg/100g。

（3）碳水化合物　动物水产品碳水化合物含量较少。鱼类约 1.5%，一般洄游性的红肉鱼高于底栖性的白肉鱼；软体动物约 3.5%，海蜇、鲍鱼、牡蛎和螺蛳等可达 6%~7%。

（4）矿物质　鱼肉钙含量高于畜禽肉类，铁含量也较丰富；软体动物的钙、钾、铁、锌、锰的含量丰富。

（5）维生素　动物性水产品是维生素 A 和维生素 D 的良好来源，鱼肝中含维生素 D 和维生素 A 尤其丰富，并含有维生素 E，河蚌和河蟹中也富含维生素 A，软体动物硫氨酸含量普遍较低。

2. 植物性水产品的营养价值　植物性水产品主要是藻类植物。常见的有海带和紫菜。

（1）海带　富含蛋白质、脂肪、碳水化合物、膳食纤维、钙、铁、胡萝卜素、维生素 B_1、维生素 B_2 以及碘等矿物质，其中碘含量高达 3%，临床上常用来治疗缺碘性甲状腺肿，同时，海带中含砷较高，高达 35~50mg/kg，远超国家食品卫生标准（0.5mg/kg），食用时应用水洗泡。此外，海带还含有多种生物活性物质，如昆布氨酸具有抗压功效，褐藻酸钠可提高糖尿病患者对胰岛素的敏感性，还有预防白血病和骨癌的作用。海带上的白霜为甘露醇，具有降血压、利尿和消肿的功效。

（2）紫菜　营养丰富。蛋白质为 24%~28%，且丙氨酸、天冬氨酸、谷氨酸、甘氨酸和脯氨酸等含量丰富；碳水化合物为 31%~50%；紫菜还富含磷、胡萝卜素、维生素 B_2 等物质，其中维生素 B_2 的含量达 2~3mg/100g，居蔬菜之首。

3. 水产制品的营养价值　水产制品是指以水产品为主要原料，经过进一步加工而制成的产品。常见的有鱼糜制品、干制水产品、腌制水产品和熏制水产品、罐藏水产品、海藻食品和水产调味料。鱼糜可以将商品价值低但营养价值高的鱼类作为原料，营养价值高，携带方面；干鱼水分含量大大减少，脂肪和蛋白质因水分含量减少而增加；海藻食品蛋白质、可溶性膳食纤维与不可溶性膳食纤维含量高，脂肪含量低。水产调味料富含氨基酸、多肽、糖、有机酸、核苷酸等风味物质，且富含牛磺酸等对人体有益的生理活性物质及微量元素，赋予了海鲜调味料特殊的营养保健功能。

4. 水产类食物与美容 水产动物蛋白质量多质好，富含不饱和脂肪酸、矿物质和维生素，胆固醇含量低，深海鱼类还富含 EPA 和 DHA，利于皮肤、毛发健美；是营养、美容保健的良好食品来源。海带、海藻有助于美体、乌发和美容保健。

七、蛋类的营养价值与美容

蛋是指禽类所产卵，主要包括鸡蛋、鸭蛋、鹅蛋、鹌鹑蛋和鸽蛋，尤以鸡蛋产量最大，食用最普遍。蛋制品是以蛋为原料进一步加工制成的产品，常见的有皮蛋、咸蛋、糟蛋、卤蛋等。

（一）蛋类的营养价值

蛋类宏量营养素含量总体上基本稳定，微量营养成分受家禽种类、饲料、产蛋期、饲养管理条件及其他因素的影响，存在一定差异。

1. 蛋类的结构及营养分布 蛋类的结构基本相似，由蛋壳（卵壳）、蛋清（蛋白或卵白）和蛋黄（卵黄）三部分组成。

（1）蛋壳 位于蛋的最外层，上面有很多气孔。蛋壳主要为无机物，达 94%~97%，以碳酸钙为主，为 93%，此外还含有少量的碳酸镁、磷酸钙和磷酸镁。蛋壳外附着有呈霜状的水溶性胶状黏蛋白，对蛋起到保护作用。蛋壳的颜色由原卟啉色素决定，受品种、饲料、蛋禽的摄食情况及抗生素等因素影响，颜色深，蛋的营养价值不一定高。

（2）蛋清 是位于蛋壳与蛋黄间的白色透明黏性溶胶状物质，主要是卵白蛋白和少量醋酸，遇热、碱、醇类发生凝固，遇氯化物或某些化学物质则水解为水样稀薄物。

（3）蛋黄 为球形。蛋黄中的脂肪含量丰富，包括中性脂肪、卵磷脂、胆固醇等；蛋黄富含钙、磷、铁等矿物质；蛋黄蛋白质含量也很丰富，且氨基酸模式接近人体氨基酸模式，利用率高；蛋黄维生素含量丰富，尤以维生素 A、维生素 D、维生素 B 含量最高。

2. 蛋类的营养素种类及特点

（1）蛋白质 全蛋蛋白质含量为 10%~15%，其组成与人体所需模式很接近，为天然食物中最理想的优质蛋白质，常作为参考蛋白来评价各种食物蛋白质的营养价值。蛋白质在蛋黄中分布较蛋清高，可达 15%，主要以脂蛋白形式存在，因其富含蛋氨酸，可跟豆类的蛋白质搭配达到蛋白质互补作用。

（2）脂肪 蛋类的脂肪含量为 11%~15%，主要为中性脂肪，蛋清含量极少，主要集中在蛋黄内（约 98%），且不饱和脂肪酸含量较高，容易消化吸收，蛋黄中还含丰富的卵磷脂和胆固醇，以胆固醇更高，可达 500~700mg/100g，加工成咸蛋或松花蛋后，胆固醇含量变化不明显，因此，蛋类是含胆固醇较多的常用食物之一。蛋黄中的卵磷脂为强乳化剂，可使血浆中胆固醇和脂肪颗粒变小并保持悬浮状态，利于被组织利用，从而起到降低血浆中胆固醇的作用。

（3）碳水化合物 全蛋碳水化合物的含量为 1%~3%，蛋黄略高于蛋清，以葡萄糖为主，占 98%，其余为果糖、甘露糖、阿拉伯糖等；蛋清则主要以甘露糖和半乳糖为主。

（4）矿物质 蛋类的矿物质主要为钙、铁和磷，此外还含有钾、镁、钠、硅等。蛋中铁的含量虽高，但铁易与蛋黄中的卵黄磷蛋白结合，消化吸收率降低，生物利用率仅为 3%；钙主要分布在蛋壳中，其余矿物质主要集中在蛋黄里。

（5）维生素 蛋类富含维生素 A、维生素 D、维生素 E、维生素 B_6、维生素 B_1 和维生素 B_2，且主要集中在蛋黄里，蛋清中维生素含量很少。

3. 蛋类的特殊成分 蛋清中有抗生素蛋白和抗胰蛋白酶。抗生物素蛋白可与生物素结合，抑制其吸收，可引起食欲减退、全身无力、毛发脱落、皮肤发黄等生物素缺乏症；抗胰蛋白酶会抑制蛋白酶活性，降低蛋白质吸收率。加热即可破坏抗生物素蛋白和抗胰蛋白酶活性，因此不应生食鸡蛋。

蛋黄含有叶黄素及玉米黄素，可在视网膜选择性累积，形成视网膜黄斑色素，防止光线损伤视网膜，有助于预防老化引起的心血管型视网膜黄斑变性。

（二）蛋制品的营养价值

根据生产工艺不同，可以把蛋制品分为腌制蛋制品、卤制蛋制品、干制蛋制品等，中国居民常食用的蛋制品主要有皮蛋、咸蛋、糟蛋、卤蛋等。

1. 皮蛋 又称松花蛋、变蛋、泥蛋、碱蛋，是将鲜蛋洗净后，经烧碱及食盐、茶叶、水等辅料和食品添加剂腌制加工而成。皮蛋因使用碱，几乎所有维生素被破坏，含硫氨基酸含量减少，铁、镁等微量元素生物利用率下降，但钠和配料中含有的矿物质含量增加。

2. 咸蛋 又称盐蛋、腌蛋及味蛋，是将鲜蛋洗净后，加入水、食盐等辅料，经腌制、包装而成。因盐的作用，咸蛋含水量下降，相对而言碳水化合物、矿物质和微量元素含量有所增加，维生素 E 含量提高，维生素略有破坏，钠含量比未加工的鲜蛋高出 20 余倍，高血压、心血管疾病和肾病等需控制食盐摄入的患者应慎食。

3. 糟蛋 是将鲜蛋洗净经糯米腌渍而成。糟蛋可不经加热直接食用，营养价值与鲜蛋相近。

4. 卤蛋 是将新鲜鸡蛋煮熟、剥壳后浸入配制好的卤汁中卤制而成。卤制过程中，B 族维生素会受到破坏，蛋壳中部分微量元素被溶出，蛋白质和脂类等营养素基本稳定。

（三）蛋类食物与美容

蛋类富含蛋白质，且吸收率高，还含有丰富的矿物质和维生素，可以营养肌肤、美容养颜，除皱祛斑。《普济方》记载：鸡子三枚，浸酒，密封四七日，每夜以白敷面，面黑令白，可见外用也有美容作用。

八、奶类的营养价值与美容

奶类即动物乳汁，主要包括牛奶、羊奶和人乳，以牛奶和羊奶为主。奶类营养素齐全、容易消化吸收，能满足出生幼崽迅速生长发育的全部需要，也是老弱病患的优质营养食品。奶类经浓缩、发酵等工艺可制成奶制品，主要包括消毒鲜奶、奶粉、炼乳、酸奶、奶油、奶酪等。

（一）奶类的营养价值

乳类为复杂的乳胶体，主要由水、脂肪、蛋白质、乳糖、矿物质、维生素等组成，水分含量为 86%～90%，营养素含量与其他食物相比较低。奶类可以提供优质蛋白质、维生素 B_2，尤其是钙的良好来源。

1. 奶类的营养素种类和特点

（1）蛋白质 牛羊生乳蛋白质含量不低于 2.8%，人乳蛋白质含量为 1.3% 左右，主要为酪蛋白、乳清蛋白和乳球蛋白。牛乳蛋白质中乳清蛋白构成比例与人乳的组成恰好相反，不适婴幼儿生长发育需要，常在牛乳中添加乳清蛋白，使其接近人乳。乳类氨基酸模式与鸡蛋近似，为优质蛋白质。牛乳中还含有大量酶类，如水解酶、溶菌酶和过氧化物酶。

（2）脂肪 生乳脂肪含量均应不低于 3.1%，为 3%～5%。乳脂中油酸含量为 30%，亚油酸和亚麻酸分别占 5.3% 和 2.1%，还有少量的胆固醇和卵磷脂。乳汁熔点低，易消化吸收，可高达 97%，乳中还含有短链脂肪酸，赋予乳脂肪良好风味和易消化吸收特点。

（3）碳水化合物 奶中的碳水化合物含量为 3.4%～7.4%，且以乳糖为主，此外，还含有少部分葡萄糖。人乳的乳糖最高，羊乳居中，牛乳最少。乳糖经乳糖酶分解成葡萄糖和半乳糖后被人体吸收，半乳糖对幼儿的发育尤其是对幼儿脑细胞的发育有利。若体内缺乏乳糖酶或乳糖酶低，乳糖不能被分解吸收，进入肠道后段被肠道发酵产酸、产气，导致"乳糖不耐症"的发生。

（4）矿物质 牛奶矿物质含量为 $0.7\% \sim 0.75\%$。其中以钙、磷含量最丰富，且比例合适，钙含量可达 104mg/100ml，并含有维生素 D、乳糖等促进吸收因子，钙的吸收利用率高；牛乳钾含量也较高，可达 109mg/100ml，但铁的含量极低，约 0.3mg/100ml，属贫铁食品，喂养婴儿时应注意补铁。

（5）维生素 乳中含有几乎所有种类的维生素，包括维生素 A、维生素 D、维生素 E、维生素 K、B 族维生素和微量的维生素 C，但这些维生素含量差异较大。牛乳和羊乳是 B 族维生素尤其是维生素 B_2 的良好来源。

牛乳的维生素含量与饲养方式和季节有关，当吃青饲料时，其维生素 A 和维生素 C 的含量较秋冬季吃干饲料时明显增多；夏季日照多时，则维生素 D 含量也会有所增加。

羊乳的维生素 A 和维生素 D 含量高于牛奶，B 族维生素含量较高，但其叶酸及维生素 B_{12} 含量低，婴幼儿作为主食，易造成生长迟缓和贫血，所以羊奶不适合作为一岁以下婴儿的主食。成年人饮食品种丰富，可以获得足够的叶酸和维生素 B_{12}，所以可以放心食用羊奶。

人乳维生素 A 的含量是牛乳的 2 倍；但维生素 D 的含量很少，应在婴儿出生后 2 周到一岁半时间段补充维生素 D；人初乳维生素 E 含量高于过渡乳和成熟乳，也高于牛乳；一般人乳及牛乳喂养的婴儿很少出现 B 族维生素的缺乏，除非乳母缺乏 B 族维生素；另外，母乳喂养的婴儿由于可以从乳汁中获得足量维生素 C，所以一般不会缺乏维生素 C。

2. 奶中的特殊成分 主要是酶类、有机酸、生理活性物质和细胞组分等。

（1）酶类 主要包括氧化还原酶、转移酶和水解酶。水解酶类包括淀粉酶、蛋白酶和脂肪酶，起促进营养物质消化作用。牛乳还含有溶菌酶、乳过氧化物酶等具有抗菌作用的成分。

（2）有机酸 主要是枸橼酸，可促进钙在乳汁中的分散。牛乳中还含有微量的丙酮酸、神经氨酸、尿酸、丙酸、丁酸、醋酸和乳酸等。

（3）生理活性物质 乳中含有大量的生理活性物质，其中较为重要的有乳铁蛋白、生物活性肽、激素和生长因子。乳铁蛋白含量为 $20 \sim 200\mu g/ml$，可调节铁的代谢，同时具有促进生长发育和抗氧化功效。生物活性肽来源于乳蛋白的水解作用，主要有镇静安神肽、免疫调节肽和抗菌肽等。

（4）细胞成分 乳类含有来自乳牛的白细胞、红细胞和上皮细胞等体细胞。牛乳体细胞数是衡量牛乳卫生品质的指标之一，一般体细胞越低生鲜乳质量越高，体细胞越高，生鲜乳质量越低。

（二）奶制品的营养价值

乳制品因加工工艺的不同营养素含量差异较大。

1. 消毒奶 新鲜挤出的牛奶过滤后，经过消毒后直接饮用的奶称消毒奶，基本上保留了牛奶原有的营养成分和原有风味，但对热不稳定的维生素 B_1 和维生素 C 可损失 $20\% \sim 25\%$，应注意维生素 D、维生素 B_1 的强化。

2. 奶粉 是鲜奶经脱水干燥后制成的粉状产品。主要包括全脂奶粉、脱脂奶粉、调制奶粉等。全脂奶粉除部分水溶性维生素（如硫胺素、维生素 B_6 和维生素 C）因脱水加热而损失外，其他营养成分和风味均得以保留。由于干燥，营养成分会浓缩，使得全脂奶粉的营养成分大大增加，约为鲜奶的 8 倍左右。脱脂奶粉的脂肪含量一般不超过 1.3%，脱脂可导致脂溶性维生素大量损失，但其他营养成分无明显变化。脱脂奶粉一般供腹泻婴儿，消化能力弱的胃肠道患者，高脂血症老年人食用。调制奶粉主要是减少了牛奶中酪蛋白、甘油三酯、钙、磷、钠的含量，保证矿物质的适宜平衡，添加了乳清蛋白、亚油酸和乳糖，并强化了维生素 A、维生素 D、维生素 B_1、维生素 B_2、维生素 C、叶酸和微量元素铁、铜、锌、锰等。

3. 炼乳　为一种浓缩奶，包括淡炼乳和甜炼乳。淡炼乳赖氨酸和维生素 B_1 遭受一定的破坏，但在胃酸作用下，可形成凝块，利于消化吸收，因此，适合婴儿和鲜奶过敏者食用。甜炼乳糖分含量可高达 45% 左右，因糖分过高，需用大量水冲淡，营养成分会受到稀释，营养素比例不符合婴儿的营养要求。

4. 酸奶　消毒鲜奶中接种乳酸杆菌在 30℃ 左右环境中经 4~6 小时发酵可制成酸奶。酸奶中的部分乳糖会转变成乳酸，使其乳糖含量下降；除乳糖外，酸奶的其他营养成分与鲜奶相近。因发酵可使游离氨基酸和肽含量提高，且更易消化吸收；因乳糖减少，使"乳糖不耐症"的人易于接受；因酸度增加，可促进钙的吸收，同时对维生素 C 和 B 族维生素起到保护作用，叶酸含量增加一倍；胆碱也明显增加；另外，酸奶中的乳酸菌对肠道菌群的平衡有重要作用，防止腐败胺类对人体的不良作用。

5. 奶油　脂肪含量较牛奶大大增加，可达 20~25 倍，而非脂乳固体（蛋白质、乳糖）及水分（小于 16%）则大大降低，但维生素 A 和维生素 D 含量较丰富。

6. 奶酪　又称干酪，是以原料乳为原料，添加乳酸菌发酵剂或凝乳酶，使蛋白质发生凝固后加盐，压榨分离乳清而制得的乳制品。奶酪的蛋白质以酪蛋白为主，也有部分白蛋白和球蛋白。经发酵后，原料中的部分蛋白质会被水解产生肽类和氨基酸，但乳糖会被分解而大大降低。矿物质方面，硬质奶酪钙的含量高于软质奶酪，镁含量约是原料乳的 5 倍左右。奶酪的维生素种类与原料乳基本相近，尤其脂溶性维生素保留最好，但水溶性维生素会有损失，尤其维生素 C 损失最严重，B 族维生素方面，外皮高于中心部分。

（三）奶类食物与美容

奶类营养丰富且易吸收，还含有多种生理活性物质。常饮用，可使皮肤光滑细腻、富有弹性、毛发润泽、肌肉结实；外用，也能美白肌肤，还有防治皮肤干燥、粗糙、弹性差作用。

任务三　烹调加工方法对食品营养价值的影响

PPT

一、不同烹调方法对食物营养价值的影响 微课3

（一）烹调对食物营养素的影响

烹调是为了将原料加工制作成色、香、味、形俱佳的食物，又能使食物易于消化吸收，达到合理营养、保障身体健康目的。烹调加工过程中，由于受到温度、渗透压、酸碱度、空气中的氧以及酶活力改变等因素的影响，使原料发生一系列物理或化学的变化，有些变化可以提高食物的消化吸收率及营养价值，有些变化可以破坏或杀灭原料中的有毒成分及微生物和寄生虫卵，但有些变化会使原料中的部分营养素被破坏而导致营养价值降低，有些不适当的烹调加工方法甚至可能产生对人体健康有害的物质。

1. 蛋白质　烹调加热过程中，蛋白质可能发生蛋白质变性、水解作用、水化作用、蛋白质分子交联、氨基酸异构化和裂解反应、羰氨反应等变化。蛋白质变性后，使原来裹在内部的氨基酸暴露，同时变性后的线性肽链更利于蛋白水解酶结合而利于水解，从而更易被人体吸收；同时蛋白变性还可消除原料原有的抗原性、酶活性或毒性，可提高蛋白消化率和安全性。水解作用也使蛋白质更容易被人体消化吸收；同时，通过水解作用还可使菜肴产生鲜香味、形成明胶，对菜肴的色、香、味、形等起到重要的作用。水化作用可形成凝胶，获得良好的菜肴口感。温度高、时间长的烹调（如油炸）条件下，蛋白质分子可通过氨基酸残基上的羟基、氨基、羧基之间的脱水缩合而交联，一般温度越高，凝固得愈紧，形成的分子越大，菜肴质感愈老，蛋白质消化率越低。氨基酸发生裂解反应使食品散发出诱人的浓烈气味，但也会生成复杂的芳香杂环化合物，其中杂环胺是一种有强致突变作用的化合物，不利于人体健康。羰氨反应可使菜肴增色、增香，但它会降低蛋白质成分，影响糖脂等营养成分，甚至产生的一些中间产物有可能造成慢性毒性。

知识链接

烹调中蛋白质的变化

烹调过程中蛋白质会发生变性、水解、水化、交联和羰氨反应等变化。

蛋白质变性是指在某些理化因素作用下，蛋白质严格的空间结构发生变化从而导致蛋白质的若干理化性质改变，并使蛋白质丧失原有生物功能的现象。

蛋白质水解即蛋白质在酸、碱、酶的作用下，分子中的肽链被破坏，发生水解作用，生成较小的中间产物，最终分解为氨基酸的现象。

蛋白质的水化作用是指在蛋白质分子表面的极性基团与水分子之间的吸引力作用下，水分子包裹在蛋白质分子外而形成一层水化膜的现象。

蛋白质分子交联是指在一定条件下，蛋白质分子间通过侧链上的特定基团联结在一起形成更大的分子。

羰氨反应又称美拉德反应，是食物中羰基化合物与氨基化合物进行加成、脱水、综合、裂解等一系列化学反应，生成有色物质类黑色素、挥发性低级活性醛酮物质，以及其他杂环化合物的总称。

2. 脂肪 烹调过程中，脂肪会发生高温氧化、热分解、热水解、热聚合和热缩合等变化。一般油脂高温氧化和热分解是同时进行的，不饱和脂肪酸含量越高越易氧化分解，氧化分解可造成必需脂肪酸和脂溶性维生素大量损失，热分解还会产生酮、醛、游离酸、不饱和烃及一些挥发性化合物，降低油脂质量，同时对人体健康产生不利影响。因此，应了解油脂分解温度，减少油脂热分解的发生，烹饪中油温一般不应超过200℃，低于150℃更好。加热时油脂在水中发生反应，生成甘油和游离脂肪酸的现象称热水解。水解后脂肪酸还可与调味品发生酯化反应，提高油脂消化率的同时赋予菜肴特殊香味。高温下，油脂可发生少量水解，然后再缩合成醚型化合物，当温度超过300℃或长时间反复加热还会发生热聚合反应，产生二聚体、环己烯衍生物及产生芳烃类物质，使油脂色泽变暗，黏度增加，还会产生大量泡沫，严重时冷却后会发生凝固现象。另外，有研究证明，高温还会导致食用油生成反式脂肪酸。如葵花籽油加热到230℃后，反式多不饱和脂肪酸含量可增加3～10倍；Moya Moreno 等发现，加热后食用油的不饱和成分减少和反式异构体增加。

3. 碳水化合物 会发生淀粉糊化、淀粉老化或焦糖化反应变化。加热时，淀粉吸水膨胀，形成黏性糊状体的现象称淀粉糊化，糊化后的淀粉更易被酶水解，所以更易被人体消化吸收。淀粉的老化是糊化的逆过程，老化的淀粉黏度降低，使食品由松软变为发硬，酶的水解作用受阻，从而影响消化率，但老化后的淀粉产品对血糖波动的影响较糊化淀粉产品低。无氨基化合物时，糖类发生脱水或降解，后缩合生成黏稠状的黑褐色产物的现象称焦糖化反应。焦糖化反应可增加食品的风味和色泽，同时焦糖色可改善食品质构，减少水分、增强食品抗氧性和防腐能力。

4. 矿物质 由于矿物质不被热、氧气、酸、碱或光线等因素破坏，所以在烹饪加工中主要考虑矿物质的溶解流失。一般而言，动、植物食品在受热时，即发生收缩现象，内部的水分和溶于水的矿物质一起溢出。肉类在加热过程中矿物质溶于汤水中的量较多，蔬菜在洗切过程中，也有矿物质的损失。

5. 维生素 烹调加工时，维生素可能发生流失或破坏。损失程度由高到低的顺序一般如下：维生素 C >硫胺素 >核黄素 >其他 B 族维生素 >维生素 A >维生素 D >维生素 E。水溶性维生素以流失为主，也有破坏。其中维生素 P 最稳定，核黄素对热稳定，酸性条件下硫胺素对热稳定。维生素 C 在水溶液中极易氧化，遇空气、热、光、碱等物质，同时存在氧化酶时，更易被氧化导致果蔬褐变，但维生素 C 结晶时稳定。脂溶性维生素相对对热稳定。如维生素 A 一般不易被破坏，维生素 D 对热、碱也较稳定，但维生素 E 对氧敏感易于被破坏。

知识链接

维生素 P

维生素 P（又称芦丁）是由柑橘属生物类黄酮、芸香素和橙皮素构成的。黄色结晶，溶于乙醇和丙酮。从严格意义上讲，它并不属于真正的维生素，但一般还是把它划归到维生素类。维生素 P 属于水溶性维生素，人体无法自身合成，因此必须从食物中摄取。它在对维生素 C 的消化吸收上是不可缺少的物质。能减少血管脆性，降低血管通透性，增强维生素 C 的活性，预防脑出血、视网膜出血、紫癜等疾病。在橙、柠檬、杏、樱桃、玫瑰果实中及荞麦粉中含有维生素 P。

（二）常见烹调方法对食物营养价值的影响

烹调工艺不同，营养素损失也不相同。

1. 煮 煮会使大量的水溶性物质如维生素 B_1、维生素 C、钙和磷等溶解于汤汁中；同时，部分糖类及蛋白质也会被水解，脂肪则无显著变化。煮沸时间的长短、煮沸前原料初加工方法也会引起营养素的损失：煮制时间越长，维生素 C 等热敏性维生素损失越大；食物表面积越大，水溶性营养成分损失越大。

2. 蒸 蒸较其他烹调技法，因没有水作为溶媒，矿物质几乎不损失，水溶性营养素通过水流失的较少，部分维生素 B_1 和维生素 C 会损失，更能保持原料的水分和成品的原味，能使嫩质原料鲜嫩，老质原料酥烂。

3. 炖、煨、煲 炖、煲、煨需加入较多水且烹调时间长，因而大量水溶性维生素、矿物质、含氮浸出物溶解于汤汁中，因烹调加热时间较长，维生素 B_1 和维生素 C 的损失较大；但加热时火力小，因而蛋白质变性温和，胶原蛋白形成可溶性的明胶，所以，炖、煲、煨烹调方法制成的菜肴易于消化。可用炖、煲、煨熟后的汤液来做调味剂或汤，减少营养素流失的同时赋予菜肴更多的香味和风味。

4. 烧、焖 烧、焖菜肴时，若初步熟处理为炸、煎、煸炒和过油，则蛋白质、脂肪、维生素均有不同程度的损失，另外，烹调的时间越长，维生素尤其是维生素 B_1、维生素 C 损失越大，食物经烧、焖后，消化率有所增加。

5. 炒 炒对营养素的影响随炒法不同而异，一般急火快炒时由于操作时间短，水分及其他营养素损失较少。滑炒因对原料进行上浆后低油温加热，因此锁住营养成分的同时还减少了加热对营养素的破坏，但干炒对营养素的破坏较其他炒法破坏多，且蛋白质过度变性，吸收率降低。炒时在加热前用淀粉、鸡蛋等对动物原料进行上浆，在菜肴快出锅前用水淀粉进行勾芡，可较大程度地减少营养物质的损失。

6. 爆 是将剞刀处理后的原料，直接或经焯水或经过油后放入高温油锅中快速烹调成菜的烹调方法，因操作快，营养素损失不多。

7. 熘 是将原料油炸（或蒸、煮）至断生后，用调制好的油汁、汤汁淋于其表面，或将原料放在其中翻拌，旺火快速加热的烹调方法。因熘菜操作速度快，因此，熘法对原料的影响主要取决于前期的加工方法，熘时营养素的损失并不大。为减少营养素损失，熘前油炸时应将原料先挂糊后再熘；另外，熘制时可进行勾芡起到保护维生素 C 的作用。

8. 卤 卤前初步熟处理时，部分水溶性营养素，如 B 族维生素、维生素 C 和矿物质等溶于汤汁中而损失；卤制时因长时间炖煮，部分蛋白质会发生水解、脂肪也会产生游离脂肪酸而溶于卤汁中，食物本身的脂肪和蛋白质含量会减少，B 族维生素含量明显下降。可充分利用熟制的汤汁和卤汁，减少营养素的损失。

9. 炸 炸制时，原料挂糊与否及油温高低，对食材营养素的影响较大，不挂糊炸制，所有营养素都有不同程度的损失。而食材经挂糊再下油锅，糊在热油中可快速形成脆性保护层，避免原料与热油直接接触，降低蛋白质和维生素的损失；同时，还可防止原料内部水气化，减少油脂吸附；另外，保护层还可使原料所含的汁液、鲜味不外溢，形成外层酥脆、内部软嫩的质感。值得注意的是，挂糊炸原料的吸脂能力往往提高 20%~30%，且脆皮中含有的碳水化合物受高热后易产生丙烯烟酰胺致癌物。因此，应少选油炸烹调方法，必须油炸时，应尽量注意避免高温处理和脂肪加热裂变对食物营养价值的影响。

10. 烤 是利用热辐射和热空气的对流传热，把热源产生的热量传递给原料，使原料成熟的一种烹调方法，包括明炉烤和暗炉烤两种。明炉烤即在火上直接烤制原料，因火力分散，烤制时间较长，使维生素 A、B 族维生素、维生素 C 的损失较大，也会使脂肪有一定破坏，另外，还会产生 3,4 - 苯并芘致癌物质；暗炉烤是将食物放入封闭的烤炉中加热至熟的烹调方法，因其使原料受热均匀，可缩短烹调时间。较明火烤，暗炉烤对营养素破坏较小。

11. 煎 是将原料加工成型后，放入少油量的锅中，紧贴锅面，小火加热至两面色泽金黄、酥香成菜的烹调方法。煎可挂糊或不挂糊，不挂糊时，由于原料直接与锅底接触，且加热时间较长，容易导致原料中的营养素损失，若煎焦更会产生杂环胺和脂肪热氧化产物，甚至产生苯并芘类致癌物质；挂糊再煎，可以减少营养素的损失，同时还能降低有害物质的生成。

12. 涮、氽 两种烹调方法相似，涮是将火锅里倒入特制的清汤、奶汤或鲜汤，煮沸，将主辅料切成薄片或其他形小质嫩的原料放入汤汁内短时间加热成熟，随即蘸上调味品食用或直接食用的烹调方法。氽是将原料加工切配成极易成熟的形状，上浆或不上浆；或是将泥状丸子形的半成品放入汤汁中，大火短时加热至熟成菜的烹调方法。涮和氽由于操作时间短，对营养素的影响较小。

13. 熏 将原料加工后，放于熏料释放的烟中，使其上色、吸附特殊的烟香风味而成菜的烹调方法。熏使营养素损失严重，产生有害物质的概率大大增加。

14. 高压锅烹饪 是将原料初加工后，以高压锅作为传热介质的烹调方法。较传统烹调方法，高压锅烹饪具有以下优点：蛋白质基本不会减少；脂肪不易被氧化和维生素破坏小；食物中的抗氧化成分得以很好的保护，如多酚类物质；更有利消化。因此，该烹调方法适合于消化不良的人及老年人、小孩等肠胃比较虚弱选用。但高压锅烹饪也会造成维生素 C 的损失。

15. 微波加热 具有加热快、时间短的特点，与传统的烹调方法相比，可减少部分热敏性营养素损失，但微波加热也会对营养素产生或利或弊的影响。微波加热可引起蛋白四级结构发生不可逆的破坏，同时随微波时间延长，具有抑制蛋白水解作用的褐色美拉德反应产物增加。微波有利于不饱和脂肪酸的稳定；经微波反复处理，食物中的低相对分子量可溶性多糖水平提高，有利于碳水化合物的消化吸收；较传统的烹调方法，微波加热更好地保留肉类食品中的铁和钙，但若弃去汤汁则会引起矿物质的损失。另外，因微波加热时间短、温度低，对植物化学物的保留优于传统加工方式。

（三）各类食物的合理烹饪

1. 主食的合理烹饪 主食是人们所需能量的主要来源食物，是碳水化合物特别是淀粉的主要摄入源，因此以淀粉为主要成分的稻米、小麦、玉米等谷物，以及土豆、甘薯等块茎类食物被不同地域的人当作主食食用。常见的主食烹调方法有蒸（米饭、馒头）、煮（米饭、面条等）、烙（大饼等）、煎（煎饼等）、炸（油条等）。一般煮和蒸时，营养素的保存率最高；烙、烤次之；油炸、油煎最差。

对于米类主食，烹调前淘洗对水溶性营养素的影响较大，所以淘米时应注意尽量用凉水，减少淘米次数和时间，轻洗轻搓，去除泥沙即可，淘米之后不要浸泡，若浸泡应将浸泡的米水和米一同下锅煮制；烹调时加热使大量的维生素（主要是 B 族维生素）、矿物质、蛋白质、糖和脂肪等营养素溶于米汤中，所以米汤含有丰富的营养成分，不应废弃，另外，建议采用焖锅饭或生米直接蒸饭法，少用去除米汤的捞饭法。

烹调面类主食时，采用蒸、煮、烙、烤的烹调方法，B 族维生素损失相对较少，高温油炸会造成B 族维生素和烟酸的破坏，若需油炸，则尽量用低油温烹制；烹制面食时尽量不要加碱，原因是维生素 B_1 在碱性环境中易被破坏。

2. 畜禽肉和水产动物类的合理烹调　畜禽肉和水产动物类原料中蛋白质、脂肪、矿物质及脂溶性维生素含量相对较高，而碳水化合物和水溶性维生素含量较少。传统烹制畜禽肉和水产类原料的方法主要有煮、蒸、炒、炖、焖、煨、炸、烤和卤等。其中炒对营养素的影响较小，蒸、煮、炖、焖、煨次之，炸、烤和卤造成的营养素损失最大。

烹调前，若需冷藏，应做到速冻和缓解，速冻可减少食物因损伤而发生溃破概率；解冻温度缓慢上升，则可使溶解水得以吸收，从而起到减少营养素流失作用。切配时，形状和大小应均匀，利于菜肴成熟时间一致，减少营养素破坏。新鲜的动物性肌肉组织还可进行上浆处理，减少烹调加热对营养素的影响。

烹调时，应根据原料的特性、烹调方法对营养素的影响和就餐者的营养需求特点选择适合的烹饪方法。如：牛肉含水量比猪、羊肉多，肌纤维长且粗糙，肌间筋膜等结缔组织多，烹调时多选切块炖、煮、焖、煨、卤等长时间加热的烹调方法，使肉质熟烂，提高蛋白质和脂肪的消化率；鱼类含水量多，肌纤维短，间质蛋白少，多采用蒸、煮、炒、熘等方法；妊娠期妇女，尤其是妊娠早期，为减轻妊娠反应，多建议选用以水或蒸汽为介质的烹调方法，如蒸、煮、炖、煨等；烹调乳母膳食时，为促进乳汁分泌，一般建议采用煨、煮、炖等汤水多的烹调方法；烹制老年人菜肴时，应根据老年人口腔咀嚼功能下降、唾液分泌量减少及消化功能退化等生理特点，多选用清蒸、炖、煮、煨等烹调方法，使食物清淡、酥烂，利于消化。

3. 蔬菜类的合理烹饪　蔬菜含有丰富维生素和矿物质，烹调中最易损失。一般情况下，凉拌是最好的烹调蔬菜的方法，其次是生炒。为减少维生素和矿物质的损失，建议烹调蔬菜类原料前初加工处理时，先洗后切；烹调时选用旺火急炒的方法，既可降低营养素损失，还可保持蔬菜色泽鲜艳、质地脆嫩的感官质量；煮汤时水沸腾后再放菜，并尽可能汤同菜一起进食；另外，烹调时还应根据蔬菜的营养特点，科学搭配，合理利用调味品，减少营养素的破坏，如豆芽富含维生素 C 和水分，在烹炒时加少量醋，增强豆芽的脆性，保护维生素 C；芹菜富含维生素 C，木耳富含铁，芹菜木耳搭配可以促进营养素的吸收。

4. 调味品的合理食用　应从营养、口感、安全等方面，确定调味品的种类、投放量和投放时间。一般动物性食品不宜早放盐，制作汤菜时应快起锅时再放盐，炒叶、茎类应早放盐，使其组织液迅速渗出，缩短烹调时间，减少营养素损失。一般需保持原汁原味的菜肴不宜使用酱油，使用酱油时尽量不要掩盖菜肴原料本身的风味，并结合菜肴色泽的需要来确定用量和酱油品种，调味时多用生抽，调色时多用老抽。除特殊需要的菜肴（如菜肴需要用酱油上色）外，一般酱油最好是在菜肴快起锅时投放。一般烹制脆性口感的植物性菜肴时可加少量醋；熬汤时也可加少量醋，以促进骨中钙的溶出，另外，制作浅色菜肴应使用白醋，以接近菜肴本色。加醋的时间应根据菜肴的口感和质地需要来确定，如烹制酸味口感的菜肴，应于起锅前加，因为醋酸易挥发；若熬汤时使用，应在原料入锅后加，以促进矿物质的溶出。红糖带杂质，多用于炖制补品，但烹制一些烧菜、卤菜不应使用，易带苦味；冰糖主要用于一些特殊菜肴的烹制，如纯甜菜和扒菜，添加时不应在快起锅时加，否则很难溶解，可先溶解再加于菜肴中。一般不提倡加味精或鸡精，若确需使用，应根据菜肴的口感需求和食盐使用量来确定投放量，味精的最佳投放时期是在菜肴快起锅时；同时，酸碱性特重的菜肴不宜放味精，炒鸡蛋不建议放味精，因为鸡蛋里的氨基酸也可提供鲜味，添加反而引起口感变差；凉拌菜若需鸡精和味精，添加时应先用少量汤汁溶解后再投放。

二、不同加工方法对食品营养价值的影响

1. 研磨 谷类研磨加工后，消化吸收率提高，但矿物质和维生素尤其是 B 族维生素大量损失，加工程度越高损失越大。

2. 清洗和整理 可造成营养素不同程度的损失，应尽量避免切后水洗造成的水溶性营养素的损失。

3. 汤漂和沥滤 主要造成维生素损失，沸水烫漂损失最多，蒸汽烫漂次之，微波烫漂损失最少。

4. 发酵 发酵过程中，酶的水解作用可提高营养素的消化、吸收和利用率，但碳水化合物含量会下降。

目标检测

答案解析

单项选择题

1. 食品的营养价值主要取决于（ ）

   A. 食品的消化吸收率 　　　　　　　　B. 食品中营养素的数量

   C. 食品中营养素的种类 　　　　　　　D. 食品的价格

   E. 食品营养素的种类、数量及相互的比例和被人体吸收利用的程度

2. 下列食物氨基酸模式与人体组织最接近是（ ）

   A. 鸡蛋蛋白 　　　　　B. 大豆蛋白 　　　　　C. 鱼类蛋白

   D. 谷类蛋白 　　　　　E. 肉类蛋白质

3. 下列含维生素 C 最多的蔬菜是（ ）

   A. 莲花白 　　　　　　B. 菠菜 　　　　　　　C. 白萝卜

   D. 藕 　　　　　　　　E. 竹笋

4. 谷类 B 族维生素最丰富的部位是（ ）

   A. 谷皮 　　　　　　　B. 胚乳 　　　　　　　C. 胚芽

   D. 胚芽和糊粉层 　　　E. 胚芽和胚乳

5. 大豆蛋白质第一限制性氨基酸是（ ）

   A. 蛋氨酸 　　　　　　B. 色氨酸 　　　　　　C. 赖氨酸

   D. 亮氨酸 　　　　　　E. 苏氨酸

6. 下列锌含量最高的食物是（ ）

   A. 红薯 　　　　　　　B. 大豆 　　　　　　　C. 贝类

   D. 鸡蛋 　　　　　　　E. 猪五花肉

7. 牛奶中含量较低的矿物质是（ ）

    A. 钙   B. 铁   C. 锌

    D. 钾   E. 磷

8. 下列说法正确的是（ ）

    A. 烹饪中矿物质的变化主要是破坏

    B. 烹调中维生素 A 一般会受热分解

    C. 谷类食物研磨越细，口感越好，营养价值越高

    D. 蔬菜应先切后洗

    E. 漂烫会造成水溶性维生素流失

9. 下列说法错误的是（ ）

    A. 烧是用旺火、高油温、快速加热的烹调方法

    B. 熘制时可进行勾芡以保护维生素 C 的破坏

    C. 熘法对原料的影响主要取决于前期的加工方法，熘时营养素的损失并不大

    D. 煎制食物时煎焦更易产生杂环胺和脂肪氧化产物，甚至苯并芘类致癌物质

    E. 蒸可引起 B 族维生素、维生素 C 部分损失

10. 下列营养素破坏最大的烹调方法是（ ）

    A. 蒸   B. 焖   C. 炸

    D. 炖   E. 烤

书网融合……

| 重点小结 | 微课1 | 微课2 | 微课3 | 习题 |

项目四 合理营养与美容

学习目标

知识目标：通过本项目的学习，掌握合理营养的概念及基本卫生要求，中国居民膳食指南与平衡膳食宝塔的内容，回顾法膳食调查的内容和步骤，体质指数、腰臀比，体脂率的计算方法及评价标准，膳食评价的方法及步骤，计算法和食物交换份法编制食谱的基本原则及一般程序；熟悉营养调查的原理和方法，人体测量的常用指标及意义，各类食物的等值交换表的使用原则；了解人体测量的方法、营养状况实验室检查常用指标、营养相关疾病的临床检查。

能力目标：具备运用膳食指南编制食谱，进行合理膳食指导，对人群开展膳食调查；人体测量数据及体成分测定报告判读；营养评估报告撰写；运用计算法或食物交换份法为特定需求对象制定带量营养食谱的能力。

素质目标：通过本项目的学习，树立营养工作的规范观念与敬业、精益的工匠精神；养成科学严谨、细致认真的职业素养。

任务一　合理营养的概念及要求

情境导入

情境：张阿姨，65岁，喜爱跳舞，为保持身材，不吃肉30余年，身高168cm，体重一直保持在50kg左右。既往身体健康，近1年张阿姨明显感觉乏力，脱发明显，对舞蹈都提不起精神来。来院体检示：Hb 89g/L，总蛋白55g/L，白蛋白27g/L，余未见明显异常。

思考：1. 为更好地明确张阿姨目前存在的问题，还需要做哪些体格测量？

　　　2. 若要改善张阿姨的营养状况，该如何进行宣教？

一、合理营养的相关概念

1. 合理营养　是指人体每天从食物中摄入的能量和各种营养素的量及相互间比例能满足机体在不同生理阶段、不同劳动环境及不同劳动强度下的需要，并使机体处于良好的健康状态。因为各种不同的营养素在机体代谢过程中均有其独特的功能，一般不能互相替代，因此，营养素的种类应该齐全；同时，在数量上要充足，能满足机体对各种营养素及能量的需要；另一方面，各种营养素彼此间有着密切的联系，起着相辅相成的作用，因此，各种营养素之间还要有一个适宜的比例。

2. 营养不良　是指由于一种或一种以上营养素的缺乏或过剩所造成的机体健康异常或疾病状态。营养不良包括营养缺乏和营养过剩。机体的免疫系统靠膳食营养来滋养。营养不良不仅会对人们身体发育和认知发展造成负面影响，还会损害免疫系统，增加对传染性和非传染性疾病的易感性，不利于人类发挥潜能，降低生产力，甚至威胁健康和生命。

3. 平衡膳食　又称合理膳食，是指选择多种食物，经过适当搭配，制作出的能满足人们对能量及各种营养素需求的膳食。平衡膳食能满足合理营养要求的膳食，从食物中摄入的能量和营养素在一个动态过程中，能提供机体一个合适的量，避免出现某些营养素的缺乏或过多而引起机体对营养素需要和利用的不平衡。合理营养是健康的物质基础，平衡膳食是实现合理营养的根本途径，也是反映现代人类生活质量的一个重要标志。

二、合理营养的基本卫生要求

1. 提供的能量合理，各种营养素种类齐全、数量充足、比例合适 摄入的能量和营养素的数量、种类应该能够维持机体的新陈代谢、组织修复、生长发育等基本生命活动，并能满足人体从事各种劳动和活动的能量消耗所需。人类需要的基本食物一般可分为谷薯类、蔬菜水果类、畜禽鱼蛋奶类、大豆坚果类和油脂类五大类，不同食物中的营养素及有益膳食成分的种类和含量不同。除供 6 月龄内婴儿的母乳外，没有任何一种食物可以满足人体所需的能量及全部营养素。因此，只有多种食物组成的膳食才能满足人体对能量和各种营养素的需要。

食物多样是平衡膳食模式的基本原则。每日膳食应包含 5 大类食物，平均每天摄入 12 种以上食物，每周 25 种以上食物，而且在数量上要满足各类食物适宜的摄入量。动物性食物与植物性食物之间或之内的比例要适宜，从而保证能量与各营养素之间的比例要适宜。

从食物种类的角度讲，除了摄入量外，种类的比例也要达到几个平衡：①植物性与动物性食物比例的平衡；②植物性食物中谷类、薯类、豆类、坚果类、水果蔬菜等之间的比例的平衡；③动物性食物中畜、禽肉类、鱼虾类、蛋类、奶类之间的比例的平衡。

从能量和营养素的角度讲，有几个比例也要达到平衡：①产能营养素供能比例的平衡；②与能量代谢有关的 B 族维生素与能量消耗之间比例的平衡；③优质蛋白与总蛋白质之间的比例，以保证必需氨基酸之间比例的平衡；④必需脂肪酸与总能量摄入之间比例的平衡；⑤饱和、单不饱和及多不饱和脂肪酸之间比例的平衡；⑥复合碳水化合物与总碳水化合物之间比例的平衡；⑦钙与磷的比例，及其他矿物质之间比例的平衡。

2. 科学加工和烹调 食物经科学的加工与烹调的目的在于消除食物中的抗营养因子和有害微生物、提高食物的消化率、改变食物的感官性状和促进食欲。因此，加工与烹调时，应最大限度地减少营养素的损失，提高食物的消化吸收率，改善食物的感官性状，增进食欲，消除食物中的抗营养因子、有害化学物质和微生物。例如，为了减少蔬菜中维生素的流失，可先洗后切、急火快炒、开汤下菜、炒好即食；淘洗米的次数不宜过多，以免维生素、矿物质等丢失过多。

3. 合理的膳食制度和良好的饮食习惯 根据不同人群的生理条件、劳动强度以及作业环境，合理安排餐次及食物的质和量。合理的进餐制度有助于促进食欲和消化液定时分泌，使食物能得到充分消化、吸收和利用。成年人应采用一日三餐制，并养成不挑食、不偏食、不暴饮暴食等良好的饮食习惯。此外，还要有一个良好的用餐环境和愉快的进餐情绪。

4. 保证食用安全 食物不得含有对人体造成危害的各种有害因素且应保持食物的新鲜、干净卫生，以确保居民的生命安全。食品中的微生物及其毒素、食品添加剂、化学物质以及农药残留等均应符合食品安全国家标准的规定。一旦食物受到有害物质污染或发生腐败变质，食物中营养素就会受到破坏，不仅不能满足机体的营养需要，还会造成人体急、慢性中毒，甚至致癌。

5. 遵循《中国居民膳食指南》的原则 平衡膳食应遵循《中国居民膳食指南》的八条准则。

三、平衡膳食的搭配原则

平衡膳食能最大限度地满足人体正常生长发育、免疫力和生理功能需要，满足机体能量和营养素的供给，并降低膳食相关慢性病发生风险。合理搭配是实现平衡膳食的关键，是平衡膳食的保障，只有将各类食物的品种和数量合理搭配才能实现平衡膳食的目标。合理搭配是指食物种类和重量在一日三餐中的合理化分配，膳食的营养价值通过合理搭配而提高和优化。

1. 食物多样　即每日食物不单调，由多种食物组成，且要尽量达到推荐的食物量。

2. 粮豆搭配　即在坚持食用主食的同时，经常食用豆类及豆制品，通过粮食与豆类中蛋白质及其他成分的互补，来达到合理营养的目的。此外，豆类中还含有许多生物活性物质，有益于人体保健。

3. 粗细搭配　每日主食应注意增加全谷物和杂豆类食物，如荞麦、玉米、杂豆、燕麦等，以增加膳食纤维、B 族维生素的摄取。烹调主食时，大米可与糙米、杂粮（燕麦、小米、荞麦、玉米等）以及杂豆（红小豆、绿豆、芸豆、花豆等）搭配。二米饭、绿豆饭、红豆饭、八宝粥等都是粗细搭配、增加食物品种的好方法。

4. 荤素搭配　"荤"指动物性食物，"素"指植物性食物。有肉、有菜，搭配烹调，可以在改善菜肴色、香、味的同时，提供多种营养成分，如什锦砂锅、炒杂菜等。除有特殊情况外，每日膳食中要有适量的动物性食品，鱼、虾、禽肉、猪牛羊肉等动物性食物都含有消化吸收率高的优质蛋白及多种微量营养素。适量的动物性食品可提高主食中蛋白质的利用率，也可为机体蛋白质的代谢提供必要的保障。每日力争中餐、晚餐的副食不相同。

5. 深浅搭配　食物呈现的丰富色彩能给人视觉上美的享受，刺激食欲，食物营养搭配上也简单可行。如什锦蔬菜，五颜六色代表了蔬菜不同植物化学物、营养素的特点，同时满足了食物种类多样化。多备一些木耳、香菇、海带、彩椒、杂豆、粗粮、芝麻、玉米等，适当在饮食中少量添加，即可达到此目的。

6. 干湿搭配　食物应细软，切碎煮烂，不宜选择过硬、大块、过脆、骨刺多的食物。通过烹调和加工改变食物的质地和性状，易于咀嚼吞咽。

7. 正零搭配　为了满足机体对能量的需要，必要时可以适当补充零食，但应注意与正餐配合，零食只能补充易缺乏的营养物质和少量的能量。

任务二　膳食结构与膳食指南

一、膳食结构

（一）膳食结构的概念

膳食结构又称膳食模式，是指长时间形成的饮食组成方式，包括膳食中各食物的品种、数量及其比例。膳食模式是对膳食中各类食物的数量和比例的概括性表述。

平衡膳食模式是根据营养科学原理、我国居民膳食营养素参考摄入量及科学研究成果而设计，指一段时间内，膳食组成中的食物种类和比例可以最大限度地满足不同年龄、不同能量水平的健康人群的营养和健康需求。不同食物中含有的营养素各有特点，只有通过合理搭配膳食中的食物种类和比例，才能满足个体的营养需要。

（二）膳食结构的类型

膳食模式的形成受一个国家或地区的人口、农业生产、食物流通、食品加工、消费水平、饮食习惯、文化传统、科学知识等多种因素的影响。一般根据膳食中各类食物所能提供的能量及营养素满足人体需要的程度来衡量该膳食结构是否合理。

1. 动物性食物为主型　常见于欧美等经济发达国家和地区。膳食组成以动物性食物为主，年人均消费畜肉类、禽、蛋等量较大，而年人均谷类消费量仅为 50～70kg。其膳食营养组成特点为高能量、高蛋白质、高脂肪、低膳食纤维。长期以动物性食物为主的饮食，优点是富含蛋白质、矿物质、维生素等，缺点是脂肪摄入过高，增加肥胖、高脂血症、冠心病、糖尿病等慢性病的发生风险。

2. 植物性食物为主型 常见于亚洲和部分非洲国家和地区。膳食组成以植物性食物为主，动物性食物较少，年人均消费粮食多达 140～200kg，而肉、蛋、奶及鱼虾年人均消费量共计仅为 20～30kg。长期采用此型膳食模式，膳食蛋白质和脂肪的摄入量较低，蛋白质来源以植物性食物为主，但某些优质蛋白质、矿物质和维生素摄入不足，易增加营养缺乏病患病风险。

3. 动植物性食物结合型 其膳食中植物性和动物性食物构成比例适宜，优质蛋白质约占膳食蛋白质的 50% 以上。这种膳食模式既可满足人体对各种营养素的需要，又可预防慢性病，一些国家和地区的饮食结构趋于此膳食模式。

4. 其他膳食模式 除上述 3 种类型之外，还有一些各具特点的膳食模式，例如地中海膳食模式、DASH 膳食及我国"东方健康膳食模式"等。①地中海膳食模式是居住在地中海地区的居民所特有的膳食结构。由蔬菜、水果、海产品、五谷杂粮、坚果和橄榄油以及少量的牛肉和乳制品、酒等组成，是以食物中含大量复合碳水化合物，蔬菜和水果摄入量高，高膳食纤维、高维生素、饱和脂肪酸摄入量低，不饱和脂肪摄入量高为特点的膳食结构。②DASH 饮食是由 1997 年美国的一项大型高血压防治计划发展出来的饮食，在这项计划中发现，饮食中如果能摄食足够的蔬菜、水果、低脂（或脱脂）奶，以维持足够的钾、镁、钙等离子的摄取，并尽量减少饮食中油脂量（特别是富含饱和脂肪酸的动物性油脂），可以有效地降低血压。因此，常以 DASH 饮食来作为预防及控制高血压的饮食模式。③东方健康膳食模式。《中国居民膳食指南（2022）》首次提出以浙江、上海、江苏等为代表的江南地区一带膳食模式为我国"东方健康膳食模式"，其被认为是健康中国膳食模式的代表，也是东方健康膳食模式的代表。其特点是食物多样、清淡少盐、蔬菜水果、鱼虾水产摄入量高、奶类豆类多等，并有较高的活动时间和运动水平。我国福建、广东等地也有类似的膳食模式。长期以此合理膳食，有利于避免营养缺乏病和膳食相关慢性病的发生，延长预期寿命。

近年来，基于对疾病的恐慌和某些疾病治疗的需要，多样膳食模式在网络上传播兴起，如低碳水化合物饮食、生酮饮食、轻食、辟谷等。这些均不是健康人群的膳食模式，也没有证据表明长期采用这些膳食模式更健康。

（三）我国居民膳食模式及变迁

我国以植物性食物为主，尤以谷类为主的传统膳食模式，呈现高碳水化合物、高膳食纤维、低动物脂肪的营养特点。

随着我国社会经济的发展，居民膳食结构发生了较大的变化。我国居民膳食结构最显著的改变是随着收入水平的提高，人们更趋向于消费动物性食物，而且特别趋向于消费畜肉类食品。在动物性食物消费量增加的同时，植物性食物特别是谷类食物的消费量下降，但谷类食物仍然是我国居民的主要食物。由于经济水平和食物资源的不同，中国城乡居民的膳食结构还存在着较大差异，城市居民的谷类食物供能比低于农村居民，而动物性食物供能比高于农村居民，但二者的变迁趋势相似。

过去的几十年间，我国居民每标准人日能量摄入量呈下降趋势，但相对于身体活动状况，我国居民能量摄入量是充足的。蛋白质摄入量总体变化不大，碳水化合物摄入量呈下降趋势，脂肪摄入量呈上升趋势。

我国物产丰富，不同地区的膳食模式逐渐形成。对大部分省市而言，膳食结构均以植物性食物为主，动物性食物为辅，有的地区谷类食物消费量大，动物性食物消费量小。研究表明，在传统膳食模式的演变过程中，不同地区的居民膳食结构逐渐分化，也逐渐形成了优良膳食模式；同时在慢性病的发病风险、死亡率和预期寿命方面表现出明显差别。

二、中国居民膳食指南与平衡膳食宝塔 📱微课1

膳食指南是根据营养科学原则和人体营养需要，结合当地食物生产供应情况及人群生活实践，提出的食物选择和身体活动的指导意见。膳食指南是健康教育和公共政策的基础性文件，是国家实施健康中国行动和推动国民营养计划的一个重要组成部分。

自1989年以来，我国已先后发布四版居民膳食指南，在不同时期对指导居民通过平衡膳食改变营养健康状况、预防慢性病、增强健康素质发挥了重要作用。第5版《中国居民膳食指南（2022）》于2022年发布，是在《中国居民膳食指南（2016）》的基础上，根据营养学原理，紧密结合我国居民膳食消费和营养状况的实际情况制定。由一般人群膳食指南、特定人群膳食指南、平衡膳食模式和膳食指南编写说明三部分组成。一般人群膳食指南适用于2岁以上健康人群，特定人群膳食指南是根据不同年龄阶段人群的生理特点及其膳食营养需要而制定的。特定人群膳食指南包括孕妇乳母膳食指南、婴幼儿喂养指南、儿童膳食指南、老年人膳食指南和素食人群膳食指南，其中各特定人群的膳食指南是在一般人群膳食指南的基础上形成建议和指导。

（一）一般人群膳食指南

一般人群膳食指南共有八条平衡膳食准则。

1. 食物多样，合理搭配 平衡膳食模式是最大限度上保障人体营养需要和健康的基础，食物多样是平衡膳食模式的基本原则。多样的食物应包括谷薯类、蔬菜水果类、畜禽鱼蛋奶类、大豆坚果类等食物。建议平均每天摄入12种以上食物，每周25种以上。谷类为主是平衡膳食模式的重要特征，每天摄入谷类食物200～300g，其中包含全谷物和杂豆类50～150g；薯类50～100g。每天的膳食应合理组合和搭配，平衡膳食模式中碳水化合物供能占膳食总能量的50%～65%，蛋白质占10%～15%，脂肪占20%～30%。

2. 吃动平衡，健康体重 体重是评价人体营养和健康状况的重要指标，运动和膳食是保持健康体重的关键。各个年龄段人群都应该坚持天天运动、维持能量平衡、保持健康体重。体重过低和过高均易增加疾病的发生风险。推荐每周应至少进行5天中等强度身体活动，累计150分钟以上；坚持日常身体活动，平均每天主动身体活动6000步；尽量减少久坐时间，每小时起来动一动，动则有益。

3. 多吃蔬果、奶类、全谷、大豆 蔬菜水果、全谷物、奶类、大豆及豆制品是平衡膳食的重要组成部分，坚果是膳食的有益补充。蔬菜和水果是维生素、矿物质、膳食纤维和植物化学物的重要来源，全谷物食物是膳食纤维和B族维生素的重要来源，奶类富含钙和优质蛋白质，大豆、坚果富含蛋白质、必需脂肪酸的含量及多种植物化学物，对降低慢性病的发病风险具有重要作用。推荐餐餐有蔬菜，保证每天摄入300g新鲜蔬菜，深色蔬菜应占1/2。推荐天天吃水果，保证每天摄入200～350g的新鲜水果，果汁不能代替鲜果。吃各种奶制品，摄入量相当于每天液态奶300ml。经常吃全谷物、大豆制品，适量吃坚果。

4. 适量吃鱼、禽、蛋、瘦肉 鱼、禽、蛋和瘦肉可提供人体所需要的优质蛋白质、维生素A、B族维生素等，有些也含有较高的脂肪和胆固醇。目前我国畜肉消费量高，过多摄入对健康不利，应当适量食用。动物性食物优选鱼和禽类，鱼和禽类脂肪含量相对较低，鱼类含有较多的不饱和脂肪酸；蛋类各种营养成分齐全；吃畜肉应选择瘦肉，瘦肉脂肪含量较低。过多食用烟熏和腌制肉类可增加肿瘤的发生风险，应当少吃。鱼、禽、蛋类和瘦肉摄入要适量，平均每天120～200g。每周最好吃鱼2次或300～500g，蛋类300～350g，畜禽肉300～500g。

5. 少盐少油，控糖限酒 我国多数居民目前食盐、烹调油和脂肪摄入过多，是目前肥胖和心脑血管疾病等慢性病发病率居高不下的重要因素，因此应当培养清淡饮食习惯，推荐成年人每天食盐不超过5g，每天烹调油25～30g，避免过多动物性油脂和饱和脂肪酸的摄入。过多摄入添加糖可增加龋齿和超重发生的风险，建议不喝或少喝含糖饮料，推荐每天摄入糖不超过50g，最好控制在25g以下。儿童少年、孕妇、乳母、慢性病患者等特殊人群不应饮酒，成年人如饮酒，一天饮用的乙醇量不超过 15g。

6. 规律进餐，足量饮水 规律进餐是实现平衡膳食、合理营养的前提。应合理安排一日三 餐，定时定量，饮食有度，不暴饮暴食。早餐提供的能力应占全天总能量的 25%～30%，午餐占 30%～40%，晚餐占 30%～35%。水是构成人体成分的重要物质并发挥着重要的生理作用。水摄入和排出的平衡可以维护机体适宜水合状态和健康。建议低身体活动水平的成年人每天饮 7～8 杯水，相当于男性每天喝水 1700ml，女性每天喝水 1500ml。每天主动、足量饮水，推荐喝白水或茶水，少喝或不喝含糖饮料。

7. 会烹会选，会看标签 食物是人类获取营养、赖以生存和发展的物质基础，在生命的各个阶段都应该规划好膳食。了解各类食物营养特点，挑选新鲜的、营养素密度高的食物，学会通过食品标签的比较，选择购买较健康的包装食品。烹饪是合理膳食的重要组成部分，学习烹饪和掌握新工具，传承当地美味佳肴，做好一日三餐，家家实践平衡膳食，享受营养与美味。在外就餐或选择外卖食品，按需购买，注意适宜份量和荤素搭配，并主动提出健康诉求。

8. 公筷分餐，杜绝浪费 日常饮食卫生应首先注意选择当地的、新鲜卫生的食物，不食用野生动物。食物制备生熟分开，储存得当。多人同桌，应使用公筷公勺、采用分餐或份餐等卫生措施。勤俭节约是中华民族的传统美德，人人都应珍惜食物，在家在外按需备餐，不铺张不浪费。从每个家庭做起，传承健康生活方式，树饮食文明新风。社会餐饮应多措并举，倡导文明用餐方式，促进公众健康和食物系统可持续发展。

（二）中国居民平衡膳食宝塔

中国居民平衡膳食宝塔形象化的组合，遵循了合理膳食的原则（图 4-1）。平衡膳食宝塔共分五层，通过宝塔各层面积体现五类食物每日所需数量。五类食物分别是谷薯类、蔬菜水果、畜禽鱼蛋类、奶类、大豆和坚果类及烹饪用油盐，宝塔旁边文字注释标明了能量在 1600～2400kcal 时，一段时间内成年人每人每日各类食物摄入量的平均范围。

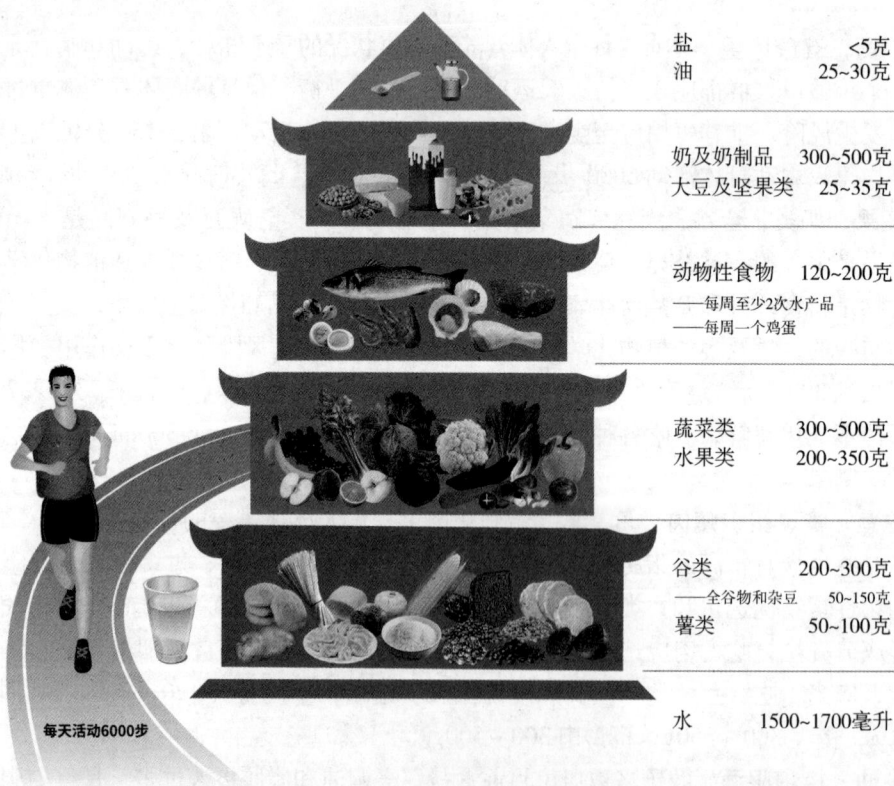

图 4-1 中国居民平衡膳食宝塔（2022）

（三）素食人群膳食指南

素食人群是指以不食畜禽肉、水产品等动物性食物为饮食方式的人群。按照所戒食物种类不同，可分为全素和蛋奶素人群。完全戒食动物性食物及其产品的为全素人群；不戒食蛋奶类及其相关产品的为蛋奶素人群。

素食是一种饮食习惯或饮食文化，目前我国素食人群的数量约5000万人，一部分老年人便属于素食人群。为了满足营养的需要，素食人群需要认真对待和设计膳食。如果膳食组成不合理，将会增加蛋白质、维生素 B_2、$\omega-3$ 多不饱和脂肪酸、铁、锌等营养素缺乏的风险。因此对素食人群特别是老年素食人群的膳食提出科学指导是很必要的。

1. 食物多样，谷类为主；适量增加全谷物　谷类食物含有丰富的碳水化合物等多种营养成分，是提供人体能量、B族维生素和矿物质、膳食纤维等的重要来源。为了弥补因戒动物性食物带来的某些营养素不足，素食人群应食物多样化，适量增加谷类食物摄入量。全谷物保留了天然谷类的全部成分，提倡多吃全谷物食物。建议全素人群每天摄入谷类250～400g，其中全谷物和杂豆类为120～200g；蛋奶素人群每天摄入谷类225～350g，全谷物和杂豆类为100～150g。

2. 增加大豆及其制品的摄入；选用发酵豆制品　大豆含有丰富的优质蛋白质、不饱和脂肪酸和B族维生素及其他多种有益健康的物质，如大豆甾醇、大豆异黄酮、大豆卵磷脂等；发酵豆制品中含有维生素 B_{12}。因此，素食人群应增加大豆及其制品的摄入，选用发酵豆制品。建议全素成年人每天摄入大豆及其制品50～80g或等量的豆制品，其中包括5～10g发酵豆制品；蛋奶素成年人每天摄入大豆及其制品25～60g或等量的豆制品。

3. 常吃坚果、海藻和菌菇　坚果类富含不饱和脂肪酸、蛋白质、维生素和矿物质等，常吃坚果有助于心脏的健康；海藻含有 $\omega-3$ 多不饱和脂肪酸及多种矿物质。菌菇富含矿物质和真菌多糖类，因此素食人群应常吃坚果、海藻和菌菇。建议全素成年人每天摄入坚果20～30g，菌藻类5～10g；蛋奶素成年人每天摄入坚果15～25g，菌藻类5～10g。

4. 蔬菜、水果应充足　蔬菜、水果中富含丰富的维生素、矿物质等营养素。蔬菜水果摄入应充足，食用量同一般人群一致。

5. 合理选择烹调油　应经常变更不同种类的植物油，以满足必需脂肪酸的需要；α-亚麻酸在亚麻籽油、紫苏籽油、核桃油、菜籽油和豆油中含量丰富，是素食人群膳食 $\omega-3$ 多不饱和脂肪酸的主要来源，建议用菜籽油或大豆油烹炒，亚麻籽油、紫苏籽油和核桃油凉拌。

6. 定期监测营养状况　素食人群应更加注意饮食安排，并定期进行营养状况监测，以尽早发现潜在的营养问题从而及时调整饮食结构。

三、食品营养标签

为指导和规范食品营养标签的标示，引导消费者合理选择食品，促进膳食营养平衡，保护消费者知情权和身体健康，2025年3月16日国家卫生健康委员会、国家市场监督管理总局发布了《食品安全国家标准 预包装食品营养标签通则》（GB 28050—2025），于2027年3月16日起正式实施。

（一）相关定义

1. 预包装食品　是指预先包装或者制作在包装材料、容器中的食品，包括预先定量包装或者预先定量制作在包装材料、容器中并且在一定量限范围内具有统一的质量或体积或长度标识的食品；也包括预先包装或者制作在包装材料、容器中以计量方式销售的食品。

2. 食品标签　是指食品包装上的文字、图形、符号及一切说明物。

3. 营养标签　是预包装食品标签的组成部分，是指预包装食品标签上向消费者提供的有关食品营养信息和特性的描述与说明，包括营养成分表、营养声称和营养成分功能声称及其他补充信息。

4. 营养成分表　是指标有食品能量和营养成分名称、含量及其占营养素参考值百分比的规范性表格，是营养标签的核心（表4-1）。营养素参考值（nutrient reference value，NRV）是专用于营养标签比较食品能量和营养素含量水平的参考值。营养素参考值根据《中国居民膳食营养素参考摄入量》制定，适用于36月龄以上（>36月龄）人群食用的预包装食品营养标签。根据单位质量（每100g、每100ml或每份）食品可食部中营养素含量占营养素参考值（NRV）的百分比，可以计算营养素参考值百分比，记为营养素参考值%或NRV%。

表4-1　某高钙面包营养成分表

营养成分表		
项目	每100g	NRV%
能量	2030kJ	24%
蛋白质	6.8g	11%
脂肪	20.2g	34%
—饱和脂肪	14.0g	70%
碳水化合物	67.5g	23%
—糖	20.3g	—
钠	192mg	10%
钙	250mg	31%

钙是骨骼和牙齿的主要成分，并维持骨密度。

5. 营养声称　是指对食品营养特性的描述和说明，包括含量声称和比较声称。含量声称是对食品中能量或营养成分含量水平的描述和说明，含量声称用语包括"含有""来源""高""富含""低""无""不含""瘦"等。如表4-1中标示的"高"钙面包。比较声称是与同类食品相比较，对食品能量或营养成分含量水平变化状况的描述和说明。比较声称用语包括"增加"或"减少"等。

6. 营养成分作用声称　是指对某营养成分维持人体正常生长、发育和正常生理功能作用的描述或说明，如表4-1中的"钙是骨骼和牙齿的主要成分，并可维持骨密度"。

（二）制定食品营养标签的目的

1. 指导消费者平衡膳食　当前，我国居民存在营养不足和营养过剩的双重问题，这些与每日的膳食营养摄入状况密切相关，在食品标签中标注营养信息将有效预防和减少营养相关疾病。

2. 满足消费者知情权　当前，越来越多的消费者将食品营养标签作为选购食品的重要参考和比较依据，食品营养标签也有助于向公众宣传和普及营养知识。

3. 促进食品贸易　规范我国食品企业的正确标注，促进我国食品经济的快速发展，有利于我国食品企业开展国际食品贸易。

（三）食品营养标签的内容

《食品安全国家标准 预包装食品营养标签通则》（GB 28050—2025）具体内容包括七条：①范围；②术语和定义；③基本要求；④强制标示内容；⑤可选择标示内容；⑥能量和营养成分的标识和表达方式；⑦豁免强制标示营养标签的预包装食品。同时提供了5个附录：①营养标签用营养素参考值（NRV）及其使用方法；②营养标签格式规范；③能量和营养成分含量声称和比较声称的要求、条件和同义语；④能量和营养成分作用声称标准用语；预包装食品份量参考值的推荐。

1. 预包装食品营养标签的基本要求　①预包装食品应标示营养标签，所标示的任何营养信息和特性说明，应真实、客观，不得标示虚假信息，不得夸大产品的营养作用或其他作用；②预包装食品营养标签应使用规范的汉字。如同时使用少数民族文字或外文，其内容应当与汉字含义一致，字高不得大于汉字的字高；③营养成分表应清晰、醒目、持久，以"方框表"的形式标示（特殊情况除外），需与包装或标签的基线垂直，表头为"营养成分表"；④营养成分表中能量和营养成分含量应以每100克（g）和/或每100毫升（ml）和/或每份可食部中具体数值标示；以每份进行标示时，应在同一版面标明每份食品的质量或体积；⑤营养标签格式应符合 GB 28050—2025 附录 B 的格式规范，食品企业可根据食品的营养特性、包装面积大小和形状等因素进行选择；⑥营养标签应标在向消费者提供的最小销售单元的包装上；⑦进口预包装食品的营养标签标示内容应符合本标准的规定。

2. 预包装食品营养标签的强制标示内容　①预包装食品营养标签强制标示的内容包括能量、蛋白质、脂肪、饱和脂肪（或饱和脂肪酸）、碳水化合物、糖和钠的含量及其占营养素参考值百分比；②当对除此以外的营养成分进行营养声称或营养成分作用声称时，应在营养成分表中标示出该营养成分的含量及其占营养素参考值百分比；③当预包装食品使用了营养强化剂，应在营养成分表中标示出强化营养成分的含量及其占营养素参考值百分比；④当食品或其配料生产过程中使用了氢化和/或部分氢化油脂时，应在营养成分表中标示出反式脂肪酸的含量；⑤预包装食品应在营养成分表下方标示"儿童青少年应避免过量摄入盐油糖"。

3. 预包装食品营养标签的能量和营养成分含量的允许误差范围　在产品保质期内，预包装食品营养标签的能量和营养成分含量的允许误差范围包括：①食品中的能量以及脂肪、饱和脂肪（饱和脂肪酸）、反式脂肪酸、胆固醇、钠、糖要求小于等于120%标示值。②食品的蛋白质、多不饱和及单不饱和脂肪（（或多不饱和及单不饱和脂肪酸）、碳水化合物、膳食纤维［或可溶性膳食纤维、不溶性膳食纤维、膳食纤维（以单体成分计）］、维生素、矿物质（不包括钠）、强化的其他营养成分要求大于等于80%标示值。

4. 豁免强制标示营养标签的预包装食品　①生鲜食品和粮食籽粒，如畜禽肉、鱼虾蟹贝、鲜蛋、蔬菜水果、菌藻类等；②经简单物理处理、未添加其他配料的单一原料干制品，如谷物和杂粮等；③酒精度在 0.5% vol 以上的饮料酒；④包装物或包装容器的最大表面面积≤40cm2 的食品；⑤包装饮用水、茶叶；⑥每日食用量≤10g（ml）的预包装食品和单一原料调味品；⑦其他法律法规和食品安全国家标准规定可以不标示营养标签的预包装食品。

任务三　营养调查与评价

一、营养调查的内容及方法

（一）营养调查概述

营养调查是指运用各种手段准确地了解某人群或特定个体各种营养指标的水平，以判断其营养和健康状况。全面的营养调查工作，包括 4 个组成部分，即膳食调查、体格测量、营养状况实验室检查、营养相关疾病的临床检查。这四个部分内容相互联系、相互验证，通常同时进行。将营养调查结果进行综合分析并作出判断称为营养评价。

（二）膳食调查

膳食调查是调查被调查对象在一定时间内通过膳食摄取的能量、各种营养素的数量和质量，据此来评价被调查对象能量和营养素需求获得满足的程度。膳食调查通常采用的方法有称重法、记账法、回顾法、食物频数法和化学分析法等。这些方法可以单独进行，也可以联合开展。

1. 称重法 可用于个人、家庭或集体单位，该方法细致准确，但比较耗费人力、物力。由于我国的食物成分表是以食物原料的生重为基础，因而在称重调查中多数食物要利用生熟比换算成原料生重，以便计算各种营养素摄入量。值得注意的是，目前我国食物成分表中也分析了一些熟食成品的食物成分含量，这类食物可直接利用熟食的重量进行调查和分析，但要考虑烹调方式的影响。

实施称重调查法时，调查人员需要准确掌握两方面的资料：一是需称量厨房各种食物可食部的生重和烹调后的熟重，由此计算生熟比，即生熟比＝可食部的生重/烹调后的熟重。二是称量每人摄入的熟食重量，根据熟食重量乘以生熟比计算食物生重，从而得出调查对象摄入的各种原料的量（表4－2）。最后，通过查询食物成分表或录入营养计算器得出每人每天摄入的能量和各种营养素摄入量。为了更全面准确地了解调查对象的膳食情况，称重法应连续调查3~7天（包括一个休息日）。

表4－2 称重法记录表

餐别	食物名称	生重（kg）	熟重（kg）	生熟比	熟食剩余量	实际消耗 熟重（kg）	实际消耗 生重（kg）	就餐人数
早餐								
中餐								
晚餐								

2. 记账法 适用于有详细伙食账目的集体单位或家庭，过程相对简便，节省人力物力，但调查结果只能得到全家或集体中人均的摄入量，难以分析个体膳食摄入状况，因此，该方法适合于家庭调查，也适用于托幼机构中小学校或部队的调查。该法通过查账或记录本单位一定时间内各种食物消耗总量和同一时期的进餐人数，计算出平均每人每日的食物摄入量。为减小误差，可尽量延长查账期限，一般可统计1个月，一年四季各进行一次。如果被调查对象在年龄、性别、劳动强度上差别较大时，需折算成"标准人"（体重60kg低强度身体活动的成年男子），计算每人每日各种食物摄入量。

实施记账法时，调查人员需要采集三方面资料：①食物消耗量，开始调查前记录家庭结存或集体就餐单位库存的食物，然后详细记录每日购入的各种食物和每日各种食物的废弃量。在调查周期结束后再记录所有剩余的食物。记录液体、半固体及碎块状食物的容积可用标准量的杯、匙、盘和碗。糖或包装饮料可用食品标签上重量或容积在调查过程中，注意要称量或根据食物成分表转换各种食物的可食部；②进餐人员登记，家庭调查要记录每日每餐进食人数，然后计算总人日数。为了对被调查对象所摄入的食物及营养素进行评价，还要了解进餐人的性别、年龄、劳动强度及生理状态；③营养素摄入量的计算，相关公式如下。

进餐人日数＝早餐餐次总数×早餐餐次比＋午餐餐次总数×午餐餐次比＋晚餐餐次总数×晚餐餐次比

总标准人日数＝Σ［（能量摄入量/该性别年龄身体活动水平能量需要量）×人日数］

实际消费量＝食物结存量＋购进食物总量－废弃食物总量－剩余食物总量

人均每日某种食物摄入量＝实际消费量/总人日数

3. 回顾法 又称询问法，通过询问调查对象过去24小时内的膳食摄入情况（包括早中晚三餐及加餐和零食），获得个人每日各种食物摄入量，然后通过食物成分表或营养计算器等工具计算出调查对象一日能量和营养素的摄入量。通常调查记录连续3天各种主副食物摄入情况（包括在外就餐）。该方法简便易行，但所得资料比较粗略，有时需要借助食物模具或食物图谱来提高其准确性。但该调查法主要依靠被调查者的记忆来回忆、描述他们的膳食，可能存在回忆偏倚，导致回顾膳食不全面，对结果有较大的影响。因此，该法不适合于年龄≤7岁的儿童和年龄≥75岁的老年人。

调查人员在开展24小时膳食回顾法调查时，要求调查对象回顾并描述过去24小时内所摄入的所有食物的种类和数量。食物量通常用家用量具、食物模型或食物图谱进行估计。询问采集信息的方式有：面对面询问、开放式表格或事先编码的调查表，可以通过电话、社交软件等交流工具进行。膳食信息是通过调查员引导性提问获得的，可以使用食物清单等工具辅助被调查者回忆一天内所消耗的所有食物，以免遗漏。对家庭共用菜肴的膳食信息采集时，需掌握每人实际的摄入情况。

4. 食物频率法　是收集被调查对象过去一段时间（数周、数月或数年）内各种食物消费频率及消费量，从而获得个人长期食物和营养素平均摄入量。食物频率法通过调查问卷可快速得到个人或群体每日、每周、每月，甚至每年所摄入的各种食物的种类和数量，可反映长期膳食行为，其结果可作为研究慢性病与膳食模式关系的依据，也可供膳食咨询指导之用。但该方法需要对过去的食物摄入情况进行回忆，所列食物的数量、复杂性以及量化过程对调查对象来说存在一定的困难；与其他方法相比，对食物份额大小的量化不准确。另外，编制和验证食物频率调查表会需要一定时间和精力，该方法不能反映每日膳食信息之间的差异；当前的食物模式还可能影响对过去的膳食回顾，从而产生偏倚。

食物频率问卷包括两个基本部分：食物清单和食用某种食物的频率。食物清单一般具有三个特点，第一，人群中有相当比例被调查对象经常食用这些食物；第二，研究的目标营养素在这些食物中含量丰富；第三，这些食物的食用情况在人与人之间有一定的差异。食用频率数据的收集，在实际应用中分为定性、定量和半定量的食物频率法。定性调查通常是调查每种食物特定时期内（例如过去1个月）所吃的次数，而不收集食物量、份额大小的资料。调查期的长短是几天、1周、1个月或是3个月～1年以上。问卷设定为从1周到1年内的各种食物摄入次数（如不吃、每月吃1次、每周吃1次到每天吃1次或更多）。定量调查可以得到不同人群食物和营养素的摄入量，并分析膳食因素与疾病的关系。需要收集被调查者所吃食物的数量，通常借助测量辅助物。采用半定量方法时，要提供标准（或准确）食物份额大小的参考样品，供被调查对象在应答时作为估计食物量的参考。若调查目的是了解某些营养素（如钙、维生素A）的摄入量，则要调查富含这些营养素的食物，采用估计的平均食物份额大小，根据食物成分表推算营养素摄入量。

5. 化学分析法　收集调查对象一日膳食中所摄入的全部主副食品，通过实验室化学分析方法来测定其营养素含量。根据样品的收集方法不同分为双份饭法和双份原料法两种。该方法考虑到了食物加工、烹调过程中的营养成分的变化，测定得到的各种营养素数据比较可靠，但成本高，常用于小规模的膳食调查，特别是代谢实验和专门的课题研究。

（三）体格测量

体格测量是指对人体有关部位长度、宽度、厚度和围度的测量。体格测量数据是评价个体或群体营养状况的有用指标，是营养调查中的重要组成部分。常用测量指标包括身高、体重、体成分、腰围、臀围、上臂围及皮褶厚度等。

1. 身高　指站立位足底到头部最高点的垂直距离，是反映人体骨骼生长发育和人体纵向高度的主要形态指标。身高受种族、遗传和环境的影响较为明显，受营养的短期影响不明显，但与长期营养状况有关。

2. 体重　指人体总重量（裸重）。它反映人体骨骼、肌肉、皮下脂肪及内脏器官的发育情况，同时反映人体的营养状况。成年人的身高基本稳定，当蛋白质和能量供应不足或过量时，体重变化更加灵敏，因此体重常用于评价成年人蛋白质和能量的摄入情况。

3. 体成分　指人体的构成成分，包括水分、蛋白质、脂肪、碳水化合物和矿物质等。常见的测量方法包括双能X线吸收法、生物电阻抗法、水下称重法、超声检测法、计算机断层扫描法、磁共振法。身体的各个组成成分的含量与分布可有效反映人体内在结构比例特征，各组分比例失调是许多慢性病发生发展的根源，对体成分进行分析可以了解全身营养状态及目前健康状况。

双能 X 线吸收法是测定身体脂肪含量的"金标准"，可用于扫描全身组织成分，能够分析各种体质量被测者，包括体质量 > 150kg 的严重肥胖者，是临床体成分测定的标准技术。但因其方法学缺陷而无法直接测定肌肉量，且检测昂贵、存在放射损伤等。近三十年来迅速发展起来的生物电阻抗技术，因设计简便、无创且快速、廉价而成为目前大规模人群调查中应用最为广泛的体成分测量手段。该技术以欧姆定律为基础，利用人体内脂肪组织、去脂组织、体内水分等不同成分的电阻特性，结合水含量、体密度以及年龄、种族和性别等相关生物学特性，得出身体各组分含量。

4. 腰围和臀围 腰围指腋中线肋弓下缘和髂嵴连线中点的水平位置处体围周长，在一定程度上反映腹部皮下脂肪的厚度与营养状态，结合体脂百分率是反映腹部脂肪分布的重要指标。臀围指经臀峰点水平位置处体围周长，反映了髋部骨骼和肌肉的发育情况，结合腰围可判断腹型肥胖。

5. 皮褶厚度 指皮肤和皮下组织的厚度，是衡量个体营养状况和肥胖程度较好的指标。《人群健康监测人体测量方法》（WS/T 424—2013）推荐测量点为上臂肱三头肌、肩胛下角和髂前上棘，可分别反映个体肢体、躯干、腰腹等部分的皮下脂肪堆积情况，对判断肥胖和营养不良有重要价值。在现场人群调查时，常用皮褶厚度来推算体脂成分，其回归方程式如下。 🅔 微课2

身体脂肪（%）= 0.91137 × 三头肌皮褶厚度（mm）+ 0.17871 × 肩胛下皮褶厚度（mm）+ 0.15383 × 髂部皮褶厚度（mm）- 3.60146

6. 上臂围和上臂肌围 上臂围一般测量左上臂肩峰至鹰嘴连线中点的臂围长，可反映机体营养状况，且与体重密切相关。上臂肌围 = 上臂围 - 3.14 × 肱三头肌皮褶厚度，可较好地反映蛋白质含量变化，与血清白蛋白含量密切相关。

（四）实验室检查

人体营养水平的实验室检查指的是借助生化、生理实验手段，发现人体营养储备水平低下、营养不足或营养过剩等状况，通常能够先于临床症状前发现营养失调，以便采取必要的预防措施。同时，人体营养水平的实验室检查与膳食调查、临床检查资料结合进行综合分析，对协助营养相关疾病的诊断、病情观察、防治措施制定等均有重要意义。

评价人体营养水平的实验室测定方法基本上可分为：①测定血液中的营养成分或其标志物水平；②测定尿中营养成分排出或其代谢产物；③测定与营养素有关的血液成分或酶活性的改变；④测定血、尿中因营养素不足而出现的异常代谢产物；⑤进行负荷、饱和及放射性核素实验。人体营养水平的实验室检查目前常测定的样品为血液、尿等。常用指标包括血红蛋白、血清铁、血清铁蛋白、血脂、血清甲状腺激素、血清维生素 A、尿负荷试验等。

（五）营养相关疾病的临床检查

营养相关疾病的临床症状和体征检查是营养调查的重要组成部分，也是诊断和评价治疗效果的重要依据。临床评价中既包括营养缺乏病的临床症状和体征检查，也包括营养相关慢性病临床症状和体征检查。

营养缺乏病是由于机体内长期缺乏某一种或几种营养素引起的一系列临床症状。其原因大致为营养素摄入不足、消化道对某些营养素吸收障碍、机体代谢障碍、机体需要量增加四个方面。常见的营养缺乏病有蛋白质 - 能量营养不良、维生素 A 缺乏、佝偻病、脚气病、癞皮病、维生素 C 缺乏症、贫血、碘缺乏等。常见的美容相关临床体征与可能缺乏的营养素关系（表 4 - 3）。

表4-3　美容相关临床体征与营养素缺乏的关系

部位	症状、体征	缺乏营养素
全身	消瘦、发育不良	能量、蛋白质、维生素、锌
	贫血	蛋白质、铁、叶酸、维生素 B_{12}、维生素 B_6、维生素 C
皮肤	毛囊角化症	维生素 A
	皮炎（红斑摩擦疹）	维生素 PP，其他
	脂溢性皮炎	维生素 B_2
	出血	维生素 C、维生素 K
眼	角膜干燥、夜盲	维生素 A
	角膜边缘充血	维生素 B_2
	睑缘炎、畏光	维生素 B_2、维生素 A
唇	口唇炎、口角炎、口角裂	维生素 B_2、维生素 PP
骨	鸡胸、串珠胸	
	O形腿、X形腿、骨软化症	维生素 D、维生素 C
循环	水肿	维生素 B_1、蛋白质
其他	甲状腺肿	碘
	肥胖症	各种营养素失调

二、营养调查结果的分析与评价

（一）膳食调查的结果分析与评价

膳食调查评价是一种为了了解人群摄入食物的种类和数量、营养素摄入状况以及膳食特点和饮食习惯，通过各种膳食调查方法得到准确的食物消费数据，并对数据进行计算分析，从而对人群膳食摄入状况作出客观评价的方法。包括膳食模式评价、营养素及能量摄入量评价、能量与蛋白质的食物来源评价及各餐次能量分配评价等。

1. 膳食模式　膳食模式评价可将膳食调查采集的食物进行归类，各分类中计算累计食物摄入量，即该类食物的总摄入量。食物类别的划分可根据研究需要确定，也可参照食物成分表进行。在进行分类食物摄入量计算时，应注意有些食物要进行折算才能相加，如奶制品需按照与鲜奶等量的蛋白质量进行折算，豆制品需按照与大豆等量的蛋白质量进行折算，计算公式如下。

奶制品折算为鲜奶的量 = 奶制品的摄入量 × 100g 奶制品的蛋白质含量 ÷ 3.0

豆制品折算为大豆的量 = 豆制品的摄入量 × 100g 豆制品的蛋白质含量 ÷ 35.0

《中国居民膳食指南（2022）》的平衡膳食宝塔是根据中国居民膳食指南结合膳食结构特点设计的，它提出了一个营养上较理想的膳食模式，因此，实际应用中常依据中国居民平衡膳食宝塔，对不同劳动强度的被调查者各类食物的摄入量进行评价（表4-4）。

表4-4　中国居民不同能量下的平衡膳食模式及各类食物组成

食物种类 (g/d)	能量需要量（kcal/d）										
	1000	1200	1400	1600	1800	2000	2200	2400	2600	2800	3000
1 谷类	85	100	150	200	225	250	275	300	350	375	400
一全谷物	适量			50~150					125~200		
薯类	适量			50		75		100		125	
2 蔬菜	200	250	300	300	400	450	450	500	500	500	600
一深色蔬菜	占所有蔬菜的1/2										

续表

食物种类 （g/d）	能量需要量（kcal/d）										
	1000	1200	1400	1600	1800	2000	2200	2400	2600	2800	3000
3 水果	150	150	150	200	200	300	300	350	350	400	400
4 畜禽肉类	15	25	40	40	50	50	75	75	75	100	100
一蛋类	20	25	25	40	40	50	50	50	50	50	50
一水产品	15	20	40	40	50	50	75	75	75	100	125
5 乳制品	500	500	350	300	300	300	300	300	300	300	300
6 大豆和坚果	5	15		25			35				
7 烹调用油	15~20	20~25		25	25	25	30	30	30	35	35
8 烹调用盐	<2	<3	<4	<5	<5	<5	<5	<5	<5	<5	<5

2. 能量与营养素摄入量　参照食物成分表或借助营养计算器，对膳食调查采集的食物信息进行处理，算出调查人群每日各种营养素的摄入量，与中国居民膳食营养素参考摄入量 DRIs 进行比较，从而判断居民营养素和能量摄入量是否适宜。对个体膳食进行评价时，个人的真正需要量和日常摄入量的比较只能是一个估算结果，对个体膳食适宜性评价都是不精确的。对结果进行解释需要谨慎，必要时应当结合该个体其他方面的数据，如体格测量或生化测定结果进行综合评价，以确定某些营养素的摄入量是否足够。

3. 能量、蛋白质的食物来源　包括两方面的评价：三大供能营养素的供能比和蛋白质的食物来源。评价三大供能营养素所提供的能量占总能量的构成比，可以判断能量来源是否合理。评价豆类、动物性食物提供的优质蛋白质占总蛋白质的比例，可以判断摄入蛋白质的食物来源是否适宜。DRIs推荐成年人膳食中碳水化合物提供的能量应占总能量的 50%~65%，脂肪应占 20%~30%，蛋白质应占 10%~20%。年龄越小，脂肪供能比应适当增加，但成年人脂肪供能比不应超过 30%。18 岁及以上居民每日蛋白质的推荐摄入量为男性 65g、女性 55g，一般要求动物性食物和大豆来源蛋白质应占膳食蛋白质总量的 30%~50%。

4. 各餐次能量分配　中国居民膳食指南建议合理安排一日三餐，定时定量，一般人群三餐能量分配应为，早餐提供全天总能量的 25%~30%，午餐占 30%~40%，晚餐占 30%~35%。参照食物成分表算得三餐能量和全天总能量，与推荐的三餐供能比进行比较，评价三餐结构是否适当。此外，零食作为一日三餐之外的营养补充，可以合理选用，尽量选择一些营养素含量高而能量低的食物，如新鲜水果、奶类等，注意来自零食的能量应计入全天能量摄入之中。

5. 其他　根据不同调查目的，还可判断被调查者是否存在动物性食品过多所致的肥胖症；评价营养素摄入不足或过剩与营养相关疾病的因果关系；分析是否存在过多摄取方便食品、快餐食品等；评价食物来源、储存条件、烹调加工方法、就餐方式等饮食习惯与营养状况的关系。

（二）体格测量的评价

体格测量数据是评价个体或群体营养状况的有用指标。身高、体重的测量是体格测量的主要内容，其表示方法有年龄别身高、年龄别体重及身高别体重。年龄别身高偏低，表示较长期的慢性营养不良；身高别体重偏低，表示较急性的营养不良。不同年龄和性别的人群其评价方法不同，特别是儿童评价方法较多，其评价标准各国也不一致。对成年人营养状况的评价常用体质指数、腰臀比、体脂率等。

1. 理想体重　亦称标准体重，一般用来衡量成年人实测体重是否在适宜范围内，计算公式如下。

Broca 改良公式：　　　　　　　　理想体重（kg）= 身高（cm）- 105

平田公式：　　　　　　　　　　　理想体重(kg) = [身高(cm) - 100] ×0.9

我国多采用 Broca 改良公式。实际体重位于理想体重的 ±10% 为正常范围，±10%~20% 为超重/瘦弱，±20% 以上为肥胖/极瘦弱，+20%~+30% 为轻度肥胖，+30%~+50% 为中度肥胖，+50% 以上为重度肥胖。理想体重的概念虽容易被接受，但其"真值"难以估计，故理想体重的准确性有时会受到质疑，作为判断标准已较少使用。

2. 体质指数（body mass index，BMI）　是一种计算身高别体重的指数，是目前评价人群营养状况的常用指标。它不仅较敏感地反映体型胖瘦程度，且与皮褶厚度、上臂围等营养状况指标的相关性也较高。BMI 的计算公式为：

$$BMI(kg/m^2) = 体重(kg)/[身高(m)]^2$$

依据 WHO 建议，成年人 BMI 的判定标准：18.5~24.9kg/m² 为正常范围，<18.5kg/m² 为低体重（营养不足），25.5~29.9 为超重，≥30kg/m² 为肥胖；2003 年"中国肥胖问题工作组"根据我国 20 多个地区流行病学数据与 BMI 的关系分析，提出我国成人 BMI 标准：BMI <18.5kg/m² 为消瘦，18.5~23.9kg/m² 为正常，24.0~27.9kg/m² 为超重，≥28.0kg/m² 为肥胖。《肥胖症诊疗指南（2024年版)》对肥胖的程度进行了分级，其中 28≤BMI <32.5 为轻度肥胖，32.5≤BMI <37.5 中度肥胖，37.5≤BMI <50 为重度肥胖，BMI≥50 为极重度肥胖。2013 年该划分方法已形成卫生行业标准——《成年人体重判定》（WS/T 428—2013）。

3. 腰围　根据《成年人体重判定》（WS/T 428—2013），我国男性腰围≥90cm，女性腰围≥85cm 判定为中心性肥胖。

4. 腰臀比（waist - to - hip ratio，WHR）　即腰围与臀围之比。我国成年人 WHR：男性≥0.9，女性≥0.85 为中心性肥胖，又称为腹型/内脏型肥胖。

5. 体脂比　过多的体脂肪沉积是肥胖的主要特征，因此体脂肪率被认为是一种判定肥胖的方法，但其局限性是较难全面反映体内脂肪组织的分布。《肥胖症诊疗指南（2024 年版)》建议，成年男性体脂比超过 25%，成年女性超过 30% 为体脂过多。

（三）综合分析与评价

营养评价除了膳食调查、人体测量、实验室检查及体征检查外，还包括多项综合营养评价工具。如果存在营养风险或者营养不良的可能，需要进行营养综合评价，进而判定人体的营养状况，确定营养不良的类型及程度，估计营养不良的风险。

1. 主观整体评估（subjective global assessment，SGA）　是目前临床上使用最为广泛的一种通用临床营养状况评价工具。SGA 主要包括病史评价和体格检查评价两部分，省略实验室检查，根据主观印象进行营养等级评定，A 级为营养良好，B 级为轻度到中度营养不良，C 级为重度营养不良。

2. 患者主观整体评估（patient - generated subjective global assessment，PG - SGA）　是在 SGA 的基础上发展起来的，是专为肿瘤患者设计的营养状况评估方法，被美国营养与饮食学会推荐为肿瘤患者营养评估的首选方法。

3. 微型营养评价（MNA）　是根据老年人的特点设计，用于老年人营养状况评价的工具，内容包括人体测量、整体评价、膳食问卷及主观评价等，各项评分相加 MNA 总分。

根据营养状况评价结果，营养师应给相应建议，出具营养诊断报告书。在营养不良情况较轻时，营养师可给予膳食及生活行为习惯上的指导，帮助被调查对象改善营养不良的情况；严重营养不良的情况，应及时就医并同时进行一定的膳食调整，逐渐养成良好的膳食习惯。

任务四　营养食谱的编制 ⓔ 微课3

　　人体每天都要从饮食中获得所需的各种营养素。不同的个体由于其年龄、性别、生理及劳动状况不同，对各种营养素的需要量也不同。一个人如果长期某种营养素摄入不足就可能产生相应的营养缺乏，如果长期摄入某种营养素过多也可能产生相应的问题。因此，必须科学地安排每日膳食，以获得品种齐全、数量适宜的营养素。

　　编制食谱就是为了帮助人们获得足够适宜的营养，食谱可以每天编制，成为一日食谱；也可以每周编制，成为一周食谱；还可以每月编制，成为一月食谱。完整的食谱应包括一日三餐饭、菜的名称，所用原料的种类、数量、烹调方法、膳食制度等。其编制方法主要包括两种：一种是营养成分计算法，另一种是食物交换份法。从操作的角度，也可分为手工计算和计算机软件方法两种，将分别进行介绍。

一、营养成分计算法

　　营养成分计算法是食谱编制中比较经典的方法。此法以就餐者的年龄、身高、体重、劳动强度等作为参考，计算步骤严谨，数值准确。

（一）计算法编制食谱的原则

　　1. 保证营养平衡　要做到营养平衡，食谱编制时首先要了解各种食物的营养成分及其含量，然后根据人体对能量、蛋白质、矿物质、维生素的需要，选择搭配食物，进行合理烹调，使膳食所含能量适中，营养素种类齐全，数量充分，比例适当。膳食所提供的能量、蛋白质、脂肪、矿物质、维生素要符合DRIs的标准，浮动范围在标准的±10%以内。优质蛋白质应占蛋白质总供给量的1/3以上。三大产能营养素在总热量中的百分比应当是：蛋白质10%~20%，脂肪20%~30%，碳水化合物50%~65%。搭配原则见任务一。

　　2. 强调食物多样化　每天应从平衡膳食宝塔每一层食物中选择1~3种适量食物，组成平衡膳食。做到品种多样，数量充足，每天至少摄入12种食物，每周不少于25种食物。

　　3. 餐次分配合理　应该定时定量进餐，成年人一般一日三餐，这三餐食物的能量适宜分配原则为早餐占全天总能量25%~30%，午餐占30%~40%，晚餐占30%~40%。儿童和老年人在三餐以外可再加一次（或两次）点心。

　　4. 注意饭菜适口，照顾饮食习惯　在可能的情况下，膳食要多样化，尽可能照顾不同进餐者的膳食习惯。注意菜肴的色、香、味、形，满足感官需求，博采众长、口味多样，因人因时、辨证施膳，还要考虑民族、宗教信仰。

　　5. 考虑季节和市场供应情况　选择食物要熟悉食物供给的市场情况、食物原料的种类、价格波动等，以免造成"无米之炊"。

　　6. 兼顾经济条件　编制食谱时，要了解用餐者的经济条件，既要使食谱符合营养需求，又要使用餐者有经济承受能力，食谱才有实际意义。

（二）食谱编制的方法与步骤

　　营养成分计算法是编制食谱的基础，其食谱编制流程如图4-2所示。

```
根据用餐者的性          根据三大产能营养素          根据三餐的能量分          根据营养素需
别、年龄、劳动    →    的供能比计算蛋白    →    配比例确定每餐的    →    要量确定食物
强度确定全日能          质、脂肪、碳水化合          营养素需要量              的种类和数量
量需要量                物每日供给量
```

```
                                                                          ↓
确定最终食谱    ←    对食谱的营养    ←    形成食谱    ←    将食物分配到
                     素进行评价和                        各餐，合理
                     调整                                搭配
```

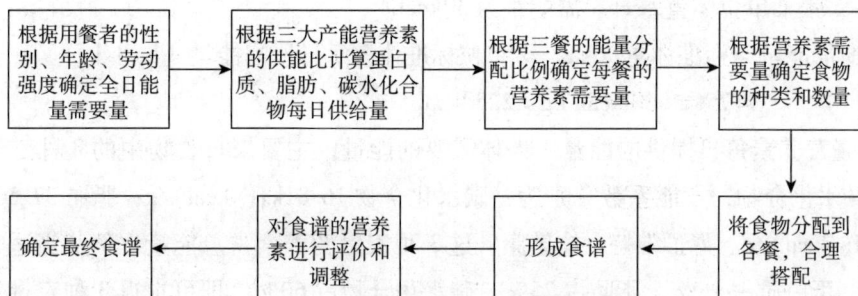

图 4-2　营养成分计算法编制食谱流程

营养成分计算法编制食谱前,需准备《食物成分表》、计算器、《中国居民膳食营养素参考摄入量》表。营养成分计算法编制食谱工作程序如下。

1. 确定人体每日所需能量　能量是指维持人体生命活动及各种劳动所需要的热量。它是维持生命活动正常进行的基本保证,能量不足,就会感觉疲乏无力,进而影响工作、学习的效率。能量摄入过多,则会在体内储存,使人体发胖,也会引起多种疾病。

人体能量需要量可参照膳食营养素参考摄入量（DRIs）中膳食能量需要量（EER）,根据用餐对象的劳动强度、年龄、性别等确定。例如,办公室 18 ~ 30 岁男性职员,按低强度身体活动水平计,其能量需要量为 2150kcal。集体就餐对象的能量需要量标准可以以就餐人群的基本情况或平均数值为依据,包括人员的平均年龄、平均体重,以及 80% 以上就餐人员的活动强度。如就餐人员的 80% 以上为 30 ~ 50 岁中强度身体活动的男性,则每日能量需要量标准为 2500kcal。

能量需要量标准只是提供了一个参考的目标,实际应用中还需参照用餐人员的具体情况加以调整,如根据用餐对象的胖瘦情况制定不同的能量需要量。因此,在编制食谱前,应对用餐对象的基本情况有一个全面的了解,应当清楚就餐者的人数、性别、年龄、机体条件、劳动强度、工作性质以及饮食习惯等,根据以下步骤进行个体能量需要量的计算。

（1）计算标准体重　标准体重（kg）= 身高（cm）- 105

（2）计算体质指数（BMI）　$BMI（体质指数）= \dfrac{实际体重（kg）}{身高（m）^2}$

BMI < 18.5 属于偏瘦,BMI 18.5 ~ 23.9 为正常,BMI 24 ~ 27.9 为超重,BMI > 28 为肥胖。

（3）查表求单位体重每日所需能量　查表 4-5 确定单位标准体重每日所需能量值。

表 4-5　单位标准体重每日所需能量（每日每 kg 标准体重所需能量）

单位：kcal/kg

类别	轻体力	中体力	重体力
消瘦	40	45	45 ~ 55
正常	35	40	45
超重	30	35	40
肥胖	20 ~ 25	30	35

（4）计算每日所需能量　每日所需能量（kcal）= 标准体重（kg）× 单位标准体重每日所需能量（kcal/kg）

案例:大学生张某,男,身高 180cm,体重 95kg,中强度身体活动,请计算其每日所需能量。

标准体重（kg）= 身高（cm）- 105 = 180 - 105 = 75kg

$BMI（体质指数）= \dfrac{95kg}{1.8（m）^2} = 29.3（肥胖）$

经查表 4 - 5 张某单位体重每日所需能量为 30kcal。

张某每日所需能量 = 标准体重（kg）×单位标准体重每日所需能量（kcal/kg）

$$= 75kg \times 30kcal/kg = 2250kcal$$

2. 计算宏量营养素每日提供的能量 人体需要的能量，主要来自食物中的 3 种宏量营养素：蛋白质、脂类、碳水化合物，产能系数分别为：碳水化合物 16.81kJ(4kcal)/g；脂肪 37.56kJ(9kcal)/g；蛋白质 16.74kJ(4kcal)/g。为了维持人体健康，这 3 种宏量营养素占总能量比例应当适宜。此处比例一般取中等值：蛋白质占 15%，脂肪占 25%，碳水化合物占 60%，即可求得 3 种宏量营养素的一日能量供给量。

已知上例中张某每日能量需要量为 2250kcal，则三大宏量营养素每日提供的能量为：

蛋白质提供能量 = 2250kcal × 15% = 337.5kcal

脂类提供的能量 = 2250kcal × 25% = 562.5kcal

碳水化合物提供的能量 = 2250kcal × 60% = 1350kcal

3. 计算宏量营养素每日需要量 在能量供给量的基础上，还需折算这 3 种宏量营养素的需要量，即具体的质量，这是确定食物品种和数量的重要依据。结合产能系数，可求出全日蛋白质、脂肪、碳水化合物的需要量。

已知张某每日蛋白质提供能量为 337.5kcal，脂类提供的能量 562.5kcal，碳水化合物提供的能量为 1350kcal，则三大宏量营养素的所需质量为：

蛋白质质量 = 337.5kcal ÷ 4kcal/g = 84.4g

脂肪质量 = 562.5kcal ÷ 9kcal/g = 62.5g

碳水化合物质量 = 1350kcal ÷ 4kcal/g = 337.5g

4. 计算宏量营养素每餐需要量 明确宏量营养素全日需要量后，根据三餐的能量分配比例计算出三大宏量营养素的每餐需要量。三餐占每日总能量的适宜分配比例为：早餐 30%，午餐 40%，晚餐占 30%。

已知张某每日蛋白质需要量为 84.4g，脂肪需要量为 62.5g，碳水化合物需要量为 337.5g，则三大宏量营养素的每餐需要量为：

早餐　蛋白质 84.4g × 30% = 25.3g

　　　脂肪 62.5g × 30% = 18.8g

　　　碳水化合物 337.5g × 30% = 101.3g

午餐　蛋白质 84.4g × 40% = 33.8g

　　　脂肪 62.5g × 40% = 25g

　　　碳水化合物 337.5g × 40% = 135g

晚餐　蛋白质 84.4g × 30% = 25.3g

　　　脂肪 62.5g × 30% = 18.8g

　　　碳水化合物 337.5g × 30% = 101.3g

5. 主食品种、数量的确定 已知每餐宏量营养素的需要量，结合食物成分表进行主副食的品种和数量确定。由于粮谷类是碳水化合物的主要来源，因此主食的数量主要根据各类主食类原料中碳水化合物的含量确定。主食的品种主要根据用餐者的饮食习惯来确定，北方习惯以面食为主，南方则以大米居多。

已知张某的午餐中碳水化合物需要量为 135g，若以馒头为主食。查食物成分表得知，每 100g 馒头含碳水化合物 44.2g，则其所需馒头的质量为：

所需馒头的质量 = 135g ÷ 44.2g/100g = 305.4g

若以小米粥和馒头为主食（两者分别提供 20% 和 80% 的碳水化合物）。查食物成分表得知，每 100g 小米粥含碳水化合物 8.4g，每 100g 馒头含碳水化合物 44.2g，求其所需小米粥和馒头的质量为：

所需小米粥的质量 = 135g × 20% ÷ 8.4g/100g = 321.4g

所需馒头的质量 = 135g × 80% ÷ 44.2 g/100g = 244.3g

6. 副食及蔬果品种、数量的确定　根据碳水化合物的需要量，确定了主食的品种和数量，接下来就需要考虑蛋白质的食物来源了。蛋白质广泛存在于动植物性食物中，除了谷类食物提供的蛋白质，各类动物性食物和豆制品是优质蛋白质的主要来源。因此，副食品种和数量的确定应在已确定主食用量的基础上，依据副食应提供的蛋白质重量确定。副食品种、数量的确定计算步骤如下。

（1）计算主食中含有的蛋白质重量。

（2）用应摄入的蛋白质重量减去主食中蛋白质重量，即为副食应提供的蛋白质重量。

（3）设定副食中蛋白质的 2/3 由动物性食物供给，1/3 由豆制品供给，据此可求出各自的蛋白质供给量。

（4）查表并计算各类动物性食物及豆制品的供给量。

（5）设计蔬菜的品种和数量。

张某午餐应含蛋白质 33.8g，碳水化合物 135g。假设小米粥和馒头为主食（两者分别提供 20% 和 80% 的碳水化合物）。查食物成分表得知，每 100g 小米粥含碳水化合物 8.4g，每 100g 馒头含碳水化合物 44.2g，则其所需小米粥和馒头的质量分别为 321.4g 和 244.3g。由食物成分表得知，100g 小米粥含蛋白质 1.4g，100g 馒头含蛋白质 2.6g，则：

主食中蛋白质含量 = 321.4g × 1.4g/100g + 244.3g × 2.6g/100g = 10.9g

副食中蛋白质含量 = 33.8g − 10.9g = 22.9g

设定副食中蛋白质的 2/3 应由动物性食物供给，1/3 应由豆制品供给，因此：

动物性食物应含蛋白质重量 = 22.9g × 2/3 = 15.3g

豆制品应含蛋白质重量 = 22.9g × 1/3 = 7.6g

根据体质指数结果，张某为肥胖人员，在选择食物时优先选择有利于控制体重的食物。若选择的动物性食物和豆制品分别为鸡胸肉和北豆腐，由食物成分表可知，每 100g 鸡胸肉中蛋白质含量为 24.6g，每 100g 北豆腐的蛋白质含量为 9.2g，则：

鸡胸肉重量 = 15.3g ÷ 24.6g/100g = 62.2g

北豆腐重量 = 7.6g ÷ 9.2g/100g = 82.6g

确定了动物性食物和豆制品的重量，就可以保证蛋白质的摄入。最后选择蔬菜的品种和数量。蔬菜的品种和数量可根据平衡膳食宝塔、不同季节市场的蔬菜供应情况以及考虑与动物性食物和豆制品配菜的需要来确定，一般蔬菜要达到 300 ~ 500g。

一般来说，每餐应包含主食 1 ~ 2 种，肉类 1 ~ 2 种，豆或豆制品 1 种，水果、蔬菜 3 ~ 4 种。

7. 确定纯能量食物的量　油脂的摄入应以植物油为主，有一定量动物脂肪摄入。因此，以植物油作为纯能量食物的来源。由食物成分表可知，每日摄入各类食物提供的脂肪含量，将需要的脂肪总量减去食物提供的脂肪量即为每日植物油供应量。

张某午餐需要摄入脂肪 25g，主食为 321.4g 小米粥和 244.3g 馒头，副食为 62.2g 鸡胸肉、82.6g 北豆腐和适量蔬菜，查食物成分表得知，每 100g 小米粥中脂肪含量为 0.7g，每 100g 馒头（富强粉）

中脂肪含量为 1.3g，每 100g 鸡胸肉中脂肪含量为 1.9g，每 100g 北豆腐的脂肪含量为 8.1g，则：

主食中脂肪含量 $= 321.4g \times 0.7g/100g + 244.3g \times 1.3g/100g = 5.4g$

副食中脂肪含量 $= 62.2g \times 1.9g/100g + 82.6g \times 8.1g/100g = 7.9g$

植物油需要量 $= 25g - 5.4g - 7.9g = 11.7g$

8. 形成食谱 以计算的每日每餐的饭菜用量为基础，可形成一人一日食谱，一日食谱确定后，可根据用餐者饮食习惯等因素选择烹调方法，然后将其以表格的形式展示出来，即形成带量营养食谱。

经上述计算法分析，可编制张某的某一日体重控制中餐食谱，见表 4-6。

表 4-6 张某某一日中餐食谱

餐次	食物名称	原料名称	可食部质量（g）
中餐	小米粥	小米	34.4
	馒头	小麦（富强粉）	145.8
	鸡胸肉炒蘑菇油菜	鸡胸肉	62.2
		鲜蘑菇	50
		油菜	120
		植物油	6.7
	番茄炒豆腐	北豆腐	82.6
		番茄	80
		植物油	5.0

（三）营养食谱的评价和调整

1. 食谱评价的内容

（1）食物是否齐全，是否种类多样化 食谱中所含五大类食物是否齐全，是否做到了食物种类多样化，平均每天是否摄入 12 种以上食物，每周 25 种以上，并合理搭配。

（2）各类食物的量是否充足 食谱中是否每天摄入谷类食物 200~300g，不少于 300g 的新鲜蔬菜，200~350g 的新鲜水果，相当于 300ml 以上液态奶的各种奶制品。120~200g 的鱼、禽、蛋类和瘦肉。

（3）能量和营养素摄入是否适宜 将设计出的食谱参照食物成分表，初步核算提供的能量和各种营养素的含量，与 DRIs 进行比较，不必严格要求每份食谱的能量和各类营养素与 DRIs 保持一致，相差在 10% 上下，可认为合乎要求，否则要增减或更换食物的种类或数量。一般情况下，每天的能量、蛋白质、脂肪和碳水化合物的量出入不应该很大，其他营养素以一周为单位进行计算、评价即可。

（4）三餐能量摄入分配是否合理 三餐占每日总能量的分配比例是否接近早餐 25%~30%，午餐 30%~40%，晚餐占 30%~40% 的合理范围。

（5）优质蛋白质占总蛋白质的比例是否恰当 优质蛋白质占总蛋白质的比例是否大于 1/3。

（6）三大产能营养素的供能比例是否适宜 三大产能营养素的供能比例是否在蛋白质占 10%~20%，脂肪占 20%~30%，碳水化合物占 50%~65% 的范围内。

2. 食谱评价与调整的步骤

（1）归类排序，计算各类食物数量 按类别将食物归类排序，并列出每种食物的数量。

（2）计算食物所含能量与营养素 从食物成分表中查出每 100g 食物所含能量与营养素的量，算出每种食物所含能量与营养素的量。计算公式：

食物中某营养素含量 = 食物量(g) × 可食部分比例 × 100g 食物中营养素含量 ÷ 100

（3）能量与营养素摄入量评价　将所用食物中的能量和各种营养素分别累计相加，计算出一日食谱中能量及营养素的量。将计算结果与《中国居民膳食营养素参考摄入量（2023版）》中同年龄同性别人群的水平比较，进行评价。

（4）计算三餐提供能量比例　将早、中、晚餐由食物提供的能量分别进行计算，得出各餐占一日总能量的比例，进行评价。

（5）计算优质蛋白质所占比例　计算由动物性食物和豆制品提供的优质蛋白质的质量及一日摄入的蛋白质总量，得出优质蛋白质占蛋白质总量的比例并进行评价。

（6）计算三大产能营养素的供能比例　根据蛋白质、脂肪、碳水化合物的产能系数，分别计算出蛋白质、脂肪、碳水化合物三种营养素提供的能量及占总能量的比例，进行评价。

二、食物交换份法

食物交换份法是将常用的食物按照其所含有的营养素量的近似值归类，计算出每类食物每份所含的营养素值和食物质量，然后将每类食物的内容列出表格供配餐时交换使用的一种方法。使用时，根据不同的能量需要，按照蛋白质、脂肪、碳水化合物的合理分配比例，计算出各类食物的交换份数和实际质量，并按每份食物等值交换表选择食物。其特点是简单、实用、易于操作，是目前食谱编制普遍采用的方法，也是完成一周食谱最简便的方法。

（一）食物交换份法的原理

1. 各类食物所含营养素特点　食物交换份法常将食物划分为以下四组，各组食物所含营养特点不同。

（1）谷类及薯类　谷类包括米、面、杂粮；薯类包括马铃薯、甘薯、木薯等。主要提供碳水化合物、蛋白质、膳食纤维、B族维生素。

（2）动物性食物　包括肉、禽、鱼、奶、蛋等，主要提供蛋白质、脂肪、矿物质、维生素A和B族维生素。

（3）蔬菜水果类　包括鲜豆、根茎、叶菜、茄果等，主要提供膳食纤维、矿物质、维生素C和胡萝卜素。

（4）纯能量食物　包括动植物油、淀粉、食用糖和酒类，主要提供能量。植物油还可提供维生素E和必需脂肪酸。

2. 各类食物等值交换关系　将上述四组常用食物分为九大类。每类食物交换份的食物所含的热能相似（一般定为90kcal，即376kJ）。每个交换份的同类食物中蛋白质、脂肪、碳水化合物等营养素含量相似。因此，在编制食谱时同类的各种食物可以相互交换，如表4-7～表4-13所示。

表4-7　等值谷薯类交换表

每份谷薯类提供蛋白质2g、碳水化合物20g，热能90kcal

食品	重量（g）	食品	重量（g）
大米、小米、糯米	25	绿豆、红豆、干豌豆	25
高粱米、玉米渣	25	干粉条、干莲子	25
面粉、玉米粉	25	红薯、山药、藕	100
混合面	25	烧饼、烙饼、馒头	35
燕麦片、荞麦面	25	咸面包、窝窝头	35
各种挂面、龙须面	25	湿粉皮、凉粉	150
马铃薯	100	鲜玉米（中等大，含棒心）	200

表4-8 等值蔬菜交换表

每份蔬菜类提供蛋白质5g、碳水化合物17g，热能90kcal

食品	重量（g）	食品	重量（g）
大白菜、圆白菜、菠菜	500	白萝卜、青椒、茭白、冬笋	400
韭菜、茴香	500	倭瓜、南瓜、菜花	350
芹菜、莴苣、油菜	500	扁豆、洋葱、蒜苗	250
西葫芦、冬瓜、苦瓜	500	胡萝卜	200
黄瓜、茄子、丝瓜	500	山药、荸荠、藕	150
芥蓝菜、瓢儿菜	500	百合、芋头	100
苋菜、龙须菜	500	毛豆、鲜豌豆	75
绿豆芽、鲜蘑菇	500		

表4-9 等值水果交换表

每份水果类提供蛋白质1g、碳水化合物21g，热能90kcal

食品	重量（g）	食品	重量（g）
柿、香蕉、鲜荔枝（带皮）	150	李子、杏	200
梨、桃、苹果（带皮）	200	葡萄、樱桃	200
橘子、橙子、柚子	200	草莓	300
猕猴桃（带皮）	200	西瓜	750

表4-10 等值大豆交换表

每份大豆类提供蛋白质9g、脂肪4g、碳水化合物4g，热能90kcal

食品	重量（g）	食品	重量（g）
腐竹	20	北豆腐	100
大豆（干）	25	南豆腐	150
大豆粉	25	豆浆	400
豆腐丝、豆腐干	50		

表4-11 等值肉蛋类交换表

每份肉蛋类提供蛋白质9g、脂肪4g，热能90kcal

食品	重量（g）	食品	重量（g）
熟火腿、香肠	20	鸡蛋（大、带壳）	60
肥瘦猪肉	25	鸭蛋、松花蛋	60
熟叉烧肉（无糖）、午餐肉	35	鹌鹑蛋（6个）	60
瘦猪、牛、羊肉	50	鸡蛋清	150
带骨排骨	70	带鱼	80
鸭肉	50	草鱼、鲤鱼、甲鱼、比目鱼	80
鹅肉	50	大黄鱼、鳝鱼、黑鲢、鲫鱼	80
兔肉	100	对虾、青虾、鲜贝	80
熟酱牛肉、熟酱鸭	35	蟹肉、水浸鱿鱼	100
鸡蛋粉	15		

表4-12　等值奶制品交换表

每份奶制品类提供蛋白质5g、脂肪5g、碳水化合物6g，热能90kcal

食品	重量（g）	食品	重量（g）
奶粉	20	牛奶	160
脱脂奶粉	25	羊奶	160
奶酪	25	无糖酸奶	130

表4-13　等值油脂交换表

每份油脂类提供脂肪10g，热能90kcal

食品	重量（g）	食品	重量（g）
花生油、香油	10	猪油	10
玉米油、菜籽油	10	牛油	10
豆油	10	羊油	10
红花油	10	黄油	10

3. 不同能量的食物交换份　根据每个人全日能量的需要量不同，按照三大产能营养素的热量供给比例，可查看不同能量的食物交换份表，进行食物份数的选择，具体见表4-14。

表4-14　不同能量的食物交换份表

能量（kcal）	交换份数	谷薯类	蔬菜类	水果类	鱼肉蛋类	乳类	油脂类
1200	14.5	7	1	0	3	2	1.5
1400	16.5	9	1	0	3	2	1.5
1600	18.5	9	1	1	4	2	1.5
1800	21	11	1	1	4	2	2
2000	23.5	13	1	1	4.5	2	2
2200	25.5	15	1	1	4.5	2	2
2400	28	17	1	1	5	2	2

4. 食物交换份法的使用注意事项　食物交换份法是一个粗略但快速的编制食谱的方法。根据不同能量的各种食物用量，参考食物交换代量表，确定不同能量供给量的食物交换份数。使用食物交换份法进行食物交换时，只能是同类食物之间进行互换，不同类食物之间不能进行互换，否则将增大得到食谱营养素含量的差别和不确定性。

（二）食物交换份法设计营养餐的方法与步骤

准备《等值食物交换表》、计算器、《中国居民膳食营养素参考摄入量》表，具体工作程序如下。

1. 确定能量与营养素需要量　根据用餐者的年龄、性别、劳动强度、体态等，通过计算或查表的方法，确定用餐者每日能量和营养素的需要量。

2. 确定各类食物交换份数　根据用餐者的能量需要量，查表4-14得出各类食物的交换份数。

3. 根据餐次比确定一日各餐食物交换份数　根据三餐的能量分配比例，将各类食物按比例分配到三餐中。

4. 查《等值食物交换表》，确定各餐食物种类和数量　根据表4-7至表4-13确定各类食物的具体种类和重量。

5. 编制食谱　根据用餐者的饮食习惯等因素选择合适的烹调方法，将选择好的食物按照餐次编排至表格中，形成食谱。

一日食谱确定后，可根据用餐者的饮食习惯、市场供应情况等因素在同一类食物中更换品种和烹调方法，编排成一周食谱。

案例：李某，男，30岁，身材消瘦，中强度身体活动，每日能量需求量为2700kcal，请采用食物交换份法为其编制1日营养食谱。

（1）确定能量需要量　30岁中强度身体活动成年男性，每日能量需求量为2700kcal。

（2）计算出一日三餐的能量需要量

早餐　2700kcal×30%＝810kcal

午餐　2700kcal×40%＝1080kcal

晚餐　2700kcal×30%＝810kcal

（3）计算三餐蛋白质、脂肪、碳水化合物的需要量　由于李某身材消瘦，可以适当提高蛋白质和脂肪的供能比例。

1）早、晚餐蛋白质、脂肪、碳水化合物的需要量。

蛋白质：810kcal×15%÷4kcal/g＝30.4g

脂肪：810kcal×28%÷9kcal/g＝25.2g

碳水化合物：810kcal×57%÷4kcal/g＝115.4g

2）午餐蛋白质、脂肪、碳水化合物的需要量。

蛋白质：1080kcal×15%÷4kcal/g＝40.5g

脂肪：1080kcal×28%÷9kcal/g＝33.6g

碳水化合物：1080kcal×57%÷4kcal/g＝153.9g

（4）计算三餐的主、副食的量

1）用食物交换份法求早、午、晚餐主食的量。

已知谷薯类的每份食品25g，可提供蛋白质2g、碳水化合物20g，假设碳水化合物均来自谷薯类。

早餐、晚餐碳水化合物份数为：

$$115.4g÷20g≈6.0份$$

主食摄入量：6×25g＝150g

午餐碳水化合物份数为：

$$153.9g÷20g≈8份$$

主食摄入量：8×25g＝200g

2）设计三餐的副食，扣除主食中所含的蛋白质，其余由副食提供。

早餐和晚餐中主食提供蛋白质的量为：6份×2g/份＝12g，则副食提供蛋白质量为：30.4g－12g＝18.4g

午餐主食提供蛋白质的量为：8份×2g/份＝16g，则副食提供蛋白质量为：40.5g－16g＝24.5g

3）用食物交换份法设计早、午、晚餐副食质量。已知鸡蛋60g，肥瘦猪肉25g，鱼、虾80g，牛肉50g为一个食物交换份，每份食品可提供蛋白质9g。

早餐　吃1个鸡蛋，60g（1份），提供蛋白质9g，其余由肥瘦猪肉提供。

　　　　肥瘦猪肉：（18.4g－9g）÷9g/份×25g/份≈26g

午餐　24.5g÷9g/份×80g/份≈218g（鱼虾）

晚餐　吃1份豆制品（南豆腐150g），提供蛋白质9g，其余由牛肉提供。

　　　　牛肉：（18.4g－9g）÷9g/份×50g/份≈52g

（5）根据营养科学搭配要求，设计三餐主食副食

早餐　主食：稀饭（粳米50g）

　　　　　　　馒头（面粉100g）

　　　　副食：鸡蛋（60g）

　　　　　　　肉末西兰花（肥瘦猪肉26g、西兰花100g）

　　午餐　主食：米饭（大米200g）

　　　　副食：红烧鱼（鱼100g）

　　　　　　　葱姜虾（青虾118g、葱5g、姜5g）

　　　　　　　西红柿炒圆白菜（西红柿40g、圆白菜80g）

　　　　　　　蒜泥拌黄瓜（黄瓜50g、大蒜2g）

　　　　水果（苹果200g）

　　晚餐　主食：二米粥（小米30g、大米20g）

　　　　　　　花卷（面粉100g）

　　　　副食：芹菜炒牛肉（牛肉52g、芹菜100g）

　　　　　　　尖椒土豆丝（尖椒25g、土豆80g）

　　　　　　　豆腐青菜汤（南豆腐150g、青菜50g）

三、营养软件配餐法

　　营养软件配餐法是一种适用于各个年龄段的个体或人群的，通过营养配餐软件进行膳食搭配的方法。软件能严格按膳食平衡宝塔、三大营养素及其他重要营养素的摄入比例及要求，自动计算配平各种食物的摄入量。食谱编制可以以周为单位，也可为一天制定食谱。软件包含食物成分数据，可以按不同需求调整数据，以满足不同的需求。

（一）营养配餐软件功能概述

　　营养配餐软件是指将营养配餐原理结合计算机技术和网络以完成更科学的配餐工作的应用程序。借助营养配餐软件，可以方便、准确、高效地完成一系列的营养配餐任务，并通过软件的快速计算功能，分析就餐人员的营养需要从而指导配餐的过程。一般营养配餐软件都具有如下功能。

　　1. 提供可挑选的食物种类　根据膳食宝塔的5层对食物进行分类，提供膳食宝塔各层相应的食物种类挑选界面，进行食物挑选。

　　2. 生成食谱　根据挑选出的食物，计算出各类食物的用量并自动将其合理地分配到一日三餐或三餐一点中，自动编制出带量食谱。

　　3. 提供各类食物的营养成分　软件提供各类可挑选食物的营养成分查看界面，可根据食物营养特点进行食物选择。

　　4. 食谱的食物结构和营养分析　软件可进行食谱营养成分的计算，分析膳食的食物结构和计算分析各种营养素的摄入量、能量和蛋白质的食物来源等，并根据计算结果进行调整。

　　许多营养配餐软件采取开放的计算机管理方式，可随时扩充食物品种及营养成分。有的软件还可对个体和群体的膳食营养状况做出综合评价，另外，特殊营养配餐应用软件还有减肥配餐的设计功能及常见病患者膳食的设计功能。

（二）营养软件配餐法编制食谱的步骤

　　1. 输入配餐对象的基本信息　包括性别、年龄、身高、体重、孕周、劳动强度、身体条件、饮食限制等，根据输入的信息，系统会自动计算该对象的各种营养指标。

　　2. 选择配餐周期，确定参数　包括餐次比、配餐所用的菜谱库等的确定，点击智能配餐按钮，完成配餐。

　　3. 对食谱进行手动微调　可以根据配餐对象的具体情况，进行手动食物的增删，确保食谱的合理性。

4. 生成带量食谱 完成智能配餐及手工微调以后，可以开始配平食谱中各道菜的适宜摄入量，生成带量食谱。在配餐之前，可以确定哪些菜肴需要自动计算，哪些可以由配餐对象指定重量（固定）。一般流程为，先让所有菜肴自动计算，配平后，如果某些菜肴（如主食）摄入量不合适，可以修改摄入量，然后选择固定，再进行一次配平过程，即可得到理想的配平结果。单击配平按钮，系统会依据就餐人群的营养素摄入量标准，自动计算出所选食谱中各道菜的摄入量。配餐完成后，显示各种营养素的贡献比例窗口，其中显示食谱中各道菜对各种营养素的贡献比重，可以据此进行必要的手工微调。

5. 食谱营养分析与调整 单击营养分析按钮，可对食谱进行全面的营养分析，首先计算菜谱的营养素含量列表，单击打印，可将结果直接输出打印机，单击营养配餐对比，显示营养摄入量与营养标准的对比结果，单击能量来源分布三类物质来源，显示能量的来源分布以及三类物质的来源分布，单击数据导出分析，将菜谱数据导出外部文件，做更全面的营养评价。

6. 完成编制 保存编制好的食谱，完成食谱编制。

···· 目标检测

答案解析

单项选择题

1. 全天能量的合理餐次比为早餐30%、午餐40%、晚餐30%，一女性每日所需蛋白质60g、脂肪40g、碳水化合物250g，则午餐需摄入蛋白质、脂肪、碳水化合物分别为（ ）
   A. 18g、12g、75g　　　　B. 24g、12g、100g　　　　C. 24g、16g、100g
   D. 24g、16g、75g　　　　E. 18g、16g、100g

2. 一男性，早餐需要摄入蛋白质23g，碳水化合物85g，他以馒头为主食，牛奶为副食（馒头的碳水化合物含量为47%，蛋白质含量为7.0%，牛奶的蛋白质含量为3.0%），则馒头、牛奶需要量分别为（ ）
   A. 181g、344g　　　　B. 181g、354g　　　　C. 171g、344g
   D. 171g、354g　　　　E. 181g、434g

3. 衡量食不过量的最好指标是（ ）
   A. 能量的推荐摄入量　　　　B. 体重　　　　C. 糖尿病的发病率
   D. 高血脂的发生率　　　　E. 高血压的发病率

4. 平衡膳食应不包括（ ）
   A. 选择自身喜好倾向的食物来平衡膳食
   B. 人体需要的营养素与从膳食中获得的营养素之间要平衡
   C. 各类食物之间搭配起来平衡膳食
   D. 能量摄入与能量消耗要平衡
   E. 营养素种类要齐全，比例要适当

5. 为了确定编制的食谱是否科学合理时，下列不属于食谱评价步骤的是（ ）
   A. 食物分类排序，列出食物的数量
   B. 计算营养素的量，与同年龄同性别人群的可耐受最高摄入量进行比较
   C. 计算出动物性及豆类蛋白质占总蛋白质的比例
   D. 计算碳水化合物、脂肪、蛋白质三种营养素提供的能量及占总能量的比例
   E. 计算三餐提供能量的比例

6. 下列对 24 小时回顾法描述不正确的是（　　）

    A. 要求每个被调查对象回顾和描述 24 时内所摄入的所有食物的种类和数量

    B. 24 小时一般是指从调查开始向后推 24 小时

    C. 回顾法的优点是相对简便易行，被调查对象不需要具备较高的文化水平，就能得到个体的膳食营养素摄入情况

    D. 该方法不适合年龄在 7 岁以下的儿童

    E. 对家庭调查时，需掌握每人实际的摄入情况

7. 男性腰臀比≥0.9 可判定为（　　）

    A. 内脏型肥胖　　　　　　B. 全身型肥胖　　　　　　C. 周围型肥胖

    D. 正常体型　　　　　　　E. 梨型身材

8. 中国居民膳食指南建议，成年女性健康体脂范围应为（　　）

    A. 15%~20%　　　　　　B. <15%　　　　　　C. 25%~30%

    D. <25%　　　　　　　　E. <10%

9. 乙醇含量（　　）0.5% 的饮料酒类可豁免强制标示营养标签

    A. <　　　　　　　　　　B. ≤　　　　　　　　　　C. ≥

    D. >　　　　　　　　　　E. =

10. 下列内容中预包装食品营养标签不强制要求标注的是（　　）

    A. 产品批号

    B. 糖、钠的含量及其 NRV%

    C. 营养声称或营养成分功能声称的其他营养成分含量及其 NRV%

    D. 营养强化后食品中该营养成分的含量值及其 NRV%

    E. 使用了氢化和（或）部分氢化油脂时反式脂肪酸的含量

书网融合……

| 重点小结 | 微课1 | 微课2 | 微课3 | 习题 |

项目五　机体组织器官与营养

PPT

学习目标

知识目标：通过本项目的学习，掌握肌肉、骨骼、胃肠道、肝脏及皮肤各机体组织器官与营养素之间的关系；熟悉肌肉、骨骼、胃肠道、肝脏及皮肤各机体组织器官缺乏营养素时的调理方法；了解肌肉、骨骼、胃肠道、肝脏及皮肤各机体组织器官相关概述。

能力目标：具备运用营养素相关知识对肌肉、骨骼、胃肠道、肝脏及皮肤各机体组织器官进行科学调理指导的能力。

素质目标：通过本项目的学习，对健康更加重视，树立科学的世界观和生命观，形成积极的生活态度和价值取向。

任务一　肌肉与营养

情境导入

情境：小明是一名大学生，平时喜欢吃方便面、饼干、薯片等零食，很少吃水果和蔬菜，也不爱运动。最近，他发现自己经常感到乏力、头晕，有口干、皮肤干燥、便秘等症状，而且体重也在增加。他担心自己的健康状况，于是去医院检查，结果发现血压、血糖、血脂都偏高，而且缺乏维生素A、维生素C、维生素 B_1、维生素 B_2、钙、铁等。医生告诉他，其饮食习惯不合理，导致了营养不良和代谢紊乱，影响了他的机体组织器官的正常功能，建议他改变饮食习惯，增加运动量，补充必要的营养素。

思考：1. 高热量、高盐、高油的食物会对哪些机体组织器官的功能造成损害？请举例说明。

2. 水果和蔬菜中含有哪些营养素？这些营养素对机体组织器官的功能有什么作用？请举例说明。

一、肌肉概述

肌肉是人体的重要组成部分，其形态结构复杂且多样。根据组织结构和功能不同分为心肌、平滑肌和骨骼肌，其中心肌和平滑肌主要分布于内脏器官及血管壁，因不随人的意识舒缩，故称为不随意肌。骨骼肌主要附着在骨骼，存在于躯干和四肢，收缩迅速、有力，容易疲劳，可随人的意志舒缩，故称为随意肌。

肌肉主要由肌肉纤维束组成，这些束又被结缔组织膜包裹，形成肌束膜。多条肌束集合在一起，构成了肌肉的主体部分，称为肌腹。肌腹的两端，由结缔组织形成的腱质与骨相连，形成了肌腱。这种结构使得肌肉可以通过肌腱的收缩和舒展，驱动骨骼运动。

肌肉纤维由肌原纤维组成。肌原纤维是肌肉收缩的基本单位，它由粗细两种肌丝构成。粗肌丝由肌球蛋白组成，而细肌丝则由肌动蛋白、原肌球蛋白和肌钙蛋白组成。这些蛋白质在肌肉收缩过程中起着关键作用。

此外，肌肉中还含有丰富的血管和神经末梢。血管为肌肉提供氧气和营养物质，带走代谢废物；而神经末梢则接收来自神经系统的信号，控制肌肉的收缩和舒展。

骨骼肌负责躯体和四肢的运动，通过收缩产生力量，使骨骼产生运动；心肌构成心脏壁，负责心脏的收缩和舒张，推动血液循环；平滑肌参与体内消化、呼吸、循环和排泄等生理过程，通过缓慢而持续的收缩维持内脏器官的正常功能。

二、肌肉与营养素

（一）水

水在人体中扮演着重要的角色，特别是对于肌肉而言，水的作用不容忽视。

1. 水是构成肌肉组织的主要成分之一　人体肌肉中的水分含量高达75%左右，肌肉纤维中的水分可以帮助维持肌肉的弹性和收缩能力。当人体水分摄入不足时，肌肉细胞内的水分减少，肌肉弹性下降，肌肉的收缩和舒展功能也会受到影响，导致运动能力下降。

2. 水在肌肉中参与新陈代谢　在肌肉收缩和代谢过程中，营养物质和代谢产物的运输是必不可少的。水分子在肌肉细胞内外流动，帮助营养物质如葡萄糖、氨基酸进入细胞，同时将代谢废物如乳酸等排出细胞。没有足够的水分，肌肉细胞的代谢活动将受到限制，影响能量供应和肌肉的正常功能。

3. 水还具有调节体温的作用　在运动过程中，肌肉会产生大量的热量，这些热量需要及时散发以维持体温稳定。水分子通过蒸发吸热效应帮助身体散热，保持肌肉温度的适宜。缺乏水分会导致身体散热困难，增加肌肉疲劳和损伤的风险。

需要注意的是，人体在不同运动状态下对水的需求也有所不同。在进行轻度的有氧运动时，人体通过排汗来散热，需要适当补充水分以维持水分平衡；在进行高强度运动或长时间运动时，人体排汗量增多，需要增加水分摄入量以防止脱水。

（二）蛋白质

蛋白质对于肌肉的形态结构与功能具有至关重要的作用。作为肌肉的主要构成成分，蛋白质不仅参与肌肉的构建和修复，还对肌肉的性能产生重要影响。下面详细介绍蛋白质对肌肉的作用。

1. 构建和修复肌肉组织　肌肉主要由肌肉纤维构成，而肌肉纤维又由蛋白质组成。肌肉中的蛋白质分为两种类型：肌原纤维蛋白和肌浆蛋白。肌原纤维蛋白是构成肌原纤维的主要成分，直接影响肌肉的收缩和舒展功能。肌浆蛋白则是存在于肌细胞中的小分子蛋白质，参与肌肉的代谢过程。

在运动或训练过程中，肌肉会受到微小的损伤，而蛋白质是肌肉修复和生长所必需的营养素。充足的蛋白质摄入能够促进肌肉组织的修复和生长，增强肌肉力量和耐力。缺乏蛋白质会导致肌肉生长受阻，影响运动表现。

2. 维持肌肉质量　随着年龄的增长，人体的肌肉质量会逐渐减少，这被称为肌肉萎缩。为了维持肌肉质量，需要保证充足的蛋白质摄入。蛋白质能够提供必需氨基酸，这些氨基酸是肌肉合成所必需的营养素。通过合理摄入蛋白质，可以促进肌肉蛋白质的合成，减缓肌肉萎缩的速度。

3. 提高肌肉力量和耐力　蛋白质是肌肉力量的重要来源。在力量训练过程中，蛋白质能够提供所需的氨基酸，帮助肌肉进行有效的力量训练，提高肌肉力量和耐力。此外，蛋白质还能促进肌肉内的能量代谢，提供持续的能量供应，使肌肉在长时间的运动中保持稳定的表现。

4. 促进肌肉恢复与再生　在运动或训练后，蛋白质有助于肌肉的恢复和再生。蛋白质可以为肌肉提供所需的营养物质，促进肌细胞的修复和再生，缩短运动后的恢复时间。此外，一些蛋白质补剂如蛋白粉、蛋白棒等可以作为运动后补充蛋白质的便捷方式，有助于肌肉的恢复和生长。

5. 维持肌肉功能与健康　除了对肌肉的构建和修复有重要作用外，蛋白质还对维持肌肉功能与健康具有重要意义。蛋白质中的氨基酸可以作为信号分子，调节肌肉细胞的生长和分化，维持肌肉的正常生理功能。同时，蛋白质还能促进肌肉内的维生素和矿物质吸收利用，保证肌肉的健康状态。

（三）碳水化合物

1. 提供能量　碳水化合物是肌肉最主要的能量来源。在运动或日常活动中，碳水化合物通过氧化分解产生 ATP（腺苷三磷酸），为肌肉提供可用的能量。ATP 是肌肉收缩和舒展的直接能量来源，缺乏碳水化合物会导致能量供应不足，影响肌肉的正常运动能力。合理摄入碳水化合物能够保证肌肉获得足够的能量，维持正常的运动和功能。

2. 维持血糖水平稳定　当血糖水平过低时，会出现头晕、乏力等症状，影响运动表现。合理摄入碳水化合物可以避免血糖水平的大幅波动，保证运动的顺利进行。同时，稳定的血糖水平也有助于维持肌肉的正常代谢和功能。

3. 促进糖原合成　碳水化合物是糖原的重要合成原料。糖原是肌肉中储存能量的重要形式，能够为长时间的运动提供持久的能量供应。通过合理摄入碳水化合物，可以促进糖原的合成，提高肌肉的能量储备能力，增强运动表现。

4. 调节脂肪代谢　碳水化合物和脂肪在能量代谢中存在相互影响。碳水化合物的摄入量和脂肪的氧化分解密切相关。在运动过程中，碳水化合物的充足供应可以减少脂肪酸的氧化分解，节省蛋白质的消耗。此外，碳水化合物也有助于调节脂肪酸的合成和代谢，对维持身体健康具有重要意义。

5. 支持神经肌肉传导　碳水化合物在神经肌肉传导中也起到重要作用。神经细胞依赖碳水化合物提供的能量来传递信息，保证肌肉的正常收缩和舒展。缺乏碳水化合物会影响神经肌肉传导的效率，导致肌肉疲劳和运动能力下降。

任务二　骨骼与营养 微课1

一、骨骼概述

（一）骨骼的结构

1. 骨组织的基本构成

（1）**骨细胞**　是骨骼中的主要细胞类型，负责调节骨骼的代谢和重建。它们在骨基质中形成复杂的网络，通过突触连接进行通信。

（2）**骨基质**　主要由矿物质（主要是钙）和胶原蛋白构成，赋予骨骼硬度和强度。胶原蛋白为骨骼提供了结构框架，而矿物质主要填充在胶原纤维之间，增加了骨骼的刚度。

（3）**骨细胞周围的细胞外间质**　包括胶原纤维、骨粘连素、骨桥蛋白等，这些成分有助于维持骨组织的结构和功能。

2. 皮质骨和松质骨的结构

（1）**皮质骨**　构成了骨骼的表面，即骨皮质，具有很高的抗压强度。其结构致密，主要由大量的矿物质和胶原纤维构成。

（2）松质骨　主要位于长骨的骨髓腔内以及一些不规则骨的内部。它的结构相对疏松，由网状的小梁构成，有助于吸收冲击和分散压力。

（二）骨骼系统的生长和发育

1. 青少年期骨骼生长的特点

（1）快速增长期　在青春期，骨骼的生长速度加快，骨骼的长度、宽度和厚度都有明显的增加。这一阶段，骨皮质增厚，骨小梁密度增加，骨骼变得更加坚固。

（2）性别差异　男性和女性在青春期骨骼生长的速度和模式上存在差异。男性通常在 14~18 岁达到峰值骨量，而女性通常在 11~14 岁达到峰值骨量。

（3）外部因素影响　青少年的骨骼生长也受到营养、运动和激素等多种因素的影响。合理的营养和适当的运动可以促进骨骼的健康生长，不过，激素水平的变化也会影响骨骼的生长速度和成熟度。

2. 骨骼老化和退化

（1）骨量减少　随着年龄的增长，骨骼的质量逐渐减少。骨矿物质密度降低，骨小梁变得更加细小和稀疏，骨皮质变薄。

（2）骨质疏松　是一种骨骼疾病，其特征是骨量减少和骨组织微结构破坏，导致骨骼变脆易碎。骨质疏松的风险随着年龄的增长而增加，女性比男性更容易受到影响。

（3）骨折风险增加　由于骨骼质量的下降，骨折的风险增加。即使是轻微的跌倒或冲击也可能会导致骨折，尤其是在髋部、脊柱和手腕等部位。另外，随着年龄的增长，关节也经历退行性变。关节软骨磨损，关节间隙变窄，关节周围的肌肉和韧带逐渐失去弹性，导致关节僵硬和疼痛。

二、骨骼与营养素

1. 蛋白质　是骨骼的重要组成部分，骨骼组织中约有 30% 是有机成分，而其中的绝大部分是蛋白质，主要是胶原蛋白。胶原蛋白为骨骼提供了结构框架，使骨骼具有韧性和强度。蛋白质在骨骼的生长和修复过程中发挥着重要作用。在骨折愈合期间，足够的蛋白质摄入有助于生成新的骨组织，促进愈合。蛋白质不仅是骨骼的结构成分，还与矿物质（如钙和磷）结合，帮助骨骼的矿化过程。胶原蛋白的存在为矿物质沉积提供了基质，从而增强骨骼的强度。研究表明，饮食中足够的蛋白质摄入与较高的骨密度相关。高蛋白饮食可能有助于减少骨质疏松的风险，尤其是在老年人群体中。蛋白质是合成多种激素和生长因子的基础，这些物质对骨骼的生长、重塑和代谢有重要影响。有研究表明，膳食蛋白质的摄入可能影响钙的吸收和排泄。适量的蛋白质摄入可以提高钙的生物利用率，但过量的动物蛋白可能导致体内酸碱平衡的改变，从而影响骨骼健康。蛋白质不足不仅影响骨骼的坚固性，还可能导致全身免疫力下降，进一步影响身体健康。

2. 钙　对骨骼的作用诸多，主要作用如下。①构建和维持骨骼结构。钙是构成骨骼的主要矿物质，对维持骨骼的硬度和完整性至关重要。它与磷共同作用，形成骨矿物质，支持骨骼的结构。②促进骨骼生长。在儿童和青少年时期，钙的摄取对于骨骼的生长和发育至关重要。充足的钙摄入有助于达到峰值骨量，为未来的骨骼健康打下基础。③预防骨质疏松。长期钙摄取不足或钙流失过多可能导致骨质疏松。保持足够的钙摄入有助于维持骨骼的强度，降低骨折的风险。

3. 磷　是骨骼矿物质的重要组成部分，与钙共同形成骨矿物质，支持骨骼的结构。磷与钙之间存在动态平衡关系，磷的摄取有助于调节体内钙的平衡，维持正常的生理功能。在儿童和青少年时期，磷的摄取对于骨骼的生长和发育也是必要的。与钙一起，磷共同促进骨骼的正常生长和成熟。另外，磷能维持骨骼健康。保持适当的磷摄取对于维持骨骼的强度和完整性至关重要，缺乏磷可能导致骨骼脆弱，增加骨折的风险。

4. 镁　是骨骼结构的重要组成部分，参与骨骼的形成和矿化过程。它还参与超过 300 种酶的功能，影响钙的代谢和维生素 D 的活化。

5. 锌　对骨骼生长和修复至关重要，参与骨细胞的分化和矿化。锌的缺乏可能导致骨密度下降和骨折风险增加。

6. 维生素 D　促进肠道对钙的吸收，帮助骨骼矿化，有助于维持血钙和磷的水平，促进骨骼生长发育，支持骨骼的健康。缺乏维生素 D 会导致骨质疏松和儿童的佝偻病。

7. 维生素 C　可促进胶原蛋白的合成，赋予骨髓弹性和抗折性。

8. 维生素 K　在骨骼健康中起着重要作用，特别是在骨骼蛋白质（如骨钙素）的合成中有重要作用；足够的维生素 K 摄入可以提高骨密度，促进骨骼的钙化过程，从而降低骨折风险；适量补充维生素 K 可以强健骨骼，降低骨质疏松的风险。

任务三　血液与营养 🄴 微课 2

一、血液概述

血液又称外周血，健康成人约有 5L，占体重的 7%。血液是由血细胞（红细胞、白细胞、血小板）和血浆所组成。血细胞主要在骨髓生成。血液中的血细胞陆续衰老死亡，骨髓则源源不断地输出新生细胞，形成动态平衡。血细胞占血液容积的 40%~50%，血浆占 50%~60%（图 5-1）。血浆相当于细胞外基质，其主要成分是水，约占 91%，其余为血浆蛋白（白蛋白、球蛋白、纤维蛋白原等）、脂蛋白、酶、激素、无机盐和多种营养代谢物质。

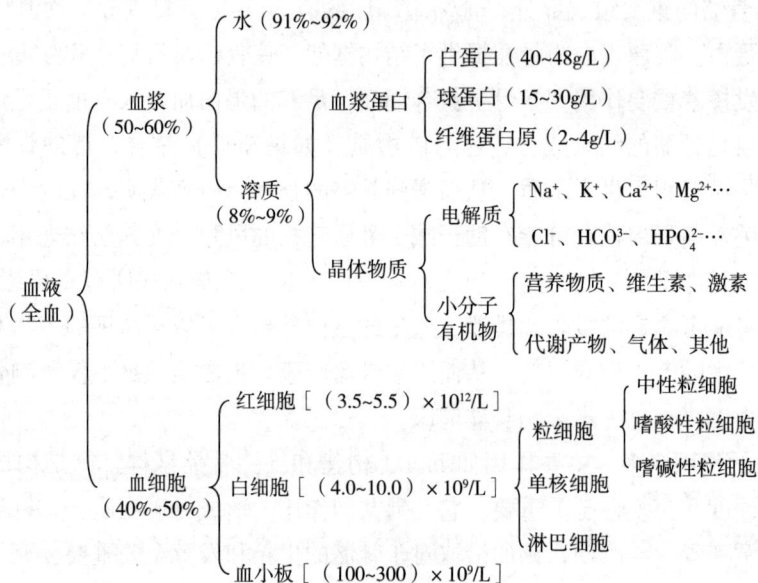

图 5-1　血液的基本组成

二、血液与营养素

（一）血细胞

血细胞主要在骨髓生成。血液中的血细胞陆续衰老死亡，骨髓则源源不断地输出新生细胞，形成动态平衡。

1. 红细胞　成熟红细胞无核，也无任何细胞器，所以红细胞不可以进行三羧酸循环。红细胞胞质内充满丰富的血红蛋白，血红蛋白由珠蛋白和亚铁血红素组成，其中亚铁血红素使血液呈红色。血红蛋白约占细胞重量的32%，水占64%，其余4%为脂类、糖类和各种电解质。正常成年人血液中血红蛋白的含量，男性为120～150g/L，女性为110～140g/L。

血红蛋白具有结合与运输O_2和CO_2的功能。所以红细胞能将O_2从肺运输到组织，又将CO_2从组织运输到肺；此外还在酸碱平衡中起一定缓冲作用；并参与血型的区分。所以如果红细胞破裂，血红蛋白被释放并溶解在血浆中，会丧失结合与运输O_2和CO_2及缓冲酸碱平衡的功能。

2. 白细胞　是有核的球形细胞，根据白细胞胞质内有无特殊颗粒，可将其分为有粒白细胞和无粒白细胞，其中有粒白细胞又称为粒细胞，包含中性粒细胞、嗜酸粒细胞和嗜碱粒细胞；无粒细胞包含单核细胞和淋巴细胞，都含有嗜天青颗粒。白细胞是人体防御系统的重要组成部分。它通过吞噬和产生抗体等来抵御和消灭病原微生物。

白细胞是人体防御系统的重要组成部分，其一般从骨髓入血后于24小时内，以变形运动方式穿过微血管壁或毛细血管壁，进入结缔组织或淋巴组织，通过吞噬和产生抗体等方式抵御和消灭病原微生物。白细胞主要功能如下。

（1）吞噬作用　白细胞具有趋向某些化学物质游走的特性，称为趋化性。体内具有趋化作用的物质包括细菌、细菌毒素成人体细胞的降解产物、及抗原－抗体复合物等。白细胞按照这些物质的浓度梯度游定到这些物质的周围，把异物包围起来并吞入胞质内，这称为吞噬作用。

（2）特异性免疫功能　白细胞中的淋巴细胞又称为免疫细胞，有变形运动能力，参与机体特异性免疫过程，并起着重要作用。其中T淋巴细胞参与细胞免疫反应，B淋巴细胞参与体液免疫反应。

3. 血小板　是从骨髓巨核细胞脱落下来的胞质小块，无核，体积小，并非严格意义上的细胞。当受刺激时，则伸出突起，呈不规则形。可分为颗粒区和透明区，颗粒区含有特殊颗粒、致密颗粒和少量溶酶体，透明区含有微管和微丝。正常成年人的血小板数量是$(100～300)\times10^9$/L。数量超过1000×10^9/L时称血小板过多，容易发生血栓；低于50×10^9/L时称血小板减少，可导致溢血倾向，甚至出现出血性紫癜。血小板的功能主要为维持血管内皮的完整性、止血及促进凝血过程。血小板平均寿命为7～14天。

（二）血浆

血浆为浅黄色液体，主要成分是水，占比达92%～93%，其他10%以溶质血浆蛋白为主，并含有盐、营养素、酶类、激素类、胆固醇和其他重要组成部分。

1. 蛋白质　血浆蛋白是多种蛋白质的总称，用盐析法可将其分为白蛋白、球蛋白和纤维蛋白原三类，主要功能如下。

（1）形成血浆胶体渗透压　正常人血浆渗透压约为300mmol/L，主要来自溶解于其中的晶体物质（无机盐和小分子有机物），称为晶体渗透压，其80%来源于Na^+和Cl^-。血浆和组织液的晶体物质中绝大部分不易透过细胞膜，所以细胞外液晶体渗透压的相对稳定，对于保持细胞内外的水平衡极为重要。血浆中虽含有多量蛋白质，但蛋白质分子量大，所产生的渗透压小，称为胶体渗透压。血浆蛋白一般不能透过毛细血管壁，血浆胶体渗透压虽小，但对于血管内外的水平衡有重要作用。

（2）免疫作用　球蛋白包括$\alpha1$、$\alpha2$、β、γ等类型，其中γ球蛋白含有多种抗体，能与抗原（如细菌、病毒等）结合，帮助机体消除致病因素。补体也是血浆中的一种蛋白质，它可与免疫球蛋白结合，共同作用于病原体和异物，破坏其结构，具有溶菌和溶细胞的作用。

（3）运输作用　血浆蛋白质为亲水胶体，许多难溶于水的物质与其结合变为易溶于水的物质，从而运输营养和代谢物质。

（4）凝血作用　血浆中的纤维蛋白原和凝血酶等因子是引起血液凝固的成分。

（5）维持酸碱平衡　血浆蛋白质，特别是白蛋白在维持酸碱平衡发挥着重要作用。

（6）营养作用　血浆蛋白可分解产生的氨基酸，用于合成组织蛋白质或氧化分解供应能量。

2. 脂类与碳水化合物　血浆中所含有的磷脂、甘油三酯和胆固醇等脂肪类物质统称为血脂。血脂是构成细胞成分、合成激素物质的原材料。血脂含量主要与脂肪代谢有关，也与食物中脂肪含量有关。血浆中的糖类物质，大多指葡萄糖，简称血糖。其含量变化主要与机体糖代谢有关。正常人在清晨空腹血糖浓度为 $3.90 \sim 6.12 \text{mmol/L}$。血糖过高称为高血糖，血糖过低称为低血糖，都可导致机体功能障碍。

3. 无机盐　血浆中的无机盐大多以离子状态存在。阳离子中浓度最高的为 Na^+，其次还有 K^+、Ca^{2+} 和 Mg^{2+} 等；阴离子中浓度最高的是 Cl^-，其次为 HCO^-、HPO_4^{2-} 等。各种离子都有着特殊的生理功能。如 $NaCl$ 参与维持血浆晶体渗透压和保持机体血量。血浆中还有微量的铜、铁、锰、锌及碘等微量元素，它们是构成某些酶、维生素或激素的原料，也与某些生理功能有关。

任务四　胃肠道与营养

一、胃肠道概述

胃肠道是消化系统的主要部分，由消化管和消化腺组成。

1. 胃肠道的组成　消化管是一条从口腔到肛门的中空管道，主要包括口腔、食道、胃、小肠、大肠组成。消化腺是一些分泌消化液的器官，主要包括唾液腺、肝脏、胆囊、胰腺。

2. 胃肠道的功能　主要包括消化和吸收食物中的能量和营养物质，排泄不需要的废物，以及调节内分泌和免疫等。消化系统是人体的重要系统之一，与其他系统密切相关，维持着人体的健康和平衡。

二、胃肠道与营养素

1. 胃肠道消化和吸收的基本过程　食物进入口腔后，经过咀嚼和唾液的作用，变成糊状的食糜，然后通过咽喉和食道，进入胃；胃中的胃液对食糜进行化学消化，将蛋白质分解成多肽，同时胃的蠕动将食糜搅拌成液状的胃糜，然后通过幽门，进入小肠；小肠中的胰液和胆汁对胃糜进行进一步的消化，将多肽分解成氨基酸，将淀粉分解成单糖，将脂肪分解成甘油和脂肪酸，同时小肠的蠕动将胃糜推送到小肠的末端；小肠的内壁有许多绒毛和微绒毛，增加了吸收面积，通过主动和被动的方式，将消化后的营养物质吸收到血液或淋巴液中，然后运送到全身各部位；未被消化和吸收的食物残渣进入大肠，经过水分和电解质的吸收，以及细菌的发酵，形成粪便，最后通过直肠和肛门排出体外。

2. 胃肠道对营养素的选择性吸收　是指胃肠道根据人体的需要，对不同的营养物质有不同的吸收效率和方式。一般来说，胃肠道对水分、电解质、维生素和矿物质的吸收比较全面和高效，而对脂肪、蛋白质和碳水化合物的吸收则需要消化液的协助，且受到肠道功能和营养状态的影响。胃肠道还可以根据肠内和肠外的营养供给方式进行选择，优先使用肠内营养，以减少肠外营养的并发症。胃肠道对营养素的选择性吸收是一种符合生理性的调节机制，有利于人体的健康和平衡。

3. 碳水化合物的消化与吸收　碳水化合物在口腔中被唾液淀粉酶部分水解，而后进入胃，但在胃中几乎没有消化作用。碳水化合物的主要消化发生在小肠内，由胰液和肠液中的各种酶将多糖和寡糖水解成单糖，如葡萄糖、果糖和半乳糖等。单糖经过小肠黏膜上皮细胞的主动吸收，进入血液或淋巴液，然后被运送到肝脏和其他组织。小肠不能消化的碳水化合物，如纤维素等，进入结肠，被细菌发酵，产生气体和短链脂肪酸等，部分被肠壁吸收，部分随粪便排出。

4. 脂肪的消化与吸收 脂肪在口腔和胃中被少量的舌脂肪酶和胃脂肪酶水解，然后进入小肠，经胆汁的乳化和胰脂酶、肠脂酶等的作用，被水解成甘油和脂肪酸等。甘油和短链或中链脂肪酸可以直接被小肠黏膜细胞吸收，通过门静脉进入血液循环；而长链脂肪酸则需要在小肠黏膜细胞内重新合成为甘油三酯，并与载脂蛋白、磷脂、胆固醇等形成乳糜微粒，通过淋巴系统进入血液循环。乳糜微粒在血液中运输到各个组织，被脂蛋白酯酶分解为甘油和脂肪酸，供能或储存。

5. 蛋白质的消化与吸收 蛋白质在胃中被胃蛋白酶水解，被分解为某些多肽和少量的氨基酸。次在小肠中被胰蛋白酶、胰蛋白酶原、胰凝乳蛋白酶等多种消化酶进一步水解，将多肽分解成氨基酸或短肽。氨基酸和短肽被小肠黏膜细胞吸收，并通过肝门静脉或淋巴系统进入血液循环，被运输到肝脏和其他组织或器官被利用。

任务五 肝脏与营养

一、肝脏概述

肝是人体最大的腺体，也是人体内最大的实质性器官，具有极复杂多样的生物化学功能，被称为机体的化工厂。我国成年人肝的重量男性为 $1230 \sim 1450g$，女性为 $1100 \sim 1300g$，占体重的 $1/50 \sim 1/40$。胎儿和新生儿的肝相对较大，重量可达体重的 $1/20$。肝的血液供应十分丰富，故活体的肝呈棕红色。肝的质地柔软而脆弱，易受外力冲击而破裂，发生腹腔内大出血。肝产生的胆汁作为消化液参与脂类食物消化；肝合成多种蛋白质等多类物质，直接分泌入血；肝还参与糖、脂类、激素和药物等代谢。

1. 肝脏的生化功能 肝脏主要进行三大营养物质的代谢，包括糖的分解和糖原的合成、蛋白质及脂肪的分解与合成，以及维生素及激素的代谢等。肝脏还具有分泌胆汁、吞噬和防御功能、制造凝血因子、调节血容量及水电解质平衡、产生热量等多种功能。在胚胎时期，肝脏还具有造血功能。

2. 肝脏的免疫功能 肝脏是最大的网状内皮细胞吞噬系统。肝静脉窦内皮含有大量的库普弗细胞能吞噬血液中的异物、细菌及其他颗粒物质。肝脏中的单核－巨噬细胞可吞噬抗原物质，经过处理的抗原物质可刺激机体的免疫反应。

二、肝脏与营养素

1. 肝脏与碳水化合物代谢 肝脏是碳水化合物贮存和分布的中心部位。单糖经小肠黏膜吸收后，由门静脉到达肝脏，在肝内转变为肝糖原而储存。肝脏通过糖原贮存、糖原异生、糖原分解和糖脂转化 4 个途径维持碳水化合物代谢的平衡。肝糖原在调节血糖浓度以维持其稳定中具有重要作用。

2. 肝脏与脂类代谢 肝脏是脂肪运输的枢纽。消化吸收后的一部分脂肪进入肝脏，以后再转变为体脂而储存。饥饿时，储存的体脂可先被运送到肝脏，然后进行分解。肝脏还是体内脂肪酸、胆固醇、磷脂合成的主要器官之一。肝脏分泌的胆汁酸盐，可促进脂肪的乳化及吸收，并活化脂肪酶，促进脂溶性维生素如维生素 A、维生素 D、维生素 E、维生素 K 的吸收。

3. 肝脏与蛋白质代谢 由消化道吸收的氨基酸在肝脏内进行蛋白质合成、脱氨、转氨等作用，合成的蛋白质进入循环血液供全身器官组织需要。肝脏是合成血浆蛋白的主要场所，其肝脏合成血浆蛋白的作用对维持机体蛋白质代谢有重要意义。肝脏将氨基酸代谢产生的氨合成尿素，经肾脏排出体外。

4. 肝脏与维生素代谢 肝脏可储存脂溶性维生素，人体95%的维生素 A 都储存在肝内，肝脏是维生素 C、维生素 D、维生素 E、维生素 K、维生素 B_1、维生素 B_6、维生素 B_{12}、烟酸、叶酸等多种维生素储存和代谢的场所。肝脏除了分泌胆汁酸盐协助脂溶性维生素的吸收外，还直接参与多种维生素的代谢转化。

5. 肝脏与激素代谢 正常情况下，血液中各种激素都保持一定含量，多余的则经肝脏处理而被灭活。当患肝病时，可出现雌激素灭活障碍，引起男性乳房发育、女性月经不调及性特征改变等。如果出现醛固酮和血管升压素灭活障碍，则可引起钠、水潴留而发生水肿。

任务六 皮肤与营养

一、皮肤的结构

皮肤是人体面积最大的器官，由表皮和真皮构成，以皮下组织与深层组织相连。皮肤厚度随身体部位和个体的年龄而异，为 0.5~4mm。

（一）皮肤的主要组成部分

1. 表皮 是皮肤的浅层，由角化的复层扁平上皮构成。表皮细胞分为两大类：一类是角质形成细胞，占表皮细胞的90%以上；另一类是非角质形成细胞，散在于角质形成细胞之间，包括黑素细胞、梅克尔细胞和朗格汉斯细胞。

2. 真皮 位于表皮下方的致密结缔组织，分为乳头层和网织层，二者间无明确界限。身体各部真皮的厚度不等，一般为 1~2mm。

3. 皮下组织 即真皮下方的浅筋膜，由疏松结缔组织和脂肪组织构成，将皮肤与深部组织相连，并使皮肤具有一定的活动性。其中的脂肪组织在不同个体、性别、年龄和同一个体的不同部位，有较大的量的差别。

4. 皮肤附属器官 包括毛、皮脂腺、汗腺、指（趾）甲，均由表皮衍生而来。其中毛发和指（趾）甲是表皮角质化的特殊形式，皮脂腺和汗腺是分布在真皮内的腺体。

（二）皮肤的功能

1. 保护功能 皮肤与外界直接接触，能阻挡异物和病原体侵入，防止体液丢失，具有重要的屏障保护作用。

2. 感知功能 是指皮肤能够接收和传递外界的各种刺激，从而使人体能够感知和适应环境的变化。皮肤的感知功能主要由皮肤上的感觉神经末梢完成，它们分布在皮肤的不同层次，对不同类型的刺激有不同的敏感度和反应速度。

3. 温度调节 皮肤中的皮下组织有防止散热、储备能量和抵御外来机械性冲击的功能。汗腺可分泌汗液，调节体温。

4. 分泌代谢 皮肤的分泌代谢作用是指皮肤能够通过汗腺和皮脂腺分泌和排泄一些物质，以维持皮肤的正常功能和机体的内环境平衡。

二、不同皮肤的类型与营养

皮肤类型并不是一成不变的，可随年龄、季节而变化。

（一）不同皮肤类型的分类

1. 干性皮肤　多见于 40 岁以上的成年人，又可分为缺水性干性皮肤和缺油性干性皮肤，两种类型既可单独存在，又可同时存在。缺水性干性皮肤多见于 35 岁以上的人，既缺油又缺水的干性皮肤多见于老年妇女。

2. 油性皮肤　多脂饮食的成年人多为油性皮肤，由于皮肤腺分泌皮脂过多，角质层皮脂与含水量不平衡，使角质层的含水量低于 20%，pH < 4.5。

3. 混合性皮肤　是指一个人同时存在干性皮肤和油性皮肤的特点，通常是面部中央即前额、鼻及下颌部表现为油性皮肤，而双面颊、双颞部表现为干性皮肤。混合性皮肤的原因可能与遗传、环境、化妆品、药物、饮食、情绪等因素有关。

4. 敏感性皮肤　多见于过敏性体质者。面部皮肤在接触外界各种刺激如阳光、化妆品、粉尘等时，出现红斑、丘疹、瘙痒或刺痛；用敏感物质进行斑贴试纸测试，反应为阳性。

5. 中性皮肤　是理想的皮肤类型。干性皮肤角质层含水量和皮脂分泌量均适宜。角质层含水量在 20% 以上，pH 为 4.5～6.5。

（二）不同皮肤类型的特点与需求

1. 干性皮肤的特点及营养需求　干性皮肤的原因主要为角质形成细胞中的天然保湿因子及皮脂腺分泌的皮脂减少，使角质层含水量低于 10%，pH > 6.5。干性皮肤皮纹细小，毛汗孔不明显，皮表干燥，没有光泽，对日光的耐受性差，对外界刺激比较敏感，较易出现皱纹及色素沉着等老化现象。

干性皮肤者应避免刺激性、辛辣的食物，多食用高脂肪及含维生素 E 的食物，补充足量的水分。含 ω-3 系列脂肪酸的食物，如橄榄油、亚麻籽油、鱼、杏仁果、夏威夷果等，富含 ω-6 系列脂肪酸的食物，如牛肉、猪肉，对干性皮肤的人群也是有益的。

2. 油性皮肤的特点及营养需求　油性皮肤者面部皮肤外观油腻、光亮、毛孔粗大，弹性好，不容易产生皱纹，对阳光、化妆品及其他刺激因素耐受性好，且不易出现衰老现象，但较容易产生粉刺、痤疮、脂溢性皮炎。

油性皮肤者宜食用凉性、平性食物及含维生素的新鲜蔬菜和水果，避免过于油腻、高热量、高糖、辛辣刺激、过热的食物，以免皮脂腺和汗腺同时大量分泌。

3. 混合性皮肤的特点及营养需求　混合性皮肤的特点是面部 T 型区（前额、鼻部、口周、下颌）油脂分泌旺盛，毛孔粗大，容易长粉刺，两颊油脂较少，皮肤纹理细致，但容易干燥，多见于 25～35 岁。

混合性皮肤者在饮食上，应选择富含维生素 C、维生素 E、维生素 A 等抗氧化物质的食物。少吃油腻、辛辣、甜食和高盐的食物，多喝水，保持大便通畅。

4. 敏感性皮肤的特点及营养需求　敏感性皮肤的特点是皮肤在受到外界刺激时容易出现红、肿、痒、痛等不适症状，伴或不伴有皮肤干燥、脱屑、毛细血管扩张等现象。

敏感性皮肤者宜食用紫甘薯、洋葱、葡萄、苹果等蔬菜和水果，其中富含的花青素为类黄酮化合物，可阻止组胺的释放，有助于过敏症状的控制，维生素 C 是天然的抗组胺剂；含锌的食物可减轻过敏症状。摄取富含维生素 B_1 和维生素 B_2 的食物，有助于对脂溢性皮炎引发的皮肤过敏症状进行控制。

5. 中性皮肤的特点及营养需求　中性皮肤既不干燥又不油腻，洁白红润，表面光滑细腻，富有弹性，对阳光耐受性好，不容易出现皱纹，对外界刺激不敏感。

中性皮肤者宜多食用豆类，如黑豆、黄豆、赤小豆及蔬菜、水果、海藻类等碱性食品，少吃鸟兽类、鱼贝类酸性食品。

（三）不同皮肤类型的营养调理方法

1. 通过饮食补充营养 ①干性皮肤者在饮食上，应多吃补充水分的食物，如胡萝卜、西红柿、橄榄、卷心菜、菠菜、梨、哈密瓜、橙子、香蕉等。还可多吃滋润皮肤的清凉食物，如绿豆、藕、竹笋、白木耳等。另外，可适当吃些动物油脂、奶油、蛋黄、花生、核桃、蜜枣、芝麻、玉米之类的富含油脂、胶质的食物。②油性皮肤者在饮食上，应选择具有凉性、平性的食物，如冬瓜、丝瓜、白萝卜、胡萝卜、竹笋、大白菜、小白菜、卷心菜、莲藕、黄花菜、荸荠、西瓜、柚子、椰子、银鱼、鸡肉、兔肉等。少吃油腻、辛辣、甜食和高盐的食物，多喝水，保持大便通畅。③混合性皮肤者在饮食上，应选择富含维生素 C、维生素 E、维生素 A 等抗氧化物质的食物，如柑橘类水果、绿叶蔬菜、胡萝卜、牛奶等。少吃油腻、辛辣、甜食和高盐的食物，多喝水，保持大便通畅。④敏感性皮肤者宜多吃富含维生素 C、维生素 E、维生素 A 等抗氧化物质的食物，如柑橘类水果、绿叶蔬菜、胡萝卜、牛奶等；多喝水，每天至少喝 1000ml 的白开水；避免乙醇、辛辣、油腻、甜食和高盐的食物；少吃或不吃容易引起过敏的食物，如鱼、虾、蟹、花生、牛奶等。⑤中性皮肤者在饮食上，应注意补充维生素和蛋白质，如水果、叶菜、木耳、黄瓜、无花果、洋葱、牛奶、豆制品等。避免烟酒及辛辣食物的刺激。

2. 通过护肤品选择营养 ①干性皮肤的护肤品选择要注重补水和保湿，选择含有透明质酸、神经酰胺、甘油等保湿成分的护肤品，避免使用刺激性或碱性的清洁产品，使用温和、滋润的洁面乳、化妆水、乳液或面霜。②油性皮肤的护肤品选择要注意控油、收缩毛孔、补水保湿，选择清爽控油的护肤品，避免使用过于油腻或营养过剩的护肤品，使用温水和适度的清洁产品，使用含有绿茶、金缕梅、茶树等收敛成分的化妆水、乳液或啫喱。③混合性皮肤的护肤品选择要分区域进行，根据不同部位的皮肤状况选择合适的护肤品，一般在 T 区使用控油的护肤品，在其他部位使用保湿的护肤品，使用含有芦荟、黄瓜等平衡成分的化妆水、乳液或啫喱。④敏感性皮肤的护肤品选择要减少刺激，避免过敏因素，选择温和、无香料、无色素、无乙醇的护肤品，使用含有甘菊、尿囊素、天然保湿因子、芦荟等舒缓成分的化妆水、乳液或面霜。⑤中性皮肤的护肤品选择范围比较大，可以根据季节和个人喜好选择合适的护肤品，一般以保湿为基础，使用温和、中性或弱酸性的护肤品，使用适量的化妆水、乳液或面霜。

三、不同年龄人群的皮肤与营养

（一）婴儿及幼儿期皮肤与营养

1. 婴儿皮肤特点 婴幼儿皮肤薄，含水量高，总皮脂量低。真皮结缔组织纤维细弱，毛细血管网丰富。皮肤 pH 偏中性，顶泌汗腺无分泌，汗腺发育不完全，调节体温能力不完善。皮肤的屏障功能低下，易受外界侵袭。对皮肤的保洁应以清洁为主，加强皮肤保健。提高身体素质，增强抵抗疾病的能力。

2. 婴儿及幼儿期营养需求 婴儿及幼儿期主要保持不偏食，多吃水果、蔬菜；经常晒太阳，保证充足的睡眠，养成良好的生活习惯。

（二）青少年期皮肤与营养

1. 青少年期皮肤的特点 青春期，机体各系统、器官、组织及生理功能均处于发育阶段，表皮细胞层数增多，角质层变厚，真皮纤维增多，由细弱变致密；内分泌功能增强，皮脂腺、汗腺分泌旺盛。此时期的皮肤一般偏油性，毛囊皮脂腺导管易阻塞，导致皮脂淤积形成痤疮，引发炎症反应。这一时期，皮肤坚固、柔韧、光滑、润泽。

2. 青少年期的营养需求 适量的紫外线照射对人体的健康、皮肤的健美有益。青少年应养成良好的生活习惯，饮食得当，避免过多食用高糖、高脂和刺激性的食物，以清淡食物为主，蔬菜和水果均有益于成长。

（三）成年期皮肤与营养

1. 成年期皮肤的特点 成年期皮肤渐渐失去弹性，变松弛，开始出现皱纹。皮肤保养应从心理、生活、饮食、运动等多方面综合进行。

2. 成年期的营养需求 此时期，应注意补充足够的水分，食用含抗氧化剂的食物，保护皮肤，防止自由基对皮肤的伤害；避免食用加工的或简单的糖类食物，以免导致血液中胰岛素上升过快，促进发炎和老化的现象，少量多餐，避免暴饮暴食；摄入适量的动物性蛋白质，以修复身体组织和对抗外来的感染。

（四）老年期皮肤与营养

1. 老年期皮肤的特点 老年时期表皮变薄，表皮萎缩伴真皮乳头扁平，基底层细胞分裂能力降低，表皮更新速度减慢。皮肤感觉功能减退，痛阈增高。表皮和真皮结合部位变平，营养供应和能量交换减少。真皮弹性蛋白和胶原蛋白降解增多；基质的蛋白多糖合成减少，加上皮下组织脂肪减少，使皮肤弹性下降，出现松弛和皱纹；朗格汉斯细胞数量减少、活动减慢，使皮肤免疫防御能力降低；黑素细胞分布不均，使得肤色不一，色斑出现。

2. 老年期的营养需求 老年期应多食用富含维生素 C 的蔬菜、水果；外用一些去角质的 A 酸、果酸、水杨酸等；搭配其他抑制黑色素生成的物质，如对苯二酸、甘草提取物、熊果素。或以左旋维生素 C 将黑色素还原成无色的黑色素前体，则淡斑的效果更好。

四、不同性别的皮肤与营养

（一）男性皮肤与营养

1. 男性皮肤的特点 男性的雄激素分泌量一直到老年变化都不大，这也是男性皮肤不易衰老的原因。由于男性激素活动过频会刺激皮脂分泌，所以油脂及汗水分泌比较多，平均油脂分泌量是女性的 2 倍。因此，男性皮肤一般偏向油性，pH 为 4.5～6.0。当旺盛的分泌物未被及时清洗、疏导而堵塞毛孔，皮肤会容易患痤疮。男性皮肤角质层平均比女性厚 16%。皮肤老化痕迹出现的时间比女性晚，在 30～50 岁皮肤的紧致度减少约 25%，35 岁之后，男性进入衰老队伍，新陈代谢和身体各项功能严重下降。男性的肌肤更易干燥、脱水，血液循环速度比女性快 50%，并且耗氧量较大。眼周肌肤更易产生细纹，易疲劳。男性的肌肤拥有更多毛发，频繁地剃须会使毛发生长得更快，不适当剃须会滋生细菌，使肌肤受损，容易提前老化。

2. 男性的营养需求 应适当摄取肉食品，青年男性由于能量支出明显高于同龄女性，因而应适当多吃些肉类食品以补充机体所需能量，通常应多食瘦肉。应注意钙的摄取，钙缺乏会导致身体各部不适，严重时会诱发各种疾病。因此，青春期也应注意摄取大豆制品、海产品、奶类和芝麻酱、小白菜等含钙丰富的食品。不可酗酒及禁止吸烟；过量饮酒会引起酒精中毒型肝硬化，能诱发心脏病等多种疾病；长期吸烟可导致皮肤晦暗、松弛。

（二）女性皮肤与营养

1. 女性皮肤的特点 女孩从发育开始，雌激素分泌逐渐旺盛，皮下脂肪趋于发达，皮肤变得润滑、光泽，富有弹性。女性皮肤最美时期为 15～25 岁，20 岁为最佳时期，这是激素分泌所致，这种状况一般可保持至 40 岁左右。由于年龄的增长，皮肤状况随着女性激素分泌的周期变化而变化，在月经期皮肤特别敏感，显得粗糙，而在排卵期皮肤特别光滑细嫩。同时，妊娠期的女性容易出现黄褐斑，皮肤也特别粗糙，而哺乳期后黄褐斑会慢慢消退。总之，女性皮肤细柔、娇嫩，皮脂的分泌量较少，毛囊皮脂腺开口较小；毛发少；黑色素含量较少，变得比较白净；皮肤血管收缩调节能力较弱。因此，女性皮肤容易遭受紫外线等外界因素的伤害，易患冻疮、下肢静脉曲张等。

2. 女性的营养需求 18~24 岁的女性皮肤具有保护和免疫的能力，脂腺分泌物增加，易生痤疮。饮食上多吃有助于减少多余油脂的食物，如含维生素的豆类，多喝白开水，多吃蔬菜、水果，少吃盐、油。

25~33 岁的女性肌肤状态已经趋于稳定阶段，而且有下滑趋势，皮肤比较细腻，但弹性不足。额头及眼下会出现细纹，皮脂腺分泌逐渐减少，但 T 字区油脂分泌还是很旺盛。皮肤容易敏感，容易出现色素沉着。饮食上多吃马铃薯、柑橘、橙子、柠檬、青红椒、番茄、红葡萄等。

34 岁以上女性皮肤特性：皮肤发白，皮肤粗糙，肤色开始发暗，出现皱纹，色素沉着。皮脂分泌减少，皮肤易干燥，较敏感。皮肤不再有自身修复和再生能力。饮食上多吃肉类，肉类含有丰富的锌等微量元素。它是修补及合成体内蛋白质的重要元素，能补充体力，还能增强免疫力。红肉（牛肉、羊肉）所含的铁是红细胞的基本成分，可以保证向身体的所有器官供氧，其中含有的蛋白质能保证氨基酸的供给，补充皮脂的分泌。

五、不同季节的皮肤与营养

（一）春季皮肤与营养

1. 春季皮肤的特点 春季皮肤易敏感、易过敏、油脂旺盛、易晒黑。这是因为春季的温度忽冷忽热，空气中含有大量的花粉、灰尘等过敏原，皮肤新陈代谢加快，皮脂腺分泌增多，而紫外线强度也逐渐上升。因此，春季护肤要注意保湿、防晒、防过敏，选择温和、无刺激的护肤品，避免食用容易引起过敏的食物。

2. 春季的营养需求 根据春季皮肤的特点，春季皮肤需要保持皮肤的清洁、补水保湿、修复屏障、防晒抗氧化等。因此，建议多喝水，多吃富含维生素 C、维生素 E、维生素 A 等抗氧化物质的食物，如柑橘类水果、绿叶蔬菜、胡萝卜、牛奶等，以及富含铁、锌等微量元素的食物，如动物内脏、海带、紫菜、蛋黄等。

（二）夏季皮肤与营养

1. 夏季皮肤的特点 夏季皮肤油脂分泌旺盛、毛孔粗大，易出现痘痘、黑头、色斑等问题，同时也容易受到紫外线的伤害，导致皮肤晒黑、老化、过敏等。因此，夏季护肤要注意清洁、控油、补水、防晒、美白等方面，选择清爽、无刺激的护肤品，避免过度清洁和暴晒。

2. 夏季的营养需求 根据夏季皮肤的特点，夏季皮肤主要以补充水分、抗氧化物质、维生素和微量元素。因此，建议多喝水，多吃富含维生素 C、维生素 E、维生素 A 等抗氧化物质的食物，如柑橘类水果、绿叶蔬菜、胡萝卜、牛奶等，以及富含铁、锌等微量元素的食物，如动物内脏、海带、紫菜、蛋黄等。

（三）秋季皮肤与营养

1. 秋季皮肤的特点 因为秋季的气候干燥、温差大、空气污染、紫外线强烈等因素，易出现水分流失、皮脂分泌减少、皮肤屏障受损、皮肤弹性下降等问题。因此，秋季皮肤具有易干燥、易过敏、易衰老、易晒伤的特点。所以秋季护肤要注意补水保湿、防晒美白、抗过敏抗氧化、适当去角质等方面，选择温和、滋润的护肤品，避免过度清洁和暴晒。

2. 秋季的营养需求 根据秋季皮肤的特点,秋季建议多喝水,多吃富含维生素 C、维生素 E、维生素 A 等抗氧化物质的食物,如柑橘类水果、绿叶蔬菜、胡萝卜、牛奶等,以及富含铁、锌等微量元素的食物,如动物内脏、海带、紫菜、蛋黄等。

(四)冬季皮肤与营养

1. 冬季皮肤的特点 因为冬季的气候寒冷、干燥、污染、紫外线强烈等因素,易出现水分流失、皮脂分泌减少、皮肤屏障受损、皮肤弹性下降等问题,因此冬季皮肤具有干燥、粗糙、脱屑、缺水、敏感、易衰老、易晒伤的特点。因此,冬季护肤要注意滋养、保湿、防晒、抗衰老等方面,选择温和、滋润的护肤品,避免过度清洁和暴晒。

2. 冬季的营养需求 根据冬季皮肤的特点,冬季皮肤应适宜补充水分、抗氧化物质、维生素和微量元素。因此,建议多喝水,多吃富含维生素 C、维生素 E、维生素 A 等抗氧化物质的食物,如柑橘类水果、绿叶蔬菜、胡萝卜、牛奶等,以及富含铁、锌等微量元素的食物,如动物内脏、海带、紫菜、蛋黄等。

目标检测

答案解析

单项选择题

1. 肌肉收缩的基本单位是（　　）
   A. 肌肉纤维束 　　　　　 B. 肌动蛋白 　　　　　 C. 原肌球蛋白
   D. 肌原纤维 　　　　　　 E. 肌钙蛋白

2. 血细胞主要生成部位是（　　）
   A. 骨髓 　　　　　　　　 B. 血液 　　　　　　　 C. 心脏
   D. 肝脏 　　　　　　　　 E. 血浆

3. 下列不属于血浆中蛋白质作用的是（　　）
   A. 运输作用 　　　　　　 B. 免疫作用 　　　　　 C. 凝血作用
   D. 维持酸碱平衡 　　　　 E. 维持血量

4. 碳水化合物在胃肠道的主要消化部位是（　　）
   A. 胃 　　　　　　　　　 B. 小肠 　　　　　　　 C. 大肠
   D. 肝脏 　　　　　　　　 E. 直肠

5. 碳水化合物贮存和分布的中心部位是（　　）
   A. 胃 　　　　　　　　　 B. 小肠 　　　　　　　 C. 大肠
   D. 肝脏 　　　　　　　　 E. 直肠

6. 合成血浆蛋白的主要场所是（　　）
   A. 胃 　　　　　　　　　 B. 小肠 　　　　　　　 C. 大肠
   D. 肝脏 　　　　　　　　 E. 直肠

7. 有助于维持骨骼的强度,降低骨折风险的营养素是（　　）
   A. 钙与蛋白质 　　　　　 B. 蛋白质与磷 　　　　 C. 钙和磷
   D. 脂肪与钙 　　　　　　 E. 脂肪与蛋白质

8. 理想的皮肤类型是（　　）
   A. 中性皮肤 　　　　　　 B. 干性皮肤 　　　　　 C. 油性皮肤
   D. 敏感皮肤 　　　　　　 E. 混合性皮肤

9. 油性皮肤者饮食应多食（　　）

  A. 凉性、平性食物　　　　　B. 热性食物　　　　　　C. 辛辣食物

  D. 脂肪含量高的食物　　　　E. 寒性食物

10. 冬季营养皮肤应（　　）

  A. 多喝水　　　　　　　　　B. 多吃寒冷性食物　　　C. 选择作用剧烈的护肤品

  D. 多吃辛辣食物　　　　　　E. 多吹风

书网融合……

| 重点小结 | 微课1 | 微课2 | 习题 |

项目六 衰老与美容保健 ⓔ微课

PPT

▶ 学习目标

知识目标：通过本项目的学习，掌握预防衰老的膳食原则及膳食调养方法；熟悉衰老的病因及临床表现；了解预防衰老的其他措施。

能力目标：具备能够对衰老人群进行膳食指导及建议的能力。

素质目标：通过本项目的学习，树立正确的审美观。

任务一　衰老概述

▶ 情境导入

情境：张某，女，60岁，身形瘦弱，自述记忆力减退，睡眠质量差，精力不足，常感觉疲乏无力。

思考：1. 排除疾病外，如何指导她进行家庭膳食调理？

2. 还可以通过哪些方式来改善这种情况？

一、衰老的概念

衰老是指人体的组织结构和生理功能出现自然衰退的现象，与许多慢性病的发生密切相关。衰老分生理性衰老与病理性衰老两类。生理性衰老是生物体自成熟期开始随增龄发生的、渐进的、受遗传因素影响的、全身复杂的形态结构与生理功能不可逆的退行性变化，英文是"aging"，含有"增龄""加龄"的意思。疾病或异常因素可引起病理性的衰老，使衰老现象提前出现。"衰老"与"老年"是不同的概念，衰老是个动态的过程，是就整个机体而论；老年则是整个机体的一个年龄阶段，进入这个阶段的机体即属于老年机体。

二、衰老的表现

（一）外观

1. 身高　身高随年龄逐渐减低，由于老年人骨质疏松，造成脊柱椎体压缩、椎间盘萎缩、脊柱前弯、臀部弯曲、下肢弯曲等，使老年人身高降低。

2. 体重　一般情况体重会随着年龄的增长而逐渐减轻，但有的老年人由于活动少，营养相对过剩，脂肪组织堆积严重，导致体重减轻不明显，甚至增加。

3. 胸廓　老年人脊柱常后隆，胸骨前突，胸廓前后径增加，前后径与左右径比增加，上部肋间隙增宽。胸围则随年龄的增加而逐渐减小。女性较男性明显，可能与乳腺萎缩、肌肉松弛有关。呼吸差是人体深吸气胸围与深呼气胸围的差值，因胸廓通气功能随增龄而逐渐地减弱，呼吸差也与年龄呈负相关。

4. 腹围 根据性别、营养、体力活动等的不同，腹围随年龄的变化差异较明显，男性如体力活动少，营养过度，腹围会有轻度增加或无明显变化，但到 80 岁后则腹围减小。女性年龄增至 60～70 岁时，腹围随着腹部脂肪堆积而增加，70 岁后随增龄腹围逐渐减小。

5. 皮肤 随年龄的增长皮肤可出现老年斑和白斑，老年斑为点状色素沉着，境界清楚，表面不隆起或稍隆起的棕褐色斑，可分布于全身，较常见于面、颈、胸背部以及四肢的皮肤。白斑为一种皮肤脱色斑块，呈点状分布于全身，以四肢、胸背部较常见。同时，老年人皮肤因皮脂腺分泌减少而无泽易裂，瘙痒；由于表面粗糙、松弛、弹性降低而出现皱纹；下眼睑肿胀，形成眼袋；皮肤毛细血管减少，变性，脆性增加，易出血（老年性紫癜）；随增龄，皮肤神经末梢的密度显著减少，致皮肤调温功能下降，感觉迟钝。

（二）生理表现

在人衰老的过程中，整体功能的衰老表现为机体自稳态调节范围变窄，反应力、适应力、免疫力和贮备力下降，个别器官甚至功能丧失（如绝经期后的妇女卵巢停止排卵）。结构的基本变化是细胞萎缩、数量减少，细胞内脂褐素沉积，细胞间质增多，组织纤维化和硬化，致使器官体积缩小，重量减轻，从而引起各系统功能的退变，例如人体代谢的变化。

1. 糖代谢的变化 老年人糖代谢功能下降，有患糖尿病的倾向。研究证明，50 岁以上糖代谢异常者占 16%，70 岁以上异常者占 25%。

2. 脂代谢的变化 随着机体的老化，不饱和脂肪酸形成的脂质过氧化物积聚，而脂质过氧化物极易产生自由基，血清脂蛋白也是自由基的来源。随年龄的增长，血中脂质也明显增加，老年人易患高脂血症、动脉粥样硬化、高血压及脑血管疾病。

3. 蛋白质代谢的变化 蛋白质代谢的衰老变化是人体生理功能衰退的重要物质基础。随着年龄的增加，血清白蛋白含量逐渐降低，总球蛋白增高，而且蛋白质分子可随增龄而形成大而不活跃的分子，蓄积于细胞中，致使细胞活力降低，功能下降。老年人蛋白质代谢分解大于合成，吸收功能减退。随着年龄的增长，各种蛋白质的量和质趋于降低。

三、衰老的影响因素

（一）现代学说

衰老的机制比较复杂，学说也很多，目前初步阐明了衰老的细胞和分子特征，基本总结为以下几个方面，这些特征有所重叠，尚没有得到学者的一致认可。

1. 细胞衰老 细胞是生物结构和功能的基本单位，衰老在细胞水平上具有明确的特征。细胞衰老是指细胞停止分裂，体积变大，扁平铺展，异染色质出现点状凝集，颗粒物增加的现象。最为典型的细胞衰老标志物是 β - 半乳糖苷酶染色阳性。

（1）**复制性衰老** 是指细胞分裂达到一定代数后出现的衰老现象。人体成纤维细胞大约经过 50 代的培养就不再分裂，走向完全衰老。衰老的细胞虽然分裂停止，但仍然存活，并能进行代谢活动。随着传代次数的增加，可以检测到端粒明显缩短。

（2）**早熟性衰老** 又名应激性衰老，是指细胞经过诱导物处理后在很短的时间内出现的衰老现象。诱导物的种类很多，如过氧化氢、射线、毒物、癌基因、抗肿瘤药物等，此类衰老的细胞不出现端粒缩短。

（3）**发育性衰老** 是指在胚胎发育过程中衰老细胞参与器官形成的现象。研究推测衰老细胞有可能分泌细胞因子，改变局部的内环境而有助于某些器官的形成和发育。2013 年发现"发育性衰老"以后，使人们对细胞衰老有了新的认识。细胞衰老是正常的生理现象，在胚胎期就发挥作用，属于可控的过程。而老年期衰老细胞明显增加，进入不可控的阶段，导致发生及其他老年病的产生。

2. 端粒缩短耗损　端粒是由短 DNA 重复序列组成的位于染色体末端的特殊结构，其功能是保持染色体结构的稳定，避免染色体末端的融合。端粒酶通过延长线粒而保持其长度的稳定。检测不同年龄人群血液白细胞的端粒长度发现，老年人的端粒明显缩短，端粒长度与年龄明显相关。通过对人染色体整体扫描研究发现，端粒缩短过程引起 DNA 损伤反应，活性氧自由基明显升高，导致基因组不平衡而启动细胞衰老的过程。使用射线引起端粒的损伤，可以观察到损伤不能修复，且持续地激活 DNA 损伤反应体系，从而导致细胞衰老。

3. 线粒体功能紊乱　线粒体是细胞内重要的细胞器，主要产生 ATP，提供人体生理功能所需的能量。线粒体功能失调是衰老的主要原因之一。去除线粒体的细胞难以发生细胞衰老的现象，也从一个侧面证明了线粒体与衰老的密切关系。能量代谢的重要过程三羧酸循环在线粒体内进行，代谢过程中产生的活性氧自由基可对线粒体造成损伤。线粒体中存在特异的镁离子依赖的过氧化物歧化酶及其他抗氧化物质，可以中和产生的 ROS。据测定，细胞中 90% 的 ROS 来自线粒体。当线粒体过度产生 ROS 时可引起细胞衰老。线粒体存在的环状 DNA，由于缺乏蛋白保护，其突变率比基因组 DNA 高 10～20 倍。线粒体 DNA 突变的积累也是引起衰老的原因之一。在正常情况下，细胞通过线粒体自噬清除破损的线粒体。该过程是把线粒体特异标记后，与自噬体结合，运输到溶酶体中消化。当线粒体自噬机制出现异常，不能正常发挥作用，引起不健康的线粒体在细胞内积累，产生大量的自由基而引起细胞衰老及其他不良效应。

4. 基因组稳定性下降　基因组的稳定性不仅与生物保持基因表达的调控功能有关，还与衰老密切相关。人体 DNA 与组蛋白结合形成高级有序的染色质结构，不仅有利于基因表达调节，也有利于 DNA 损伤的修复。随着年龄的增加、衰老的程度加深，基因组的稳定性下降，引起免疫细胞的功能下降，细胞清除突变基因的能力降低，导致更多的突变积累，容易发生恶性转化，使得老年期容易发生肿瘤。

5. 自由基过量堆积　自由基与衰老密切相关。自由基学说是 Denham Harman 在 1956 年提出的，认为衰老过程中的退行性变化是由于细胞正常代谢过程中产生的自由基的有害作用造成的。生物体的衰老过程是机体的组织细胞不断产生的自由基积累结果，自由基可以引起 DNA 损伤从而导致突变，诱发肿瘤形成。自由基是正常代谢的中间产物，可使细胞中的多种物质发生氧化，损害生物膜。还能够使蛋白质、核酸等大分子交联，影响其正常功能。

（二）中医精气亏耗学说

中医对衰老的机制认识源远流长，从《黄帝内经》到近现代都有详细的阐述和发挥。从历代对衰老的机制阐述来看，主要有五脏虚损致衰说、瘀血内阻致衰说等。

1. 五脏虚损致衰说　中医认为，人的生命正常延续与各脏腑功能及其相互协调有关，人的生老病死亦与这些脏腑的强弱盛衰息息相关。五脏虚损不仅是衰老的生理特征，也是导致衰老的重要原因。在五脏中，又以脾肾两脏与衰老关系最为密切。

2. 瘀血内阻致衰说　瘀血致衰源于《黄帝内经》。《素问·灵兰秘典论》曰："主不明则十二官危，使道闭塞而不通，形乃大伤，以此养生则殃。""使道"即血脉，明确指出血脉不通有碍健康长寿。后世医家对瘀血致衰也有论述，如华佗认为"血脉通流，病不得生"，并创立了五禽戏以行气活血，养生延寿。清代王清任对瘀血致衰作了进一步的阐述，认为瘀血内阻是诸多疾病及衰老的病因。近年来，瘀血内阻引起衰老日益受到重视，并形成代表性的学说，这一学说的提出丰富了中医衰老理论。

任务二　延缓衰老的保健措施

一、营养措施

（一）膳食原则

既然衰老不可避免，那么在健康条件下延长寿命一直是抗衰老研究的主要目标，减缓衰老过程、延迟衰老相关疾病发生是主要策略。营养是应对衰老的最具体方式，营养感应通路与寿命密切相关。目前在动物模型和人类中的一些研究已经证明，饮食干预可能对衰老过程产生积极影响。

1. 增加富含维生素 E、维生素 C、维生素 A 食物的摄入　维生素 E 对氧很敏感，易被氧化，通过自身的氧化可以阻止类脂类在自由基作用下发生过氧化反应，从而阻止脂褐素的形成。脂褐素、自由基等指标仅是评价衰老的参考指标，维生素 E 能延长动物的平均寿命，但不能延长其最高寿命，故维生素 E 延缓衰老仅仅起的是一种保健作用。维生素 C 抗坏血酸，是一种很强的抗氧化剂，具有抗感染和防病作用。维生素 A 参与体内多种代谢，能维护上皮组织的完整性，增强对疾病的抵抗力，预防某些癌症的发生，对老年人更为重要。

2. 多食用矿物质丰富的食物　铁是血红蛋白的重要组成，缺乏时易导致缺铁性贫血。老年人造血功能衰退，对铁的消化吸收能力下降，缺铁性贫血常见，因此要摄入充足的铁。富含血红素铁、吸收率高的食物，如牛肉、猪肝等。钙对心肌、骨骼肌、平滑肌的兴奋性以及泌尿系统的正常活动，提高机体免疫力，防止骨质疏松等具有重要作用。钙的吸收一般随着年龄的增长而降低。老年人应适当补充钙质，多吃些富含钙质的食物，如骨汤、牛肉、虾皮、小鱼等。

3. 多食用富含膳食纤维的食物　提高膳食纤维的饮食比例，有利于防止肠道癌、高血脂、冠心病、糖尿病、便秘、痔疮等老年病。

4. 多食用 SOD 含量高的食物　SOD 能清除体内产生的过量超氧阴离子自由基，保护 DNA、蛋白质和细胞膜免遭破坏，具有延缓衰老的作用。

5. 多食用姜黄素含量高的食物　姜黄素具有很强的抗氧化作用，以消除体内有害的自由基，自由基的清除率可达 69%。能使 SOD、过氧化氢酶和谷胱甘肽过氧化酶的活性分别提高约 20%。另外，姜黄素还具有降血脂、抗肿瘤、抗炎、利胆的功能。

6. 多食用茶多酚含量高的食物　茶多酚具有很强的供氢能力，能中断自动氧化成氢过氧化物的连锁反应，阻断氧化过程，可与体内多余的自由基相作用而使氧自由基最大消除率达 98% 和 99%，其抗氧化能力比维生素 E 强 18 倍。

（二）膳食推荐

1. 灵芝鹌鹑蛋汤

【配料】鹌鹑蛋 12 个，灵芝 60g，红枣 12 个。

【制作和用法】将灵芝洗净，切成细块；红枣去核洗净；鹌鹑蛋煮熟，去壳。把全部用料放入锅内，加清水适量，武火煮沸后，文火煲至灵芝出味，加白糖适量，再煲沸即成。

【功效】具有补血益精、悦色减皱功效。

2. 地黄抗皱粥

【配料】熟地黄、枸杞子各 20g，甘菊花 10g，鸡脯肉 100g，粳米 60g，细盐、生姜末、味精、葱花各适量。

【制作和用法】将鸡脯肉洗净，剁肉泥，备用；将熟地黄等 3 味中药水煎 2 次，取汁，备用。粳米洗净，放砂锅内，加入药汁与鸡脯肉，文火煨粥，粥成时加入细盐、葱花、生姜末与味精调匀，再煮片刻即成。

【功效】具有和血益肤、滋补肝肾、乌发固齿功效，久服有抗皱抗衰作用。

3. 杏仁牛奶芝麻糊

【配料】杏仁150g，核桃仁75g，白芝麻、糯米各100g，黑芝麻200g，淡奶250g，冰糖60g，水适量，枸杞子、果料适量。

【制作和用法】糯米先用温水浸泡30分钟，将芝麻炒至微香，与上述原料一起捣烂成糊状，用纱布滤汁，将冰糖与水煮沸，再倒入糊中拌匀，撒上枸杞子、果料，文火煮沸。冷却后食用，每日早晚各100g。

【功效】具有润肤养颜、延缓皮肤衰老及抗皱祛皱功效。

4. 参芪粥

【配料】黄芪30~60g，人参3~5g（或党参15~30g），白糖少许，粳米100~150g。

【制作和用法】先将黄芪、人参（或党参）切成薄片，用冷水浸泡半小时，入砂锅煎服，后改用文火煎成浓汁。取汁后，再加冷水如上法煎取二汁。去渣，将一、二煎药液混合，分两份于每日早晚同粳米加水适量煮粥，粥成后，入白糖少许，稍煮即可。

【功效】具有益元气、补五脏、抗衰老功效。

二、预防保健措施

（一）适当运动

运动有无延缓衰老的作用，是一个争议多年的问题，尽管目前看法不一致，但适当的体力活动的确能增强机体代谢和改善各器官功能，从而增强机体对外界的适应能力和对疾病的抵抗能力，推迟冠心病等疾病的发生年龄，降低死亡率，从而轻度延长平均寿命。老年人可根据自己的体质、健康状况选择不同的锻炼方式，如太极拳、保健操、步行等。

（二）充足的睡眠

充足的睡眠是防止过度疲劳造成皮肤早衰的保养原则之一。俗语讲"睡美人"，表明睡眠在皮肤保养中的重要作用。因为在睡眠过程中，毛细血管循环增多，加快了皮肤的新陈代谢，皮肤因一天的疲劳带来的细小皱纹、颜面憔悴，都会在睡眠中得以恢复。所以，要保持充足睡眠，重视调整睡眠质量。

（三）中医美容

中医古籍如《太平圣惠方》收载抗衰益寿方剂172首，《本草纲目》有390多条记载均与轻身抗衰老方药和一些服食的长寿案例相关，《神农本草经》365种药物中，能够"轻身""延年""耐老"的药物达119种，这些都是宝贵的临证资料。中医药为中华民族的繁衍昌盛和人类的健康保驾护航，其抗衰老研究历经各代传承发展，在理论和实践方面均具有独特优势。中医药抗衰老在整体观念的指导下，采用药物或外治法等措施防衰抗衰，能够满足不同人群的抗衰老需求。

•••• 目标检测

答案解析

单项选择题

1. 下列不属于衰老外在表现的是（　　）

　　A. 身高随年龄逐渐减低　　　　　　　　B. 体重随年龄增长而逐渐加重

C. 脊柱后隆   D. 胸骨前突

E. 皮肤出现老年斑

2. 下列不属于衰老生理表现的是（　　）

A. 糖代谢功能下降   B. 自由基增多   C. 血清蛋白含量逐渐降低

D. 总球蛋白增高   E. 血脂明显减少

3. 下列不属于衰老影响因素的是（　　）

A. 细胞衰老   B. 端粒缩短耗损   C. 线粒体功能紊乱

D. 基因组稳定性下降   E. 自由基减少

4. 下列不属于衰老中医理论的是（　　）

A. 气机不调   B. 阴阳失衡   C. 五脏虚损

D. 情志致病   E. 肾阴亏损

5. 下列不属于衰老营养治疗的是（　　）

A. 增加富含维生素 B 的食物   B. 多食用矿物质丰富的食物

C. 多食用富含膳食纤维的食物   D. 多食用富含 SOD 的食物

E. 多食用姜黄素含量高的食物

6. 下列不属于衰老膳食推荐的是（　　）

A. 灵芝鹌鹑蛋汤   B. 地黄抗皱粥   C. 杏仁牛奶芝麻糊

D. 皮蛋瘦肉粥   E. 参芪粥

7. 下列属于预防衰老行为的是（　　）

A. 不使用任何护肤品   B. 多食用辛辣刺激的食物   C. 熬夜

D. 剧烈运动   E. 充足的睡眠

8. 下列不属于衰老细胞理论的是（　　）

A. 早熟性衰老   B. 应激性衰老   C. 复制衰老

D. 成熟性衰老   E. 发育性衰老

9. 下列不属于衰老皮肤表现的是（　　）

A. 出现老年斑   B. 神经末梢密度减少   C. 毛细血管增多

D. 出现皱纹   E. 皮肤粗糙、松弛

10. 下列不属于衰老容易引起的疾病的是（　　）

A. 高血脂   B. 动脉粥样硬化   C. 高血压

D. 脑血管疾病   E. 皮肤疾病

书网融合……

                重点小结   微课   习题

项目七 常见皮肤问题及其合理膳食 _e微课

PPT

学习目标

知识目标：通过本项目的学习，掌握常见问题皮肤的营养治疗及膳食调养方法；熟悉问题皮肤的病因及临床表现；了解问题皮肤的生理改变。

能力目标：具备根据目标对象的皮肤特点进行食物的选择与指导的能力。

素质目标：通过本项目的学习，解决不同皮肤类型膳食搭配问题，培养服务他人的职业精神，为以后从事美容相关工作奠定良好的基础。

任务一 老化皮肤的合理膳食

情境导入

情境：刘某，女，46岁，皮肤蜡黄、暗淡无光，眼角鱼尾纹及法令纹明显，两颊伴有黄褐斑，自述想改善皮肤肤质及松弛现象。

思考：1. 除了美容院护理外，如何指导她进行家庭膳食调理？

2. 还可以通过什么方式改善这种情况？

一、皮肤老化原因

（一）内在因素

1. 遗传性衰老 人类遗传内因子的化学本质是 DNA。每个个体中 DNA 片段的不同配对决定着人体皮肤衰老出现的早晚。

2. 代谢性衰老 随着年龄的增长，机体自身的新陈代谢速度普遍下降，机体的吸收、利用、转化、排泄、运输和恢复等能力均比以往有大幅度的降低，这致使皮肤出现衰老迹象。

3. 循环性衰老 机体中动静脉毛细血管管壁弹性随着年龄的增长而下降及纤维老化，引起微循环异常，局部血流量减少，甚至部分毛细血管开始关闭。这造成机体对皮肤器官的营养供应以及废物排泄的能力下降。

4. 自由基衰老 自由基学说认为，人体的衰老过程其实是一个氧化过程，机体吸入的氧在体内进行新陈代谢过程中会有一部分的氧原子失掉一个电子，形成一个不稳定的氧离子，这就是自由基。自由基在机体内到处游荡，从别的细胞膜上夺取电子与之配对并形成新的稳定物，与此同时，又产生一个新的自由基，如此不断循环。随着年龄的增长，机体内清除氧自由基的能力下降，自由基与皮肤的生物分子反应，引起脂质过氧化，造成皮肤的衰老，皮肤会逐渐变得粗糙、发皱、松弛，并且出现老年斑。

（二）外在因素

1. 紫外线伤害 UVA 到达皮肤真皮层，长时间的刺激累积可以造成体内的氧化游离基（自由基）增多，损害弹性纤维和其他组织，导致弹性纤维变性、断裂等，引起皮肤出现松弛、下垂、皱纹和色斑等。UVB的透射力可达皮肤表皮层，易引起皮肤红肿、疼痛，严重时可产生水疱、红斑等炎症反应，炎症消退后易留下色素沉着。

2. 气候、季节影响 寒冷、酷热、干燥的环境，可影响皮肤正常的生理功能，使皮肤散发过多水分，产生干燥、脱皮的现象，加速皮肤衰老。

3. 环境影响 空气中的粉尘颗粒附着于皮肤表面，堵塞毛孔，阻碍腺体分泌，易引起皮肤敏感及皮脂分泌能力下降，导致皮肤出现毛孔粗大、皮肤粗糙、痤疮等反应。

4. 错误的保养 市场上美容化妆品种类繁多，普通消费者经常会选用不适合自己的化妆品而引起皮肤过敏、干痒、脱屑、红肿等现象，所以消费者应在专业人士的科学指导下，选择适合自己的化妆品。

5. 饮食不当和不良的生活习惯 皮肤是身体的排泄器官，在日常生活中，经常食用辛辣、刺激、油脂多的食物，会加重皮肤的代谢负担，造成皮肤皮脂分泌过多、堵塞毛孔，引起毛孔粗大等。另外，睡眠不足会使皮肤细胞的各种调节活动功能失常，影响表皮细胞的活力。长期吸烟、喝酒等不良的生活习惯也会大大影响皮肤的正常功能，加速皮肤的衰老。因此，合理的营养膳食、良好的生活习惯、适量的运动能促使全身血液循环加速，保证皮肤的正常功能，增大皮肤弹性和润泽程度，延缓皮肤衰老。

6. 其他因素 过于丰富的面部表情、心情压抑、疲劳、脾气急躁或不当的减肥方法等因素都可以引起皮肤的衰老。

二、临床表现

1. 角质层水分含量较低（≤10%）。

2. 皮脂腺分泌量低，汗液排出减少，皮肤干燥、皮屑增多、发痒或出现浮肿。

3. 皮肤暗淡无光、发灰发黄，色素失调，色斑产生，出现明显皱纹，弹性降低，皮肤松弛、下垂。

4. 皮肤变薄变硬，角质层增厚、萎缩，适应力、抵抗力、再生修复力均下降，易感染或过敏，伤口不易愈合。

三、营养与保健措施

（一）营养措施

1. 摄入富含抗氧化剂的食物

（1）维生素C 是保持肌肤健康必不可少的营养素，具有分解皮肤中黑色素，预防色素沉着，防治黄褐斑、雀斑的发生，使皮肤洁白柔嫩的功能。维生素C能促进胶原蛋白的合成，有助于保持皮肤的弹性。同时，维生素C还是一种较强的抗氧化剂，可以中和自由基，减少氧化损伤。经常食用富含维生素C的食物，皮肤通常更加光滑细腻，皱纹也相对较少。

（2）维生素E 可以保护皮肤免受自由基的伤害，对胶原纤维和弹性纤维有一定的修复作用进而能够改善皮肤弹性，促进血液循环，使皮肤光滑有弹性，毛发、指甲光滑润泽，消除色斑，促进伤口愈合，延缓衰老。它还能增强皮肤的保湿能力，使皮肤更加柔软光滑。经常食用坚果、种子等富含维生素E的食物，有助于改善皮肤的干燥状况，减少细纹的出现。

（3）类胡萝卜素 可以转化为维生素A，对皮肤健康至关重要。它有助于维持皮肤的正常结构和功能，促进皮肤细胞的生长和修复。

（4）多酚类化合物　具有很强的抗氧化作用，可以抵御自由基对皮肤的伤害，减缓皮肤衰老的速度。绿茶、红酒、蓝莓等富含多酚类化合物的食物有助于减少皮肤的炎症反应，预防皱纹的产生。

（5）多食用富含铁、锌、碘等矿物质的食物　要使皮肤光泽红润，需要充足的血液。铁是血液中血红蛋白的主要成分；锌是多种酶的组成成分，参与人体的各种生理活动；碘能促进新陈代谢，加速血液循环，使皮肤光泽有弹性。富含矿物质的食物如动物肝脏、海带、芝麻酱、瘦肉、蛋黄及海产品。

（6）增加含异黄酮类食物的摄入量　异黄酮是黄酮类化合物，它主要存在于豆科植物中，由于大豆异黄酮是从植物中提取的，又与雌激素有相似的结构和功能，因此称之为"植物雌激素"。它可以防治因雌激素水平下降而引起的皮肤衰老，改善更年期症状。

2. 保证足够的蛋白质摄入　皮肤中的胶原蛋白含量会随着年龄的增长而逐渐减少，导致皮肤松弛、皱纹增多。瘦肉、鱼类、豆类、蛋类等食物富含优质蛋白质，可以提供皮肤细胞所需的氨基酸，维持皮肤的正常代谢和修复功能。此外，补充富含维生素 C 的食物也有助于促进胶原蛋白的合成。

3. 摄入富含必需脂肪酸的食物　三文鱼、鳕鱼、亚麻籽、奇亚籽等食物富含 $\omega-3$ 脂肪酸。$\omega-3$ 脂肪酸可以减少炎症反应，保持皮肤的水分，防止皮肤干燥和瘙痒。玉米油、大豆油、葵花籽油等植物油富含 $\omega-6$ 脂肪酸。适量摄入 $\omega-6$ 脂肪酸对皮肤健康也很重要，但要注意与 $\omega-3$ 脂肪酸的比例平衡。

4. 补充足够的水分　每天饮用足够的水，保持身体的水分进出平衡，可以使皮肤保持柔软、光滑，减少皱纹的出现。此外，喝水还可以促进新陈代谢，帮助身体排出毒素。

（二）预防保健措施

1. 做好防晒　长期暴露在阳光下，会使皮肤产生皱纹、色斑、松弛等问题。因此，做好防晒是延缓皮肤衰老的关键。外出时，应涂抹防晒霜，选择防晒指数（SPF）合适的产品，并根据需要及时补涂。同时，还可以佩戴太阳镜、帽子、遮阳伞等，减少紫外线对皮肤的伤害。避免在阳光强烈的时段外出，尤其是上午 10 点至下午 4 点之间。如果必须外出，应尽量选择在阴凉处行走。

2. 保持良好的生活习惯

（1）充足的睡眠　睡眠不足会影响皮肤的新陈代谢和修复功能，导致皮肤干燥、暗沉、皱纹增多。因此，每天应保证 7~8 小时的睡眠时间，让皮肤有足够的时间进行自我修复。

（2）适度运动　适度的运动可以促进血液循环，增强身体的免疫力，对皮肤健康也有好处。运动可以使皮肤更加紧致，富有弹性，同时还可以促进汗液排出，帮助身体排出毒素。每周进行 3~5 次，每次 30 分钟以上的有氧运动，如快走、跑步、游泳等，可以改善皮肤的状态。

（3）减少压力　长期的高压力状态会影响内分泌系统，导致皮肤问题的出现。因此，应学会有效地应对压力，采取一些放松的方法，如冥想、瑜伽、深呼吸等。

（4）戒烟限酒　吸烟和过量饮酒会对皮肤造成严重的伤害。吸烟会使皮肤变得粗糙、暗沉，皱纹增多，还会影响皮肤的血液循环。过量饮酒会导致皮肤脱水，使皮肤失去弹性。因此，应尽量戒烟限酒，保护皮肤健康。

3. 正确的皮肤护理

（1）清洁　选择温和的洁面产品，每天清洁皮肤，去除污垢和多余的油脂。但要注意不要过度清洁，以免破坏皮肤的屏障功能。

（2）保湿　使用保湿产品，保持皮肤的水分。可以选择含有透明质酸、甘油等成分的保湿产品，这些成分可以吸收空气中的水分，使皮肤保持湿润。

（3）抗皱　根据自己的皮肤状况，选择合适的抗皱产品，可以促进胶原蛋白的合成，减少皱纹的出现。

四、推荐膳食

1. 何首乌红枣粥

【配料】粳米 100g，何首乌 50g，红枣 3~5 枚，红糖适量。

【制作方法】何首乌用砂锅煎取浓汁，去渣备用，何首乌汁与淘洗过的粳米、红枣一同入锅，加入适量水，旺火烧开后，再转用文火熬煮成粥，待粥即将熟时加入红糖搅拌均匀即可。

【功效】蛋白质、脂肪、维生素含量多，能促进血液循环，抗氧化作用明显，提高老年人机体的DNA 修复能力，增加皮肤弹性，延缓衰老。

2. 花生牛蹄筋粥

【配料】牛蹄 80g，花生米 80g，糯米 100g。

【制作和用法】先将牛蹄筋切成小块，糯米淘洗干净后，与花生米、牛蹄筋一同入锅，加入适量水，至牛蹄筋熟烂，米开汤稠即可。

【功效】此粥含有丰富的蛋白质、脂肪、矿物质和胶原蛋白，能增加皮肤弹性，补充皮肤营养，使皮肤的皱纹变浅或消失。

3. 小米山药粥

【配料】小米 100g，山药 200g，大枣 5 枚。

【制作和用法】先将山药去皮成小块备用，小米淘洗干净后放入凉水中煮开，加入切好的山药和洗净的大枣同煮，至米开汤稠即可。

【功效】此粥含有丰富的黏液蛋白、维生素及微量元素，可促进皮肤的新陈代谢，提升肌肤的保湿能力，减轻皱纹、色斑、色素沉着。

4. 干果山药泥

【配料】鲜山药或马铃薯 500g，桃仁、红枣、山楂、青梅各 15g，蜂蜜适量。

【制作和用法】鲜山药或马铃薯 500g 煮熟，去皮，压泥，再挤压成团饼状，上置桃仁、红枣、山楂、青梅等，上蒸锅煮约 10 分钟，出锅时浇适量蜂蜜。

【功效】山药补脾益肾，桃仁补肺益肾、润燥健脑，红枣养血补气，能使皮肤皱纹舒展，光滑润泽。

任务二　色斑皮肤的合理膳食

一、黄褐斑

黄褐斑又称"肝斑""蝴蝶斑"或者"妊娠斑"，是边界不清楚的褐色或黄褐色的斑片，多为对称性，易发于颧部、颊部、前额，中青年女性患者居多。

（一）病因

引起面部黄褐斑的原因多而复杂，与如下因素有关。

1. 妊娠　妊娠期机体分泌大量的孕激素、雌激素，致使皮肤中的黑色素细胞的功能增强，黑色素生成增加。孕妇常在妊娠 3 个月后出现黄褐斑，大部分人会在分娩后月经恢复正常时逐渐消退。

2. 机体的慢性消耗性疾病　如结核、慢性肝肾疾病，慢性胃肠疾病，肿瘤等会导致酪氨酸酶活性增强，黑色素产生增多，而机体在疾病的影响下排出黑色素的能力减弱，黑色素不能及时排出到体外，则在面部产生黄褐斑。

3. 长期应用某些药物 如口服避孕药、苯妥英钠、氯丙嗪等均可诱发黄褐斑。

4. 日晒 紫外线照射可提升酪氨酸酶活性，使黑色素生成增多，从而引起颜面部色素沉着。

5. 化妆品使用不当 一些化妆品中锌、铅等重金属含量超出正常的标准，皮肤吸收后激发酪氨酸酶的活性，使黑色素的合成增多而产生黄褐斑，如果盲目使用功效性祛斑类产品会刺激皮肤引起炎症后的色素沉着。

6. 其他 空气污染、粉尘、手机和电脑的电磁辐射、心理因素及过度疲劳都可以导致皮肤的抵抗力下降而引起黄褐斑。

（二）营养与保健措施

在祛除可能的诱发因素和治疗原发病的同时，要注意科学合理膳食。

1. 多食用维生素 C 含量高的食物 维生素 C 可以抑制酪氨酸酶的活性，减少黑色素的生成。维生素 C 还是强效的抗氧化剂，具有较强的还原能力，可以加速黑色素还原。富含维生素 C 的食物有柠檬、猕猴桃、山楂、大枣、番茄等。

2. 多食用谷胱甘肽含量高的食物 谷胱甘肽是人体内重要的抗氧化剂和自由基清除剂，可以与自由基、重金属等结合，把对机体有害的毒物转化成无害的物质排出体外。富含谷胱甘肽的食物有西红柿、西瓜、大蒜、鱼、虾、羊肉、淀粉及动物肝脏等。

3. 多食用蛋白质和铁含量高的食物 蛋白质是构成机体组织细胞的最基本物质，机体蛋白质的含量影响着细胞的形成和皮肤的再生。铁是身体中重要的微量元素，与蛋白质结合生成血红蛋白，血红蛋白在机体中有运输氧气、改善微循环、提高皮肤免疫力、减少色斑生成的作用。富含蛋白质和铁的食物有猪肝、瘦肉、蛋黄和绿叶蔬菜、胡萝卜、大枣、蛤蜊以及虾米等。

4. 多食用维生素 A、维生素 E 含量高的食物 维生素 A 能维持皮肤组织细胞正常的生理功能，保证汗腺和皮脂腺等腺体的正常分泌排泄，使皮肤柔软、光滑、白皙，抑制色斑的产生。维生素 E 具有抗氧化作用，可促进维生素 A 的吸收，并能与维生素 C 起到协同作用，增强皮肤的免疫功能，减少色斑的形成。富含这些成分的食物有胡萝卜、菠菜、奶制品、花生、豆类、玉米油、麦胚油、花生油等。

5. 中医治疗黄褐斑的原则 辨证施治，根据黄褐斑不同的病因分别治疗：肝气郁结型以疏肝解郁、理气养血为原则；气滞血瘀型以理气活血、化瘀消斑为原则；脾虚血少型以健脾益胃、养血安神为原则；肝肾阴虚型以滋补肝肾为原则。

（三）推荐膳食

1. 核桃牛奶芝麻糊

【配料】核桃仁 30g，牛奶 300g，豆浆 200g，黑芝麻 20g。

【制作和用法】先将核桃仁、黑芝麻磨碎，然后与牛奶、豆浆调匀，放入锅中同煮，煮沸后加白糖适量，每日早、晚各服 1 小碗。

【功效】具有润肤养颜、美白淡斑功效。

2. 薏苡仁莲子粥

【配料】薏苡仁 150g，莲子 50g，红枣 3~5 枚，冰糖 15g，冷水 100ml。

【制作和用法】将薏苡仁淘洗干净，放入冷水中浸泡 3 小时。莲子去莲心，红枣去核、锅内加入 100ml 冷水，先放入薏苡仁，用旺火煮沸，然后加入莲子、红枣同煮至熟透，最后加入冰糖，熬至成粥状食用。

【功效】具有健脾祛湿功效，适用于黄褐斑等色斑皮肤。

3. 猪肾消斑粥

【配料】猪肾 1 对，薏苡仁 50g，山药 100g，粳米 200g。

【制作和用法】将猪肾去筋膜，洗净切丁，与去皮切块的山药、淘净的粳米同加清水煮粥，加少量食盐调味。体质虚寒者应少服。

【功效】具有补肾益肤、祛瘀化斑功效。

4. 杏仁粳米粥

【配料】杏仁 10g，粳米 200g。

【制作和用法】将杏仁研磨成粉，淘净的粳米加清水煮粥，待粳米煮至熟烂，加入杏仁粉搅拌均匀，煮开即可。

【功效】杏仁含有丰富的不饱和脂肪酸和维生素 E 等抗氧化物，能美白祛斑。

二、雀斑

雀斑是好发于面部的一种针尖至米粒大小的棕褐色点状色素沉着，因其皮损与雀卵上的斑点相似，故称为雀斑。雀斑一般首发于 3 ~ 5 岁，随着年龄增长加重，女性患者居多。好发于面部，特别是鼻和两颊部，手背、肩部亦可发生。夏季日晒后加重，冬季变浅。

（一）病因

1. 遗传 雀斑患者一般都有家族史，染色体遗传是雀斑的主要成因。大部分会在 5 岁左右出现，青春期加重。

2. 激素水平 雀斑在青春期、月经期、妊娠期时明显加重，是因为此时体内性激素水平的变化，影响黑色素的产生。

3. 紫外线照射 日光中的紫外线照射是雀斑形成的重要原因，紫外线可以激发皮肤基底层的酪氨酸酶的活性，加速黑色素的生成，使斑点增多，颜色加深。

4. 生活习惯问题 压力、吸烟、睡眠不足等不良生活习惯及手机、电脑的电磁辐射都会令黑色素增加。各种因素会影响皮肤的代谢，产生或加重色斑。

（二）营养与保健措施

1. 多吃富含维生素 C 和维生素 E 的食物 因为维生素 C 能抑制酪氨酸酶的活性，减少黑色素生成。维生素 C 还是强效的抗氧化剂和黑色素还原剂。维生素 E 有很强的抗氧化作用，可减少色斑的生成。富含维生素 C 和维生素 E 的食物有柠檬、猕猴桃、青椒、黄瓜、菜花、西兰花、山楂、大枣、番茄、麦胚油、玉米油等。

2. 忌食光敏性食物及药物 光敏性食物进入人体经消化吸收后，所含的光敏性物质会进入皮肤，在日光的照射下发生反应，进而引起裸露皮肤表面出现红肿、丘疹等症状，影响皮肤的正常代谢而使色斑加重。光敏性食物有莴苣、茴香、芹菜、菠菜、香菜、无花果、芒果、菠萝、螺类、虾类、蚌类等。

3. 防晒 平时应避免过度的日光暴晒，外出时应注意遮阳和使用防晒霜。

4. 养成良好的生活习惯和保持舒畅的心情。

（三）推荐膳食

1. 双耳汤

【配料】干银耳 10g，干木耳 10g，冰糖 30g。

【制作和用法】干银耳和干木耳分别洗净用温水泡发去蒂，加冰糖与水适量放入蒸锅蒸熟，每日早晚各服一次。

【功效】具有滋阴补肾、化瘀消斑功效。

2. 柠檬冰糖汁

【配料】柠檬 100g，冰糖适量。

【制作和用法】将柠檬搅成汁，加冰糖适量饮用。

【功效】柠檬中含有丰富的维生素 C 及磷、铁、钙和 B 族维生素等。可增强肌肤营养，消除、淡化色斑。

3. 猪肝粳米粥

【配料】猪肝 150g，粳米 100g。

【制作和用法】猪肝洗净切成块，粳米淘洗干净后，一起放入锅中，加适量清水，放调味品，煮至成粥。

【功效】猪肝中含丰富的维生素和铁等微量元素，具有抗氧化、防衰老、美白淡斑功效。

4. 薏苡仁莲子粥

【配料】薏苡仁 150g，莲子 50g，红枣 15g，冰糖 10g。

【制作和用法】薏苡仁洗净，用水泡 3 小时后沥干水分，莲子去莲心洗净，红枣去核洗净。在锅中加水适量，放入薏苡仁旺火煮开后，加入莲子和红枣，水开后转文火煮至软烂，加入冰糖即可。

【功效】美白保湿，可淡化雀斑。

三、老年斑

（一）病因

老年斑是老年人常见的一种损容性皮肤疾病，俗称"长寿斑"，与皮肤组织老化有关。色斑大小不等、形状不一，呈淡褐色、深褐色或褐黑色的斑点或斑块，主要分布于颜面部、背及颈部等处皮肤，常见于 50 岁以上的中老年人。

老年斑形成的原因虽不明确，但普遍认为是一种衰老性皮肤病，人体在代谢过程中产生一种叫作"游离基"的物质，即脂褐质色素，这种脂褐质的极微小的棕色颗粒在人体皮肤表面聚集，形成老年斑。人在青壮年时期，体内会大量产生中和自由基的抗氧化物，因此自由基对细胞的危害不大。然而，随着年龄的增长，体内的自由基不断增加，机体的氧化功能逐步减退，过量的自由基就会对皮肤的正常生理功能造成破坏，从而加速皮肤衰老，使色素沉着，形成老年斑。

老年斑无自觉症状，一般不需要治疗，但解剖学发现，老年斑不只长在人的皮肤上，内脏也可长老年斑。老年斑聚集在血管壁上，使血管发生纤维性病变，从而引起高血压、动脉硬化；老年斑长在胃肠道，导致消化功能减退；老年斑长在心脏上，影响心脏正常的收缩功能，引发心脏病。因此，皮肤上出现老年斑，会给老年人增加一定的心理压力。通过一些简便的食疗方法和防护措施，可以有效地减少和治疗老年斑。

（二）营养与保健措施

1. 多吃富含维生素 E 的食物　维生素 E 具有抗氧化作用，能阻止脂褐质生成，并有清除自由基功效。富含维生素 E 的食物有植物油、谷类、豆类、绿叶蔬菜、花生仁、杏仁、麦胚、核桃、榛子等。

2. 多吃富含半胱氨酸的食物　半胱氨酸是一种强还原剂，能够有效还原表皮下的黑色素，消除已经生成的色素沉着。富含半胱氨酸的食物有酸奶、蛋黄、红辣椒、燕麦和小麦胚芽等。

3. 适量减少脂肪的摄入　老年人细胞代谢的功能减弱，抗氧化的维生素又吸收相对不足，如果再摄入过多的脂肪，体内就容易形成过氧化物。过氧化物在铁、铜离子的作用下，可转变成脂褐素沉积在皮肤表面形成老年斑。

4. 防晒 平时应避免长时间的日光暴露，外出时注意使用防晒霜和遮阳。

5. 养成良好的生活习惯和保持舒畅的心情 戒掉不良的生活习惯，如抽烟、饮酒、熬夜等，注意少吃辛辣、刺激性食物。

6. 中医调理 从中医的角度来看，老年斑是由于年老后气虚血瘀，气血不能上荣于面部所形成的。老年斑大多由肾阴亏虚所致，故应滋补肾阴，常用的方剂有六味地黄丸、知柏地黄丸、大补阴丸等。也有的患者是由肾阳虚所致，则需选用金匮肾气丸、全络丸或三鞭丸等。若兼有血瘀，尚可选用补阳还五汤或当归补血汤等。中药预防和治疗老年斑主要是选用抗衰老的中药，长期服用对抑制和消除老年斑都有一定效果，如人参、山楂、黄芪、灵芝等。

（三）推荐膳食

1. 生姜蜂蜜水

【配料】生姜 15g，蜂蜜 10g，水 300ml。

【制作和用法】把生姜洗净切成片或丝，加入沸水中冲泡 10 分钟，待水温降至 60℃，加 10g 蜂蜜搅匀，每日饮用一杯。

【功效】具有润肤养颜、淡化色斑功效。

2. 海带炖鸭汤

【配料】鸭 150g，海带 100g，冷水 1000ml，葱、姜、料酒、花椒适量。

【制作和用法】将鸭剁成小块，海带切成方块，将鸭和海带用沸水烧开，捞去浮沫，加入葱、姜、料酒、花椒，用中火将鸭炖烂，再加精盐出锅装盘。

【功效】海带富含钙元素与碘元素，有助于甲状腺素合成。长期服用，能够延缓衰老、淡化色斑。

3. 山药枸杞粥

【配料】粳米 100g，山药 50g，枸杞 10g，白糖 10g，蜂蜜 10g，冷水 1000ml。

【制作和用法】将粳米洗净，用冷水浸泡 1 小时后捞出，沥干水分备用。山药去皮，切成小丁。枸杞用温水泡开。锅内加入 1000ml 冷水，放入粳米、山药、枸杞，用中火烧开，转小火熬至软烂，出锅时加入白糖和蜂蜜适量。

【功效】具有补血养颜、美白淡斑功效。

4. 生姜黄瓜粥

【配料】大米 100g，黄瓜 300g，精盐 2g，生姜 10g，水约 1000ml。

【制作和用法】将黄瓜洗净，去皮去心切片，生姜切丝，大米淘洗干净备用。锅内加入水约 1000ml，分别放入大米、生姜，中火烧开后改用小火熬制软烂，下入黄瓜片 2 分钟后用精盐调味即可。

【功效】黄瓜含有丰富的钾盐和一定数量的胡萝卜素、维生素，长期服用能消除斑点、美白皮肤。

任务三　痤疮皮肤的合理膳食

痤疮是青春期常见的一种毛囊皮脂腺的慢性炎症性皮肤病，好发于面部、前胸、后背等处，形成多种损害，如丘疹脓疱、囊肿、结节及瘢痕等。一般青少年时期高发，故俗称"青春痘"。据统计，青少年发病率高达45%~90%，但随着病因的复杂化，患病者的年龄段分布变得广泛。

一、病因

痤疮的发病原因比较复杂，主要包括雄激素水平升高，毛囊、皮脂腺导管上皮细胞角化异常，局部皮肤微生物炎症反应，皮脂腺分泌亢进及遗传因素等。

1. 雄激素水平升高　研究表明，部分女性患者循环系统中雄激素增高，雄激素主要有睾酮、二氢睾酮及脱氢异雄酮等。在各种雄激素中，二氢睾酮的生物活性最强，其次为睾酮，而其余的生物活性都较弱。有实验表明，痤疮患者皮肤中二氢睾酮的含量较正常皮肤明显升高，所以痤疮的病因与皮肤组织中雄激素的代谢紊乱有关。

2. 毛囊、皮脂腺导管上皮细胞角化异常　毛囊、皮脂腺细胞异常的角化可以使皮肤的毛孔堵塞，造成内容物排出不畅，而引起局部堆积形成脂栓，分泌物不断地累积形成痤疮。

3. 局部皮肤微生物作用引起的炎症反应　痤疮患者痤疮短棒菌苗（PA）数增加，它分解皮脂中的甘油三酯成为游离脂肪酸，能破坏毛囊壁，使毛囊内容物进入真皮及毛囊周围组织，刺激引起毛囊皮脂腺周围炎症反应，导致一系列痤疮症状。临床发现抗菌治疗后PA减少且与痤疮的症状有平行关系。

4. 皮脂腺分泌亢进　痤疮患者局部皮肤皮脂较正常人明显增多，这与雄激素增多而刺激皮脂分泌活跃有关，也给痤疮短棒菌苗（PA）的大量繁殖提供了条件。

5. 遗传因素　这是引起痤疮发病的重要原因，研究表明，73%的患者痤疮发生与遗传有关，遗传因素还影响了痤疮的出现年龄、临床分型及病程长短。

6. 其他　高脂肪饮食、便秘、避孕药、类固醇皮质激素、化学因素（碘、锂）及不良的生活习惯等都可诱发此病。

中医又称痤疮为"肺风粉刺"，认为痤疮的发病为肺经蕴热、脾胃湿热或素体肾阴不足，相火亢盛，又加之饮食不节，好食辛辣、肥腻等物，使湿热内生气机不利，升降失常，内热不得透达，致使血热上行于生面部而得此病。所以中医的治疗多以清肺热、祛风热，凉血活血之中药内服。

二、临床表现

1. 好发年龄　多为青年男女，近年来30岁以上的女性患者发病率明显增多，发病年龄也呈现多样化趋势。

2. 好发部位　好发于颜面部，尤其是前额、双面颊及额部，也可见于前胸、背部等皮脂腺分布丰富区域，呈对称分布。

3. 分类　现代医学根据患者皮损的不同分为丘疹性痤疮、脓包性痤疮、硬结性痤疮、囊肿性痤疮、萎缩性痤疮、聚合性痤疮。

三、营养与保健措施

（一）营养措施

1. 控制脂肪和糖类的摄入　脂肪和糖类摄入过多，可刺激皮脂腺的分泌，使痤疮加重。

2. 保证充足的蛋白质摄入　蛋白质是机体代谢的重要物质，充足的蛋白质摄入可以维持皮肤的正常代谢，保证毛囊、皮脂腺导管的畅通。蛋白质含量多的食物有瘦肉、蛋类、豆类、奶类及鱼类等。

3. 多吃富含膳食纤维的食物　富含膳食纤维食物的摄入可以促进胃肠蠕动，吸附肠道中有害的代谢物质以便排出，防止发生便秘。膳食纤维含量高的食物有菜花、菠菜、豆类、胡萝卜、柑橘及燕麦等。

4. 多吃富含锌的食物　临床研究表明，痤疮患者血液中锌的水平低于正常人群。人体中的锌参与蛋白质合成，影响细胞的分裂、生长和再生。同时，锌的缺乏还可影响维生素 A 的代谢和利用，从而加重毛囊、皮脂腺导管的角化异常，最终加重痤疮反应。锌主要存在于海产品、动物内脏中。

5. 增加维生素的摄入　维生素 A 能够调节上皮组织的生长、增生和分化，维持皮肤、黏膜结构的完整和功能的正常，从而改善毛囊、皮脂腺导管的角化异常。B 族维生素参与氨基酸与脂肪代谢，可以减少皮脂腺的分泌。维生素 D 对角质形成细胞的增生、分化有调节作用，并且有一定的抗菌作用，故可用于痤疮的治疗。维生素 E 对人体性腺分泌有调节作用，同时它还是一种抗氧化剂，保护维生素 A 免于氧化破坏，增强维生素 A 的功能。富含维生素的食物有动物肝脏、蛋类、牛奶、花生、西红柿、菠菜及胡萝卜等。

6. 减少碘的食入　碘能够刺激雄激素分泌，使皮脂腺分泌旺盛，加重毛囊及皮脂腺导管角化过度，导致皮脂排泄障碍而引起痤疮。

7. 其他　平时注意保持皮肤清洁，多饮水，少食用辛辣刺激性食物，不喝酒、养成良好的生活习惯。

（二）预防保健措施

1. 避免熬夜　保持良好的作息习惯，保持充足的睡眠，长期熬夜可能加重痤疮。

2. 运动　适当进行有氧运动，增强体质，提高新陈代谢。

3. 情绪管理　保持良好的心态，避免焦虑抑郁等负面情绪。

4. 皮肤清洁　注意皮肤清洁，避免用手挤压痤疮，以防留下痘印。

四、推荐膳食

1. 雪梨芹菜饮

【配料】雪梨 150g，芹菜 100g，西红柿 150g，柠檬 80g。

【制作和用法】将以上食材洗净后一同搅拌榨汁饮用，每日 1 次。

【功效】芹菜富含膳食纤维，可以促进毒素排出，改善皮损状态；雪梨富含维生素 A，可改善毛囊及皮脂腺导管的异常角化；西红柿、柠檬富含维生素 C、烟酸和有机酸，可抗氧化、杀菌，减轻色素沉着。

2. 薏苡仁、桃仁双仁粥

【配料】薏苡仁、枸杞、桃仁各 15g，甜杏仁 10g，绿豆 30g，粳米 60g。

【制作和用法】粳米淘净备用，将桃仁、甜杏仁洗净用纱布包好，水煎取汁，加入薏苡仁、枸杞、粳米一同煮粥，每日 2 次。

【功效】此粥含丰富的蛋白质、维生素及微量元素，能提高机体免疫力、抗菌、抗氧化能力，适用于痤疮的防治。

3. 银耳杏仁饮

【配料】银耳（干）60g，甜杏仁 30g，冰糖适量。

【制作和用法】银耳（干）泡水 1 小时，甜杏仁冲洗干净，将两者放入水中，用大火煮沸后转小火熬制 1 小时，加入适量冰糖即可。

【功效】甜杏仁含有丰富的不饱和脂肪酸、维生素 E，能促进皮肤微循环，改善痤疮皮损的症状。银耳中含有丰富的蛋白质、维生素和天然植物性胶质，能淡化和祛除痘印，促进痤疮的愈合。

4. 百合绿豆汤

【配料】百合 150g，绿豆 150g，冰糖适量。

【制作和用法】绿豆、百合洗净，加清水 1000ml 同煮，煮沸后放入冰糖即可。

【功效】此汤含有丰富的蛋白质、钙、磷、铁、维生素 B_2、维生素 C、维生素 E 等营养素，能有效地调节激素的分泌，促进皮肤上皮细胞的新陈代谢，治疗痤疮。

5. 凉拌苦瓜

【配料】苦瓜一根，盐、味精适量。

【制作和用法】苦瓜去瓤切片，用水焯，加盐、味精拌匀。

【功效】此膳食含丰富的维生素 A、维生素 C 及微量元素，能提高机体免疫力和抗氧化能力，可促进新陈代谢，缓解痤疮的症状。

任务四　皮肤粗糙的合理膳食

健康的皮肤应该是细腻、丰满、光滑而富有弹性的。一般认为，保持皮肤的良好状态，必须使皮肤角质层的含水量处于最佳的范围值内。研究表明，皮肤角质层中水分应保持在 10%~20%。如果角质层中水分含量低于 10% 皮肤就会出现干燥粗糙等状况。

一、病因

大部分的皮肤粗糙是由于肌肤的水油平衡失调、新陈代谢能力下降而引起的。另外，在日常生活中，干燥的生活环境、强烈的紫外线照射、精神压力大、不良的生活习惯，如熬夜、吸烟、喝酒等因素都会导致肌肤越来越干燥，干燥的肌肤长期得不到改善，就会出现干裂粗糙的现象。

1. 遗传原因　大多数皮肤干燥粗糙易发生于干性皮肤，干性皮肤的汗腺与皮脂腺的分泌量较少，在皮肤表面形成的皮脂膜不能满足皮肤保持湿度的需要，易使皮肤变得干燥粗糙。

2. 汗腺皮脂腺分泌异常　皮肤粗糙的主要原因是汗水与脂肪所形成的皮脂膜被破坏。当身体的新陈代谢异常，汗腺、皮脂腺分泌异常时，容易引起皮肤干燥粗糙。

3. 不良的生活习惯　熬夜、过度疲劳、吸烟、饮水不足等原因都会引起体内激素分泌异常，容易导致皮肤粗糙。极端的减肥及偏食也会导致饮食中 B 族维生素等营养物质使肌肤无法补充营养而失去弹性及水分，变干燥粗糙。

4. 理化因素影响　干燥、严寒的生活环境或长时间的紫外线照射也会使皮肤粗糙。

5. 中医观点　认为皮肤粗糙是由于机体气血津液亏虚、肝肾亏虚、血瘀痰阻而影响津液的生成和运化，使面部肌肤失去濡养所致。

6. 其他因素　由于选择不适宜的化妆品或不当的皮肤护理方法，以及空气中经常存在的花粉或者过敏原，也可能会引起过敏而导致皮肤粗糙。

二、营养与保健措施

1. 补充适量蛋白质　蛋白质具有运输功能，经常食用富含蛋白质的食物可以促进新陈代谢，使皮肤润泽、富有弹性，改善皮肤粗糙现象。富含蛋白质的食物有瘦肉、豆类、蛋类、奶类及鱼类。

2. 多吃富含维生素 A 的食物 膳食中维生素 A 长期缺乏，会出现一系列影响上皮组织正常发育的表现，如皮肤干燥、弹性下降等。维生素 A 只存在于动物性食物中，如动物肝脏、奶类及蛋类中。植物性食物中可获得维生素 A 原——β 胡萝卜素，含 β - 胡萝卜素丰富的食物有胡萝卜、黄花菜、菠菜、韭菜、大葱、柑橘等。

3. 多吃富含维生素 E、B 族维生素的食物 维生素 E 对胶原纤维和弹性纤维有一定的修复作用，能够改善皮肤弹性，促进血液循环，使皮肤光滑有弹性。富含 B 族维生素的食物含有丰富的纤维素，能促进胃肠蠕动和脂肪代谢，可以防治皮肤粗糙。维生素 E 在麦胚、核桃、绿叶蔬菜、花生仁、杏仁、榛子及植物油中含量丰富。B 族维生素含量高的食物有肉类、蛋类、青鱼、牛奶等。

4. 多吃富含异黄酮类的食物 异黄酮类的食物属于生理活性物质，是天然的植物雌激素。经常食用可使女性皮肤光润细腻、柔滑、富有弹性。异黄酮类食物来源于蔬菜、茶、水果、葡萄酒、种子或植物根。

5. 养成良好的生活习惯 改善肌肤状态需养成良好的生活习惯，平时要注意饮水充足，正常作息，及时补充水果、蔬菜等。适度运动可以增强新陈代谢，促进血液循环，有助于解决肤质粗糙的问题。此外，要保持充足的睡眠和放松心情，避免压力过大，良好的生活习惯对于解决肌肤问题也有一定的帮助。

三、推荐膳食

1. 黑芝麻蜂蜜茶

【配料】黑芝麻 15g，绿茶 3g，蜂蜜 5g。

【制作和用法】黑芝麻入锅内焙炒至焦黄出香，研成细末。取绿茶、黑芝麻粉放入沸水中冲泡约 5 分钟后，调入一小匙蜂蜜，搅拌均匀后饮用，可将茶叶与黑芝麻一并嚼食。

【功效】黑芝麻含丰富的亚油酸和维生素 E，可改善末梢血管障碍状况，使肌肤润泽柔软，对改善肌肤干燥粗糙症状效果明显。

2. 笋烧海参

【配料】笋 100g，水发海参 200g，盐、味精、糖、酒适量。

【制作和用法】水发海参切长条，鲜笋或水发笋切片，一同入锅加瘦肉煨熟，分别加入盐、味精、糖、酒适量，勾芡后食用。

【功效】水发海参滋阴养血，笋清内热，一起食用可改善阴血不足、皮肤粗糙症状，使皮肤细腻光润。

3. 阿胶粥

【配料】阿胶块 30g，糯米 30g，粳米 60g，红糖 10g。

【制作和用法】将糯米和粳米淘洗好后温水下锅，大火煮开，然后改文火熬成糜。把阿胶块打成碎粉，加入 2 倍体积的水，然后上屉蒸 30 分钟，将阿胶水加入粥中，稍煮搅匀，放红糖即可。

【功效】阿胶补血，糯米补中益气，粳米健脾和胃，食用此粥可滋阴生津、补血益气、润肺祛燥，治疗皮肤干裂、粗糙效果明显。

4. 白木耳粳米粥

【配料】粳米 200g，白木耳 12g。

【制作和用法】将粳米淘洗干净，白木耳泡发洗净，加水适量在锅中同煮，煮至软烂即可。

【功效】白木耳益气补肾，粳米健脾和胃，一起食用可滋阴补肾，使皮肤润泽。

任务五　酒糟鼻的合理膳食

酒糟鼻又称为酒渣鼻、玫瑰痤疮等，是一种发生于鼻部及鼻两侧面颊以红斑、毛细血管扩张为主要表现的慢性炎症性皮肤病。多发生于成年人，男女都可发病，男女比例约为 3∶1，男性重症患者多见。通常表现为鼻部皮肤发红，以鼻尖部最为明显，有时透过皮肤可见呈树枝状分布的毛细血管网，伴有丘疹、脓疱，症状重者可出现皮赘。

一、病因

临床发现，光敏性皮炎、遗传、吸烟、刺激性饮食等因素易诱发或加重酒糟鼻，目前酒糟病因尚未完全明确，更倾向于多因素发病。

1. 螨虫感染　研究表明，在酒渣鼻病变的部位会大量发现蠕形螨。蠕形螨寄生于人体，一般人不出现明显症状或仅有轻微痒痛感，但酒渣鼻患者蠕形螨感染率显著高于健康人群，所以认为酒糟鼻发病可能与蠕形螨的代谢产物及机械刺激而引起炎症反应有关。

2. 胃肠功能紊乱与饮食不节　近年来临床发现多数酒糟鼻患者有消化不良、胃炎或溃疡等病症。进一步研究表明，幽门螺杆菌感染与酒糟鼻发病有直接关系。同时，刺激性的饮食如浓茶、咖啡、饮酒等也可引起胃肠功能紊乱，促进酒糟鼻发生和发展。

3. 缺乏 B 族维生素　B 族维生素是人体组织必不可少的营养素，缺乏 B 族维生素会使人体出现脂肪代谢障碍，引起脂溢性皮炎，从而有利于螨虫的繁殖生长，诱发酒糟鼻。

4. 雄激素分泌偏高　雄激素分泌偏高刺激皮脂腺分泌旺盛，利于炎症反应而诱发酒糟鼻。

5. 遗传　多数酒糟鼻患者有家族史，患者的皮肤都遗传性地出现皮脂腺分泌旺盛，皮肤毛孔粗大，易吸附灰尘，造成毛孔堵塞，对酒糟鼻发生和发展有促进作用。

6. 中医诊断　中医认为本病多因饮食不节和风寒外束，脾胃积热、肺经积热和寒凝血瘀所致。

7. 其他因素　恶劣的气候或比较寒冷的生活环境会导致血管损伤和结缔组织变性，诱发慢性炎症，而血液的长期淤积和真皮乳头下静脉丛被动扩张最终会导致酒糟鼻。外界温度刺激能使血管扩张，渗出潜在致炎物质而导致弹力纤维退行性改变，加重或诱发酒糟鼻。

二、临床分型

酒糟鼻好发于面中部，以鼻部、两颊、前额及下颏等多发。少数患者可出现鼻部皮肤正常，只发于正两颊、前额或下颏等部位。皮损以红斑、丘疹脓疱、毛细血管扩张为主。依据临床症状，可分为以下三型。

1. 红斑期　酒糟鼻最初发病时，鼻部、两颊、眉间出现弥漫性潮红或散布的红斑，两侧对称，开始为暂时性偶发，以后在外界环境温度升高、食辛辣食物及情绪波动时屡次发生而长期存在，此时鼻尖及鼻翼的毛细血管及小血管扩张，呈树枝状分布并伴有血管周围非特异性炎症浸润，出现皮肤潮红。

2. 丘疹脓疱期　在红斑期的基础上病情继续发展，局部皮肤出现痤疮样丘疹、脓疱甚至结节，以鼻尖部最重，毛细血管扩张更为明显，纵横交错呈蜘蛛网状。另有少数病例还可并发结膜炎、睑缘炎等。

3. 鼻赘期　少数病程长的患者会发展到这一期，大部分为男性。由于局部皮脂腺、结缔组织增生肥厚，毛细血管扩张致使鼻尖部肥大，呈现凹凸不平的橘皮样瘢痕和大小不等的结节状隆起，称为鼻赘。酒糟鼻从红斑期发展至鼻赘期需要几年甚至数十年。

三、营养与保健措施

（一）营养措施

1. 多吃富含蛋白质的食物　蛋白质能够生成肌肉、皮肤的新组织以代替坏死组织，并能为免疫系统产生抗体以抵抗细菌和病毒的感染，促进伤口愈合。富含蛋白质的食物有瘦肉、蛋类、奶类、豆类及鱼类。

2. 多吃富含胡萝卜素的食物　胡萝卜素能够增强皮肤和黏膜的免疫力，提高其抗感染能力。胡萝卜素主要存在于深绿色、红黄色的水果、蔬菜中，一般越是颜色深的水果或蔬菜，β-胡萝卜素的含量越丰富，如胡萝卜、西兰花、空心菜、甜薯、芒果、菠菜、哈密瓜、杏等。

3. 多吃富含 B 族维生素的食物　B 族维生素参与物质代谢与合成，帮助其他营养素发挥作用，能够缓解患者的压力和紧张情绪。富含 B 族维生素的食物有小麦胚芽、火腿、黑米、牛肝、鸡肝、牛奶、鱼类、豆类、蛋黄、菠菜、香菇、奶酪、坚果类等。

4. 多吃富含维生素 E 的食物　维生素 E 对胶原纤维和弹性纤维有一定的修复作用，能够促进血液循环和伤口的愈合。富含维生素 E 的食物有花生仁、杏仁、麦胚、核桃、榛子、绿叶蔬菜及植物油等。

5. 多吃富含维生素 C 的食物　维生素 C 能够促进胶原蛋白的合成，巩固结缔组织，维持肌肉和皮肤的健康。维生素 C 富含于猕猴桃、芒果、草莓、橘子、柠檬、西红柿、大白菜等蔬菜和水果中。

6. 其他　平时注意饮食清淡，禁食刺激性食物及禁饮饮料，防治便秘，减少皮肤的冷热刺激等。

（二）预防保健措施

1. 保持良好的生活习惯　保持良好的作息时间，避免熬夜、过度劳累。戒烟限酒，避免烟酒对皮肤的刺激。保持心情舒畅，避免情绪波动。

2. 皮肤保养　选用温和的洁面产品，避免使用磨砂膏、去角质产品。加强皮肤保湿，使用成分简单、不含乙醇的保湿产品。外出时做好防晒，避免紫外线对皮肤的损害。

四、推荐膳食

1. 山楂粳米粥

【配料】干山楂 30g，粳米 60g，水 1000ml。

【制作和用法】干山楂 30g 泡发洗净，粳米 60g 洗净备用，锅中放入水 1000ml，放入干山楂和粳米后用中火煮开，转小火熬烂成粥。每日食用 1 次，连吃 7 日。

【功效】干山楂有活血化瘀的作用，粳米能提高人体免疫功能促进血液循环，此食疗法尤其适用于鼻赘期患者。

2. 腌三皮

【配料】西瓜皮 200g，冬瓜皮 300g，黄瓜皮 400g，盐、味精适量。

【制作和用法】西瓜皮刮去蜡质外皮，洗净待用。冬瓜皮刮去绒毛外皮，洗净待用，黄瓜去瓜瓤，洗净待用。将以上三皮混合煮熟，待冷却后，切成条块放置于容器中，取盐、味精适量，腌制 12 小时后即可食用。

【功效】具有清热利肺功效，适用于酒糟鼻治疗。

3. 马齿苋薏苡仁银花粥

【配料】马齿苋 30g，薏苡仁 30g，银花 15g。

【制作和用法】用 3 碗水煎银花，煎至 2 碗水时去渣，放入洗净的马齿苋、薏苡仁混合煮粥，文火煮至软烂即可，每日食用 1 次。

【功效】马齿苋和银花都有清热解毒的功效，薏苡仁性凉，能够健脾渗湿，此食疗法适用于丘疹期酒糟鼻。

4. 枇杷叶栀子仁粉

【配料】枇杷叶 50g，栀子仁 50g。

【制作和用法】将新鲜的枇杷叶叶背绒毛去掉后研成粉末，再将栀子仁研成粉末，混合，每次吃 6g，每日 3 次。

【功效】能清热、解毒、凉血，适用于酒糟鼻、毛囊虫皮炎。

任务六　白癜风的合理膳食

白癜风是一种较常见多发的色素脱失性皮肤病，可见于表皮、黏膜，主要以皮肤或毛发的色素脱失及黑色素细胞选择性减少甚至消失为主要特征。临床表现主要为慢性局限性或散发性皮肤白斑，以及表皮内黑色素功能进行性脱失。该病易诊断，但难以治愈，复发率高，病程长。虽然对于患者来说皮肤损害无明显自觉症状，但是在暴露部位产生的白斑却对患者的身心健康及生活质量产生极大的影响，甚至波及患者日常工作、学习和社会活动等。

一、病因

本病发病原因尚不清楚，近年来研究认为与以下因素有关。

1. 遗传学说　白癜风可以出现在双胞胎及家族中，说明遗传在白癜风发病中有重要作用。研究认为白癜风具有不完全外显率，基因上有多个致病位点。

2. 自身免疫学说　白癜风可以合并自身免疫病，如甲状腺疾病、糖尿病、慢性肾上腺功能减退、恶性贫血、风湿性关节炎、恶性黑色素瘤等。血清中还可以检出多种器官的特异性抗体，如抗甲状腺抗体、抗胃壁细胞抗体、抗肾上腺抗体、抗甲状旁腺抗体、抗平滑肌抗体、抗黑素细胞抗体等。

3. 精神与神经化学学说　精神因素与白癜风的发病密切相关，大多患者在起病或皮损发展阶段有精神创伤、过度紧张、情绪低落或沮丧。白斑处神经末梢有退行性变，也支持神经化学学说。

4. 黑素细胞自身破坏学说　白癜风患者体内可以产生抗体和 T 淋巴细胞，说明免疫反应可能导致黑素细胞被破坏。而细胞本身合成的毒性黑素前身物及某些导致皮肤脱色的化学物质对黑素细胞也可能有选择性的破坏作用。

5. 微量元素缺乏学说　白癜风患者血液及皮肤中铜或铜蓝蛋白水平降低，导致酪氨酸酶活性降低，因而影响黑素的代谢。

6. 其他因素　外伤、日光暴晒及一些光感性药物亦可诱发白癜风。

二、临床表现

白癜风是一种常见的皮肤病，其发病率为 0.1%～2%，男女患病率大致相等，性别无明显差异。各年龄组均可发病，但以青少年好发。皮损为色素脱失斑，常为乳白色，也可为浅粉色，表面光滑无皮疹。白斑境界清楚，边缘色素较正常皮肤增加，白斑内毛发正常或变白。病变好发于受阳光照射及摩擦损伤部位，病损多对称分布。白斑还常按神经节段分布而呈带状排列。除皮肤损害外，口唇、阴唇、龟头及包皮内侧黏膜也常受累。

本病多无自觉症状，少数患者在发病前或同时有患处局部瘙痒感。白癜风常伴其他自身免疫性疾病，如糖尿病、甲状腺疾病、肾上腺功能不全、硬皮病、异位性皮炎、斑秃等。

三、营养与保健措施

（一）营养措施

饮食在治疗和管理这类疾病中扮演着重要的角色。正确的饮食习惯不仅可以帮助白癜风患者维持良好的健康状况，还可能对病情的改善产生积极影响。

1. 注意补充含酪氨酸和酪氨酸酶的食物　一般认为，人体内的酪氨酸和酪氨酸酶有缺陷或不足（有的为遗传因素所致），可使黑色素不能合成或生成过少，以致形成白斑。近来有研究指出，婴幼儿与少年对这两种成分的需要量大大高于成年人。为保证黑色素生化代谢的正常进行，婴幼儿和少年患者宜补充含酪氨酸及其酶的食品，如鲜牛奶、鸡蛋、豆浆、马铃薯、蘑菇、花生、核桃和莲子等。

2. 多吃含微量元素的食物　铜、锌等微量元素跟黑色素的合成有密切的关系，其中铜元素是刺激酪氨酸酶活性的主要物质，而锌元素则可以帮助修复受损的黑色素细胞结构。研究发现，白癜风患者血中和白斑组织中的铜和铜蓝蛋白含量常明显低于正常人。日常生活中不妨摄食一些含铜食物，多用一些铜器餐具来补充些铜。可减轻或免除经口或静脉途径给药可能引起的中毒，又可当作白癜风一种可行的辅助治疗。

3. 注意补充含泛酸等 B 族维生素的食物　泛酸属于 B 族维生素，广泛存在于人体组织中，是辅酶 A 的重要成分。辅酶 A 在黑色素代谢过程中起着重要作用，它有助于恢复酪氨酸酶的活性。泛酸亦是毛发转黑的重要因素，有加速黑色素形成的作用。故患者宜补充富含泛酸的食物，如黑芝麻、黄豆、葵花籽等。维生素 B_{12} 又名氰钴胺，作为辅酶参与黑色素的合成，能使酪氨酶保持活性状态。动物肝脏和绿叶蔬菜中含有丰富的维生素 B_{12} 和叶酸，二者均可通过人体肠道吸收。维生素 B_6 是人体内各种转氨酶的辅酶，参与蛋白质代谢，促进血红蛋白的生成，与维生素 B_{12} 合并使用有利于贫血症的治疗，可促进色素的再生。故患者宜选择小麦、豆类、猪肝及瘦猪肉等以补充维生素 B_{12} 和维生素 B_6。

4. 忌食含有大量维生素 C 的食物　维生素 C 能中断黑色素的合成，从而阻止病变处黑色素的再生。含有维生素 C 多的食物如西红柿、橘子、柚子、杏、山楂、樱桃、猕猴桃、草莓、杨梅等尽量少食或不吃。

5. 加强日常防护　少吃辛辣刺激性食物如酒、辣椒、生蒜、羊肉、鱼虾等海产品，可以多吃花生、黑芝麻、黑豆、核桃，豆制品及动物肝脏等对病情有好处。

（二）预防保健措施

1. 白癜风对患者的心理状况有一定的影响，可能导致焦虑、自卑等心理问题。因此，对于白癜风患者来说，进行适当的心理护理是非常重要的。家人和社会应该给予患者足够的关爱和支持，帮助其树立自信心，积极面对疾病。患者也可以尝试通过心理咨询等方式寻求专业帮助。

2. 不良的睡眠习惯可能对患者的免疫系统功能产生不利影响，进而影响病情的控制。因此，白癜风患者应该保持规律的作息时间，每天保证充足的睡眠。另外，白癜风患者皮肤上的白色斑块通常对阳光较为敏感，容易发生晒伤。因此，在户外活动时，患者应该尽量避免阳光直射，可以使用帽子、遮阳伞等防护措施，同时应使用高倍数、广谱的防晒霜对暴露部位进行防晒。

3. 减少污染食品的摄入，纠正偏食，制定科学的膳食食谱。

4. 减少有害气体的吸入，晨练或运动时选择空气清新的场所。

5. 注意劳动防护。

6. 注意房屋装修造成的污染。

7. 保持愉快的心情。

四、推荐膳食

1. 花生女贞红花饮

【配料】花生仁 15g，红花 1.5g，女贞子 15g，冰糖 30g。

【制作和用法】将女贞子打碎，加花生仁、红花、冰糖及水煎汤代茶饮，每日一剂，并吃花生仁。

【功效】具有养血止血、滋养补益功效。

2. 花生补浆

【配料】花生、甜杏仁、黄豆各 15g。

【制作和用法】加水共研磨成浆，滤取浆液，清晨或早、晚煮熟饮用。亦可将三者研为细末，临用时加水煮熟服用。

【功效】具有补益脾胃、滋养补虚功效。

3. 红枣花生衣汤

【配料】红枣 50g，花生米 100g，红糖适量。

【制作和用法】红枣洗净，用温水浸泡，去核；花生米略煮一下，冷后剥衣；将红枣和花生衣放在锅内，加入煮过花生米的水，再加适量的清水，用旺火煮沸后，改为小火煮半小时左右；捞出花生衣，加红糖溶化，收汁即可。

【功效】具有强体益气、补血止血功效。

目标检测

答案解析

单项选择题

1. 不属于衰老皮肤饮食原则的是（ ）

　　A. 多食用蛋白质含量丰富的食物

　　B. 多吃富含油脂的食物

　　C. 多吃富含维生素 C 的食物

　　D. 多吃富含维生素 E 的食物

　　E. 多吃含胶原蛋白和弹性蛋白丰富的食物

2. 被称为"植物雌激素"是（ ）

　　A. 钙　　　　　　　　　B. 铁　　　　　　　　　C. 大豆异黄酮

　　D. 蛋白质　　　　　　　E. 维生素 A

3. 可以抑制络氨酸酶活性，减少黑色素生成的是（ ）

　　A. 维生素 D　　　　　　B. B 族维生素　　　　　C. 维生素 C

　　D. 蛋白质　　　　　　　E. 膳食纤维

4. 人体内重要的抗氧化剂和自由基清除剂,可以与自由基、重金属等结合,把对机体有害的毒物转化成无害物质排出体外的是 (   )

    A. 钙　　　　　　　　　B. 蛋白质　　　　　　　　C. B 族维生素

    D. 谷胱甘肽　　　　　　E. 碘

5. 以下皮肤问题中多见于青春期的是 (   )

    A. 敏感　　　　　　　　B. 白癜风　　　　　　　　C. 色斑

    D. 衰老　　　　　　　　E. 痤疮

6. 可以促进胃肠蠕动,吸附肠道中有害的代谢物质以便排出,防止发生便秘的物质是 (   )

    A. 蛋白质　　　　　　　B. 脂肪　　　　　　　　　C. 膳食纤维

    D. 糖类　　　　　　　　E. 水

7. 会出现一系列影响上皮组织正常发育的表现,如皮肤干燥、弹性下降等的维生素是 (   )

    A. 维生素 A　　　　　　B. B 族维生素　　　　　　C. 维生素 C

    D. 维生素 D　　　　　　E. 维生素 K

8. 能够促进胶原蛋白的合成,巩固结缔组织,维持肌肉和皮肤健康的维生素是 (   )

    A. 维生素 A　　　　　　B. B 族维生素　　　　　　C. 维生素 C

    D. 维生素 D　　　　　　E. 维生素 K

9. 刺激性的饮食也可引起胃肠功能紊乱,能促进酒糟鼻发生和发展的是 (   )

    A. 蔬菜　　　　　　　　B. 浓茶　　　　　　　　　C. 水果

    D. 米饭　　　　　　　　E. 水

10. 白癜风患者血中和白斑组织中含量常明显低于正常人的物质是 (   )

    A. 钙　　　　　　　　　B. 铁　　　　　　　　　　C. 铜

    D. 碘　　　　　　　　　E. 维生素 A

书网融合……

          重点小结　　　　　　　微课　　　　　　　习题

项目八　常见美体疾病的营养与美容

学习目标

知识目标： 通过本项目的学习，掌握肥胖、消瘦、骨质疏松症产生的原因；熟悉肥胖、消瘦、骨质疏松症的合理膳食；了解肥胖、消瘦、骨质疏松症的判断依据。

能力目标： 具备运用食谱编制的知识设计减重食谱、预防骨质疏松症食谱，能有针对性地提供健康教育以及美容美体指导。

素质目标： 通过本项目的学习，树立科学的世界观、人生观和价值观，关注自身健康，注重营养与美容的平衡；培养耐心细致，注意保护患者隐私，体现人文关怀。

任务一　肥　胖 ⓔ 微课1

情境导入

情境： 在一个充满活力的现代都市中，李明是一位忙碌的职场人士，每天早出晚归，生活节奏快速而紧张。他的工作性质决定了他大部分时间都是坐在电脑前，会议一个接着一个，午餐往往依赖于快餐解决。随着时间的推移，李明发现自己越来越容易感到疲惫，衣服逐渐变得紧绷，体检报告显示体重和体脂率均达到了肥胖的标准，医生提醒他肥胖可能带来的高血压、糖尿病等健康风险。

思考： 1. 快节奏工作与不规律的饮食习惯是如何导致李明体重增加的？

　　　　2. 李明应该如何调整自己的生活方式以对抗肥胖？

一、肥胖概述

（一）肥胖的定义与分类

肥胖是一种由遗传和环境因素共同导致的脂肪组织过度积累或分布、功能异常的慢性、进行性、复发性疾病。肥胖按发生原因可分为以下3类。

1. 遗传性肥胖　主要指遗传物质变异（如染色体缺失、单基因突变）导致的一种极度肥胖，这种肥胖比较罕见，例如 Prader‑Willi 综合征、leptin 基因突变等。

2. 继发性肥胖　主要指由于下丘脑‑脑垂体‑肾上腺轴发生病变、内分泌紊乱或其他疾病、外伤引起的内分泌障而导致的肥胖，例如甲状腺功能减退症、皮质醇增多症、胰岛素瘤性功能减退症、男性无睾综合征、女性更年期综合征及少数多囊卵巢综合征。

3. 单纯性肥胖　主要是指排除由遗传性肥胖、代谢性疾病外伤或其他疾病所引起的继发性、病理性肥胖，而单纯由于营养过剩所造成的全身性脂肪过量积是一种由基因和环境因素相互作用导致的复杂性疾病，常表现为家族聚集倾向。

此外，随着人工智能在临床的应用，国内外学者也在尝试人工智能辅助下的肥胖症分类。美国梅奥诊所通过机器学习方法将肥胖患者分为"饥饿的大脑""饥饿的肠道""情绪性饥饿""缓慢的燃烧"4 种表型，用于指导肥胖症的治疗，但所需检测指标过于复杂，临床适用性有限。国内一项多中心研究采用人工智能机器学习方法，提出肥胖症新的代谢分型，将肥胖症分为代谢健康型肥胖、高代谢型肥胖－高尿酸亚型、高代谢型肥胖－高胰岛素亚型和低代谢型肥胖，这 4 种肥胖亚型的临床特点和并发症发病风险各异，并具有良好的可重复性和稳定性，且检测指标为临床常用，临床适用性较好。合理的肥胖分型可帮助治疗目标的制定和方案的选择。但由于循证证据的缺乏，对于肥胖患者，临床医生可根据实际需要采用不同的分型。

（二）病因

1. 遗传因素 在肥胖症的发生发展中具有重要作用。流行病学调查表明，肥胖症具有家族聚集性，提示肥胖症可能与家族中的遗传背景相关。人类遗传学研究结果显示，与肥胖易感性相关的遗传基因可能涉及能量代谢、食欲调控、脂肪细胞分化等多个方面。一些罕见的遗传病，如 Prader – Willi 综合征和家族性瘦素受体基因突变等，亦可导致肥胖症的发生。

2. 生活方式因素

（1）**饮食** 过多摄入高能量、高脂肪、高糖、低膳食纤维的食物和饮料，通过刺激神经中枢摄食神经元，引发进食过量、进食行为不规律等不良饮食习惯可导致肥胖症。此外，长期高油、高糖膳食会破坏能量摄入消耗和脂肪合成分解平衡。保持营养均衡的饮食，合理摄入蛋白质、脂肪、碳水化合物、维生素和矿物质等营养素，有助于降低肥胖症发生风险。

（2）**身体活动** 缺乏身体活动是导致肥胖症的重要原因。身体活动可以消耗能量，有助于控制体重。此外，身体活动产生的一系列代谢有益分子对抑制进食和增强人体能量消耗有额外益处。身体活动亦可增加肌肉力量和肌肉含量，减少脂肪堆积，增强胰岛素受体敏感性。

（3）**精神心理** 精神压力会影响人体下丘脑－垂体－肾上腺轴，促进皮质醇释放，引起食欲上升和进食行为改变。精神压力还可能影响胰岛素的分泌和外周组织受体功能变化，胰岛素不适当分泌和外周组织胰岛素抵抗的共同作用促进肥胖症的发生。此外，暴食、亚健康的压力性进食以及精神科药物也可导致肥胖症。

（4）**睡眠习惯** 不良的睡眠习惯也是肥胖症的重要危险因素。睡眠时间不足可导致胃饥饿素、瘦素和肽 YY（Peptide YY，PYY）分泌失衡从而引起进食增多和能量消耗减少。而睡眠时间过长使机体处于低能耗状态，能量转化为脂肪储存于体内，引发生理失调型肥胖。

3. 疾病和药物因素 一些疾病如库欣综合征等，以及一些药物，如类固醇药物中的泼尼松和氢化可的松，和抗抑郁药物中的米氮平、曲唑酮、度洛西汀和阿米替林等，均可导致体重增加，引发肥胖症。此外，肠道菌群失调也与肥胖症及其代谢紊乱发生的风险增加相关。

4. 环境和社会因素 经济快速发展、城市化进程加速、粮食供给模式改变、环境污染、以久坐为主的工作方式、拥挤的生活环境等均可促使公众的生活方式发生改变，进而导致易感个体出现超重和肥胖症。社会因素如经济状况、文化背景、社会时尚、社会规范、社会舆论、政策导向等也会对公众的体重产生潜移默化的影响。

（三）肥胖的判断

肥胖的判断主要从体脂比、体质指数、身长标准体重法、腰围、腰臀比和皮褶厚度等几方面进行，具体方法参考模块一项目四。

二、肥胖与美容美体

（一）肥胖症对美容的影响

肥胖对美容有着显著的影响，主要体现在以下几个方面。

1. 面部轮廓改变　过多的脂肪会在脸部堆积，导致脸部轮廓变得圆润，原有的线条和棱角不再分明，可能会影响个人的颜值。减肥后，随着脂肪减少，脸部线条得以重塑，五官会显得更加立体和清晰，从而提升整体美观度。

2. 皮肤问题　肥胖者更容易遇到皮肤问题，如黑色棘皮症（表现为皮肤色素沉着、变厚和暗淡）、肥胖纹、汗斑、毛囊炎和霉菌感染等。这是因为肥胖可能导致皮肤透气性变差，易于出汗和摩擦，且体内激素水平的变化也可能诱发这些问题。通过减肥，可以减少这些问题的发生，改善皮肤质量。

3. 皮肤松弛与弹性下降　快速减肥，尤其是大量减去皮下脂肪后，可能会导致皮肤松弛，尤其是在腹部、手臂和脸部等部位。不过，适度的运动和健康的减肥方式可以帮助提升皮肤弹性，减少松弛现象。

4. 自信与气质　肥胖可能会影响个人的自信心和社交行为，进而影响外在气质的展现。减肥成功不仅能改善外观，还能增强自信心，使人在举止和气质上有更积极的转变。综上所述，肥胖确实对美容有着不利影响，但通过合理饮食、规律运动等方式健康减肥，不仅可以改善外观，还能提升整体健康状况，从而达到内外兼修的美容效果。

（二）肥胖症对健康的影响

肥胖与糖尿病、高血压、高脂血症、高尿酸血症、心脑血管疾病、癌症、变形性关节炎、骨断软骨症、月经异常、妊娠和分娩异常等多种疾病有明显的关系，而且肥胖可增加死亡的危险性。近年来，随着儿童肥胖率的增加，肥胖对儿童健康的影响也引起了人们的广泛关注与重视。

1. 肥胖对儿童健康的危害　肥胖不仅影响儿童的身体形态和功能，也会对他们的心理造成伤害。另外，儿童肥胖还会向成年期延续，包括肥胖体型的延续、与肥胖相关的行为和生活方式的延续及其健康危害的延续。

（1）对心血管系统的影响　肥胖可导致儿童全血黏度增高；血总胆固醇、低密度脂蛋白胆固醇和载脂蛋白等浓度显著增加；左室射血时间和心搏出量高于正常体重儿童；血压明显增高；部分儿童出现心电图 ST 段抬高和室性期前收缩，左心功能不全和动脉顺应性改变。这些变化提示儿童肥胖是导致心血管疾病的潜在危险。

（2）对呼吸系统的影响　肥胖儿童的肺活量和每分通气量明显低于正常体重儿童，说明肥胖能够导致混合性肺功能障碍。极限运动时肥胖儿童的最大耐受时间、最大摄氧量及代谢当量明显低于正常体重儿童。

（3）对内分泌系统与免疫系统的影响　肥胖与人体内分泌改变有关。肥胖儿童的生长激素和泌乳激素大都处于正常的低值；三碘甲腺原氨酸升高，四碘甲腺原氨酸大都正常。在性激素方面，肥胖男孩血清睾酮降低而血清雌二醇增加，可出现男性青春期乳房发育；肥胖女孩雌激素代谢亢进，可发生高雌激素血症。胰岛素增多是肥胖儿童发病机制中的重要因素，肥胖儿童常伴有糖代谢障碍肥胖程度越严重，发生糖尿病的风险越高。肥胖儿童免疫功能有明显紊乱，细胞免疫功能低下最为突出。

（4）肥胖对生长发育的影响　肥胖儿童能量摄入往往超过参考摄入量，但常有钙和锌摄入不足的现象。肥胖儿童可出现骨龄和拇指内侧籽骨萌出率升高，肥胖女孩第二性征发育早于正常儿童。

（5）肥胖对儿童心理行为的不良影响　肥胖儿童由于运动能力受限，对外界的感知、注意和观察能力下降，学习能力降低，反应速度、阅读量、大脑工作能力指数等下降。肥胖儿童的自我意识受损、自我评价低、不合群，更容易焦虑，幸福和满足感差。肥胖男生多倾向于抑郁和情绪不稳，肥胖女生则倾向于自卑和不协调。

2. 肥胖对成年人健康的危害　国内外大量的流行病学调查表明，肥胖与死亡率之间有明显的关系。肥胖导致死亡率增加的原因是肥胖增加了许多慢性病的发病风险。肥胖不仅导致机体代谢发生障碍，而且影响多个器官的功能。

（1）代谢并发症　肥胖可引起脂类及糖代谢紊乱，表现为血脂（包括游离脂肪酸）升高和胰岛素敏感性降低；肥胖可促进氧化应激、低度慢性炎症的发生，并可导致一些激素代谢紊乱和脂肪组织系统的一些细胞因子紊乱。因此，肥胖者易患高脂血症、胰岛素抵抗和糖尿病、痛风及高尿酸血症。

（2）心血管疾病　肥胖是心脑血管疾病重要的独立危险因素，肥胖能够增加罹患高血压、冠心病、充血性心力衰竭、脑卒中以及静脉血栓的风险，肥胖者心脑血管疾病患病率和死亡率均显著增加。

（3）呼吸系统疾病　肥胖者胸壁和腹部脂肪组织堆积，使膈肌运动受限和胸腔顺应性下降，进而影响肺部的功能，表现为明显的贮备容积减少和动脉氧饱和度降低。肥胖者最严重的肺部问题是阻塞性睡眠呼吸暂停和肥胖性低通气量综合征，其原因可能与咽部脂肪增多有关。另外，肥胖还能增加哮喘的发病率、增加哮喘的严重程度并导致难治性哮喘以及降低哮喘治疗的反应性。

（4）肿瘤　肥胖也是肿瘤的一个重要的危险因素，肥胖能够增加食管癌、直肠癌、结肠癌、肝癌、胆囊癌、胰腺、肾癌、白血病、多发性骨髓瘤和淋巴瘤等多种肿瘤的发病风险。在女性中，肥胖者子宫内膜癌、宫颈癌、卵巢癌以及绝经后的乳腺癌发病率增加；在男性中，肥胖者前列腺癌的发病率增加。

（5）骨关节疾病　肥胖者躯体重量大，加重了脊柱、骨盆及下肢所承担的重量，加之循环功能减弱，对末梢循环供应不足，关节易出现各种退行性病变。尤其是膝关节承受的负荷更明显，运动系统的活动引起步态、姿势等发生改变，导致关节表面受力不均，关节功能紊乱，加速软骨磨损、老化、丢失、骨赘形成，最终导致骨性关节炎的发生。肥胖是骨性关节炎的高危因素，且与骨性关节炎的严重程度相关。

（6）消化系统疾病　肥胖者由于大量脂肪在肝脏组织内堆积，可发生非酒精性脂肪肝病。肥胖者常伴有高胰岛素血症，可加剧脂肪肝的发生。肥胖还与胆囊疾病的发生有关，60岁以上肥胖妇女中几乎有1/3发生胆囊病，其原因可能是由于肥胖者胆固醇合成增加，从而导致胆汁排出的胆固醇增加。肥胖还容易引起胃食管反流疾病及食道裂孔疝等。

（7）生殖系统疾病　肥胖可导致女性月经失调、不育症、女性多毛症以及多囊卵巢综合征等，增加孕妇妊娠糖尿病、子痫和先兆子痫的风险，引发流产、难产、巨大胎儿、新生儿窘迫综合征和畸胎等问题。

（8）其他疾病　除了上述疾病，肥胖还能引起一系列其他的健康问题，主要包括特发性颅内压增高、蛋白尿、皮肤感染、淋巴水肿、麻醉并发症和牙周病等。

（9）精神、心理问题和社会适应能力　肥胖往往容易导致自卑、焦虑和抑郁等精神和心理问题，人际关系敏感，社会适应性和活动能力降低，影响正常的工作和生活。

三、肥胖的合理膳食

（一）肥胖症的营养膳食原则

肥胖患者的饮食营养治疗应以长期控制能量摄入和增加能量消耗相结合的方法为原则，切不可通过单纯严格节食和间歇性锻炼来减重，否则不但不利于长期坚持体重控制，反而容易造成肌肉组织的丢失。

1. 限制总能量摄入　能量摄入多消耗少是肥胖的根本成因，对肥胖病的营养措施首先是控制总能量的摄入。对轻度肥胖的成年患者，一般在正常供给量基础上每天少供给能量125～250kcal，每月可稳步减重0.5～1.0kg。中度以上的成年肥胖者，必须严格限制能量，每天以减少能量550～1100kcal为宜，可以每周减少体重0.5～1.0kg。控制体重期间，女性能量摄入可控制在1200～

1500kcal/d，男性可控制在1500～1800kcal/d。

2. 蛋白质的供给　对于采用低能量饮食的中度以上肥胖的成年患者，其蛋白质的供给量应当控制在占饮食总能量的20%～30%。应选用高生物效价的蛋白，如牛奶、鱼、鸡、鸡蛋清、瘦肉等。另外，嘌呤可增进食欲与加重肝肾代谢负担，故含高嘌呤的动物内脏性食物应加以限制，如动物的肝、心、肾等。

3. 限制脂肪　肥胖者饮食脂肪的供给量以控制在占饮食总能量的25%～30%为宜，过多的脂肪摄入还可导致肥胖者脂肪沉积在皮下组织和内脏器官，过多常易引起脂肪肝、高脂血症、冠心病等并发症。选用含单不饱和脂肪酸或多不饱和脂肪酸丰富的食用油，如橄榄油、茶油或葵花籽油、玉米油、花生油、豆油、菜籽油等。

4. 限制碳水化合物的摄入量　碳水化合物的来源，应选择谷类。谷物中则应多选择粗杂粮，如米面、荞麦面、燕麦、莜麦等。糖类在体内能转变为脂肪，必须严格限制糖类的摄入。糖类供给一般应控制在占总能量40%～55%为宜。减肥初期，碳水化合物供能比可低于45%，建议增加膳食纤维的摄入。

（二）肥胖症的饮食管理

饮食管理的意义不仅在于减少能量摄入，有效减轻体重，而且能够改善血糖、血压、血脂、胰岛素抵抗等代谢问题。限制总热量摄入、维持机体摄入与消耗之间的负平衡状态是实现有临床意义减重的关键，而饮食结构、进食方式和进食时间同样是影响减重的重要因素。目前有多种形式的饮食模式，如限能量饮食、低碳水化合物饮食、高蛋白饮食、间断性节食、代餐等（表8-1），其降低体重的效果因人而异，个体差异极大，短期内使体重下降1%～16.1%，且单一饮食管理难以长期维持个体化最佳体重，大多数患者会在干预6～12个月时出现反弹。体重管理的常用饮食策略见表8-1。

表8-1　体重管理的常用饮食策略

饮食类别	实施方法	效果及获益
限能量饮食	是限制每日能量摄入目标小于所需的能量，通常限定女性1200～1500kcal/d，男性1500～1800kcal/d，或在预估个人能量需求基础上减少500或750kcal/d或30%的能量摄入。更严格的极低能量饮食是限能量饮食的特殊类型，指将能量摄入水平控制在800kcal/d以内。宏量营养素的供能比例符合平衡膳食模式（40%～55%碳水化合物，15%～20%蛋白质，20%～30%脂肪）	能有效降低体重、脂肪含量，改善胰岛素抵抗等代谢综合征组分，降低心血管疾病的发生风险
低碳水化合物饮食	通常是指每天碳水化合物供能比占每天总能量20%～40%的饮食模式。极低碳水化合物饮食（亦称为生酮饮食）是低碳水化合物饮食的特殊类型，指将碳水化合物供能比控制在20%以内	低碳水化合物饮食在短期内应用可以显著降低肥胖患者的体重，并能有效改善血糖、血脂等指标。但低碳水化合物饮食的依从性较低，较少有研究评估其长期减重效果及不良后果
高蛋白饮食	通常是指每天蛋白质供能比超过每天总能量的20%，但一般不超过饮食每天总能量30%的饮食模式	有助于降低体重、改善血糖、血脂等心血管疾病危险因素。部分研究证据表明，高蛋白饮食可以减弱肠道脂质吸收、阻止脂肪增加，是一种防止体重反弹的有效策略
间断性节食	（1）隔日节食，包括正常进食日和节食日交替进行。在进食日，患者可以自由进食，对食物的种类或数量没有限制；在节食日，患者仅摄入其能量需求的0%～25%（500～800kcal），节食日的1餐可以一次性摄入，也可以分散在1天中摄入，不会影响减肥效果；（2）5：2间断性节食，是隔日节食的改良版，每周5个正常进食日和2个节食日，而节食日可以连续或者不连续；（3）时间限制性节食，将每天的进食时间限制在特定的时间内（通常是4～12小时），而不限制能量摄入；在非进食时间窗里，仅能饮用零卡饮料	可在短时间内（8～12周）内实现轻中度的体重减轻（比基线下降3%～8%）。部分研究表明，间断性节食可能改善心脏代谢风险因素，如血压、血脂、胰岛素抵抗和糖化血红蛋白

续表

饮食类别	实施方法	效果及获益
地中海饮食	尚无统一的标准，其主要特点是多摄入橄榄油、坚果、全谷物、水果和蔬菜，适量饮用红酒，减少红肉或加工食品的摄入	可有效减轻体重，缩小腰围
终止高血压饮食	强调增加较大量蔬菜、水果、低脂（或脱脂）奶的摄入，采取全谷类食物，减少红肉、油脂、精制糖及含糖饮料的摄入，并进食适量坚果。这种饮食方法提供了丰富的钾、镁、钙等矿物质以及膳食纤维，增加了优质蛋白、不饱和脂肪酸的摄入	可有效降低肥胖患者的体重、血压、血糖、血脂，同时改善胰岛素抵抗力

（三）常见减重食品

单纯性肥胖人群食物选择在选择食物时，宜限量选用谷类、畜禽类瘦肉、蛋、鱼、奶、豆类多选用蔬菜、水果。少用的食物：富含饱和脂肪酸的食物，如肥肉、猪牛羊油、奶油、黄油、饱和度的植物油、棕榈油、椰子油等、各类油炸食品；富含精制糖的糖果、糕点、含糖饮料等。

任务二　消瘦症 🅔 微课2

一、消瘦概述

（一）消瘦的定义与判断

消瘦是指人体内的肌肉纤弱、脂肪少，显著低于正常人的平均水平。也就是说，只有体重低于正常标准，才能称为消瘦。

消瘦症是指体重低于标准体重15%以上者。医学上判断消瘦的程度，是将人的实际体重与标准体重进行比较，实际体重低于标准体重的15%～25%、26%～40%、40%以上者，分别被称为轻度消瘦症、中度消瘦症和重度消瘦症。标准体重的计算方法见模块一项目四。

（二）病因

消瘦症主要由于激素亢进，能量摄入和消耗呈负平衡，导致机体脂肪和蛋白质减少，从而引起体重降低。

1. 食物摄入不足　①偏食、挑食，进食不规律，导致食物摄入量不足，引起的营养不良或佝偻病。②由于口腔疾病、消化性溃疡、胃及食管肿瘤等引起进食吞咽困难。③由于主动采取节食或过度运动造成的神经性厌食，引起的消瘦。④神经－肌肉因素引起的咀嚼吞困难，如重症肌无力。⑤食物摄入不足造成的维生素缺失，营养失调而导致的消瘦。

2. 食物消化、吸收、利用障碍　①由于消化液及消化酶分泌障碍，降低了食物营养素的吸收，而引起消瘦。②由慢性胃肠病、慢性肝胆胰病、内分泌与代谢性疾病（常见于糖尿病、甲状腺功能亢进症）等引起的食物吸收、利用障碍。

3. 对食物需求增加或消耗过多　特殊生理或病理状态对营养素需求增加或消耗过多引起，如妊娠期、甲状腺功能亢进症、运动过度、长期发热、恶性肿瘤和失血（外伤、急慢性出血、大手术）。

二、消瘦与美容美体

消瘦症是一种损美性疾病，它给人以干瘦、憔悴的感觉，中医文献中又称"羸瘦""身瘦""脱形"。因先天不足，素体虚弱；或饮食偏嗜，饥饱无常，营养摄入不足；或情志抑郁，忧虑过度，致肝失疏泄，脾失健运，饮食营养不能化生气血；或恣情纵欲，耗损真阴，致肾精不足，精不化血，皆可导致气血亏虚，不能滋养肌肤，发为消瘦。消瘦者通常表现为面形瘦削，皮下脂肪少，严重者全身肌肉萎缩，胸部肋骨清晰可见，四肢骨关节显露，常被形容为"骨瘦如柴"。然而，在国内外一片"减肥热"中，"瘦"的身价似乎比"胖"高多了。似乎瘦就是苗条、健美的代名词，有的甚至用"千金难买老来瘦"来炫耀"瘦"。其实，这是一种误解，是人们步入了现代健美的误区。瘦和苗条、健美之间是不能画等号的，"老来瘦"也仅是相对于身体过胖的老年人而言的。瘦毕竟不是人体健美的标志，《红楼梦》中的林黛玉可以说是体型瘦弱的典型了。宋代女词人李清照的名句"人比黄花瘦"，是世上瘦人自我愁苦的写照。的确，体形消瘦是令人担心的严重问题。特别是有的人瘦得双肩下垂、胸廓扁平、脸面无肉，完全是一副病态。"心有余而力不足"，体型瘦弱的人常常会发出这样的感叹，然而更主要的是体型过瘦会失去健康。瘦弱，"瘦"与"弱"是紧密相连的，所谓"弱不禁风"就是对"瘦"的一种绝妙注释。

三、营养与保健措施

（一）饮食科学化

体形消瘦的人要想健壮起来，消除皮肤皱褶，改变肌肉纤弱的形象，变得丰满而匀称、结实而健美，关键是在日常的饮食中讲究科学。所谓合理膳食，就是要求膳食中所含的营养素种类齐全、数量充足、比例适当；不含有对人体有害的物质；易于消化，能增进食欲；瘦人摄入的能量应大于消耗的能量。合理膳食必须做到以下几点。

1. 食品种类丰富多样，才能保证营养素齐全　《黄帝内经》中对此已有更加科学的认识，明确指出"五谷为养，五果为助，五畜为益，五菜为充"，阐明了"谷肉果菜"各自的营养作用。

2. 食品粗细搭配　有的人以为食品越精越好，于是米要精米，面要精面，菜要嫩心。殊不知许多谷物加工越精营养损失越多。科学分析证明，稻、麦类作物中的维生素、矿物质主要存在于皮壳中。精白面中蛋白质的含量比麦粒中少 1/6，维生素和钙、磷、铁等矿物质的含量也少了许多。精白米同稻谷的营养素比较也是如此。在蔬菜中，菜叶和根中含的营养素往往比较丰富，可有的人只挑嫩心吃，而丢掉根叶，这样既浪费，又不利于身体健美。

3. 保证每日有足够的优质蛋白质和热能的供给　食物中动物性蛋白质和豆类蛋白质应占蛋白质供给量的 1/3～1/2。一般来说，高蛋白膳食不如多蛋白膳食，食物少而精不如多而粗。从中医角度来讲，体形消瘦的人多属阴虚和热性体质，所谓"瘦人多火"，即指虚火。因此，体形消瘦者的膳食调配要合理化、多样化，不要偏食。应补气补血，以滋阴清热为主，平时除食用富含动物性蛋白质的肉、蛋外，还要适当多吃些豆制品、赤豆、百合、蔬菜、水果等。对其他性平偏凉的食物，如黑木耳、蘑菇、花生、芝麻、核桃、绿豆、甲鱼、鲤鱼、泥鳅、鲳鱼、兔肉、鸭肉等，则可按各人口味适量选择食用。另外，在身体无病的条件下，在摄取高蛋白、高脂肪、高糖、高维生素食物的同时，还可选用一些开胃健脾助消化的食物，如水果、蔬菜类的苹果、山楂、葡萄、柚子、梨、萝卜、扁豆和滋补品中的蜂蜜、白木耳、核桃肉、花生米、莲子、桂圆、枣和各种动物内脏等。

4. 适当增加餐次或在两餐间增加甜食　增加体内能量的储存，可使强身效果更为理想。因为消瘦者的体内热能不足，胃肠功能差，一次进餐量太多，消化吸收不了，反受其害。而餐次时间隔得太长，加上食量又小，食物营养供不应求，同样也不利于强健身体。

5. 食物分配要合理　使瘦人丰腴、健美理想的饮食结构百分比为：蛋白质占总量的 15%～18%，脂肪占总量的 20%～30%，糖类占总量的 55%～60%。实验证明，瘦人每日采用 4～5 餐较为合适。早餐应占全天总热能的 25%～30%，午餐应占全天总热能的 30%～35%，晚餐应占全天总热能的 25%～

30%，加餐应占全天总热能的5%~10%。

6. 改进烹调技术 食物的烹调加工也要讲究科学。使食物的色香味俱佳，对于肉类食品以蒸煮为好，仅食肉、不喝汤是不科学的。平时要尽量少吃煎炒食物，辣椒、姜、蒜、葱以及虾、蟹等助火散气的食物，应少食。而且在用餐时应极力避免思考不愉快的事情，以免影响消化功能。

（二）生活规律化

1. 制订丰富多彩、有规律的生活制度 最好给自己订一份有规律的作息时间表，做到起居饮食定时，每天坚持运动健身，保证充足的睡眠，养成良好的卫生习惯等。

2. 加强锻炼 根据对象不同，可采取冬季长跑锻炼和夏季游泳运动，增强胃肠道消化功能，以增强机体对疾病的抵抗力。

（三）培养乐观主义精神

胸怀宽阔、乐观豁达、笑口常开，则有利于神经系统和内分泌激素对各器官的调节，能增进食欲，增强肠胃道的消化吸收功能。笑能消除精神紧张、清醒头脑、消除疲劳、促进睡眠，且能改善急躁、焦虑等不利情绪，达到"乐以忘忧"的健康状态。要树立高度的事业心，从工作中得到欢乐，以乐观情绪为重要精神支柱。增强自己的文明修养，克服心胸狭窄和消除烦恼，培养高尚情操、幽默风趣的性格和进取心，以及战胜各种困难的信心。

总之，丰富的营养物质、科学合理的膳食结构，有助于消瘦者达到丰腴健美的目的。

任务三 骨质疏松症 e 微课3

骨质疏松症是最常见的骨骼疾病，是一种以骨量减少，骨组织微结构损坏，导致骨脆性增加，易发生骨折为特征的全身性骨病。可发生于不同年龄段，但多见于绝经后女性和老年男性。骨质疏松症是一种与增龄相关的骨骼疾病，随着人口老龄化日趋严重，骨质疏松症也成为一种重要的社会公共卫生问题。

骨质疏松症分为原发性和继发性两大类。原发性骨质疏松症包括绝经后骨质疏松症（Ⅰ型）、老年骨质疏松症（Ⅱ型）和特发性骨质疏松症（包括青少年型）。绝经后骨质疏松症一般发生在女性绝经后5~10年内，骨量丢失发生在松质骨；老年骨质疏松症一般指70岁以后发生的骨质疏松，松质骨和皮质骨均有骨量丢失。继发性骨质疏松症则指由任何影响骨代谢的疾病和（或）药物及其他明确病因，使骨量严重丢失而导致的骨质疏松，主要发生在青少年。

一、骨质疏松概述

（一）骨质疏松的定义与原因

骨骼需有足够的刚度和韧性维持骨强度，以承载外力，避免骨折。骨质疏松症是由遗传因素和环境因素等交互作用积累的共同结果。骨质疏松症的危险因素又可分为不可控因素与可控因素。

1. 不可调控因素 主要包括种族（患骨质疏松症的风险白种人高于黄种人，而黄种人高于黑种人）、老龄化、女性绝经以及脆性骨折家族史。

2. 可调控因素 包括不健康生活方式，如体力活动少、不充足日照、吸烟、过量饮酒、过多饮用含咖啡因的饮料等；不合理膳食模式，如蛋白质摄入过多或不足、膳食钙摄入不足、维生素D缺乏、高脂、高磷、高钠饮食等；疾病如肥胖、肌肉衰减综合征、消瘦营养不良等。

（二）骨质疏松的诊断

骨质疏松症的诊断基于全面的病史采集、体格检查、骨密度等影像学检查及必要的生化检测。以骨量减少、骨密度下降以及（或者）发生脆性骨折等为依据。骨质疏松早期可无明显的临床症状和体征，往往由照射椎体 X 线片而被发现椎体压性骨折。到中期以后可出现疼痛、身材缩短、驼背、骨折、呼吸系统障碍等症状，典型临床表现如下。

1. 骨痛和肌无力　轻度患者常主诉腰背疼痛或全身疼痛，骨痛常为弥漫性，无固定部位，检查不呈现压痛点。有的患者在椎体压缩性骨折后，此处立即出现急剧锐痛。骨痛常于劳累或后加重，负重能力下降或不能负重，四肢骨折或胯部骨折后肢体活动能力受限，局部加重。

2. 身高降低　常见于椎体骨质疏松，患者变矮，严重者会有驼背，少见神经压迫症状。椎压缩性骨折会导致胸廓畸形，出现胸闷、呼吸困难等肺功能缺陷症状，表现为肺活量最大换气量下降，极易发生呼吸系统感染。

3. 骨折　老年性骨质疏松患者常因轻微的身体活动或摔倒、挤压或无任何诱因发生骨折，部位主要为脊柱、胯部、手腕部、肱骨等。

二、骨质疏松与美容美体

骨质疏松症初期通常没有明显的临床表现，因而被称为"寂静的疾病"或"静悄悄的流行病"，但随着病情进展、骨量不断丢失、骨微结构破坏，患者会出现全身疼痛、身高降低、脊柱变形、驼背等，易发脆性骨折，以及椎体压缩骨折致胸廓畸形，呼吸和消化等功能受影响，表现为胸闷、气短、肺活量减少、食欲减退、腹痛、便秘等。骨质疏松症严重影响女性形体美。

三、营养与保健措施

骨健康是维持人体健康的关键，骨质疏松症的防治也应贯穿于生命全过程。因此，骨质疏松症的主要防治目标包括：①改善骨骼生长发育，促进成年期达到理想的峰值骨量；②维持骨量和骨质量，预防增龄性骨丢失；③避免跌倒和骨折。

骨质疏松症的防治措施主要包括基础措施、药物干预和康复治疗。基础措施包括调整生活方式和骨健康基本补充剂。

（一）调整生活方式

1. 加强营养，均衡膳食　建议摄入富含钙及维生素 D、维生素 K、低盐和适量蛋白质的均衡膳食。蛋白质是骨骼有机基质的合成原料，适量的蛋白质摄入有助于维持骨骼的韧性和弹性。还可以刺激胰岛素样生长因子 -1（IGF -1）的产生，IGF -1 能够促进骨细胞的增殖和分化，对骨骼生长和骨量维持具有积极作用，推荐每日蛋白质摄入量为 $1.0 \sim 1.2 g/kg$。

当钙摄入不足时，身体会从骨骼中动员钙来维持正常的血钙水平，长期如此会导致骨量减少，增加骨质疏松的风险。钙的膳食补充应注意钙含量和钙吸收率。尽可能通过膳食摄入充足的钙，补钙食物首选牛奶及奶制品，其他富含钙的有虾皮、豆腐及豆制品、芝麻酱、海带等。膳食中钙摄入不足时，可给予钙剂补充。

维生素 K 参与骨钙素的羧化，骨钙素是一种由成骨细胞合成的蛋白质，它对钙在骨骼中的沉积和骨矿化起着关键作用。绿叶蔬菜（如菠菜、生菜）、纳豆等是维生素 K 的良好来源。

镁是骨骼的重要组成成分之一，它可以促进钙的吸收和利用，维持骨骼的正常结构和功能。坚果（如杏仁、腰果）、全谷物、绿叶蔬菜等富含镁。

2. 充足日照 建议每日根据日光的强弱合理选择时间，尽可能多地暴露皮肤于阳光下照射 15～30 分钟（时间长短取决于日照时间、纬度、季节等因素），注意避免强烈阳光照射，以防灼伤皮肤。每周不少于两次，以促进体内维生素 D 的合成，应避免涂抹防晒霜，以免影响日照效果。

3. 规律运动和体力活动 运动和体力活动可改善机体的敏捷性、肌肉的质量和力量、身体的稳定性及平衡能力等，有助于减少跌倒风险。因此，建议进行有助于骨健康的体育锻炼和康复治疗。

4. 戒烟 吸烟会影响骨代谢，减少骨量。烟草中的尼古丁等有害物质会抑制成骨细胞的活性，同时刺激破骨细胞的活性，导致骨吸收大于骨形成。

5. 限酒 过量饮酒也会对骨骼健康产生不良影响，酒精会干扰钙的吸收和代谢，增加钙的排泄，同时还可能影响维生素 D 的代谢和作用。

6. 避免过量饮用咖啡、碳酸以及含糖饮料 咖啡中含有咖啡因，大量饮用咖啡（每天超过 4～5 杯）可能会增加钙的排泄。碳酸饮料中含有磷酸，磷酸会与钙结合形成磷酸钙，从而影响钙的吸收。如果喜欢喝咖啡，可以适量饮用，并同时注意钙的补充。

7. 尽量避免或少用影响骨代谢的药物。

8. 定期检查 定期进行骨密度检查，尤其是中老年人、绝经后女性等骨质疏松的高危人群。双能 X 线吸收法（DXA）是目前诊断骨质疏松的金标准。通过骨密度检查，可以了解骨量的变化情况，及时发现骨质疏松的早期迹象，以便采取相应的治疗和预防措施。一般建议每 1～2 年进行一次骨密度检查。

（二）营养补充剂的使用

如果通过食物达不到补充的目的，可选择营养补充剂。

1. 钙剂 充足的钙摄入对获得理想骨峰值、减缓骨丢失、改善骨矿化和维护骨骼健康有益。

2. 维生素 D 充足的维生素 D 可增加肠钙吸收、促进骨骼矿化、保持肌力、改善平衡能力和降低跌倒风险。维生素 D 不足还可以导致继发性甲状旁腺功能亢进，增加骨吸收，从而引起或加重骨质疏松症。补充钙剂和维生素 D 可降低骨质疏松性骨折风险。

◀◀◀◀ 目标检测

答案解析

单项选择题

1. 消瘦症最常见的原因是（ ）
   - A. 甲状腺功能亢进
   - B. 糖尿病
   - C. 营养不良
   - D. 慢性感染
   - E. 恶性肿瘤

2. 下列不属于消瘦症临床表现的是（ ）
   - A. 体重下降
   - B. 肌肉减少
   - C. 脂肪组织减少
   - D. 水肿
   - E. 皮肤松弛

3. 下列措施对改善消瘦症患者的营养状况最有效的是（ ）
   - A. 增加运动量
   - B. 减少饮食摄入
   - C. 高蛋白饮食
   - D. 低脂肪饮食
   - E. 高糖饮食

4. 以下不能诊断为消瘦症的是（ ）
   - A. 体重下降超过 10%
   - B. 体重下降超过 15%
   - C. 体重下降超过 20%
   - D. 体重下降超过 25%
   - E. 体重下降超过 40%

5. 关于引起消瘦的常见原因，以下不正确的是 （　　）

  A. 饮食习惯不良   B. 吞咽困难   C. 恶性肿瘤

  D. 尿毒症   E. 甲减

6. 骨质疏松症的主要原因是 （　　）

  A. 缺钙   B. 缺乏维生素 D   C. 骨骼老化

  D. 遗传因素   E. 长期卧床

7. 骨质疏松症最常见的症状是 （　　）

  A. 骨折   B. 疼痛   C. 身高变矮

  D. 驼背   E. 呼吸困难

8. 关于骨质疏松症的治疗，下列措施错误的是 （　　）

  A. 补钙   B. 补充维生素 D   C. 加强营养

  D. 增加日晒时间   E. 长期卧床不动

9. 下列不属于骨质疏松症患者典型体征的是 （　　）

  A. 身高变矮   B. 驼背   C. 肌肉发达

  D. 骨折   E. 胸廓畸形

10. 下列不属于预防骨质疏松症生活方式建议的是 （　　）

  A. 增加日晒   B. 均衡饮食   C. 长期卧床

  D. 适量运动   E. 避免过度饮酒

书网融合……

| 重点小结 | 微课1 | 微课2 | 微课3 | 习题 |

项目九　美容手术的营养

PPT

学习目标

知识目标：通过本项目的学习，掌握能量、营养素、营养支持、肠内营养、肠外营养、快速康复的基本概念；熟悉肠内营养和肠外营养并发症的防治及健康教育，各种医院膳食的适用对象及要求，美容手术前后的营养评估内容，美容微创治疗常见并发症的防治，理化美容微创疗法的膳食管理要求，美容手术后的愈合机制及伤口愈合与营养的关系；了解营养险筛查相关工具，美容手术前后营养支持策略。

能力目标：能运用护理程序对肠内营养和肠外营养支持患者进行整体护理，能根据临床具体情况初步判断患者营养状况，能运用所学知识为美容手术患者实施健康宣教。

素质目标：通过本项目的学习，树立珍爱生命、科学审美的价值观；具有关注美容手术患者营养需求和关心营养支持患者主观感受的态度和行为。

任务一　医院膳食　 微课

情境导入

情境：蔡某，女，22岁，大三学生，因特别热爱啤酒炸鸡、碳酸饮料等高热量食物，近半年体重增加了10kg，家人都说他"太胖了"，为了减肥，她开始节食，每日摄取一餐，以水煮素菜为主，量少。1个月后，王某体重虽然减轻了13kg，但是每天总觉得疲乏无力、四肢酸软、无精打采，上课也不能注意力集中，反应迟钝，一次体育课，突然晕倒在地，送至医院就医。

思考：1. 引起蔡某体重增加的主要营养素是什么？

2. 作为责任护士，患者出院时应该如何指导其进行合理的日常膳食？

医院膳食是根据人体的基本营养需要和各种疾病的医疗需要而制订的医院患者膳食，可分为基本膳食、治疗膳食、特殊治疗膳食、诊断膳食等。各种膳食的食谱应按膳食常规要求进行设计和配制。

一、医院基本膳食

医院基本膳食是医院膳食的基础，主要包括普通膳食、软食、半流质膳食和流质膳食。

1. 普通膳食　主要适用于消化功能正常、咀嚼功能正常、无特殊饮食限制、病情较轻的患者。膳食供应原则要求营养平衡、品种多样、美味可口无刺激。一般食物均可选择。每日供应早、午、晚三餐，每日提供的能量、蛋白质和其他主要营养素应达到或者接近我国成年人低强度身体活动的参考摄入量，蛋白质55~80g，全日能量1800~2500kcal。膳食中，蛋白质占总能量10%~20%，脂肪占总能量20%~30%，碳水化合物占总能量50%~65%。

2. 软食　主要适用于消化吸收功能差、咀嚼不便者、消化道术后恢复期的患者。膳食供应原则以易消化、易咀嚼、食物软、烂、碎为主，并且食物需少油腻、少粗纤维，比如，馒头、软饭、面条、肉糜、鱼类等，少食油炸的食物、大块的肉、带骨禽类、韭菜、芹菜等和其他咀嚼不便的食物。

每日供应 3~5 餐（3 次主餐外加 2 餐点心），全日能量 1800~2200kcal。

3. 半流质饮食 主要适用于口腔及消化道疾病、体弱、术后恢复期的患者。膳食供应原则以易吞咽、易消化、食物细软为主，比如，泥、末、粥、面条、羹等。每日供给 5~6 餐。全日蛋白质 50~60g，能量 1500~1600kcal。

4. 流质饮食 主要适用于口腔疾患、各种大手术后、高热、病情危重患者。食物呈液状，易吞咽及消化，但通常能量低，所供营养素不足，只能短期使用，比如，牛奶、蒸蛋、米糊、果汁及汤类。每日供应 6~7 次，每次容量 250~400ml，每日总量 2000ml 左右，清流质一日之营养成分蛋白质 20g，脂肪 10g，碳水化合物 100g，总能量 570kcal。

二、医院治疗膳食

1. 高蛋白膳食 主要适用于高代谢疾病、各种原因引起的营养不良、低蛋白血症、大手术后的患者以及孕妇、乳母等。膳食原则是在基本饮食基础上增加蛋白质，特别是优质蛋白质。每日总量 90~120g，其中蛋、奶、鱼、肉等优质蛋白质占 1/2~2/3。在美容营养方面，蛋白质可以使肌肉坚实、面容保持青春活力，在美容术后能促进伤口愈合。当蛋白质不足时，可发生消瘦憔悴，皮肤弹性降低，早生皱纹，头发干枯脆弱脱落。

2. 低盐膳食 通过调整膳食中的钠盐摄入量来纠正水、钠潴留，以维持机体水、电解质的平衡，膳食控制全日膳食总含盐量在 1~4g。

3. 低脂膳食 控制膳食中脂肪的摄入量以改善脂肪代谢和吸收不良引起的各种疾病，饮食清淡、少油，脂肪含量每日 <50g/d，烹调方法以蒸、煮、炖、烩、拌为主。

4. 低胆固醇膳食 在低脂膳食的基础上，控制总能量的摄入，达到或维持理想体重避免肥胖，适当增加膳食纤维，有利于降低血胆固醇。

5. 高热量膳食 用于能量消耗较高的患者，以满足美容手术患者术前术后营养不良和高代谢患者的需要，一般在基础饮食上加餐 2 次，可进食牛奶、蛋糕、巧克力、甜食等。

6. 限制能量平衡饮食 是一种适用于超重、肥胖症患者的饮食，是一种平衡膳食，在限制能量摄入的同时，又要保证基本营养需求，其宏量营养素的供能比例应符合平衡膳食的要求以达到控制或减轻体重的目的。

三、特殊治疗膳食

特殊治疗膳食主要是指针对某些特殊疾病或在疾病的某个阶段采取特殊的治疗膳食方法。通常是指通过增加或减少某种或某几种营养物质，例如免乳糖膳食、低铜膳食、免麦胶膳食、肾透析膳食、肝功能衰竭膳食等，以延缓患者病情进展或促进患者康复。

四、诊断和代谢膳食

诊断膳食是在特定时间内，通过对膳食的内容进行调整来协助临床疾病诊断和确保实验室检查结果的一种饮食。代谢膳食是一种严格的称重膳食，临床上多用来诊断疾病，观察疗效或研究机体代谢反应等情况的一种膳食方法。

1. 适用对象 诊断膳食和代谢膳食种类不同，适用对象不同，主要的诊断和代谢膳食有肌酐试验膳食，[131] I 试验膳食，葡萄糖耐量试验膳食，脂肪吸收试验膳食，钙、磷代谢试验膳食，钾、钠代谢试验膳食等。

2. 膳食要求 根据诊断膳食和代谢膳食种类不同，膳食要求也不尽相同，常见的有：肌酐试验膳食要求试验期为 3 天，试验期间禁食肉类、禽类、鱼类，忌饮茶和咖啡，每日主食在 300g 以内，限制蛋白质的摄入（每日蛋白质 <0.8g/kg），以排除外源性肌酐的影响；^{131}I 试验膳食要求试验期为 2 周，试验期间禁用含碘食物，如海带、海蜇、紫菜、海参、虾、鱼、加碘食盐等，禁用碘做局部消毒，2 周后做^{131}I 功能测定；葡萄糖耐量试验膳食要求试验前晚餐后禁食禁饮直至翌日试验。

任务二　营养支持

一、概述

（一）营养支持

1. 营养支持的概念　营养支持治疗是指给不能进食或进食不足或有营养不良的患者，提供肠内或肠外营养以纠正或预防营养不良，维持最优的营养状态促进患者健康恢复。

2. 营养支持的基本形式　营养支持是临床治疗的一部分。主要包括肠内营养（enteral nutrition，EN）和肠外营养（parenteral nutrition，PN）。

（二）营养状况的评估

进行营养支持前必须对患者实行营养风险评估，未经评估的营养支持可能会带来一些不良后果。例如，过度营养可能导致高血糖、高血脂、肝肾功能负担加重等问题；而营养不足则无法达到改善患者营养状况、促进康复的目的。通过全面的营养状况评估，可以预先判断可能出现的风险，采取相应的措施来确保营养支持的安全性。

1. 影响因素的评估　影响饮食与营养的因素有多方面，包括身体因素、心理因素及社会因素等。

（1）身体因素　生理上，人们在生长发育过程中的不同发展阶段对能量及营养素的需要量有所不同；人们的活动强度、工作性质等不同，能量消耗也有所差异；此外，处于特殊生理状况的患者对营养素的需求大大增加，如妊娠期、哺乳期的女性。病理方面，某些疾病及药物会影响患者对食物及营养的摄取、消化、吸收及代谢。

（2）心理因素　研究表明，不良情绪如焦虑、忧郁、恐惧、悲哀等可引起交感神经兴奋，抑制胃肠道蠕动及消化液的分泌，使人食欲减退，出现少食、偏食、厌食等。相反，愉悦、轻松的心理状态会促进食欲。

（3）社会因素　经济状况、饮食习惯、饮食环境、生活方式、健康营养知识等都直接或间接地影响人们对食物的选择，食物的烹调方式，从而影响营养状况。

2. 饮食营养的评估　通过对患者饮食营养的评估，了解患者是否存在影响营养状况的相关问题，包括患者的用餐情况、摄食种类、食欲，有无影响饮食状况的因素。

二、肠内营养

肠内营养是采用口服或者管饲等方式经胃肠道提供一些仅需化学性消化或者不需消化即能被肠黏膜吸收的营养配方的营养支持方式。

（一）肠内营养制剂

1. 非要素型制剂　是以整蛋白为主的一类肠内营养制剂，包括匀浆制剂和整蛋白为氮源的非要素制剂。适用于胃肠道功能较好的患者，其渗透压接近于等渗，口感较好，适于口服，也可管饲。

2. 要素型制剂　以蛋白水解产物为主，是一种化学组成明确的低聚或单体物质的混合物，不含乳糖和膳食纤维，不需消化即可直接吸收，但口感较差。适用于严重烧伤及创伤等超高代谢、美容手术前后需营养支持、消化吸收不良、营养不良等患者。在临床营养治疗中可保证危重患者的能量及氨基酸等营养素的摄入，促进伤口愈合，改善患者营养状况。

（二）肠内营养实施途径与方法

1. 肠内营养实施途径　可分为口服和管饲。一般情况下，消化道功能正常或具有部分消化道功能患者如果普食无法满足热量需求时，应优先选择口服营养补充，对于经口摄入受限的患者可采用管饲，包括鼻胃管或鼻肠管，胃及空肠造瘘管。具体途径的选择需结合患者疾病情况、喂养时间长短、胃肠功能和有无误吸风险等。

2. 肠内营养输注方式

（1）按时分次给予　适用于喂养管尖端位于胃内和胃肠功能良好者，主要是将配置好的营养液用输注器分次缓慢注入，每次200ml左右，在10~20分钟内完成，每次间隔2~3小时，每日6~8次。常用于需长期家庭肠内营养的胃造瘘患者，但易引起胃肠道反应如腹胀、腹泻、恶心等。

（2）间隙重力滴注　将营养液置于吊瓶或专用营养液输注袋中，经输注管与喂养管相连，借助重力缓慢滴注。每次250~500ml，在2~3小时内完成，休息2~3小时，每日4~6次，如此循环往复，此方式患者有较多自由活动时间，有较大的活动度。

（3）持续经泵输注　在间隙重力滴注基础上，使用肠内营养泵持续12~24小时输注，无条件者也可以采用重力滴注法连续输注。可保持预设置的速度，便于监控管理，尤其适用于病情危重、胃肠道功能和耐受性较差的患者。

（三）肠内营养适应证及常见并发症的防治

1. 适应证　原则上，肠内营养液应经过有吸收能力的胃肠道而被吸收，但如果胃肠道功能受损，有时可给予不需再消化即可被吸收的肠内营养制剂。主要适应证包括：意识障碍或昏迷患者；吞咽困难和失去咀嚼能力患者；消化道损伤梗阻或手术患者；炎症性肠病患者；高分解代谢和慢性消耗性状态患者；术前准备和纠正及预防手术前后营养不良的患者。

2. 并发症　肠内营养是一种相对较为安全的营养支持方法，其并发症较少，通常可以避免和控制，但在临床应用过程中，也可因不恰当的配方选择、不合理的配制、营养液污染、输注速度不当或护理不当等因素引起相关并发症。其中胃肠道并发症是肠内营养中最常见的并发症，主要包括恶心、呕吐、腹胀、腹痛、便秘、腹泻等。

（1）腹泻　是肠内营养中最常见的并发症，其发生率范围较广（2%~63%）。可能原因有患者对肠内营养不耐受、肠道内菌群失调、营养液输注速度及温度不当、营养液污染等，但腹泻不是肠内营养固有的并发症，可通过合理使用避免或减少其发生。

（2）恶心、呕吐、腹胀　胃排空延迟是导致呕吐最常见的原因，此外，营养液的味道、渗透压过高、输注速度过快过冷，也可引起患者恶心、呕吐及腹胀。

（3）便秘　患者长期卧床、水分摄入不足及缺乏膳食纤维可引起便秘。

除了常见的胃肠道并发症外，若喂养不当或者护理不当，还可能出现机械性和代谢性并发症。发生吸入性肺炎，喂养管相关性损伤，管道阻塞，有的患者还可能出现高血糖或者水电解紊乱。

（四）肠内营养注意事项及健康教育

在实施肠内营养过程中，要根据患者的具体情况，正确制定营养支持计划，选择合适的肠内营养设备，合适的喂养途径和方式。

1. 营养液现配现用，防止污染　配制好的肠内营养制剂常温保存不宜超过4小时，若配好后无法立即使用，应放在4℃以下的冰箱内保存。配制好的溶液应于24小时内用完，防止放置时间过长而变质，并须每日更换输注管。

2. 输注营养液过程中应注意营养液的浓度、温度、速度　开始时采用低浓度、低剂量、低速度，根据个体耐受情况逐渐增加。营养液中不可随意加入药物。

（1）浓度　使用时应从低浓度逐渐增至所需浓度，以防止腹胀、腹泻等症状出现。

（2）温度　可适当加温，过冷或过热均可引起患者不适，过冷易导致腹泻，其口服温度一般为37℃左右。

（3）速度　根据患者耐受情况调节滴注速度，可以由30滴/分逐渐增加至60~70滴/分或者20ml/h开始。

（4）体位　为了减少反流误吸的风险，在口服或者管饲肠内营养时，建议保持坐位半坐位或者将床头抬高30°~45°的体位。

3. 加强观察　营养液输注过程中经常巡视患者，如出现并发症的表现，应及时查明原因，并采用针对性措施，如减慢速度或遵医嘱使用药物，反应严重者可暂停使用。

4. 定期冲洗　因肠内营养制剂有可能堵管，因此在持续输注过程中，应每隔4小时即用20ml温水脉冲式冲洗导管，在输注营养液的前后、不同药物输注前后也应予冲洗，尽量避免混用不同药物，避免发生不良反应。

5. 记录　应用肠内营养期间需定期记录体重，观察尿量、大便次数及性状，检查血糖、尿糖，防止水、电解质及糖代谢紊乱。

6. 健康教育　告知患者肠内营养的重要性和必要性，提高患者依从性；做好患者的饮食指导；指导患者定期随访。

三、肠外营养

肠外营养是按照患者的需要，通过周围静脉或中心静脉输入患者的全部能量及营养素，包括氨基酸、脂肪、各种维生素、电解质和微量元素的一种营养支持方法。患者需要的基本营养素均经静脉途径输入、不经胃肠道摄入的营养支持方法称为全肠外营养（total parenteral nutrition，TPN）。

（一）肠外营养制剂

1. 葡萄糖　葡萄糖溶液是临床最常用又安全的制剂，是肠外营养的最主要能源物质，健康成年人，每天消耗葡萄糖4~5g/（kg/d），过多摄入葡萄糖会导致脂肪生成。肠外营养时葡萄糖供给量一般为3~3.5g/（kg/d），供能占总热量的50%。

2. 脂肪乳剂　是肠外营养的另一种重要能源物质，还可提供能量和必需脂肪酸维持细胞膜结构，供给机体总热量的30%~40%。因其渗透压与血液相似，可经外周静脉输入，但输注速度不宜过快。

3. 复方氨基酸　是肠外营养的唯一氮源物质，供给机体合成蛋白质及其他生物活性物质的氮源，分为平衡氨基酸溶液和特殊氨基酸溶液。在美容手术、激光微创治疗等创伤应激状态下，人体对条件必需氨基酸谷氨酰胺的需求远远超过了内源性合成的能力，严重缺乏时可影响多脏器的代谢功能。

4. 电解质　是参与机体代谢的重要成分，可补充钾、钠、氯、钙、镁及磷等，以维持水电解质及酸碱平衡，保持人体内环境稳定，维护各种酶的活性和神经、肌肉的应激性。

5. 维生素　主要包括水溶性维生素和脂溶性维生素，其中水溶性维生素在体内无储备，肠外营养时应每日给予，脂溶性维生素在体内有一定储备，禁食时间超过2~3周才需补充。

6. 微量元素　短期禁食者可不予补充，全肠外营养超过 2 周时需要给予补充。

（二）肠外营养实施途径与方法

临床上选择肠外营养途径时，需视病情、营养液渗透压、输液量、输注时间长短、血管条件和护理条件及技术等选择应用。

1. 肠外营养输注途径　常用肠外营养输注的静脉通路包括周围静脉和中心静脉。经周围静脉肠外营养支持（peripheral parenteral nutrition，PPN）指经浅表静脉，大多是上肢末梢静脉，技术操作较简单、应用方便、并发症较少，适用于肠外营养时间 < 2 周的患者。经中心静脉肠外营养支持（central parenteral nutrition，CPN）包括经锁骨下静脉穿刺置管入上腔静脉途径，以及经外周置入中心静脉导管途径，适用于肠外营养时间 > 10 天的患者。

2. 肠外营养输注方式

（1）全营养液混合输注　指将各种营养制剂配制混合于 3L 塑料袋中，又称全合一营养液。全营养混合液可以通过医院内静脉药物配制中心配制或预混型标准化多腔袋两种方式获得。该种方式将多种营养成分搭配更合理，可降低代谢并发症的发生率；输注过程中简化了更换输液瓶，全封闭的输注系统也减少了感染和空气栓塞的机率，节约了人力资源，也提高了安全性。

（2）单瓶输注　早期的肠外营养主要以单瓶输注方式供给，即将维生素、电解质和微量营养素加入葡萄糖氨基酸溶液和脂肪乳剂，再以单瓶的方式或串联方式输注，该种方式由于各营养素非同步输入，不利于营养素的有效利用而造成一定的浪费。

（三）肠外营养适应证及常见并发症的防治

1. 适应证　凡是需要营养支持但因各种原因不能或不宜接受肠内营养的患者均是肠外营养的适应证，包括不能经口或胃肠道摄入的患者；危重症患者；胃肠功能障碍或衰竭患者；大手术围术期患者。

2. 并发症

（1）机械性并发症　包括与静脉穿刺和置管相关的并发症，导管内血栓形成和血栓性浅静脉炎两大类。在中心静脉置管时，可因患者体位不当、穿刺失败导致气胸、皮下气肿、血肿甚至神经损伤。若穿破静脉及胸膜，可发生血胸或胸腔积液。随着科技的进步、穿刺技术和装置的优化，此类并发症已少见。但输注过程中，若大量空气进输注管道可发生空气栓塞，甚至死亡。

（2）感染性并发症　若置管时未遵守无菌操作制度、营养液污染以及导管长期留置可引起穿刺部位感染、导管相关血流感染。

（3）代谢性并发症　如出现糖代谢紊乱、电解质及酸碱代谢失衡、再喂养综合征、代谢性骨病、高血脂等。

（4）脏器功能损害　包括肝功能异常、肠源性感染。

（四）肠外营养注意事项及健康教育

1. 肠外营养需经静脉输入，必须遵守配制营养液及静脉穿刺过程中的无菌操作。

2. 配制好的营养液储存于 4℃冰箱内备用，若存放超过 24 小时，则不宜使用。

3. 输液导管及输液袋每 12 ~ 24 小时更换一次，更换时严格无菌操作，注意观察局部皮肤有无异常征象。

4. 输液过程中加强巡视，注意输液是否通畅，开始时缓慢，逐渐增加滴速，保持输液速度均匀。输液浓度也应由较低浓度开始，逐渐增加。输液速度及浓度可根据患者年龄及耐受情况加以调节。

5. 健康教育　告知患者及家属不能自行调节输液速度；告知保护静脉导管的方法，发现异常及时通知医务人员，避免意外拔管；尽早经口进食或肠内营养，以降低并发症发生率。

任务三　美容手术前的合理膳食

一、美容手术前的营养评估和筛查

良好的营养状态是伤口愈合的基础，因此，美容手术前需进行术前营养评估和筛查，其目的主要是确保手术安全和顺利进行，同时也能降低术后并发症的发生率，提高美容手术的效果，例如，在进行脂肪填充手术时，患者自身营养良好可以使移植的脂肪细胞更容易存活，从而达到更好的美容效果。其营养筛查工具分为营养风险筛查工具和营养不良筛查工具两类，每种方法适用对象有所差异，各有优缺点。通过营养风险筛查，可以判定患者是否符合营养支持适应证，是对患者进行营养支持治疗的前提，目前采用的常用工具为营养风险筛查2002（nutritional risk screening 2002，NRS - 2002），主要适用于成年住院患者（18~90岁），主要从疾病、营养状态和年龄方面进行评分。营养不良筛查，是一个发现营养不良患者的过程，常用工具包括营养不良筛查工具（malnutrition screening tool，MST）、营养不良通用筛查工具（malnutrition universal screening tool，MUST）、微型营养评定 - 简表（mini - nutritional assessment short form，MNA - SF）等。在临床营养筛查时，应根据患者具体实际情况选择适当的筛查工具。

二、美容手术前的营养支持

（一）美容手术患者术前的营养支持和管理

1. 美容术前营养支持的优势　手术创伤引起一系列的应激反应，对患者术后代谢、器官功能及康复速度都将产生影响。应激反应所引起的代谢变化，特别是术后的胰岛素抵抗及高血糖现象，与术后并发症及康复速度相关的重要因素，因此术前代谢准备在加速康复外科管理中至关重要。

术前给予足够的糖负荷，可刺激胰岛素分泌，增加胰岛素的敏感性，从而将术后胰岛素抵抗的发生率降低50%。

有研究发现，拟在次日早上手术的患者，于手术前日晚上8时饮12.5%碳水化合物饮品800ml，术前2~3小时再饮400ml，可减少术前口渴、饥饿及烦躁症状，并显著减少术后胰岛素抵抗的发生率，同时发现还可以改善蛋白质代谢。

2. 美容术前营养支持治疗策略

（1）术前应重视蛋白质供给量，蛋白质是维持生命最重要的物质基础，当机体处于应激状态，如美容手术，机体蛋白需要量显著升高，增加适量蛋白质的摄入可增强防疫功能和促进伤口愈合，因此，术前可鼓励患者口服补充高蛋白或免疫营养配方。

（2）在美容大手术前，当不能通过口服营养补充剂满足营养需求时，应该采用其他肠内营养方式，具体肠内营养时间需根据患者具体情况、营养风险、手术大小等制定个体化策略。必要时需给予肠外营养以协助改善营养状况。

（二）美容手术患者的术前管理

1. 改善营养状况　术前应经口或其他途径补充足够的蛋白质、热量和维生素。对有水、电解质及酸碱平衡失调、贫血以及其他合并症的患者应在术前予以纠正。

2. 精神状态的准备　了解患者的心理状态，关心、安慰和鼓励患者，做耐心的解释，取得患者的信任与合作，减轻患者的恐惧、紧张、焦虑心理，必要时可遵医嘱用药。

3. 进行适应性训练　应让患者提前了解并训练，包括术中术后被迫体位、咳嗽咳痰呼吸功能锻炼、床上大小便等，吸烟患者建议术前两周停止吸烟。

4. 皮肤的准备　术前做好皮肤清洁卫生准备，以降低手术后切口感染率。

任务四　美容手术后的合理膳食

一、美容手术后的病理生理改变

（一）手术创伤应激对营养及相关代谢的影响

1. 术后应激反应　应激反应是机体受到物理性创伤、机械性破损、化学性侵害或情绪因素而引起神经、内分泌的内稳态改变。美容手术创伤引起一系列的应激反应，使机体释放出应激激素如皮质醇、儿茶酚胺和胰高血糖素等，并在数分钟至 30 分钟内迅速入血，且很快就引起代谢的变化，对患者术后代谢、器官功能及康复速度都将产生影响。

2. 术后胰岛素抵抗　胰岛素是一个强力抑制蛋白分解的促合成激素，而这种能力在术后由于发生胰岛素抵抗而受到损害，胰岛素抵抗是在手术后发生的一个常见的代谢损害，胰岛素抵抗可直接引起高血糖，而高血糖是导致术后并发症的危险因素之一。胰岛素抵抗发生时，由于肌肉对葡萄糖的摄入减少，糖原贮备减少，会影响葡萄糖的代谢，另一方面，由于肌肉的蛋白质丢失增加，出现蛋白质代谢的负平衡，导致手术后患者肌肉量和强度的下降，影响蛋白质及脂肪的代谢，导致体弱而影响康复。有研究表明，手术后患者在肠内管饲的同时使用胰岛素治疗，可以保存更多的蛋白质，表明胰岛素在术后蛋白质的代谢中具有重要的作用。

（二）术后肠麻痹

1. 术后肠麻痹的发病机制　术后肠麻痹是手术后由于非机械原因导致的胃肠道运动功能受到暂时性抑制，造成患者无法经口摄入的临床现象，其发病机制涉及手术创伤、麻醉药物、交感神经系统亢进及肠道炎症反应等多个因素。

2. 术后肠麻痹的临床表现和防治原则　术后肠麻痹是肠活动缺乏协调性，并且肠蠕动明显减少。肠麻痹的临床表现不尽相同，有些患者无任何症状，而有些表现为腹痛、恶心，也有患者表现为腹胀、呕吐，厌食也是常见的伴随现象，叩诊时可呈鼓音。

术后肠麻痹是阻碍患者快速康复的重要原因，在临床工作中，可在术后尽早采取相关措施，促进患者肠功能的恢复。如采取微创手术、术后早期少量逐步进食、咀嚼口香糖、多模式止痛、减少阿片类药物用量、控制液体入量、尽量减少留置鼻胃管和腹腔引流管、早期下床活动。

二、美容手术后的愈合与营养

（一）美容术后伤口愈合机制

1. 炎症反应期　在手术之后伤口内部会有少量的渗血、渗出，并且有炎症细胞的聚集，各种炎症介质的释放和炎症细胞浸润使伤口表现为红、肿、热、痛。在炎症过程中，一方面单核细胞、肥大细胞等炎症细胞在伤口附近吞噬、清除细菌等有害物质，同时释放炎症因子和生长因子相互协调作用以促进受损的组织修复和愈合。

2. 血管生成期　血管生成是指从周围已经存在的成熟血管生出新的微血管过程，它开始于伤口形成后24~48小时，第5天达到高峰，在伤口修复过程中发挥了重要作用。

3. 肉芽组织生长期　增生期肉芽组织的生长也是伤口修复、愈合过程中的关键环节，新生肉芽组织质量直接影响着伤口的修复、愈合程度及其预后。肉芽组织由成纤维细胞、内皮细胞和新生毛细血管共同构成，它的形成可填充和修复伤口的组织缺损，有利于伤口的抗感染和吸收、清除坏死组织，有利于伤口愈合。

4. 上皮细胞的增殖和迁移期　上皮细胞的增殖和迁移能使伤口皮肤边缘到整个伤口都能被新生上皮覆盖。而这一过程是由多种细胞和调控因子共同参与完成的，其中角质细胞生长因子被广泛认为是作用较强、特异性较高的一种，它能够促进表皮细胞增殖、迁移和分化，与皮肤伤口愈合密切相关。皮肤伤口基底部位的成纤维细胞能够合成和释放此因子，诱导伤口周围的表皮细胞增殖，并向伤口迁移。

（二）伤口愈合与营养的关系

1. 影响伤口愈合的因素　伤口愈合是指皮肤及组织受伤后修复的过程，影响伤口愈合的因素有全身因素和局部因素，全身因素包括营养因素、疾病因素、药物因素、精神心理因素、年龄、肥胖、放射治疗、吸烟等。局部因素包括感染、缺氧、低灌流量、血肿、伤口面积及深度、局部张力及压力、伤口的温度和湿度、伤口pH及伤口疼痛相关因素。

2. 伤口愈合与营养的关系　在伤口愈合的过程中，细胞的增生贯穿伤口愈合始终，只有充足的营养才能支持细胞快速的增生，促进伤口愈合。当营养不良时可导致炎症期延长、胶原合成减少、胶原细胞活动减少及血管细胞减少，延迟和阻碍伤口愈合。在整个伤后愈合过程中，蛋白质直接参与伤口愈合的全过程，它具有影响胶原蛋白、黏附分子和各种细胞生长因子的生物学作用，特别是患者伴有低蛋白血症、贫血时，充足的蛋白质补充尤为重要。此外，伤口愈合时必需脂肪酸需要量增加，充足的碳水化合物也可以起到节约蛋白质的作用，因此，碳水化合物和脂肪是机体以及伤口愈合所需能量的重要来源。维生素C缺乏会影响细胞间质以及胶原纤维和黏多糖的合成，影响伤口愈合，并容易并发感染；维生素A在伤口愈合的炎症期有积极的作用，它可以刺激成纤维细胞增生；B族维生素主要表现在增强患者机体抵抗力方面；维生素E具有维持稳固细胞膜完整性的作用；微量元素对于机体来说需要量虽很少，但是对于愈合伤口的细胞结构形成来说却是必需的。综上所述，充足的营养对伤口愈合具有促进作用，营养不良对伤口的愈合具有反作用。

三、美容手术后的营养支持

（一）术后营养支持治疗策略

术后早期肠内营养的价值不仅仅在于营养支持治疗，也有利于保护肠黏膜、减少肠黏膜屏障的损害、防止肠道菌群的异位。

1. 早期恢复胃肠道的进食，可以提前停止静脉输液促进肠功能的恢复，加速患者康复。

2. 术后早期肠内营养可改善患者的免疫功能，降低患者感染性并发症的发生率，缩短住院时间，减少住院费用。

3. 术后蛋白质摄入应足量，蛋白质摄入量不足将会导致去脂组织的丢失，不利于机体功能的恢复。

4. 手术后当天首选通过饮食或口服高蛋白质营养食品。当口服不能达到营养目标值，应启动肠内营养甚至是肠外营养。

（二）快速康复与围术期管理

1. 快速康复的定义　是指采用有循证医学证据的围手术期优化组合措施，以最大限度地减轻手术相关应激，加速患者术后康复进程，降低并发症发生率，改善外科患者预后，从而提供更优质的医疗服务。

2. 加速康复外科的优势　快速康复术前不肠道准备，不彻夜禁食。术后不放置或者早期拔出尿管及引流管，术后早期饮水、早期恢复胃肠道的进食，早期下床活动，对器官功能有保护和促进作用，可以更好地维护术后肌肉功能，减少术后肺功能的损害，早期恢复胃肠蠕动功能，增加活动能力，增强心血管功能。此外，快速康复减少了患者的住院时长，同时减少了治疗费用，提高了患者的满意度。

3. 围手术期的管理　包括术前、术中、术后的管理，具体体现为术前咨询与培训、心理护理、饮食管理、液体管理、超前镇痛、减少引流管的安置、营养支持、术后早期锻炼及出院指导等。在术前进行入院前咨询与培训，对患者进行一些必要的术前教育，做好心理护理，饮食管理，达到改善患者新陈代谢状态，改善患者饥渴、烦躁等不适，降低胰岛素抵抗，降低术后应激状态反应概率，维持正氮平衡的目的。术中建议使用起效快、作用时间短的麻醉剂，从而保证患者在麻醉后能快速清醒，有效减少应激反应，有利于术后早期活动。在疼痛管理方面，为防止痛觉过敏的发生，建议在伤害刺激发生之前给予镇痛治疗以减缓术后疼痛的发生，即"超前镇痛与抗炎"。

任务五　理化美容微创疗法与营养

一、理化美容微创治疗概述

（一）概述

在美容治疗过程中，理化微创治疗手段很多，比如微创外科手术、气化的或非气化的皮表重建治疗、局灶性光热作用原理治疗、注射治疗（包括水光针、肉毒素和填充剂）、化学剥脱术等，它们主要是利用声、光、电、磁等原理进行治疗，其特点是创伤小、痛苦少、并发症少、恢复快。

（二）美容微创治疗方法

1. 激光美容治疗　随着科学技术的进步，微无创理念及快速康复的发展，激光技术得到迅猛发展，为临床治疗带来了革命性的变化，成为皮肤美容医学领域的一种重要的治疗方法。主要应用于血管性皮肤疾病、色素增加性皮肤疾病、文身、多毛症、皮肤光老化、痤疮、瘢痕等。激光按工作物质分为固体、气体、液体、半导体激光器等；按波长范围分为紫外、红外、可见光激光器等；按激光释放能量的运转方式，可分为连续激光、半连续激光和脉冲激光；而按激光的损伤程度大致分为剥脱性、非剥脱性激光。临床常见的激光仪器有 Q 开关激光、血管治疗激光、脱毛激光、铒激光、二氧化碳激光、点阵激光、准分子激光等。在皮肤美容治疗中会对皮肤结构造成一定损伤，那么如何使激光在治疗疾病、在皮肤美容中发挥最大作用，如何预防及减少治疗后并发症，值得人们继续深入研究。

2. 注射美容治疗　是非手术整形美容的一种，利用注射的方法将生物材料或人工合成生物兼容性材料注射入真皮层或皮下组织或肌肉层，通过不同的作用机制填充或者说改善肌肤功能状态达到面部年轻化的目的，如玻尿酸的注射填充、肉毒素的注射、脂肪的注射填充、胶原蛋白的注射填充等。

（三）美容微创治疗常见并发症的防治

在美容微创治疗中，正确掌握适应证，选择合理的参数，做好术后防护等有效措施可预防或减少术后并发症，一旦发生，需妥善处理。

1. 色素异常 包括色素沉着和色素减退，色素沉着可以外用褪色剂如左旋维生素 C、熊果素、氢醌等，必要时可口服一些药物如氨甲环酸，在营养防治上，可以多食用含胡萝卜素、维生素 C、维生素 E 的食物。如新鲜蔬菜、水果、胡萝卜、南瓜、柿子、柑橘等。此外，防晒很重要，宜外用SPF30、PA＋＋＋以上的防晒霜。色素减退可以参照白癜风的治疗，外用药包括他克莫司、吡美莫司等，酌情服用一些治疗白癜风的中药，准分子激光对色素减退往往有很好的效果。

2. 过敏 可以用纯净水冷喷或冷敷，适当用一些温和的外用药，不建议在面部外用糖皮质激素，如果瘙痒等症状明显，可以酌情用一些非激素类药物，其他部位可以适当外用一些糖皮质激素。此外，过敏症状较重者可以适当服用抗组胺药。如果过敏症状严重，需注射糖皮质激素。在膳食上，减少光敏性食物和水果的摄入，如芹菜、香菜、香菇、菠菜、菠萝、芒果、柠檬等。

3. 瘢痕形成 对于增生瘢痕，治疗措施包括外用药物（积雪苷、激素等）、瘢痕内注射激素等药物、脉冲染料激光治疗。对于萎缩性瘢痕，可以用点阵激光治疗。在饮食上，目前尚无足够的证据说明饮食与瘢痕的发生、发展相关。但是，由于瘢痕疙瘩在过敏的情况下会出现瘙痒、疼痛、生长加速等症状，所以建议瘢痕易感体质患者的饮食需避开易过敏的食物，并戒除烟、酒等嗜好，鼓励进食清淡、高蛋白饮食，预防伤口发炎，促进创面愈合，减少瘢痕的形成。

二、微创疗法合理膳食

（一）微创治疗膳食管理

膳食与美容有着不可分割的关系，合理膳食对皮肤修复作用是不可忽视的。蛋白质、脂肪和糖类都是皮肤所必需的营养成分，维生素和微量元素能影响皮肤正常代谢及生理功能，如 B 族维生素、叶酸可使色素增加；维生素 C、维生素 A 可使色素减退；某些微量元素铜离子可促使黑素生成。因此，大面积激光技术，尤其是创伤性较大的激光治疗后应避免进食含铜、B 族维生素的食物，少吃辛辣食物。而应多进食富含维生素 C、维生素 A 的食物，如多吃水果、蔬菜，以及含铁、锌等微量元素较多的食品，如瘦肉、鱼、豆类、大白菜、萝卜等，并注意多饮水，以增进皮肤的修复过程。

（二）合理膳食在微创疗法中的应用

1. 合理选择营养素 皮肤作为人体的最大器官，是容貌美的重要基础，也需要从食物中摄取营养，进行新陈代谢，从而更好地保护生理功能，并利用某些食物的特殊作用，使皮肤健美、红润富有弹性。具体地说，食物中任何一种物质（蛋白质、脂肪、碳水化合物、矿物质、维生素和纤维素）的缺乏，都可能引起人体结构的变化，使人发生疾病，影响身体的健美。合理选择营养素就显得尤为重要，蛋白质是维持生命最重要的物质基础，人体皮肤和肌肉的营养成分主要是以蛋白质为中心，若缺乏会导致皮肤营养失调，面容憔悴，失去弹性与光泽。皮肤的生长和营养，都离不开胶原蛋白。各种器官的萎缩、弹性降低、皮肤及黏膜干燥、出现皱纹等，一般都与水分不足或营养缺乏有关，而胶原蛋白则是改变这种组织细胞贮水功能低下，促进水分代谢的最佳营养物质。

维生素对人体和皮肤作用重大，不容忽视，包括脂溶性维生素和水溶性维生素，与皮肤有密切关系的是维生素 A、B 族维生素、维生素 C、维生素 E、维生素 PP 等。维生素 A 有益于皮肤健美的作用，可维护上皮组织的正常，一旦缺少或不足，皮肤便出现干燥、毛发脆弱枯黄。B 族维生素对蛋白质的形成起着至关重要的作用，负责人体细胞的繁殖和修复，维生素 B_2 参与体内氧化和还原过程，参加糖、蛋白质和脂肪的代谢，当皮脂腺分泌过剩，可能堵塞毛孔，而毛孔内的脂肪又常是螨虫和化脓菌繁殖的地方，故脂肪过多易长痤疮、粉刺、毛囊炎及酒糟鼻等，严重影响皮肤美观及美容。维生素 C、维生素 E 是一种抗氧化剂，具有解毒、抗氧化、抗衰老、治愈再生、治疗黄褐斑的功效，当它们缺乏时，可能导致皮肤过早衰老。因此，在微创治疗后，要根据患者情况合理选择营养素，助力皮肤恢复。

2. 营养计划　微创治疗后，合理的饮食、充分的休息是保证创面愈合的重要条件，通过合理的膳食搭配和科学的烹饪加工，向患者提供适宜的能量和各种营养素，并保持各营养素之间的数量平衡，以满足患者的生理需要，促进患者皮肤修复，减少微创术后并发症的发生。

····目标检测

答案解析

单项选择题

1. 人体所需的营养素六大类为（　）
   A. 碳水化合物、脂肪、蛋白质、能量、维生素和水
   B. 蛋白质、脂肪、碳水化合物、矿物质、微量元素、维生素和水
   C. 蛋白质、脂肪、碳水化合物、矿物质、微量元素和水
   D. 蛋白质、脂肪、碳水化合物、微量元素、维生素和水
   E. 蛋白质、脂肪、碳水化合物、热量、维生素和水

2. 高蛋白膳食摄入过程中，建议每日优质蛋白质摄入量为（　）
   A. 90～120g　　　　　B. 60～90g　　　　　C. 150～200g
   C. 100～120g　　　　E. 80～100g

3. 实施肠内营养实施途径，应优先选择（　）
   A. 鼻胃管　　　　　　B. 外周静脉营养支持　　　C. 口服营养补充
   D. 鼻肠管　　　　　　E. 中心静脉营养补充

4. 肠内营养中最常见的并发症是（　）
   A. 恶心、呕吐　　　　B. 腹胀、腹痛　　　　C. 便秘
   D. 腹泻　　　　　　　E. 吸入性肺炎

5. 配制好的肠内营养制剂要求（　）内使用完毕
   A. 4 小时　　　　　　B. 12 小时　　　　　C. 24 小时
   D. 48 小时　　　　　E. 8 小时

6. 陈先生，46 岁，身高 170cm，体重 80kg，保险公司管理人员，在某医院健康管理中心要求为其设计个性化健康管理方案。按照 BMI 计算结果，赵先生的体重属于（　）
   A. 正常　　　　　　　B. 超重　　　　　　C. 轻度肥胖
   D. 中度肥胖　　　　　E. 重度肥胖

书网融合……

重点小结　　　　　　　微课　　　　　　　习题

项目十　药膳美容理论知识

PPT

知识目标：通过本项目的学习，掌握药膳美容的概念和特点，药膳美容的应用原则；熟悉药膳美容常用配方；了解药膳美容常用配料。

能力目标：具备中医辨证施膳的思维方法。

素质目标：通过本项目的学习，了解传统中医文化，树立文化自信。

任务一　药膳美容概述

情境导入

情境：李某，女，43岁，面色萎黄，无光泽，气短乏力，少气懒言，饭后易腹胀，大便溏稀，月经量少，易头晕，常自用白木耳、雪梨、菊花、白糖等炖汤欲改善面色，但无明显效果，便溏、腹胀现象反而越来越严重。

思考：1. 李女士为何体质状态？

　　　2. 服用美容膳食后效果不明显，为什么？

一、药膳美容的概念

"食不厌精，脍不厌细"，中国人自古以来一直注重吃，追求舌尖上的艺术，不仅烹饪技术世界一流，还要追求吃得健康，吃得长寿，发展出"食养""食疗""药膳"不同的种类。其中的"食养"，指饮食养身。《素问·五常政大论》记载的"谷肉果菜，食养尽之"，是指利用饮食达到营养机体、保持健康、延衰美容的目的。"食疗"，指饮食治疗，利用饮食，根据不同体质，选择有一定治疗作用的食物，调节人体平衡，从而达到强身保健、延衰美体的目的。《备急千金要方》中的"食治篇"、《食疗本草》等都是"食疗"的专著。

药膳文化源远流长，药膳自古以来就是最受人们欢迎的养生方式之一。药膳是在中医学和营养学理论指导下，以药配膳，将中药与某些具有药用价值的食物相配伍，采用我国独特的饮食烹调技术和现代加工技术制作而成的兼具色、香、味、形的特殊膳食。简言之，药膳即药材与食材相配伍而做成的美食，它"寓医于食"，形是食品，性是药品，取药物的功能，食物的营养，所以既具有较高的营养价值，又可养生保健、防病治病、延年益寿。

药膳美容是指在中医理论及现代营养学的指导下，在食物配方时加入兼具美容功效的药食两用天然动植物，或具有美容保健作用的中药，经过合理加工和烹调制作的药膳，既保证了营养合理，又达到美容保健，润泽肌肤、延衰驻颜、维护人体整体美的目的，还可促进改善体质预防疾病增进健康的目的，参与一些损容性疾病的辅助治疗。

中医药膳美容方面的内容丰富，历代文献记载了常用的百余种食物、药物的美容功效和数量庞大的药膳美容方，剂型亦涉及汤、羹、茶、酒、饮、膏、粥、面、饼、糕、菜肴等，形成了系统的中医美容营养理论，为药膳美容积累了丰富的经验，奠定了基础。现代营养学的飞速发展，更加科学地揭示了各种营养素对美容的影响，为药膳美容提供了科学依据。

药膳可分为内服和外用两大类。内服法是根据不同年龄、性别、体质、季节、肤质及一些影响美容的疾病的不同需要，选择对应的食物、药物，科学配伍，有针对性地补充所需营养素，调整机体的失衡状态，通过调整内部脏腑气血阴阳平衡，改善失衡体质，从而由内及外，增加外部器官的营养，改善营养的失衡，达到驻颜延衰、整体美容的目的。外用法则是根据需要在食物中加入一定的药物配制成不同制剂，直接作用于体表皮肤或外部器官，达到美容保健的目的。内服和外用可根据需要单独使用，也可内外结合使用。

二、药膳美容的特点

（一）内外结合，重视整体

强调整体美容是药膳美容的指导思想。人体的颜面、皮肤、须发、五官、爪甲的枯荣与脏腑、经络、气血的盛衰有着密切的关系。脏腑承担着摄取各种营养的作用，经络承担着输送各种营养的作用，人体只有处于丰富均衡的营养状态下，才能显示出健与美的形象。药膳美容融内服与外用为一体，既注重外部的保养，祛除有碍美容的一些病变，更注重内部调养，调整脏腑、气血、经络的失和，使机体充分、平衡地摄取各种营养素，保证整体的健康、健美。

（二）寓治于养，防治并举

药膳美容虽然不属于治疗美容，但却是治疗美容的基础。药膳美容选择的食物不仅有利于皮肤、毛发、形体等外在形态的改善，更主要的是通过对机体内部的作用，使机体在健康的状态下，实现形体的美，并配以少量具有美容保健作用的中药，对一些损容性疾病起辅助治疗的作用。寓治于养，防治并举，让人们生命历程中的每日每时都在健康和健美中度过。

（三）安全经济，简便易行

药膳美容所选用的均为日常饮食中常用的食物或药食两用的天然动植物及少量药物。所以，比起药物美容及现代美容等其他方法，药膳美容更安全、可靠、经济。虽然药膳美容显效缓慢，但可以长期应用，作用持久，且这些美容食品及药物，获取方便、制作简单，易为人们掌握，普遍适用。

（四）继承传统，结合现代

药膳美容是我国传统的美容方法，蕴藏着极其丰富的经验总结，而且以中医基本理论为指导原则。近年来，由于西医美容学的发展和现代营养学的崛起，在传统美容中又融入了现代科学的各种手段、方法及理论知识，逐渐形成了更科学、更完善、更丰富的美容法。所以，要立足传统、放眼未来，在继承传统的基础上，多学科融合，不断开发药膳美容的新方法。

三、药膳美容的原理

（一）现代营养学原理

人的生命和健康维持依赖于日常所摄取的各种营养素。这些营养物质是保证机体正常生理功能所必需的，同时对维持机体健美也起着至关重要的作用。现代医学和营养学强调平衡膳食，要求膳食中各种营养素（蛋白质、脂类、矿物质、维生素、碳水化合物、水、膳食纤维）数量充足、种类齐全、比例科学合理，这是保证肌肤健美、延缓衰老的必要条件。如果膳食结构不合理，会影响健康，加速皮肤衰老，失去容貌、体态的美。

1. 营养素摄入过剩 蛋白质、脂类、碳水化合物摄入过度会引起肥胖、血脂增高、血液黏度增大；产生的过量酸性物质对皮肤产生较强的刺激作用，引起各种皮肤病变，如湿疹、荨麻疹、食物红斑类过敏性皮肤病、痤疮、毛囊炎、酒糟鼻等，导致皮肤早衰、粗糙、抵抗力降低而失去健美。

2. 营养素摄入不足 蛋白质、脂类、碳水化合物摄入不足可引起发育迟缓，体重减轻、消瘦憔悴、肌肉萎缩，反应迟钝，免疫功能下降，皮肤粗糙、弹性降低、早生皱纹，头发稀疏、脱发、干枯无光泽，甚至产生许多疾病而影响健美。各种维生素、矿物质的摄入不足既可直接影响美容，使皮肤干燥、粗糙、失去弹性、苍白无光泽，毛发干枯无光泽、易断易裂、易脱，指甲变脆，伤口愈合减慢、易形成瘢痕，皮肤易出血、形成瘀点和瘀斑，骨质软化变形、疏松，牙釉质退化失去光泽等，又可引起许久损容性疾病而影响健美，如角化过度、鳞屑性皮肤病、各种皮炎、色素沉着、痤疮、油性皮肤、毛囊炎、贫血、脱发、各种皮癣、甲状腺病变、白癜风、牙齿病变、指甲病变等各种疾病。

3. 合理营养 通过平衡膳食，可滋润皮肤，使皮肤柔软细嫩、洁白光亮、富有弹性，使肌肉结实、健壮，促进骨骼生长、牙齿发育、毛发润泽光亮，保持容颜的青春活力，推迟衰老；预防营养缺乏症及各种疾病的产生，支持手术治疗，促进术后康复，达到防病健美、延衰驻颜的目的。

（二）中医学原理

食物和药物一样，具有四气、五味、归经，其搭配应依据相须相制的原理。所以，药膳美容也应以中医整体观念为核心，运用精、气、神学说，阴阳五行学说，四气五味学说及脏腑互补学说，辨证用膳。以食为药，补益人体脏腑气血，纠正阴阳偏盛偏衰，达到脏腑调和、阴阳平衡、气血津液旺盛的状态。

1. 中医的整体观 人生活在自然环境中，人和自然之间息息相关的关系，同样体现在饮食营养方面。"天食（饲）人以五气，地食（饲）人以五味"，四季气候更替变化，人也随之受到影响，因而在选择美容营养药食时应与气候相适应。我国地域辽阔，东南西北地理环境迥异，民族风情亦不相同，如北方寒冷、南方炎热、西方干燥、中部潮湿，所以在选择美容营养药食时应与地理环境相适应。人不仅生活在自然环境中，同样也生活在一定的社会环境中，社会环境的变化影响着人的情志精神、健美状态，有不同工作环境、不同人际交往的人，在选择美容营养药食时亦不相同。

2. 阴阳脏腑平衡 历代食养食疗均在调整阴阳脏腑的功能达到平衡状态，使机体保持"阴平阳秘""气血和调"的健美状态。药膳美容的方法大致可概括为补虚、泻实两个方面。滋阴、助阳、益气、养血、生津、填精等为补不足；祛风、清热、利湿、泻下、活血、行气等为泻有余。如痰湿偏盛者，应少食油腻，宜以清淡食物为主；火热偏盛者，应忌食辛辣，宜以寒凉食物为主；阴血不足者，应禁大热峻补之品，宜以清淡滋养食物为主等，体现出虚补实泻、寒热平调的原则。而且，在药膳制备中，亦不能离开阴阳，做到用膳的阴阳寒热平和。如烹调鱼、虾、蟹等寒性食物时，佐以姜、葱、酒等温性调味品；食用韭菜、大葱等助阳类菜肴时常配蛋类等滋阴的食物，达到阴阳平衡互补的目的。

3. 气、血、津、液、精理论 构成和维持人体生命活动的基本物质气、血、津、液、精，是各脏腑器官的基本营养物质，因而是维护人体整体健美的物质基础。气、血、津、液、精亏虚不足，则人体生命活动受到影响，同时必然影响到人体的健康和美丽。气的亏虚可导致面色苍白、精神疲惫、抵抗力下降、机体功能衰退等；血的亏虚可导致面色无华，毛发稀疏、易断易裂，身体消瘦，唇舌色淡，面色憔悴等；津、液的亏虚可导致皮肤弹性降低、粗糙、早衰生皱等；精的亏虚可导致生长发育迟缓、骨骼痿软、智力低下、脏腑功能衰退等。所以气、血、津、液、精充足，则生命旺盛、健康美丽、长寿。保持气、血、津、液、精旺盛的重要手段是合理摄取各种营养素，水谷之精是人体气、血、津、液、精的主要来源和物质基础。

4. 药食同源　药食同源的含义是中药与食物不仅具有相同的来源，皆源于自然界的动植物及部分矿物质，属天然产品，而且其性能亦相通，具有同一的形、气、色、味、质等特性，都能起到营养、保健和治疗的作用，且药物和食物的应用皆有同一理论指导。由中医学发展史可知，药物是古人在尝试食物的过程中鉴别分化出来的，将具有明显治疗作用、偏性较强、有一定毒性、不能长期食用的食物列为药物；另有一部分食物功效明显，可以长期食用，偏性不大又无毒副作用，为介于一般食物与药物之间者，又称为药食两用食物，这些食物具有提高食品防病治病、保健美容功效的作用。所以，把一般食物、药食两用食物及部分中药有机地配伍，制成药膳是中医美容保健的一大特色。

5. 药食的性能理论　"药食同源"反映了中药与食物的密切关系，可以说，医药是从食物中分化出来的门类，很多食物作为中药出现在历代本草学专著中。中药中除数百种作为常用处方药外，还有五谷杂粮、蔬菜水果、畜禽鱼蛋等食物。中医认为，食物和药物一样都有四气五味，药膳就是利用食物的食性和药物的药性来调整人体阴阳的不平衡，从而促进机体健康。

（1）四气　亦称"四性"，指药食具有寒、热、温、凉四种不同性质。其中寒与凉、热与温性质相同，仅有程度上的不同。寒凉类药食是针对温热性病证或体质，发挥清热、滋阴、泻火、解毒等作用，这一类药食如银花、菊花、荸荠、梨等。温热类药食是针对寒凉性病证或体质，发挥温中祛寒、温阳化气、温经通络、活血化瘀、温化痰饮水湿等作用，用于阴寒病证，这一类药食如当归、鸡肉等。另外，在性质上寒热不明显，介于二类之间的，称为平性，平性药食其性多无峻猛之气，性质平和。从常见食物看，平性食物居多，如粳米、小麦、花生等，这类药食在药膳中得到广泛运用。

（2）五味　指酸、苦、甘、辛、咸五种味道，不明显者为淡味。无论食物还是药物，均有"五味"特性：辛甘类药食有发散作用，淡味有渗泄作用，酸苦咸味具有涌泄作用。具体指：辛味药食具有发散、行气、行血等作用，如生姜散邪、芫荽透疹、川芎活血等；酸味药食具有收敛、固涩、止泻等作用，如乌梅涩肠止泻、覆盆子止遗精滑泄、五味子敛肺止咳等；甘味药食能补、能缓、能和，即具有补益、缓急止痛、调和药性及和中等作用，如怀山药、大枣调理脾胃虚弱，饴糖、甘草调理中阳不足之拘急腹痛，甘草可调和诸药。苦味药食能泄、能燥，如大黄泄下通便、杏仁降泄肺气、苦瓜清热解毒、陈皮可燥湿健脾。咸味药食有软坚散结、补肾等作用，如海带、昆布可软坚散结，海蜇能通便、淡菜、蒸肉补肾等。五味之外，味淡药食具有渗湿利尿功效，用于水肿、小便癃闭，如冬瓜、薏苡仁、茯苓。

（3）升降浮沉　是指药食作用于人体的四种趋势，其中升是药效上行，浮指药效的发散，降是药效的降下，沉指药效的内行泻下。例如，升浮的药食大多性温热，味辛甘，具有升阳、发表、祛风、散寒、开窍、涌吐、引药上行的作用，如麻黄、桂枝、生姜、葱、花椒之类。影响药食升降浮沉的因素，主要与其"四气""五味"属性、本身的质地轻重、炮制的方法及药食配伍等有关。

（4）归经　指药食的作用趋向于某一脏腑功能系统，对其有较特殊的或选择性的作用。例如，同为寒性药食，且都具有清热作用，黄芩偏于清肺热，黄连偏于清心热。同为补益药食，又有偏于补肺、补脾、补肾的区别。

此外还存在五色入五脏的系统，即白色药食入肺经，青色药食入肝经，黑色药食入肾经，如黑芝麻、黑豆等黑色药食入肾经，具有补肾作用。但药食的成分复杂，功能是多方面的，归经的最后判定应依据临床疗效进行总结。

6. 辨证用膳　是美容药膳的主要方法，是根据不同的年龄、性别、体质、环境、季节等因素，运用中医阴阳、精气、脏腑学说，食物四气五味理论，选择适合的食物、药食两用食物或具有美容保健作用的中药进行合理配伍，遵循辨证用膳的法则，将全面膳食与审因用膳相结合，达到健康美容的目的。例如，寒凉性食物具有清热泻火、凉血解毒的功效，适用于皮肤干燥、红赤、痤疮、酒糟鼻等的保健美容；温热性食物具有祛风除湿、活血化瘀的功效，适用于面色黯黑、肌肤甲错、瘀斑、黄褐斑、雀斑等的保健美容；辛味食物多具有发散、行气、行血作用，有利于废物的排泄；甘味食物善补气益气、滋阴润燥，可使皮肤光滑润泽，延缓衰老；酸性食物具有收敛、固涩的功效，有利于受损皮肤的愈合；苦味食物有清泄火热的作用，适用于皮肤的感染性损害的调养；咸味食物具有软坚散结的作用，适用于皮肤结节病变的药膳调护。

四、药膳美容的分类

药膳经过历代多年的演变、积累和创造，种类繁多，按药膳的性状、制作方法和作用分类如下。

（一）茶饮类

这是使用最方便的一类药膳，是将药物和食物原料经浸泡或压榨、煎煮或蒸馏等方法处理而制成的一种专供饮用的液体，如桑菊薄竹饮、鲜藕姜汁、山楂核桃茶、银花露等，其特点在于可方便随时饮用。茶饮类药膳主要分为以下几种。

1. 鲜汁 水果或新鲜中药材一起洗净、压榨的汁，如甘蔗汁，苦瓜汁。

2. 饮 是一种液体剂型，由中药或与食物共同加水煎煮，去渣取汁而成，可加冰糖、蜜，饮料日常饮用，如酸梅汤，桑菊饮。

3. 药茶 是指含有茶叶或不含茶叶的药物经粉碎、混合而成的制品，用于沏后或加水煎煮后可代茶饮，或者用中药饮片，如溪黄草茶、六和茶、灵芝茶直接泡茶饮用。

（二）汤菜类

这一类药膳具有中国传统饮食特点，其特点在于可饮可食，等同于菜类。药膳汤羹是以肉、蛋、奶、海味的原材料为主体，加入味美或味淡的药料经煎煮、浓缩而成的较稠厚的汤液。

1. 汤 是用药物与食品同做的一类药菜汤，可饮可食是其特点。它是传统食谱中的汤，有别于一般的汤药之汤。

2. 羹 药膳中汁比菜多，又比汤浓的一款汤菜类膳食，如归参鳝鱼羹、天麻猪脑羹等。

3. 菜肴 是膳食的一个大类，是以蔬菜、肉类、蛋等原料，配以一定比例的药物经烹调而成，具有色、香、味、形的特殊菜肴。它包括：冷菜，如芝麻兔、山楂肉干；蒸菜，如虫草金龟、阳春肘子；煨炖菜，如枣蔻煨肘、八宝鸡汤；炒菜，如首乌肝片、杜仲腰花；卤菜，如丁香鸭、陈皮油烫鸡；榨菜，如油炸百花鸽、山药肉麻丸等。

（三）酒类

这种古老的液体从诞生起就有治疗、保健的功能，可温通血脉，行药势和作为溶媒。

1. 酒 包括各种粮食酒、瓜果酒、药物食物混酿酒、药物酿制酒等，如青梅酒、桂花酒、桑葚酒。

2. 药酒 是中药与酒结合的一种液体剂型，可用浸泡法配制，如十全大补酒、蛤蚧酒、首乌地黄酒。

3. 醪 浊酒为药物与米类制作的酒，有时可带渣，如糯米甜酒、客家娘酒。

（四）粥饭类

中国人传统的主食制作成药膳，药物内容容量大，其特点在于可作正餐，更体现"民以食为天"的思想。

1. 药粥　由药物、药汁与米同煮而成或由一些可食中药，如人参薏芪粥。

2. 药饭　由药物、药汁与米同煮而成或由一些可食中药（如山药、薏苡仁、黄精等）直接做成，如参枣米饭。

（五）糕点类

这一类药膳做成中国人传统的副食，花色品种多，可增强人们的食欲。

1. 药糕　是由具有治疗或保健作用的食用中药或将其与有关药材一起研为细末，再与米粉、麦粉或豆粉相混合，加适量白糖、食油做成糕，再蒸熟或烘制而成的食物，如茯苓人参糕。

2. 药饼　是将食用中药与有关药物一起研为细粉，与麦粉、米粉或豆粉混合，或加适量枣泥、白糖、食油等做成饼状，经烙、蒸、烤、煎等法而制成的食品，如茯苓饼。

3. 药糖果　用中药与冰糖等做成的糖果，如丁香姜糖。

4. 药粉　这类药膳的制作是将中药与五谷碾成粉，药粉可炒香后直接食用或用开水调成糊后食用，也可煮成糊食用，它包含药糊。

（六）其他类

由于中国饮食文化丰富无比，药膳也一样，还有很多不是太好归类。

1. 药（水）果　用药将水果加工后的一类药膳。药膳糖果是将药物的加工品加入熬炼成的糖料中混合后制成的固态或半固态、供含化或嚼食的药膳食品，如薄荷糖、山楂软糖等。药膳蜜饯是以植物的果实、果皮类的新鲜或干燥原料经药液、蜂蜜或糖液煎煮后，再附加多量的蜂蜜或白糖而制得的药膳食品，如蜜饯山楂、糖橘饼等。

2. 药蛋　用中药与蛋同煮的一类药膳，如茶叶蛋。

3. 膏滋　是将食用中药或将其与中药材一起加水煎煮，去渣、取汁、浓缩后，加入蜂蜜或蔗糖而制成的半流体制剂，如归脾蜜膏、固元膏。

4. 凝膏　药物即动物胶质熬制的一种凝胶样膏类，如龟苓膏。

此外，随着现代科技的发展，将有更多的药膳品种出现。如药膳罐头就是将药膳食品按罐头生产工艺制成的一种特殊食品。它与其他类型的药膳食品比较，具有可长期贮放、有利于运输保管等优点，如虫草鸭子、雪花鸡等药膳罐头制品。还有一些药膳食品如桂花核桃冻、川贝酿梨、淮药泥、桃杞鸡卷等，与上述各类药膳食品的性质不完全相似，但都具有保健、治疗的作用。

任务二　药膳的应用原则

一、药膳的基本原则

（一）预防为主、防治结合的原则

由于药膳是以日常具有美容功效的食物为主，配以具有美容功效的可长期食用的中药制作而成的，它集食养、食疗、药疗于一体，既具有预防的作用，又具有治疗的功效，但应用时应遵循预防为主、防治结合的基本原则。

饮食对人体的滋养本身就是最重要的保健预防方法，合理的饮食可保证机体生命活动的营养，使脏腑调和、气血充足、骨骼强健、肌肉有力、脂肪丰满、皮肤弹性好而光亮、延年益寿、健康而美丽。不合理的饮食不仅会使人失去健美，而且会引起许多疾病。针对不同体质，制订适宜的药膳，是中医保健美容的一大特点。如《千金方》中记载："食能排邪而安脏腑，悦神爽志以滋气血，若能用食平疴，释情遣疾者，可谓良工。"饮食除上述预防、保健、营养、美容的作用外，还具有治疗疾病的作用，尤其是药膳，在祛病美容方面，具有独特的功效。许多疾病会影响健康，同时还会损坏容貌，使人失去健与美。针对许多损容性疾病，合理、及时地使用药膳调治，可起到扶助正气、补益脏腑气血亏虚、泻实祛邪、祛除各种病邪损害、调整阴阳、协调脏腑气血阴阳失和的功效，利用食药偏性，纠正机体失调，通过对损害性疾病的调治，可达到健康、美容并举的目的。所以药膳的应用，首先应遵守预防为主、防治结合的原则。

（二）阴阳气血平衡的原则

美容的基础是健康，健康与美的结合才是真正意义上的美。营养的获取状况直接影响着机体气血津液的充盈程度和脏腑阴阳的平衡状态。而通过合理的药膳调整，可调节脏腑阴阳气血的失衡状态，防治阴阳、寒热、气血失衡导致的各种损容性疾病。利用药食性味，通过扶阳抑阴、育阴潜阳、阴阳双补、补肾填精、健脾益气、滋阴润肺、疏肝理气、养心安神、调气和血、清热解毒、润肠通便等各种方法，使阴阳气血平衡、脏腑功能强健，从而实现体态容貌的健美。所以，药膳的搭配和使用遵循阴阳气血平衡的原则对美容营养有重要的意义。

（三）辨证用膳的原则

药膳已不再是单纯意义上的饮食营养，它的预防、保健、治疗作用不及单纯药物，但比日常饮食的功效要强。所以药膳的配制和使用要遵循辨证用膳，依据体质的不同，营养素缺乏和过剩种类的不同，调整人体的阴阳气血偏盛、偏衰。

（四）三因制宜的原则

三因制宜即因人、因时、因地制宜，合理配膳并正确使用。

人是一个复杂的有机生命体，有先天禀赋、七情变化的不同，生活在多变的自然、社会、家庭中，且又具有年龄、性别、体质、职业的不同特点，机体处于不断变化之中。所以在配制使用药膳预防、保健、祛病、美容时，必须考虑这些因素，确定合理正确的方法，选择适宜的药膳，因人制宜。

一年四季变化、一天日夜更替，人体亦随之变化而适应环境。春季阳气升发，人体清阳之气上升，春季食用药膳时，应注意顺应春阳、清阳上升之气，促使清气上升。夏季炎热酷暑，人体肤腠开泄散热、津液易耗，夏季食用药膳时，应注意清热消暑、生津补液。秋季干爽燥涩，人体皮肤干燥、黏膜失润、津伤内燥，秋季选择药膳时，应注意滋润生津、养肺润肤，以抗燥热。冬季天寒地冻，人体收敛阳气以御寒气，冬季选择药膳时，应注意温补助阳、扶助阳气以抗寒邪。因此选择药膳，亦应因时制宜。

人生活在不同的环境中，因而饮食习惯、体质、患病种类各异。西北寒冷干燥，应以温补滋养为主；东南潮湿闷热，应以清利渗透为主。寒冷而喜温食，则内多积热伤阴；湿热而喜清利，则内多积寒伤阳。药膳的选择亦适应地理环境的变化，因地制宜。

二、药膳的配伍禁忌

食物和药物均有四气五味的偏性，人体也有体质和所患病症的差异，在使用药食配制药膳来保健美容、防治疾病时，必然有适宜和不适宜之分。前述各种原则均是膳食相宜，膳病相益。相宜可养身疗病，不宜则有害于健康养颜，应禁用慎用，所以配制药膳时应遵守禁忌原则。

（一）食膳禁忌

食膳禁忌包括广义、狭义两个方面。

1. 广义的食膳禁忌　年龄、性别、体质、病情、地域、季节的不同，药膳的调配、用法、用量等方面会有一些禁忌。因根据体质的偏虚偏实、偏寒偏热，地域的寒、热、燥、湿，季节的春、夏、秋、冬，年龄的大小，病情的不同，在应用药膳防治疾病、保健美容时避开不宜，遵守食忌的基本原则。如阴虚内热体质者，不宜食用辛辣、温补之品；阳虚内寒体质者，不宜食用生冷、寒泻之品。

2. 狭义的食膳禁忌 病的饮食禁忌，如风疹、疥癣、湿疹、哮喘等过敏性疾病患者，忌食海产品、狗肉、驴肉、茴香、香菇等；失眠患者忌喝浓茶、咖啡等；糖尿病患者忌食含糖量高的食品；肾衰竭患者忌食富含蛋白质的食物，如蛋、肉、鱼、豆制品等；痤疮患者忌食辛辣油腻食品等。证方面的饮食禁忌，寒证者忌食生冷寒凉食品，如冷饮、瓜果等；湿热证者忌食辛辣油腻食品，如油煎、油炸食品等。

（二）配膳禁忌

药膳配制时有一些药食不能配在一起应用，否则会减弱药膳治疗作用或增加副作用。中医在这方面积累了丰富的经验，但还有待今后进一步研究，在配制药膳时作为参考。

●●●● 目标检测

答案解析

单项选择题

1. 春季食用药膳应（ ）
    A. 多用寒凉食品   B. 多用温燥食品   C. 多用升清食品
    D. 多用滋腻食品   E. 多用补血食品

2. 不属于药膳美容范畴的是（ ）
    A. 治疗性美容   B. 保健性美容   C. 预防性美容
    D. 营养性美容   E. 康复性美容

3. 下列不符合"药食同源"含义的是（ ）
    A. 来源相同   B. 性能相通   C. 能被同一理论指导应用
    D. 毒性相同   E. 营养、保健和治疗作用相同

4. 食物的四气是指（ ）
    A. 酸、苦、甘、辛   B. 升、降、浮、沉   C. 寒、热、温、凉
    D. 蛋白质、脂类、矿物质、维生素   E. 滋补作用

5. 食物的五味是指（ ）
    A. 温、热、寒、凉   B. 温、平、寒、热   C. 香、甘、苦、辣、咸
    D. 酸、苦、甘、辛、咸   E. 酸、苦、淡、涩、甘

6. 药膳的组成是（ ）
    A. 药物代替食物   B. 食物代替药物   C. 药食相配的特殊膳食
    D. 食物为主，药物为辅   E. 药物为主，食物为辅

7. 药膳是指（ ）
    A. 药物代替食物   B. 食物代替药物   C. 药食相配的特殊膳食
    D. 食物为主，药物为辅   E. 药物为主，食物为辅

书网融合……

重点小结   习题

项目十一 药膳美容的应用

PPT

任务一 美容药膳的原料

学习目标

知识目标：通过本项目的学习，掌握美容药膳的制作方法；熟悉药膳常用食材的药性，常用美容方及功效；了解常见美容中药的功效。

能力目标：会运用中医药理论配制中药膳食美容方。

素质目标：通过本项目的学习，了解传统中医文化，树立文化自信。

情境导入

情境：张某，女，29岁。因面无血色，萎黄，唇淡，冬天尤其怕寒，月经不调，经量偏少而淡，时有痛经，以冷痛为主。平时腹中绵绵作痛，喜温喜按揉。舌淡，脉沉细弱。

思考：1. 请对张某进行体质分析。

2. 请开出辨证药膳处方对其进行调理。

一、常见美容食物性味

各类食物的美容功效详见项目三。

（一）谷类

1. 粳米

【性味归经】味甘、性平。入脾胃经。

【功效】滋阴润肺，健脾和胃。

2. 糯米

【性味归经】味甘、性温。入脾胃经。

【功效】补中益气。

3. 小米

【性味归经】味甘、咸，性凉。入脾胃、肾经。

【功效】和中，益肾，除热，解毒。

（二）蔬菜类

1. 冬瓜

【性味归经】味甘、淡、性凉。入肺、大肠、小肠、膀胱经。

【功效】润肺生津，利尿消肿，清热祛暑，解毒排脓。

2. 苦瓜

【性味归经】味苦，性寒。入心、肝、脾、肺经。

【功效】清热解暑，明目解毒。

3. 丝瓜

【性味归经】味甘，性凉。入肝、胃经。瓜络味甘，性平。通行 12 经。

【功效】清热化痰，凉血、解毒。

4. 南瓜

【性味归经】味甘，性温。入脾、胃经。子味甘，性平。

【功效】补中益气，消炎止痛，解毒杀虫。

5. 黄瓜

【性味归经】味甘，性凉。入脾、胃、大肠经。

【功效】瓜清热利尿。瓜藤清热、利湿、祛痰、镇痉。

6. 菠菜

【性味归经】味甘，性凉。入大肠、胃经。

【功效】养血、止血、敛阴，润燥。

7. 苋菜

【性味归经】味甘、性凉。归肺、大肠、小肠经。

【功效】清热，凉血，利湿。

8. 芹菜

【性味归经】味甘，苦，性凉。归肺、胃、肝经。

【功效】平肝清热，祛风利湿。

9. 水芹

【性味归经】味甘，辛，性凉。入肺、胃经。

【功效】清热解毒，宣肺利湿。

10. 韭菜

【性味归经】咸、性温，入肝、肾经。根味辛，性温，入肝经。叶味甘、辛、咸，性温，入肝、胃、肾经。种子味辛、

【功效】根温中行气，散瘀。

11. 枸杞叶

【性味归经】全株味甘苦、甘，性凉。入肝、肺、肾经。

【功效】全株清肝肾，降肺火。

12. 荠菜

【性味归经】味甘，性平。入肝、心、肺、脾经。

【功效】和脾，利水，止血，明目。

13. 白菜

【性味归经】味甘，性平。入肠、胃经。

【功效】解热除烦，通利肠胃。

14. 萝卜

【性味归经】味辛、甘、性凉。入肺、胃经。

【功效】消积滞，化痰热，下气，宽中，解毒。

15. 胡萝卜

【性味归经】味甘，性平。入肺、脾经。

【功效】健脾消食，行气化滞，明目。

16. 木耳

【性味归经】味甘，性平。入胃、大肠经。

【功效】凉血止血，益气补血。

17. 香菇

【性味归经】味甘，性平。入胃、肾、肝经。

【功效】补气健脾，和胃益肾，滋味助食。

18. 银耳

【性味归经】味甘，性平。入肺、胃经。

【功效】养阴生津，润肺健脾。

19. 海带

【性味归经】味咸，性寒。入肝、胃、肾经。

【功效】软坚化痰，清热行水。

20. 紫菜

【性味归经】味甘、咸，性寒。入肺经。

【功效】软坚化痰，清热利尿。

（三）水果类

1. 荔枝

【性味归经】果肉味甘、酸，性温。核味甘、微苦，性温。入脾、肝经。

【功效】果肉益气补血。核理气、散结、止痛。

2. 桂圆

【性味归经】味甘，性平。入脾、心经。

【功效】果肉补脾养血、益精安神。果壳收敛。果核止血、理气、止痛。

3. 苹果

【性味归经】味甘，性凉。

【功效】补气，健脾，生津，止泻。

4. 梨

【性味归经】味甘、微酸，性凉。入脾、胃经。

【功效】生津，润燥，清热，化痰，解酒。

5. 桃子

【性味归经】果肉味酸、甘，性温。桃仁味苦、甘，性平，有小毒。入肺、脾经。

【功效】果肉敛肺生津、敛汗、活血。桃仁活血消积、润肠。

6. 葡萄

【性味归经】味甘、酸，性平。入肺、脾、肾经。

【功效】补气血，强筋骨，利小便。

7. 香蕉

【性味归经】味甘，性寒。入肺、大肠经。

【功效】清热，生津止渴，润肺滑肠。

8. 柑

【性味归经】果肉味甘、酸，性平。无毒。入肺、脾经。

【功效】滋养，润肺，健脾，止渴，化痰。

9. 佛手柑

【性味归经】味苦、酸，性温，无毒。入肺、脾、肝经。

【功效】化痰止咳，健脾，解酒，行气，止痛。

10. 甜橙

【性味归经】果肉味甘，性平，无毒。果皮味苦、辛，性温。核味苦，性温。入肺、脾经。

【功效】果肉滋润健胃。果皮化痰、止咳、健脾胃。核消肿、止痛。

11. 柚

【性味归经】果肉味甘、酸，性寒，无毒。柚皮味辛、苦、甘，性温。果核味苦，性温。入肺、脾经。

【功效】果肉健脾、止咳、解酒。柚皮化痰、止咳、理气、止痛。

12. 芒果

【性味归经】果味甘、酸，性平。核味甘、苦，性平。入肝、脾经。

【功效】果理气、止咳、健脾。核行气止痛。

13. 杨梅

【性味归经】味酸、甘，性平，无毒。

【功效】生津止渴，消食，止呕，利尿。

14. 西瓜

【性味归经】西瓜瓤及西瓜皮味甘、淡，性寒，无毒。西瓜子味甘，性平。瓜霜味咸，性寒。入肺、心、胃、膀胱经。

【功效】生津止渴，消暑除烦，解酒利尿。

15. 猕猴桃

【性味归经】性寒，味甘、酸。入脾、胃经。

【功效】清热生津，健脾止泻，常用来治疗食欲缺乏、消化不良、反胃呕吐以及烦热、黄疸、消渴、石淋、疝气、痔疮等症。

16. 柿子

【性味归经】果味甘、涩，性平，无毒。柿蒂味涩，性平。入肺、脾、胃、大肠经。

【功效】清热润肺，生津止渴，健脾化痰。

17. 甘蔗

【性味归经】味甘，性平。入肺、脾经。

【功效】健脾，生津，利尿，解酒。

18. 枇杷

【性味归经】果味甘、酸，性平。核味苦，性平。入肺、胃经。

【功效】果清肺生津止渴。核祛痰止咳、和胃降逆，主要用于治疗肺热咳嗽、久咳不愈、咽干口渴及胃气不足等病症。

19. 山楂

【性味归经】味酸、甘，性微温。入脾、胃、肝经。

【功效】消食健胃，活血化瘀，驱虫。

20. 橄榄

【性味归经】味甘、酸，性平。入脾胃经。

【功效】清热，利咽喉，解酒毒。

21. 桑葚

【性味归经】味甘、酸，性寒。入心、肝、肾经。

【功效】滋阴补肾，养血明目。

22. 柠檬

【性味归经】果味酸、甘，性平。入肝、胃经。

【功效】果化痰止咳、生津、健脾。核行气、止痛。

（四）畜禽类

1. 猪肉

【性味归经】味甘、咸，性平。入脾、胃、肾经。

【功效】补肾养血，滋阴润燥。

2. 猪心

【性味归经】味甘，咸、性平。归心经。

【功效】养心安神，补血。

3. 猪肺

【性味归经】味甘、性平。入肺经。

【功效】补肺止咳。

4. 猪肝

【性味归经】味甘、苦，性温。归肝经。

【功效】补肝明目，养血。

5. 猪皮

【性味归经】味甘，性微凉。入心、肺经。

【功效】养血滋阴，用于出血性疾患和贫血的调养和治疗。

6. 猪腰

【性味归经】味甘、咸，性平。入肾经。

【功效】补肾利水，止遗止汗。

7. 猪蹄

【性味归经】味甘，咸、性平。归胃经。

【功效】补血，通乳，托疮。

8. 猪肚

【性味归经】味甘，性微温。归脾、胃经。

【功效】补虚损，健脾胃。

9. 牛肉

【性味归经】味甘，性平。归脾、胃经。

【功效】补脾胃，益气血，强筋骨。

10. 牛奶

【性味归经】味甘，性平。入心、肺、胃经。

【功效】补虚损，益脾胃，生津润肠。

11. 羊肉

【性味归经】味甘，性热。入脾、胃、肾、心经。

【功效】温补脾胃，用于治疗脾胃虚寒所致的反胃、身体瘦弱、畏寒等症。温补肝肾，用于治疗肾阳虚所致的腰膝酸软冷痛、阳痿等症。补血温经，用于产后血虚经寒所致的腹冷痛。

12. 兔肉

【性味归经】味甘，性凉。入肝、脾、大肠经。

【功效】补中益气，凉血解毒。

13. 狗肉

【性味归经】味咸、酸、性温。入脾、胃、肾经。

【功效】温肾壮阳，用于肾阳虚所致的腰膝冷痛、小便清长、小便频数、浮肿、耳聋、阳痿等症。温补脾胃，用于脾胃阳气不足所致脘腹胀满、腹部冷痛等症。

14. 鹿肉

【性味归经】味甘，性温。入脾、胃、肾经。

【功效】补脾和胃，养肝补血，壮阳益精。

15. 鸡肉

【性味归经】味甘，性温。入脾、胃经。

【功效】温中、益气、补精、填髓。

16. 乌骨鸡

【性味归经】味甘，性平。入肝、肾经。

【功效】补益肝肾，养阴退热。

（五）水产类

1. 鲫鱼

【性味归经】味甘、性温。入脾、胃、大肠经。

【功效】温补脾胃，利尿消肿。

2. 黄鳝

【性味归经】味甘、性温。入肝、脾、肾经。

【功效】补气养血，温补脾胃，祛风湿，通脉络。

3. 泥鳅

【性味归经】味甘、性平。入脾、肺经。

【功效】补中益气，祛湿杀虫，利湿退黄。

4. 虾

【性味归经】味甘，性温。入肝、肾经。

【功效】温补肾阳，用于肾阳虚所致阳痿、畏寒、体倦、腰膝酸软等症。增乳通乳，用于妇女产后乳汁不足或不通。托毒，用于治疗丹毒、廉疮等症。

5. 龟肉

【性味归经】味甘、咸、性平。入肝、肾、肺经。

【功效】滋阴补血。

6. 甲鱼

【性味归经】味甘、咸、性平。入肝、肾、肺经。

【功效】滋阴补血，软坚散结。

7. 海参

【性味归经】味甘、咸、性温。入心、肾、脾、肺经。

【功效】补肾益精，养血润燥。

8. 海蜇

【性味归经】味咸，性平。入肝，肾经。

【功效】清热化痰，消积，润肠。

（六）豆及坚果类

1. 黄豆

【性味归经】味甘，性平。入脾、大肠经。

【功效】健脾宽中，润燥消水。

2. 豆腐

【性味归经】味甘、淡，性凉。

【功效】益气和中，用于脾胃虚弱之腹胀、吐血以及水土不服所引起的呕吐。

3. 黑豆

【性味归经】味甘、涩，性平。入脾、肾经。种皮味甘，性凉，入肝经。

【功效】活血，利水，祛风，解毒，滋阴补血，安神，明目，益肝肾之阴。

4. 绿豆

【性味归经】味甘，性凉。入心、胃经。

【功效】清热解毒，消暑，利水。

5. 核桃仁

【性味归经】味甘，性温。入肾、肺经。分心木（核中木质隔层）味苦，性温。补肾，涩精。

【功效】补肾固精，温肺定喘，润肠通便。

6. 花生

【性味归经】味甘、性平。入脾、肺经。

【功效】养血补脾，润肺化痰，止血增乳，润肠通便。

7. 黑芝麻

【性味归经】味甘，性平。入肝、肾经。

【功效】滋补肝肾，生津润肠，润肤护发，抗衰祛斑，明目通乳。

8. 大枣

【性味归经】味甘、性平。入脾、胃经。

【功效】补益脾胃，滋养阴血，养心安神，缓和药性。

9. 莲子

【性味归经】味甘，涩、性平。入心、脾、肾经。莲心味苦，性寒。

【功效】补虚损，养心安神，健脾止泻，补肾止遗。

10. 芡实

【性味归经】味甘、涩，性平。入脾、肾经。

【功效】补脾，止泻，涩精。

11. 栗子

【性味归经】味甘，性温。入脾、胃、肾经。

【功效】养胃健脾，补肾强精，活血止血。主治脾胃虚弱、反胃、泄泻、体虚腰酸腿软、吐血便血、金疮、折伤肿痛、瘰疬肿毒。

（七）其他

1. 胡椒

【性味归经】味辛，性热。入胃、大肠经。

【功效】温中下气，消痰解毒。

2. 茴香

【性味归经】味辛，性温。入肾、肝、胃经。

【功效】温肾散寒，和胃理气。

3. 肉桂

【性味归经】味辛，甘，性热。入肾、脾、膀胱经。

【功效】补元阳，暖脾胃，除积冷，通血脉。

4. 葱白

【性味归经】味辛，性温。入肺、胃经。

【功效】发表，通阳，解毒，利尿。

5. 姜

【性味归经】生姜味辛，性微温；干姜味辛，性热。入脾、胃、肺经。

【功效】生姜解表散寒、止呕化痰。干姜温中祛寒、回阳通脉。

6. 大蒜

【性味归经】味辛，性温。入脾、胃、肺经。

【功效】行滞气，暖脾胃，消积，解毒，杀虫。

7. 醋

【性味归经】味酸、苦，性温。入肝、胃经。

【功效】散瘀，止血，解毒，杀虫。

8. 酒

【性味归经】味苦、甘、辛，性温，有毒。入心、肝、肺、胃经。

【功效】通血脉，御寒气，醒脾温中，行药势。

9. 糯米酒

【性味归经】味甘、辛，性温，无毒。入肝、肺、肾经。

【功效】通乳，调经，益肾健脾。

10. 茶叶

【性味归经】味苦、甘，性凉。入心、肺。胃经。

【功效】清头目，除烦渴，化痰，消食，利尿，解毒。

11. 蚕蛹

【性味归经】味甘、辛、咸，性温。入脾、胃经。

【功效】补肾壮阳，补虚劳，祛风湿。

12. 蜂蜜

【性味归经】味甘，性平。入肺、脾、大肠经。

【功效】补中润燥，止痛，解毒。

13. 燕窝

【性味归经】味甘，性平。入肺、脾、肾经。

【功效】养阴润燥，益气补中。

14. 月季花

【性味归经】味甘，性温。入肝、脾经。

【功效】活血调经，消肿止痛。

15. 玫瑰花

【性味归经】味酸、甘，性微寒。入心、肝经。

【功效】理气活血，疏肝解郁。

16. 荷叶

【性味归经】味芳香，性平。入胃、脾、肝经。

【功效】清热祛暑，理脾和胃，凉血止血。

二、常见美容中药性味

药膳常用药物的选择有独特的原则，并非所有的中药均可用来制作药膳。首先，所选的药物具有一定的美容作用；其次，所选药物无毒副作用；最后，所选药物药性不宜大寒大热，味不宜大酸大苦。药膳用药以性平、气薄、味淡为主，否则所制药膳虽有美容作用，但因其毒副作用而不能长期食用，或因其味道不佳而食饮难下。

1. 薄荷

【来源】为唇形科植物薄荷的茎叶。

【性味归经】辛，凉。归肝、肺经。

【美容功效】疏散风热，清利头目，利咽透渗，辟秽洁齿，除臭香口。

【应用范围】风疹瘙痒，疥疮，色素沉着，痤疮，脂溢性皮炎，酒糟鼻，口臭，口疮，目赤，咽痛，音哑等。

【用法用量】3~15g，煎、泡服，宜后下。

【注意事项】阴血虚体质、气虚多汗者忌用。

2. 菊花

【来源】为菊科植物菊的头状花序。

【别名】滁菊，杭菊，怀菊。

【性味归经】甘、苦，微寒。归肝、肺经。

【美容功效】疏风清热，平肝息风，解毒，驻颜悦色，明目乌发，降压，降脂。

【应用范围】容貌衰老，早生皱纹，肌肤不泽，须发早白，头风白屑，高血压，高脂血症，目赤肿痛。

【用法用量】10~30g，煎、泡、入丸、散、外用均可。

【注意事项】外感风热用黄菊花；清肝明目用白菊花；清热解毒用野菊花。

3. 赤小豆

【来源】为豆科植物赤小豆或赤豆的成熟种子。

【别名】赤豆，红豆。

【性味归经】甘、酸，平。归心、小肠经。

【美容功效】利水消肿，减肥瘦身，清热解毒，排脓消痛，润泽肌肤。

【应用范围】湿热痈疡肿毒，痤疮，湿疹，水肿鼓胀，肥胖。

【用法用量】10~30g，煮汤、粥。

【注意事项】久服则伤津,注意配以保护津液之品。

4. 薏苡仁

【来源】为禾本科植物薏苡的成熟种仁。

【别名】薏米,薏米。

【性味归经】甘、淡,凉。归脾、胃、肺、肾经。

【美容功效】健脾渗湿,清热排脓,防晒增白,嫩肤。

【应用范围】脾虚泄泻,痤疮,疣,黄褐斑,脚气,慢性湿疹,高血脂,皮肤粗糙。

【用法用量】10~30g,煮汤、粥。

【注意事项】大便干燥、小便清长、滑精者禁用。

5. 陈皮

【来源】为芸香科植物橘及其栽培变种的干燥成熟外层果皮。

【别名】橘皮,橘子皮,广陈皮,新会皮。

【性味归经】辛、苦,温。归脾、肺经。

【美容功效】燥温化痰,理气健脾,降血脂。

【应用范围】湿疹,皮肤瘙痒症,高脂血症,肥胖,脾胃气滞,咳嗽,痰多。

【用法用量】6~30g,煮汤。鲜品捣碎外用。

【注意事项】阴虚火旺体质、阳气亏虚体质者均慎用。

6. 败酱草

【来源】为败酱科植物黄花败酱或白花败酱的带根茎全草。

【性味归经】辛、苦,微寒。归胃、大肠、肝经。

【美容功效】清热解毒,消痈排脓,祛瘀止痛,美白润肤。

【应用范围】热毒火旺引起的痤疮,酒糟鼻,痈疡疔疮,毛囊炎,肠痈,黄褐斑,脂溢性皮炎。

【用法用量】9~25g,煮、煎服。鲜品外用。

【注意事项】易腹泻者忌用。

7. 火麻仁

【来源】为桑科植物大麻的成熟果实。

【别名】麻仁,麻子仁。

【性味归经】甘,平。归大肠经。

【美容功效】润肠通便,滋养补虚,降血压,降血脂,润肤养颜,除皱防衰。

【应用范围】习惯性便秘,高血脂,高血压,痤疮,皮肤早衰、干燥。

【用法用量】10~30g,内服、外用均可,或入丸、散。

【注意事项】易腹泻者忌用。

8. 干姜

【来源】为姜科植物姜的干燥根茎。

【别名】干生姜。

【性味归经】辛,热。归胃、心、肺经。

【美容功效】温中散寒,回阳复脉,温肺化饮,悦色,改善血循环。

【应用范围】脾胃虚寒引起的腹泻,阳虚体质者手足厥冷、面色苍白,水饮内聚引起的口唇色暗、眼周色暗、面色黧黑。

【用法用量】5~10g,煎、煮服,或入丸、散。

【注意事项】阴虚火旺、内热体质者忌用。

9. 砂仁

【来源】为姜科植物阳春砂、海南砂或缩砂的成熟果实。

【别名】春砂，阳春砂，缩砂仁。

【性味归经】辛，温。气芳香。归脾、胃经。

【美容功效】温中止呕，化湿行气，香身除臭，驻颜悦色。

【应用范围】脾胃气滞引起的腹胀，呕吐、腹泻、食少、面色萎黄，芳香除臭，可用于口臭。

【用法用量】5～15g，煎服，后下，或入丸、散。

【注意事项】阴虚内热体质者忌用。

10. 三七

【来源】为五加科植物三七的根。

【别名】田七，三七参，参三七。

【性味归经】辛、微苦，温。归肝、胃经。

【美容功效】化瘀止血，活血止痛，降压，抗衰润肤。

【应用范围】各种出血症，瘀血内阻的各种疼痛症，冠心病，高血压，黄褐斑，白癜风，色素沉着。

【用法用量】3～10g，研末冲服，或入丸、散，外用适量，研末外敷或磨汁、煎汁外敷。

【注意事项】孕妇慎用。

11. 当归

【来源】为伞形科植物当归的根。

【别名】岷归，全归。

【性味归经】甘、辛，温。归肝、心、脾经。

【美容功效】补血生肌，活血止痛，润肠通便，润泽肌肤，抗皱驻颜，祛斑美白，养血生发。

【应用范围】血虚引起的痤疮，紫斑，慢性湿疹，白癜风，黄褐斑，色素沉着，皮肤干燥、皲裂、衰老、弹性降低，脱发，面色萎黄，痈疽疮疡或溃烂，肠燥便秘。

【用法用量】5～30g，酒浸，熬膏，煎，煮，入丸、散。外用适量，研末外敷。

【注意事项】内热、阳亢、痰盛体质者忌用。

12. 何首乌

【来源】为蓼科植物何首乌的块根。

【别名】首乌，赤首乌。

【性味归经】苦、甘、涩，微温。归肝、心、肾经。

【美容功效】补肝肾，益精血，乌须发，驻颜悦泽，润肠通便，抗衰老，降血脂。

【应用范围】肝肾精血亏虚引起的须发早白，脱发，面色萎黄，大便秘结，疮痈，皮肤瘙痒。

【用法用量】10～30g，熬膏，酒浸，煎，煮，入丸、散。外用煎汤洗。

【注意事项】易腹泻、痰湿盛者忌用。生首乌消痈，通便，可用于疮痈。

13. 黑芝麻

【来源】胡麻科植物芝麻的成熟种子。

【性味归经】甘，平。归肝、肾、大肠经。

【美容功效】补肝肾，益精血，润燥滑肠，抗衰老，润肤乌发。

【应用范围】肝肾精血亏虚引起的须发早白，脱发，头发干枯，皮肤干燥，早生皱纹，肠燥便秘。

【用法用量】10～30g，煨熟作糊，熬粥，熬膏，煎，煮，入丸、散均可。

【注意事项】脾胃虚寒、便溏者忌用。

14. 枸杞

【来源】茄科植物宁夏枸杞的成熟果实。

【别名】枸子，枸杞，甘枸杞。

【性味归经】甘，平。归肝、肾经。

【美容功效】滋补肝肾，益精明目，养阴润肺，润肤除皱，抗衰驻颜。

【应用范围】肝肾精血亏虚引起的面色萎黄，肌肤干燥，体质早衰，目昏不明，失眠健忘。

【用法用量】10～30g，熬膏，浸酒，煎，煮，入丸、散。

【注意事项】脾虚便溏者忌用。

15. 麦冬

【来源】为百合科植物麦冬须根上的块根。

【别名】寸冬，麦门冬。

【性味归经】甘、微苦，微寒。归心、肺、肾经。

【美容功效】养阴生津，润肺益肾，润泽肌肤，明目聪耳。

【应用范围】阴津亏虚引起的口渴，皮肤干燥，痤疮，口唇炎，耳鸣目昏，毛周角化症，老年性皮肤瘙痒。

【用法用量】10～15g，煎，煮，或入丸、散。

【注意事项】痰湿盛、脾胃虚寒泄泻者忌用。

16. 人参

【来源】为五加科植物人参的根。

【别名】山参，别直参。

【性味归经】甘、微苦，平。归脾、肺、心、肾经。

【美容功效】补气生津，补脾益肺，安神益智，驻颜抗衰，生发乌发，润肤悦色。

【应用范围】体质虚弱、气血不足、脏腑衰弱引起的消瘦虚羸，面容憔悴，须发早白、毛发干枯脱落，肌肤早衰、早生皱纹、弹性下降、苍白无光泽，失眠健忘，惊悸自汗。

【用法用量】5～10g，文火单独煎煮，或入丸、散，或研末装胶囊单用，或与肉食炖食。

【注意事项】体质强健、实证、热证者忌用。反藜芦，畏五灵脂，恶皂角；不宜饮茶，食萝卜；不宜与莱菔子同用，以免影响药效。

17. 党参

【来源】为桔梗科植物党参及其同属植物的根。

【别名】潞党，上党。

【性味归经】甘，平。归脾、肺经。

【美容功效】补益气血，嫩肤润肤，抗衰驻颜。

【应用范围】气血虚弱引起的面色萎黄无华，身体消瘦，皮肤干燥少光泽，色素沉着，毛周角化症，黄褐斑，皮肤早衰，神气衰弱。

【用法用量】10～30g，煎、煮，入丸、散，熬膏，或与肉食蔬菜炖食。

【注意事项】实证火旺者忌用。不宜与藜芦同用。

18. 黄芪

【来源】为豆科植物蒙古黄芪或膜荚黄芪的根。

【性味归经】甘，微温。归脾、肺经。

【美容功效】补气升阳，实卫固表，托毒生肌，利水消肿，驻颜抗衰，养颜泽肤。

【应用范围】气虚引起的面色苍白，萎黄无光泽，皮肤早衰，痈疽溃后不敛，自汗不止，水肿，慢性唇炎，皮肤瘙痒症，体质虚弱，精神不振，饮食减少，营养不良等。

【用法用量】10～30g，煎、煮、熬膏或入丸、散。

【注意事项】体质强健不虚、实证、内热、阳亢、内有积滞者忌用。

19. 茯苓

【来源】为多孔菌科真菌茯苓的干燥菌核。

【性味归经】甘、淡平。归心、肺、脾肾经。

【美容功效】健脾渗湿，利水消肿，祛斑增白。

【应用范围】脾虚湿滞引起的泄泻水肿，色素沉着，湿疹，肥胖。

【用法用量】10～15g，煎、煮，或入丸、散，或熬膏。

【注意事项】阴虚血虚者忌用。

20. 山药

【来源】为薯蓣科植物薯蓣的根茎。

【别名】淮山药，怀山，铁梗山药。

【性味归经】甘，平。归脾、肺、肾经。

【美容功效】补脾益肺，补肾涩精，润肤悦色，延衰养颜。

【应用范围】脾肾两虚引起的面色萎黄，遗精带下，食少泄泻，皮肤干燥无光泽。

【用法用量】10～30g，煎、煮、熬膏，或入丸、散。

【注意事项】内热阳亢、痰湿内盛、积滞实证者忌用。

21. 冬虫夏草

【来源】为麦角菌科真菌冬虫夏草寄生在蝙蝠蛾科昆虫幼虫上的子座及幼虫尸体的复合体。

【别名】虫草。

【性味归经】甘，平。归肺、脾、肾经。

【美容功效】益肾壮阳，补肺平喘，止血化痰，驻颜抗衰。

【应用范围】肺肾两虚引起的哮喘，肺结核，咳嗽，气短，痰中带血，自汗盗汗。对久病体虚、阳虚体质有改善作用，可增强免疫力，对年老早衰者具有良好的抗衰老作用。

【用法用量】5～10g，煎汤或炖服，常和鸭、鸡、猪肉炖食，或入丸、散。

【注意事项】本品偏温补，阴虚内热者忌用。

22. 灵芝

【来源】为多孔菌科真菌赤芝或紫芝的干燥子实体。

【别名】灵芝草，紫芝，赤芝，红芝。

【性味归经】甘，平。归肺、脾、肾经。

【美容功效】补脾益肾，健脾安神，益精驻颜，延缓衰老，抗疲劳，降血脂，降血压。

【应用范围】肺肾两虚引起的心悸头昏，夜寐不宁，失眠梦多，高血脂，高血压，慢性气管炎，体质虚弱，抵抗力低，皮肤干燥生皱，容颜早衰。

【用法用量】3～5g，煎汤或炖服。

【注意事项】因其性甘平适合于任何体质。

三、药膳中的药食同源

由于以往滥用化学药物导致许多药源性、医源性疾病，因而人们开始提倡多用天然药物，甚至以食为药、以食代药。结合医学模式转向以预防保健为主的总体趋势，未来食养、食补、食疗必将替代药补、药疗。

　　药食同源，其含义是指中药与食物同样来源于自然界的动物、植物及部分矿物质，两者有许多相同相似之处。即两者不仅来源相同，而且性能和用法也基本相似，在作用上都能够起到营养、保健和治疗的目的，仅在性能的偏性与毒性方面有显著不同。药物是古人从尝试食物的过程中鉴别分化出来的，将效力强劲、有明显治病作用或有毒性、不宜长期或大量食用的"食物"列为药物；而有一部分食物的药物功效明显，又能长期食用，介于一般食物与药物之间，被称为药食两用食物，在目前的食品卫生管理法中，药食两用食物按食品管理；剩下的就是性味平和、供日常食用的一般食物。

任务二　常见药膳美容方

一、养颜方

　　中医认为，如果气血充盈，人的面色会红润，富有光泽，如果长期熬夜，没有良好的生活规律，就会面色苍白或萎黄，皮肤出现皱纹或色素沉着。有些成功女性平时工作忙，无暇保养，致使血虚不荣、肝肾亏虚或肝气郁滞、瘀血阻络，故应服用滋肾调肝、滋阴养血、理气祛瘀之品，才能使气血充盈、肌肤润泽、精神饱满。可选用下列汤水护肤。

1. 当归生姜羊肉汤

【配料】当归 50g，羊肉 500g，生姜 50g，红枣 50g，黄芪 100g，黄酒 25ml，盐适量。

【制作和用法】先把羊肉洗净切块，放锅里，加适量清水，用大火煮开，撇掉浮沫，然后把羊肉捞出来备用。接着把当归洗干净，放在清水里泡一会儿；生姜也洗干净切成片；红枣洗净去核。以上汤料准备就绪后，同放进炖锅内，加适量清水，炖 1.5 小时，等羊肉炖得熟烂，根据自己口味加盐调味。

【功效】补血养颜，散寒止痛。治血虚内寒。面无血色，或萎黄，唇淡，畏寒，腹中绵绵作痛，月经不调。

2. 百合红枣银杏羹

【配料】百合 50g，红枣 10 枚，银杏 50g，牛肉 300g，生姜两片，盐少许。

【制作和用法】将新鲜牛肉用沸水洗干净之后，切薄片；银杏去壳，用水浸去外层薄膜，再用清水洗净；百合、红枣和生姜分别用清水洗干净；红枣去核；生姜去皮，切两片。瓦煲内加入适量清水，先用猛火煲至水沸，放入百合、红枣、银杏和生姜片，改用中火煲百合至将熟，加入牛肉，继续煲至牛肉熟，即可放入盐少许，盛出即食。

【功效】补血养阴，滋润养颜，润肺益气，止喘，涩精。

3. 土茯苓炖乌龟

【配料】鲜土茯苓 250g，乌龟一只（约 500g），生姜两片。

【制作和用法】先将乌龟用沸水烫死后剖杀，去除内脏，洗净血污，砍成粗块备用；鲜土茯苓洗净切块；生姜洗净。以上汤料准备就绪后，同放进炖盅内，加适量清水，隔水炖 3~4 小时。待温后，调味饮食。

【功效】防治妇女月经不调、内分泌紊乱。

二、祛斑方

　　斑症指雀斑、黄褐斑等。雀斑多发生于青少年的面、颈等暴露部位，尤好发于肤色白的女青年，其色泽鳌黑，针尖或豆粒大小，形如雀卵，故而得名。其春夏加重，秋冬变淡，病因与遗传、内分泌及日光照射有关。中医认为，本病多为肝郁脾虚、肝肾不足所为，当以补益肝肾、疏肝健脾为治。

1. 胡桃仁芝麻饮

【配料】胡桃仁 30g，芝麻 20g，牛乳、豆浆各 200ml，白糖适量。

【制作和用法】将胡桃仁、芝麻研为细末，与牛乳、豆浆混匀，煮沸饮服，白糖调味，分为 2 份，早晚各 1 份，每日 1 剂。

【功效】补益虚损，生津润肠，润肤消斑。

2. 茯苓消斑汤

【配料】白茯苓、白僵蚕、白菊花、丝瓜络各 10g，珍珠母 20g，玫瑰花 3g，红枣 10 枚。

【制作和用法】上药同置锅中，加清水适量水煎取汁，分为 2 份，饭后饮用，每日 1 剂，连用 7～10 日。

【功效】健脾消斑，祛风通络。

三、抗皱方

1. 麻仁耐老汤

【原料】麻仁 30g，白羊脂 210g，蜜蜡 150g，白蜜 30g。

【制作与用法】将上 4 味加水 600ml，煮成 200ml，以隔日或每日吃 1 次为宜。

【功效】益气养颜，润肤除皱。

2. 润肤抗皱洗液

【原料】黄柏皮 10g，土瓜根 6g，大枣 7 枚。

【制作与用法】将上述 3 味研细，每天早晚用水调成液态，洗面，也可以洗手。

【功效】延缓皮肤衰老，润肤抗皱。

3. 仙人粥

【原料】制首乌 30g，粳米 60g，红枣 5 颗，红糖适量。

【制作与用法】用竹刀刮去何首乌皮、切成片、煎取浓汁、去渣，粳米、红枣入砂锅内煮粥，粥将稠时，放入红糖少许调味，再煮一二沸即成。早晚空腹食用，每 10 天为一疗程。间隔 5 天再服，也可随意食用。

【功效】防老除皱，美容颜，黑发。

4. 润肤红颜汤

【原料】鹌鹑蛋 10 枚，草莓 3 个，桑寄生 10g，红枣 4 枚，怀山药 12g，冰糖适量。

【制作与用法】将中药加入 160ml 水中同煮，去渣，再加煮熟的鹌鹑蛋和剖开的草莓，加糖，水煮 10 分钟即可。

【功效】补肾活血，润肤除皱。

5. 莲子龙眼汤

【原料】莲子 30g，芡实 30g，薏苡仁 50g，龙眼肉 8g，蜂蜜适量。

【制作与用法】加水煮 1 小时后备用。每周 1～2 次，与饭同食。

【功效】除皱白面，增强皮肤弹性，保湿润肤抗干燥。

6. 柏子仁烧猪蹄

【原料】柏子仁 50g，猪蹄 250g，葱、姜、蒜、精盐各适量。

【制作与用法】将猪蹄洗净放入锅中，炖至半熟后，加入柏子仁继续炖，到快烂熟时，放入葱、姜、蒜、精盐，加炖 15 分钟即可。分 2 次服，每日 1 次，与饭同食，吃肉喝汤。

【功效】滋肾润燥，改善皮肤代谢，增强皮肤弹性，防皱祛皱。

7. 红颜酒

【原料】核桃仁 120g，红枣 120g，北杏仁 30g，白蜜 100ml，酥油 70ml，白酒 1000ml。

【制作与用法】先将核桃仁、红枣肉捣碎，北杏仁浸泡去皮尖，煮 4～5 沸，晒干，捣碎，先将白蜜、酥油溶于白酒中，再加上 3 味加入酒内，浸泡 7 天即可饮用。每次饮 10ml，早晚空腹饮用。

【功效】抗皱润肤。

8. 大枣紫草汤

【原料】大枣 20g，紫草 10g。

【制作与用法】将 2 味加入适量水中，小火煮沸 30 分钟即可。吃枣喝汤，每日 1 次。

【功效】抗皱。

9. 驻颜酒

【原料】当归 40g，熟地黄 40g，蜂蜜 50g，柚子 250g，白芍 40g，白酒 4000ml。

【制作与用法】先将柚子洗净，拭干，切成 2～3cm 大小的块，同蜂蜜、当归、熟地黄、白芍一道装入罐内，加入白酒，封口浸泡 90 天，过滤去渣即成。每次饮用 20～40ml，每日 1 次。

【功效】补血抗皱。

10. 杞圆膏

【原料】枸杞 3000g，龙眼肉 2500g。

【制作与用法】将 2 味倒入砂锅内，加适量水，用文火熬煎，渐加水，煎至枸杞无味，去渣，再熬成膏，瓷罐收储。每次 30g，空腹食之。

【功效】补肝肾，抗皱。

11. 清炖栗子白鸽

【原料】栗子 150g，白芷 10g，鸽子 1 只，调味品适量。

【制作与用法】栗子去壳，白芷布包，鸽子洗净，加水适量，用小火共炖，至鸽子熟烂，加入调味品适量，即可食用。

【功效】除皱抗皱。

12. 养颜抗皱膏

【原料】人参 80g，桃仁 200g，白芷 100g，蜂蜜 300g。

【制作与用法】将前 3 味加水 500ml，连煎 3 次，每次取汁 200ml，再将 3 次汁液混合，文火煎煮浓缩至 300～400ml，加入蜂蜜，煮沸，停火。冷却收瓶，每日早晚食 2 匙。

【功效】除皱益寿。

13. 燕窝蜜枣汤

【原料】燕窝 10g，蜜枣 6 枚。

【制作与用法】将 2 味加水 600g，煮成 200ml。以隔日或每日食用 1 次为宜。

【功效】益气养颜，润肤除皱。

四、减肥方

荷叶减肥茶

【配料】荷叶 9g，生山楂 9g，泽泻 9g，陈皮 9g。

【制作和用法】洗净，混合，沸水冲泡。代茶饮，连服 3 个月为一个疗程。

【功效】理气祛湿减肥。

五、丰胸方

木瓜丰胸方

【配料】木瓜 5 个，红枣 15g，莲子 10g，蜂蜜 10g（担心体重增加的女性可替换为元贞糖）。

【制作和用法】红枣、莲子煮熟待用。将木瓜剖开去籽，放入煮熟红枣、莲子、蜂蜜，上笼蒸透即可服用。

【功效】红枣是调节内分泌、补血养颜的传统食品，红枣配上莲子，有调经益气、滋补身体的作用。木瓜外皮青绿，内瓤橙红，味道甜美，是我国民间的传统丰胸食品，维生素 A 含量极其丰富，而缺乏维生素 A 会妨碍雌激素合成，适合所有爱美女性。中医认为木瓜味甘性平，能消食健胃、滋补催乳，对消化不良者也具有食疗作用。

六、乌发生发方

现实中由于染发、烫发的泛滥，以及头发的不当护理，导致发质受损，干枯、发黄、脆弱甚至脱发断发，可食用以下几种药膳。

1. 黑芝麻枸杞饮

【配料】黑芝麻 20g，枸杞 20g，何首乌 15g，杭菊花 10g，冰糖 5g。

【制作和用法】将黑芝麻拣洗干净，与枸杞、何首乌、杭菊花一同放入砂锅中，加清水，文火炖40 分钟，加入冰糖，再炖 20 分钟即可。每日清晨服 1 剂，10 日为一个疗程。月经期间停服，可长期坚持饮用。

【功效】滋补肝肾、泽颜美发、养血益精。血压偏高的中年女性最适宜于服此饮，既可美发，又能治病。

2. 乌发首乌鸡

【配料】何首乌 50g，鸡肉 500g，料酒、淀粉、味精、盐、酱油、生油各适量。

【制作和用法】将何首乌切片，用砂锅文火煮 20~30 分钟，滤汁备用；将鸡肉洗净切丁放入碗中，加料酒、味精、盐、淀粉搅拌均匀待用。炒锅放油烧热，将鸡丁放入油中油炸后倒入漏勺待用。锅中留少许油，加入鸡丁、料酒、盐、酱油、何首乌片快速翻炒，入味后用湿淀粉勾芡，出锅装盘食用。

【功效】鸡肉有温中、益气、补虚作用。含有多种营养素，能营养毛母角化细胞和毛母色素细胞，有促进生发、乌发、润肤作用。何首乌能滋补肝肾、乌须发、悦颜色，是乌发美容的佳品。

任务三　美容药膳的制作

一、药膳原料的准备

食膳剂型较多，按制剂的配方原料分类，可分为纯食物食膳；食物加中药食膳；食物加强化营养素食膳，制成强化食品。按质地、形状分类，主要有固态类、半流质类、液态类，固态类有米饭、饼、糕、馒头、包子、散剂、蜜膏、蜜饯、糖果、菜等，半流质类有粥、汤羹等，液态类有汤剂、饮料、酒剂等。按临床适应对象分类，可分为一般膳食、软膳食、半流质膳食、流质膳食。

二、药膳的制作方法

我国烹饪历史悠久，加工方法种类繁多。食品原料经过这些烹饪加工方法科学合理地加工后，不仅可以消毒灭菌、易于消化吸收、提高食品的营养价值，还能产生鲜美的味道，改善食品的感官性状，提高食欲，增强体质，保证人体健康。

烹饪是一门膳食的艺术。广义地说，烹饪是对食物原料进行热加工，将生的食物原料加工成熟食品；狭义地说烹饪是指对食物原料进行合理选择、调配，加工洗净，加热调味，使之成为色、香、味、形、质、养兼美的安全无害、利于吸收、益人健康、强人体质的饭食菜品，包括调味熟食和调制生食。

食品烹饪常用的方法主要有炖、焖、煨、蒸、煮、熬、炒、卤、炸、烧等。

（一）炖

炖法是将食物及其他原料同时下锅，注入清水，放入调料，置武火上烧开，撇去浮沫，再置文火上炖至熟烂的烹制方法。炖的具体操作方法：先将食物在沸水锅内焯去血污和腥味，然后放入炖锅内，另将所用药物用纱布包好，用清水浸漂 1~2 分钟后放入锅内，再加入生姜、葱、胡椒及清水适量，先用武火煮沸，撇去浮沫，再改用文火炖至熟烂。一般需要 2~3 小时。该法所制食品的特点是质地软烂、原汁原味。

（二）焖

焖法是先将食物和药物用油炮加工后，改用文火添汁焖至酥烂的烹制方法。焖的具体操作方法：先将原料冲洗干净，切成小块，往热锅中倒入油烧至油温适度，将食物用油炮之后，再加入药物、调料、汤汁；盖紧锅盖，用文火焖熟。该法所制食品的特点是酥烂、汁浓、味厚。

（三）煨

煨法是指用文火或余热对药物和食物进行较长时间的烹制。具体的操作方法有两种：一种是将食物和药物经炮制后，置于容器中，加入调料和一定数量的水慢慢地将其煨至软烂，制得的食品特点是汤汁浓稠、口味肥厚。另一种煨法是将要烹制的药物和食物预先经过一定的方法处理，再用阔菜叶或湿草纸包裹好，埋入刚烧的草木灰中，利用草木灰的余热将其煨熟，这种烹调方法花费时间较长，中途要添几次热灰，保持一定的温度。

（四）蒸

蒸法是利用水蒸气加热的烹制方法，其特点是温度高，可以超过 100℃，加热及时，有利于保持形状的完整。具体操作方法：将药物和食物经炮制加工后置于容器内，加好调味品、汤汁或清水，待水沸后上笼蒸熟，火候视原料的性质而定。一般蒸熟不烂的食品可用武火，对食物形状有要求的可用中火徐徐蒸制，可保持形状和色泽美观。常用的蒸法有粉蒸、包蒸、封蒸、扣蒸、清蒸及汽锅蒸。

（五）煮

煮法是将食物及其他原料一起放在多量的汤汁或清水中，先用武火煮沸，再用文火煮熟。具体操作方法：将食物加工后，放置在锅中，加入调料，注入适量的清水或汤汁，用武火煮沸后，再用文火煮至熟。适用于体小、质软的原料。所制食品口味清鲜，煮的时间比炖的时间短。

（六）熬

熬法是将食物经初加工后，放入锅中，加入清水，用武火烧沸后改用文火熬至汁稠黏烂。具体操作方法：将原料用水涨发后，拣去杂质，冲洗干净，撕成小块，锅内先注入清水，再放入原料和调料用武火烧沸后，撇净浮沫，改用文火熬至汁稠味浓即可。熬的时间比炖的时间更长，一般在 3 小时以上，多适用烹制含胶质多的原料。所制食品的特点是汁稠味浓。

（七）炒

炒法是将经加工后的食物，放入加热的油锅内翻炒的烹制方法。具体的操作方法：将无骨质、嫩脆的动植物原料，经过初步加工，根据菜肴火候的要求，切成片、丁、条、丝或剖花刀后，炒勺放旺火上，加底油烧热，用油滑锅后，再倒入适量的油，油烧热后，放入切配好的主料，用勺或铲翻炒，加适量白油烧至 120℃左右，推入上浆喂口的主料滑熟，沥去余油，原炒勺放葱、姜丝和辅料，用对好的白色青汁烹调出勺，动作要敏捷，断生即好，有些直接可以食用的味美色鲜的药物也可以同食物一起炒成。而芳香性的药物大多在出锅前勾芡加入，以保持其气味芬芳。炒的方法可分为 4 种，即生炒、熟炒、水炒、滑炒。

1. 生炒 主、辅料均采用生料，经加工改刀后，投入加底油的热炒锅里快速炒熟，出锅前调少许底芡，点明油装盘，称为生炒。如肉片炒青椒，特点是肉色微红，青椒碧绿，脆嫩适口，清香宜人。

2. 熟炒 原料必须是熟的，操作方法同生炒。如回锅肉，熟肉切薄片，炒锅加适量油烧至五成熟，即 150℃，投入切好的主料，推散倒入漏勺，沥去余油，原勺放豆瓣酱、葱、蒜片和主料翻炒，加各种调味料烹制，出锅前用淀粉调少许芡。菜肴色泽微红，味咸辣微甜，浓香不腻。

3. 水炒 只用于炒蛋类原料。烹调中炒锅放适量清水烧开加调味料，调好口味，将打匀的鸡蛋慢慢倒入锅内，边倒主料边用手勺推，使主料凝固熟透，出菜前放香菜段，点香油提味。

4. 滑炒 选用质嫩的动物性原料经过改刀切成丝、片、丁、条等形状，用蛋清、淀粉上浆用温油滑散，倒入漏勺沥去余油，原勺放葱、姜和辅料，倒入滑熟的主料，速用制备好的清汁烹炒装盘。因初加热采用温油滑，故名滑炒。

（八）卤

卤法是将经过初加工的食物，放入卤汁中用中火逐步加热烹制，使卤汁渗透其中，直至成熟。

（九）炸

炸法是武火多油的烹调方法。一般用油量比要炸的原料多几倍，具体操作方法：将药物制成药液或细末，调糊裹在食物表面再入油锅内炸透至熟。要求武火、油热，原料下锅时有爆炸声，掌握火候，防止过热烧焦。本法所制食品的特点是味香、酥脆。根据食物的特点分为清炸、干炸、软炸及酥炸等方法。

（十）烧

烧法是先将食物经过煸、煎、炸等处理后，进行调味调色，然后再加入药物和汤或清水，用武火烧开，文火焖透，烧至汤汁稠浓。本法所制食品的特点是汁稠味鲜。注意汤或清水要一次加足量，避免烧干或汁多。

••••目标检测

答案解析

单项选择题

1. 下列食物归脾、胃经的是（　　）

    A. 粳米   B. 杏   C. 芝麻

    D. 鸭梨   E. 枸杞

2. 芹菜的功效是（　　）

    A. 清热利水　　　　　　　　B. 下乳汁　　　　　　　　C. 清肝利湿

    D. 清心安神　　　　　　　　E. 润肺止咳

3. 韭菜的功效是（　　）

    A. 滋阴润燥　　　　　　　　B. 行气活血　　　　　　　C. 清热解毒

    D. 补火助阳　　　　　　　　E. 健脾益肾

4. 冬瓜的功效是（　　）

    A. 生津止渴　　　　　　　　B. 清热化湿　　　　　　　C. 利水消肿

    D. 生津止渴　　　　　　　　E. 消食宽中

5. 下列中药和食物不属于寒、凉性的有（　　）

    A. 绿豆　　　　　　　　　　B. 雪梨　　　　　　　　　C. 荔枝

    D. 蒲公英　　　　　　　　　E. 鱼腥草

6. 下列中药和食物中，不适合阳虚体质的有（　　）

    A. 辣椒　　　　　　　　　　B. 羊肉　　　　　　　　　C. 生姜

    D. 当归　　　　　　　　　　E. 绿豆

7. 荷叶减肥茶的组成是（　　）

    A. 荷叶、生山楂、芦荟、橘皮

    B. 荷叶、生麦芽、生薏苡仁、青皮

    C. 荷叶、生山楂、泽泻、陈皮

    D. 荷叶、生山楂、生薏苡仁、青皮

    E. 荷叶、生甘草、生薏苡仁、青皮

8. 当归生姜羊肉汤的组成是（　　）

    A. 当归、生姜、羊肉、红枣、黄芪、黄酒

    B. 当归、干姜、羊肉、红枣、人参、白酒

    C. 当归、生姜、羊肉、红枣、党参、黄酒

    D. 当归、干姜、羊肉、红枣、黄芪、白酒

    E. 当归、生姜、羊肉、枸杞、沙参、黄酒

9. 黑芝麻枸杞饮具有的功效是（　　）

    A. 理气祛湿减肥

    B. 益气养颜，润肤除皱

    C. 健脾消斑、祛风通络

    D. 滋补肝肾、泽颜美发、养血益精

    E. 润肺益气、止喘、涩精

书网融合……

重点小结　　　　　　　习题

项目十二　美容营养教育的基本概念与理论 e 微课

PPT

学习目标

知识目标：通过本项目的学习，掌握理解健康教育、健康促进等核心概念的内涵；熟悉知信行理论、健康信念模式、行为阶段改变理论等健康教育的基本理论；了解这些理论的主要观点、应用范围和局限性。

技能目标：学会运用行为改变理论和策略，针对个体或群体的不良健康行为，设计和实施个性化的行为干预方案，如戒烟、限酒、合理饮食、增加运动等，并能够评估干预效果。

素质目标：通过本项目的学习，树立以促进公众健康为己任的责任感和使命感，尊重不同个体和群体的健康需求和文化背景；培养创新思维，能够不断探索和尝试新的健康教育理念、方法和技术，关注健康教育领域的前沿研究成果和发展动态。

任务一　美容营养教育的相关概念

情境导入

情境：刘某，女，26岁，看到电视上说柠檬能够淡化黑色素，美白皮肤，于是每天将柠檬切成薄片敷脸，大概坚持了一个月，刘某感觉皮肤变得湿润了，但是脸部还是那么暗沉。于是去医院皮肤科就诊。医生仔细为刘某进行面诊，医生表示，刘某脸上的印子是黑色素沉着严重导致的，而且比较顽固，要淡化需要一段时间。当刘某问医生，用柠檬敷脸能否淡化黑色素，美白肌肤时，医生说，柠檬含有丰富的维生素C，从理论上讲能够美白皮肤，但是敷于面部大部分的营养物质会被蒸发掉，加上每个柠檬营养素含量有限，所以单靠柠檬美白很难有理想的效果。接着医生建议通过科学的营养搭配来改善肤质，延缓衰老。

思考：1. 如何通过科学的营养搭配来改善肤质？

2. 如何对刘某进行美容营养教育？

一、健康教育与健康促进

（一）健康教育

健康教育是指在需求评估的基础上，通过健康信息传播、教育和行为干预等方法，帮助个体或群体树立科学的健康观念、掌握健康知识和能力、自觉采纳有利于健康的行为和生活方式的一系列活动及过程，从而避免或减少暴露于危险因素，帮助实现疾病预防控制、治疗康复、提高健康水平。

开展健康教育的目的旨在通过健康知识和能力的宣传普及，增强公众的健康意识，引导公众树立科学的健康观，提高公众的健康知识水平和自我保健能力，提升公众应对健康问题的能力，力争使公众不得病、少得病、晚得病，最终的目标是提升全民健康水平。

健康教育是运用社会学和流行病学方法诊断社区和人群的健康问题，以提高科学认知为基础，以树立正确理念（态度）为重点，以掌握健康能力为支持，以改变行为为目标开展工作。

健康教育的特定目的是改善对象的健康相关行为。健康教育的活动，应该以调查研究为前提，健康教育的主要干预措施是健康信息传播。健康教育不仅致力于疾病的预防控制，帮助患者更好地进行治疗和康复，也努力帮助普通人群积极增进健康水平。

营养教育是健康教育的重要组成部分，是以改善患者的营养状况为目标，通过营养科学的信息交流，帮助个体和群体获得食物与营养知识，形成科学合理饮食习惯的教育活动和过程。

（二）健康促进

健康促进指个人、家庭、社区和国家一起采取行动，鼓励公众采纳健康行为，增强公众改进和应对自身健康问题的能力。

健康促进既强调个人对健康的责任，又强调政府、社会对健康的责任；既强调个人能力的发展，又强调支持性环境的创建。

倡导、赋权、协调是健康促进的三大基本策略。通过社会倡导，达成共识，凝聚各方力量；通过赋权，增强个人和社区处理健康问题的能力；通过协调，推进健康促进目标的实现。

健康促进的 5 个优先活动领域：一是制定促进健康的公共政策，二是创造健康支持性环境，三是强化社区行动，四是发展个人能力，五是调整卫生服务方向。

二、美容营养教育

1. 美容营养教育的概念 美容营养教育是指通过传播、教育、干预等方法，改变个体或群体的饮食行为从而改善其营养与健康状况所开展的一系列活动及过程。

通俗地讲，美容营养教育就是通过普及营养与健康知识，增强公众的美容营养意识，改变与营养有关的不健康的饮食行为和生活方式，调整膳食结构，实现合理膳食、均衡营养，达到改善营养状况，预防美容营养相关疾病的目的，从而提高公众的健康水平和生活质量。

2. 美容营养教育与健康教育的关系 美容营养教育与健康促进是健康教育与健康促进的重要内容之一，是健康教育与健康促进理论、技术和方法在公共营养领域的具体实践，是运用健康教育与健康促进理论、技术和方法来解决具体的美容营养与健康问题。

开展美容营养教育与健康促进，需要对健康教育与健康促进的概念、理论和方法有较为系统、深入的理解，并在这些理论和方法指导下规范地开展营养教育与健康促进工作，取得预期成效。

三、营养教育与健康促进的意义

营养教育与健康促进是卫生与健康事业的重要组成部分，是提升全民营养健康水平的首选策略，是公认的解决公众营养与健康问题最经济、最有效的措施。

《"健康中国 2030"规划纲要》明确指出："应全面普及膳食营养知识，发布适合不同人群特点的膳食指南，引导居民形成科学的膳食习惯"。《国民营养计划（2017—2030 年）》明确指出：到2030 年，"居民营养健康素养进一步提高，营养健康状况显著改善"，并把"普及营养健康知识"作为改善国民营养健康状况的 7 项实施策略之一。这两个文件是今后较长一段时间内开展营养健康工作的纲领性文件，具有重要的指导意义，同时，两个文件都把普及营养知识、提高居民营养健康素养、普及健康生活方式作为重要内容。美容营养教育与健康促进也是实现这些要求的重要手段之一，对促进居民营养健康状况改善、实现国民营养计划和健康中国的愿景，有着深远的意义。

四、健康教育的工作步骤

人的行为及其赖以发生、发展的环境是一个复杂的系统，要促使这个系统向有利于健康的方向转化，健康教育需要做多方面的、深入细致的工作。

在健康教育工作以项目形式开展时，其过程一般可以分为以下几个步骤：调查研究（健康教育诊断）、设计制定健康教育干预计划、准备和实施健康教育干预、对健康教育进程和结果进行监测与评价，即行为危险因素评价、行为危险因素干预和干预效果评价。

任务二　美容营养教育的基本理论

一、知信行理论

知信行理论是行为改变的理论之一，来源于认知理论，最早由英国心理学家科斯特在 20 世纪 60 年代提出。在知信行理论中，"知"是指知识，"信"是指信念、态度，"行"是指行为。该理论认为知识是态度和行为改变的基础，信念是行为改变的动力，行为改变是目标；将公众行为的改变分为获取知识、产生信念及形成行为 3 个连续过程（图 12 - 1）。个体通过学习健康知识和能力，确立正确的信念和态度，将已经掌握的知识和认同的态度付诸行动，从而形成健康的行为，最终提升自身的健康水平。

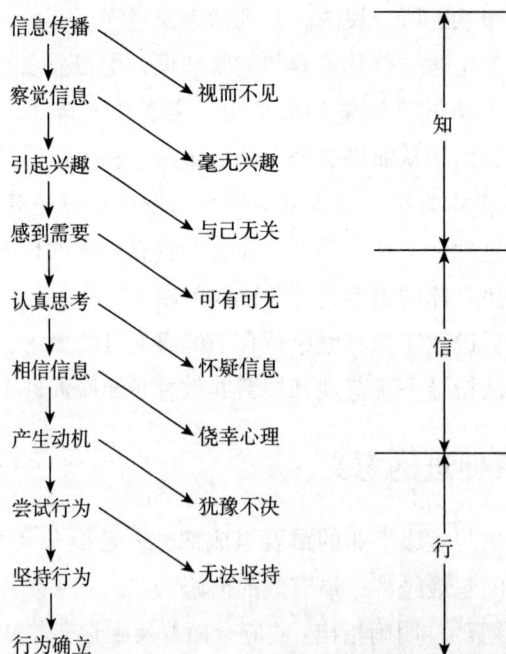

图 12 - 1　知识对行为改变的影响

需要注意的是，目标人群获取了知识、转变了态度之后，不是一定能够改变行为的，也可能会出现"知行不一"的情况。在实际工作中，知识的传播比较容易，公众观念的转变快慢不一，公众行为的改变相对缓慢。由于"知行不一"的存在，专业人员开展健康教育时，不仅要强调知识的宣传，更要重视如何将知识转化为态度，进而将态度转化为行为，这才是健康教育的目的和重点所在。

二、健康信念模式

健康信念模式是最早用于个体健康行为阐释的理论模型之一，该理论诞生于20世纪50年代，由美国心理学家 Rosenstock 首先提出并由 Becker 和 Maiman 加以修订而成。

健康信念模式从社会心理学角度，分析影响健康行为的各种因素，强调个体主观心理过程，如期望、思维、推理、态度、信念等，并将其归纳为以下几个与行为改变紧密相关的关键因素（图12-2）。

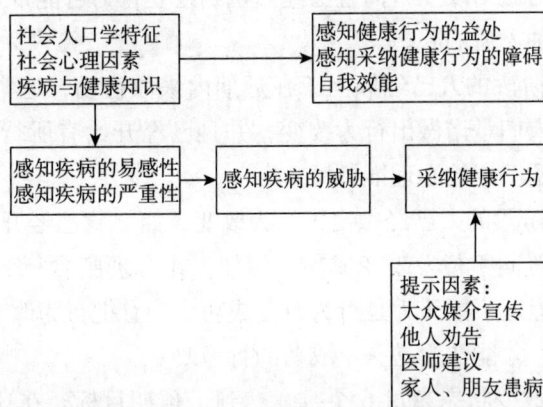

图12-2 健康信念对行为改变的影响

1. 感知疾病威胁 对疾病威胁的感知程度直接影响公众行为动机的产生，包括感知疾病的易感性和严重性。感知疾病的易感性，即个体对自身患某种疾病或出现某种健康问题的可能性的主观判断；感知疾病的严重性，即个体对疾病所产生的躯体、心理和后果严重性的判断。个体越是感到自己患某种疾病的可能性越大，感知患某种疾病的后果越严重，就越有可能采取行动避免疾病的发生。

2. 感知行为改变的益处和障碍 包括感知采纳健康行为的益处和采纳健康行为的障碍两个方面。感知采纳健康行为的益处，即个体对采纳健康行为可能带来的益处的主观判断，包括健康状况的改善和其他方面的收益；感知采纳健康行为的障碍，即个体对采纳健康行为可能付出代价的判断，包括身体、心理、时间、费用上的各种代价。

3. 自我效能 指个体对自己成功采纳健康行为的能力的评价和判断，以及获得期望结果的信念。自我效能越高，个体越容易采纳并坚持健康行为。

4. 提示因素 指促进健康行为发生的因素，是个体行为改变的推动力，包括任何与健康问题有关的促进个体行为改变的关键事件和暗示。例如，身体出现不适症状，大众媒介的健康宣传，医师建议采纳健康行为，家人或朋友患病等，均可能成为提示因素。提示因素越多，个体采纳健康行为的可能性越大。

5. 社会人口学因素 如年龄、性别、民族、人格特点、受教育水平、社会阶层、同伴影响，以及个体所具有的疾病和健康知识等。

三、行为阶段改变理论

行为阶段改变理论是由 James Prochaska 和 Carlos Diclemente 在20世纪80年代初提出的，综合了有关心理治疗和行为改变的多种理论，因此，该理论又被称为"跨理论模型"。模型最初来自吸烟行为的干预研究，此后被应用到更为广泛的领域，如乙醇和药物滥用、饮食行为干预、久坐生活方式干预等。

行为阶段改变理论认为，个体的行为改变是一个渐进和连续的动态发展过程，一般经过以下几个阶段。

1. 无打算阶段　处于这一阶段的人在未来6个月内没有改变行为的意向。不打算改变行为的原因主要有以下几种情况：一是没有意识到自身行为问题的存在，不知道行为的后果；二是尝试过改变，却因失败而丧失信心；三是认为没有必要改变。此外，行为改变受生活环境的影响，如周围人的态度和做法会对个人的行为改变产生很大影响，周围人的鼓励、支持、肯定将对个人的行为改变产生积极的影响，反之则会产生消极的影响。

2. 打算阶段　处于这一阶段的人打算改变行为，但一直无任何行动或准备行动的迹象。这时候他们已经考虑对某些特定行为做出改变，而且已经意识到改变行为可能带来的益处，但是也清楚行为改变的障碍和代价，处于一种矛盾的心态。

3. 准备阶段　处于这一阶段的人已经倾向于在近期内采取行动，通常指打算在未来1个月内开始采取行动。在这一阶段，人们承诺做出行为改变，并且已经开始有所行动，例如制订了行动计划，参加了健康教育课程，做好了一定的心理准备等。

4. 行动阶段　处于这一阶段的人已经做出了行为改变，如"我已经开始锻炼""我已经开始清淡饮食"等，但行动阶段并不等同于行为改变成功。例如，在合理膳食行为干预中，可以把减少能量摄入看成行动阶段的开始，但还不能认为是行为改变成功。只有把行为改变坚持下来，成为一种生活习惯，并带来预期健康收益，才能认为是一个成功的行为改变。

5. 维持阶段　保持行为改变状态超过6个月，达到了预期目标。在这个阶段，新行为已经固定下来并成为一种习惯，退回到无准备阶段的风险性降低，环境因素的影响逐步减少，对行为改变的信心在逐步增加。

行为阶段改变理论可以帮助营养教育工作者了解目标人群的行为改变过程，采取有针对性的措施帮助其进入下一阶段。在无打算阶段和打算阶段，应重点促使其思考，认识到危险行为的危害、权衡改变行为带来的利弊，从而产生改变行为的意向、动机；在准备阶段，应促使其作出决定，找到替代危险行为的健康行为，可协助拟定行动计划，提供行为改变能力等；在行动阶段和维持阶段，应肯定、激励他们的行为改变，强化其自我效能，同时改变环境来消除或减少危险行为的诱惑，防止行为反复。

值得注意的是，行为改变并不是单向线性转变，处于准备期的人们也可能在一段时间后放弃行为改变的想法，回到无打算阶段，处于行动阶段的人们也可能不能维持，重新回到准备阶段等。

人处在不同阶段，以及从一个阶段过渡到下一个阶段时，都会有不同的心理变化历程。行为阶段改变理论提出了10个最常见的变化过程，用以指导行为干预。

（1）意识唤起　指发现并且学习能够支持行为改变的新的事实、观念和技巧。具体包括提高对不良行为及其结果的感知，充分认识改变不良行为的意义等。健康咨询、媒体宣传等都有利于达到这一目的。

（2）缓解紧张情绪　缓解伴随不健康行为风险而带来的消极情绪，如恐惧、焦虑、担心等，在行为改变初期往往会出现一些负性情绪，减轻负性情绪有助于行为矫正。通过心理剧、角色扮演、成功实例等方法可以达到这一目的。

（3）自我再评价　指从认知和情感方面评估自己有某种不良习惯和（或）无某种不良习惯的自我意象的差异，从而认识到行为改变的重要性。自我价值认定、健康角色模式和心理意象等方法有助于完成这一过程。

（4）环境再评价　意识到自己周围环境中存在着不健康行为的负面影响或健康行为的正面影响，从认知和情感方面评估周围环境对行为的影响。同情训练和家庭干预等可产生这样的效果。

（5）自我解放　指人们改变行为的信念和实现信念的许诺。例如选择重要的日子当众许诺采纳健康的行为和（或）改变不健康的行为。

（6）寻求帮助　为行为的改变寻求社会支持。家庭支持、同伴支持、电话咨询等都是获得社会支持的有效手段。

（7）逆向制约　用健康的行为替代不健康的行为，可以采用放松、厌恶、脱敏疗法等方法。

（8）应变管理　适时地在一定的行为改变方向上提供结果强化，增加对健康行为的奖励，减少对不健康行为的奖励。研究发现，不健康行为的惩罚效果不佳，行为改变者主要依赖于奖励而不是惩罚。行为契约是常用的策略。

（9）刺激控制　减少或去除不健康行为的暗示，增加强化健康行为的暗示。

（10）社会解放　意识到社会风气的变化在支持采纳健康行为中的作用。社会规范、健康知识宣传、健康政策制定等都有利于公众采纳健康行为。

四、拉斯韦尔传播模式

拉斯韦尔传播模式是传播学的奠基人之一拉斯韦尔在 1948 年提出的，该理论认为一个有效的传播至少包括 5 个基本构成要素，即：谁（who），说了什么（says what），通过什么渠道（in which channel），对谁说（to whom），取得了什么效果（with what effect），也称为信息传播的 5W 模式（图 12 - 3）。

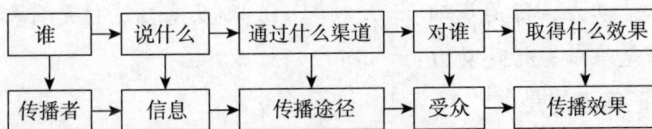

图 12 - 3　拉斯韦尔传播模式

1. 传播者　即"谁"，是信息的主动发出者和媒介的控制者，在传播过程中担负着信息的收集、加工和传递任务。具体而言，传播者的任务如下。①收集信息：选择有价值的信息。②加工制作信息：将收集到的信息进行加工处理，转化为目标人群易于理解、接受和实践的健康信息。加工应力求做到准确、易懂、适用。③发出信息：将制作好的信息通过传播渠道传递出去，使目标人群建立起与自己一致的认识，采取相同的态度或行动。④收集与处理反馈信息：了解传播效果，即目标人群接收信息后的心理或行为反应，以便不断调整其传播行为。传播者既可以是个人，如有关专家、健康指导员等，也可以是集体或专门的机构，如公共卫生机构、电视台等。

2. 信息　即"说什么"，它是由一组有意义的符号组成的信息组合，包括语言符号和非语言符号。营养健康信息泛指一切与人类营养健康有关的观念、知识、能力和行为模式等。信息应具有以下特点：符号通用、科学性、针对性、适用性、指导性、通俗性。

3. 渠道　即信息传递所必须经过的中介或借助的物质载体，可以是信件、电话等人际传播媒介，也可以是报纸、广播、电视等大众传播媒介。根据信息传递的特点，可以分为以下几类：①口头传播，如讲座、咨询、演讲等；②文字传播，如报纸、杂志、书籍等；③形象化传播，如图画、模型、照片等；④电子媒介传播，如电影、电视、广播等；⑤新媒体传播，如网络、手机等；⑥综合传播，如展览、卫生宣传等。

4. 受众　即"对谁"，受众又称目标人群，是对读者、听众、观众等的总称，它是传播的最终对象和目的地。目标人群一般被视为信息传播中的被动接收者，但拥有是否接受信息、怎样接受信息的主动选择权，可以选择性接受、选择性理解、选择性记忆。目标人群对信息产生不同反应的原因在于公众各自的心理构成不同、知识储备不同、生活经历不同、价值观和信仰不同、生活环境不同，因此，想要取得较好的传播效果，应该准确把握目标人群的特征，有针对性地制定传播策略。

5. 效果　即信息到达目标人群后在其认知、情感、行为等各层面所引起的反应。它是检验传播活动是否成功的重要尺度。按可达到的层次由低到高分为4个层次：①知晓健康信息，主要取决于传播信息的强度、重复率和新鲜度等；②健康信念认同，即目标人群接受传播的健康信息，并认同信息中倡导的健康理念；③态度转变，即目标人群的态度向着有利于健康的方向转变；④采纳健康的行为和生活方式，目标人群改变原有的不健康行为，采纳有利于健康的新行为，这是传播效果的最高层次。

目标检测

答案解析

单项选择题

1. 健康教育的对象是（　）

  A. 全体人群   B. 健康人群   C. 亚健康人群

  D. 患者   E. 慢性病群体

2. "知信行"模式是有关行为改变较成熟的模式，其间关系是（　）

  A. 知是基础、信是动力、行是目标   B. 知是动力、信是基础、行是目标

  C. 知是目标、信是动力、行是基础   D. 知是基础、信是目标、行是动力

  E. 知是目标、信是基础、行是动力

3. 拉斯韦尔模式的正确表述是（　）

  A. 传播者—信息—传播途径—受者—效果   B. 传播者—传播途径—信息—效果—受者

  C. 信息—传者—传播途径—受者—效果   D. 信息—传者—传播途径—效果—受者

  E. 传播者—信息—传播途径—效果—受者方式

4. 传播效果的最高层次是（　）

  A. 态度转变   B. 知晓健康信息   C. 健康信念认同

  D. 采纳健康行为   E. 知信行模式

5. 为了提高健康传播效果，针对传播媒体，下列说法不正确的是（　）

  A. 有些信息以大众传播为主，辅以对重点目标人群的人际传播和群体传播

  B. 有些信息以人际传播为主，辅以健康教育材料等手段

  C. 有些信息以群体传播为主，辅以健康教育材料等手段

  D. 为提高效率、扩大人群覆盖，尽量多地使用大众传播，少用或不用人际传播

  E. 人际、群体、组织、大众传播等多种传播形式综合运用

6. 健康教育的核心问题是改变个体和群体的（　）

  A. 知识   B. 态度   C. 行为

  D. 价值观   E. 信念

书网融合……

     重点小结   微课   习题

项目十三　营养教育的形式与方法 _e 微课

PPT

学习目标

知识目标：通过本项目的学习，掌握大众传播、新媒体传播、培训讲座、营养咨询、编制平面传播材料和音像材料等健康教育方法的操作要点和应用技巧；熟悉不同场景下的健康教育形式的特点；了解健康教育相关的行为科学、传播学、教育学等基础理论知识。

技能目标：能够根据不同的健康教育目标、受众特点和资源条件，选择并灵活运用合适的健康教育形式，设计出具有针对性和可操作性的健康教育活动方案。

素质目标：通过本项目的学习，能够与不同背景的受众进行有效的沟通交流，建立信任关系，了解他们的需求和反馈。同时，拥有团队协作精神，能与其他专业人员密切配合，共同开展健康教育项目。

任务一　编制营养教育传播材料

情境导入

情境：患者王某，女，17岁，身高164cm，体重112kg，胸围120cm，腰围115cm，臀围120cm；月经不规律，量少，腋下色素沉着，双下肢毛发较重。其对于肥胖可能引发的远期健康问题，如心血管疾病、糖尿病等风险的认知不足。在日常生活中缺乏运动习惯，且食欲较旺盛，难以控制饮食量。

思考：1. 如何通过健康教育让患者充分了解肥胖对健康的危害，提高其对治疗和管理体重的重视程度？

2. 怎样制定个性化的健康教育方案，帮助患者建立健康的饮食和运动习惯，实现长期的体重管理和行为改变？

营养教育形式与方法是健康教育形式、方法在营养与健康领域的具体运用。编制营养教育传播材料、举办营养知识讲座、开展营养咨询/义诊服务、利用大众媒体/新媒体开展营养与健康相关知识与能力传播，是营养教育工作中常见的形式和方法。开展营养教育项目时，经常会根据工作需要综合使用多种营养教育形式和方法，以期达到最佳营养教育效果。

营养教育传播材料是营养与健康信息的载体，既是开展营养教育与健康促进活动时使用的宣传资料，也是常用的营养健康传播手段。营养教育传播材料具有科学性、知识性、实用性、艺术性的特点。根据媒介和形式不同，传播材料可分为平面传播材料、音像传播材料和实物传播材料三类。下面重点介绍平面传播材料和音像传播材料。

一、平面传播材料

平面传播材料又称印刷资料，指用纸质媒介作为健康知识传播载体的一类传播材料。常见的形式有海报（张贴画）、传单（单页）、折页和小册子等，其制作要点和评价方式如下。

1. 海报 主要目的是吸引公众的注意力，引起关注，营造氛围。其特点在于有强烈的视觉效果，文字、构图极具夸张、震撼力，画面留白占整张海报的1/3～1/2，信息简单明确，字数少、字号大，多张贴在公共场所。行人路过时，通过短暂的目光扫视，就能获得传播信息。

一张完整的海报设计包括布局、题目、关键信息、插图和落款。关于布局，海报的信息简单直白，构图强调视觉效果，空白占整张海报的1/3～1/2。可在A4纸上设计好构图后，等比例放大到海报大小即可。题目应该横穿海报的顶部，字体大小应该保证正常视力者在4m处能够清晰阅读，一般只体现1～2个核心信息，使用1～2种字体即可。活动告知类海报，还要注明活动时间、地点和参加人员等信息。至于插图可使用照片、插图、色彩等帮助读者理解信息或吸引读者注意力。最后，注明单位落款，明确信息出处，提高信息的权威性。

海报制作的质量高低一般使用海报质量评价表进行评价（表13－1）。

表13－1 海报质量评价表

评价内容	符合 (5分)	比较符合 (4分)	一般 (3分)	不太符合 (2分)	不符合 (1分)	得分
1. 视觉冲击效果好，能吸引读者并保持读者注意力						
2. 标题醒目，正常视力者在4m处能看清标题						
3. 核心信息突出，正常视力者在2m处能看清内容						
4. 信息简洁准确						
5. 空白占1/3～1/2						
6. 构图与内容相关						
7. 无不必要的细节						
8. 有落款与署名						
合计						

此评价表采用5级评分。符合，5分；比较符合，4分；一般，3分；不太符合，2分；不符合，1分。

得分率＝实际得分/总分×100%

得分率与评价结果的对应关系是：得分率≥90%为优秀；70%≤得分率<90%为合格；得分率<70%为不合格。

2. 传单 是指印有营养教育信息的单页纸。在经费相对不足时，常常使用单页。单页往往以文字为主，可根据经费情况或实际需要配以1～2幅插图，或彩色或黑白，多为16开。一般情况下，一张传单只围绕一个主题展开叙述，信息比较简单。优点在于设计简单、制作快捷、成本低廉，缺点是不易保存，吸引力差。最适用于时间紧、任务急、大批量发放时使用，如在开展义诊、举行大型营养讲座时集中发放。

一个完整的传单包括题目、正文、插图、单位落款、制作日期等。在设计时传单首先要有一个明确的题目，概括整个传单的主要内容，放在最顶部；每个版块有一个明确的标题，概括该板块的主要内容。正文部分应设置3～5个明确的知识板块。字体推荐宋体或黑体，字号推荐五号字或小四号字。疏密合适，推荐正文1.25～1.5倍行间距。使用的插图需具有与文字内容的关联性和独立传递或表达特定内容或信息的自明性。除此之外，传单纸张有一定厚度和硬度，推荐80g以上纸张印刷。建议有条件可使用彩色印刷。最后，注明单位落款和制作日期，明确信息出处和时效性。

传单/单页制作的质量高低一般使用传单/单页质量评价表进行评价（表13－2）。

表13-2　传单/折页质量评价表

评价内容	符合 (5分)	比较符合 (4分)	一般 (3分)	不太符合 (2分)	不符合 (1分)	得分
1. 内容评价						
（1）内容科学准确						
（2）文字通俗易懂						
（3）有明确行为建议						
（4）一个段落只围绕一个主题进行描述						
2. 设计评价						
（1）布局合理，色彩和谐						
（2）核心内容突出，板块清晰						
（3）文字与底色对比度清晰						
（4）字号选用五或小四号为宜						
（5）插图与内容相关						
（6）没有修饰性插图						
（7）有机构落款，制作日期						
合计						

此评价表采用5级评分。符合，5分；比较符合，4分；一般，3分；不太符合，2分；不符合，1分。

得分率 = 实际得分/总分×100%

得分率与评价结果的对应关系是：得分率≥90%为优秀；70%≤得分率<90%为合格；得分率<70%为不合格。

3. 折页　一般是指正反面都印有营养健康知识的单页，其特点是设计精美、图文并茂，有较强的吸引力；内容板块清晰，信息简单明了；便于携带和保存；设计要求、制作成本显著高于单页。根据传播内容、目标人群需求的不同，折页可有不同的形式，如32开、64开，4折、6折等。常用的折页为16开3折。折页往往为彩色印刷，每个信息都配插图辅助说明。也可以以文字为主，插图仅作为装饰。

折页的设计包括封面、题目、正文、插图、单位落款、制作日期等部分。首先，折页封面设计要吸引人，反映主题内容。而且要在封面上显示题目、单位落款和制作日期等信息。其次，折页单面内容包括2~3个版块为宜。每个版块围绕一个分主题进行叙述。至于字数要求，建议二折页字数在800~1200字，三折页字数在1500~2000字。字号以使用五号或四号字为宜，而字体、行间距则参照传单/单页的设置。为将折页的特色发挥至最大化，建议彩色印刷，推荐105g以上铜版纸印刷。

4. 小册子　是指介于折页与图书之间的一种科普读物。一般是就某一营养与健康主题或疾病问题，开展系统、全面地阐述，让目标人群对该主题或疾病问题有一个比较全面的认识。其特点是信息量大、内容系统完整，图文并茂、可读性强、便于携带。受众可以长时间、反复阅读，具有保存价值。

小册子的设计包括书名、封面、目录、正文、插图、单位落款和制作日期等内容。封面设计要简洁大方、色彩饱和、不刺激，图片与主题内容相关。封面显示题目、单位落款和制作日期等信息。正文是小册子的核心，根据主题，将正文分为几个部分。各部分按照一定的逻辑有序排列。各级标题的字体、字号和颜色要保持一致。关于小册子字体、字号等设计可参考传单/单页、折页相关设计，需要注意的是用于儿童与老人的小册子可适当采用较大号的字体。小册子常用的纸张为双胶纸和铜版纸，采用无线装订（胶装）或骑马钉。骑马钉通常适合小型出版物，总体页码必须是4的倍数，这样才能做出折叠样式的小册子。

小册子制作的质量高低一般使用小册子质量评价表进行评价（表13-3）。

表 13 – 3　小册子质量评价表

评价内容	符合（5分）	比较符合（4分）	一般（3分）	不太符合（2分）	不符合（1分）	得分
1. 内容评价						
（1）内容科学准确，全面系统						
（2）文字通俗易懂						
（3）有行为建议且具体可行						
（4）内容板块清晰，逻辑性强						
（5）一个段落只围绕一个主题进行描述						
2. 设计评价						
（1）封面简洁大方，有机构落款，制作日期						
（2）有目录，板块清晰						
（3）文字与底色对比度清晰						
（4）字号大小适宜阅读，选用五或四号为宜						
（5）行间距在 1.25 ~ 1.5 倍						
（6）同一级标题的字体、字号、色彩一致						
（7）图文并茂，插图与内容相关						
（8）插图不能影响阅读，避免修饰性插图						
（9）没有刊登任何形式的广告						
（10）内文纸张重量不低于70%						
合计						

此评价表采用5级评分。符合，5分；比较符合，4分；一般，3分；不太符合，2分；不符合，1分。

得分率 = 实际得分/总分×100%

得分率与评价结果的对应关系是：得分率≥90%为优秀；70%≤得分率<90%为合格；得分率<70%为不合格。

知识链接

平面传播材料的制作步骤

1. 确定传播信息　对信息的选择主要依据营养教育目标和目标人群对信息的需求情况，结合目标人群的文化水平和接受能力等，选定核心信息（包括确定信息的具体内容、信息的复杂程度及信息量的多少）。

2. 设计初稿　专业人员（营养专业人员、健康教育专业人员、临床医学专业人员等）和设计人员（编辑、美编、摄影等）密切配合，根据核心信息所表达内容，设计恰当的表现形式。

3. 预试验　将初稿在目标人群中进行预试验。通过个人访谈或小组讨论，了解目标人群是否理解营养教育资料所传播的信息，是否喜欢营养教育资料的表现形式，收集评论意见和修改建议。

4. 修改与定稿　根据预试验结果，对初稿进行修改。如果目标人群对初稿意见或建议较多、修改内容较多时，修改后样稿还需再次进行预试验，直至绝大多数目标人群能正确理解才能通过，最终形成定稿。

5. 制作与生产　少量营养教育资料可自行制作完成；大量营养教育资料需要交付制作单位，进行批量生产。

6. 发放与使用　针对印刷资料的发放或者张贴使用方法，开展使用人员培训，使其能够正确理解资料的适用范围、目标人群和发放形式，做好资料的发放登记等，也可同时配发使用指南。

二、音像传播材料

营养教育音像资料就是利用视频技术，通过讲解、示范、展示、演示、动画等表现形式将营养与健康知识、能力可视化而形成的一类传播材料。载体包括录像带、光盘、磁盘、移动储存器（U盘、移动硬盘）等形式，常见的内容表现形式有专题讲座、专家访谈、情景剧、纪录片和动画。音像资料优点是直观、生动、形象，传播效果好，对目标人群的文化水平要求较低，深受广大公众喜爱，是营养教育中经常使用的传播材料。

高质量的视频资料应具备主题明确、信息准确、画面简洁、图像清晰、音质干净、音效和谐等特点。

1. 主题选择　视频资料的主题选择要有针对性，即必须针对目标人群的主要营养与健康问题、营养与健康知识需求、营养与健康相关问题的认识与态度、认识误区、操作能力等。

2. 内容设计　视频资料要有一个明确的主题。围绕主题，有 3~5 个板块内容，板块之间有较强的逻辑性。每个板块包含 3~5 条信息。信息要表达准确，简单通俗，易于理解和接受。肢体语言方面有明确、具体、可行的行为建议或行为指导。严禁出现歧视、恐吓、暴力、色情的语言及画面。

3. 视听效果　视频资料的特点就是用声音和图像传递信息，因此，视听效果至关重要。视听效果主要包括声音、图像和音效。需要目标人群掌握的重点内容，可以通过画面、文字、色彩、光线、音效等进行强化或突出，以引起观众的重视。

关于音像传播材料质量评价可从内容、声音、图像、音效和视听效果 5 个方面开展（表 13-4）。

表 13-4　音像资料质量评价表

评价内容	符合	比较符合	一般	不太符合	不符合	得分
	（5分）	（4分）	（3分）	（2分）	（1分）	
1. 内容						
（1）信息准确						
（2）信息简单、明确、通俗易懂						
（3）对关键信息进行强化						
（4）有明确的行为建议						
2. 声音						
（1）解说音质清晰，音量稳定						
（2）解说与字幕同步						
3. 图像						
（1）图像清晰，画面稳定						
（2）构图合理，色彩自然						
4. 音效						
（1）背景音乐与主题相适宜						
（2）背景音乐与解说的音量对比适中						
5. 视听效果						
视听效果的整体评价						
合计						

此评价表采用5级评分。符合，5分；比较符合，4分；一般，3分；不太符合，2分；不符合，1分。不适用者从总分中扣除，再计算得分率。

得分率 = 实际得分/总分×100%

得分率与评价结果的对应关系是：得分率≥90%为优秀；70%≤得分率<90%为合格；得分率<70%为不合格。

任务二　营养健康知识讲座

营养健康知识讲座是指授课老师借助教学用具，运用教学的方式向教育对象传播营养健康知识和能力的一种活动形式。教学用具指笔记本电脑、投影仪、幕布、话筒、音响、写字板、写字笔、教具、挂图、实物模型等，授课老师可根据活动规模及经济条件选择使用。

（一）活动特点

1. 专业性强 要求授课老师必须有营养专业背景、有较好的业务水平。

2. 针对性强 要求围绕主要营养健康问题和营养健康需求开展。

3. 内容全面系统 要求围绕某一个营养健康问题，全面、系统地讲解相关的知识和能力，信息量大。

4. 对授课老师要求高 要求授课老师不仅业务好，还要有较好的语言表达能力、科普演讲能力和现场组织教学能力。能够通过比喻、举例、类比等语言表达方式，对专业术语、发病机制等进行通俗解释，让人可感受、可理解，提高讲座效果。

5. 受益人数较多 常规营养健康知识讲座，一次讲座听众多在50人左右，多的可达上百人。对于某些有组织的大型讲座，一次讲座听众就可以达到几百人甚至是上千人，受益人数较多。

6. 时间不宜太长 一般以60~90分钟为佳，否则听众难以配合。

（二）主要流程

1. 确定讲座主题及内容 根据公众或目标人群的主要营养与健康问题、营养与健康教育需求，确定营养健康知识讲座的主题。目标人群不同，面对的主要营养健康问题就不同，因此，讲座的主题和内容也就不同。如针对所有人员，可以宣传普及《中国居民膳食指南》，倡导合理膳食模式；针对婴幼儿家长可开展母乳喂养、辅食添加等主题讲座；针对老年人可开展高血压、糖尿病、冠心病等膳食指导主题讲座。

2. 确定授课老师 授课老师应具备良好的专业知识及一定的健康传播技巧，举止得体，语言表达能力强。

3. 编写教案 讲座主题确定后，从目标人群"应知、应会、应做"的角度设计讲座内容，即通过讲座，明确告知目标人群就讲座主题应该掌握哪些知识，应该学会哪些能力，应该养成哪些行为或应该做到哪些要求，让目标人群对所讲健康主题有一个全面、系统的认知。教案内容描述应科学、准确、实用；内容展现要有条理性和逻辑性；文字表达要科普化、通俗化，易于目标人群接受。

4. 落实场地和设备 考虑容纳人数、交通便利、设备条件等因素。根据需要准备背景板、海报、宣传单、展板、宣传册、签到表、效果评价问卷等，用于现场的布置和向目标人群发放。有条件的情况下，可准备一些营养教育传播实物，如限盐勺、控油壶等。

5. 发布通知 及时通过多种途径发布通知，通知内容应包括讲座时间、地点、主题、主要内容、授课老师、主要目标人群。如果准备了营养教育资料（如知识手册）或实物（如限盐勺）也应在通知中写明。

6. 活动实施 提前做好准备工作，授课老师应掌握一定的演讲技巧，语言生动，能通过比喻、举例等多种方式讲解营养健康知识；充分利用教具、实物、模型等辅助教学，涉及能力培训时要安排目标人群进行实操练习；建议采用多媒体教学，在讲座中恰当运用图片、漫画、视频、动画等元素；尽可能采用参与式教学方式，安排提问和互动环节，充分调动听众的积极性。结合讲座主题，发放营养教育资料（如知识手册）或实物（如限盐勺）。注意控制讲座时间，一般以60~90分钟为宜。

7. 做好活动记录 根据活动开展的实际情况，做好活动记录，收集和整理签到表、发放营养教育资料登记表、活动照片等，进行资料归档。

（三）效果评价

1. 问卷调查 课堂前后发放问卷，了解听众知识掌握情况，对讲座的满意度、意见和建议等。

2. 个人访谈或专题小组讨论 随机选择6~8名听众，以个人访谈或小组讨论的形式，了解听众对讲座内容的理解和掌握情况，对讲座的满意度、意见和建议等。

任务三　营养咨询活动

营养咨询是通过语言、文字、图片、音像等媒介，借助体格检查、计算机软件、实验室检查资料等工具，给咨询对象以帮助、启发、教育的过程。营养咨询包括营养状况评价、营养异常诊断、营养治疗和营养知识、行为指导，其内容广泛、效果显著，在卫生保健中占据着重要的作用。其咨询的内容包括健康者的营养保健、各种营养异常、各种营养相关疾病、疾病的营养治疗、疾病的营养支持等。目前使用的营养咨询方法主要是 SOAP，即主观询问（subjective）、客观检查（obiective）、营养评价（assessment）、营养计划（plan）。

美容营养咨询活动是为满足公众对营养与美容保健的需求而提供的一种营养服务的形式，其目标和任务是向求助者提供所需要的美容营养科学信息和专业技术帮助，使求助者能够自己选择有利于健康的信念、价值观和行为，了解和学习营养健康知识。从传播的角度来说，是典型的人际交流。

在我国，营养咨询活动较为常见，主要是针对居民的主要营养健康问题和营养教育需求，结合各种营养健康主题宣传日，面向辖区居民或目标人群开展的以义诊、咨询等为主要内容的一种营养教育活动形式，如可结合每年的"全民营养周"开展公众营养咨询活动等。营养咨询活动是当前我国营养教育工作的常见活动形式之一，也是广受公众喜爱、具有中国特色的一种营养教育手段。

（一）活动特点

1. 目标人群可直接与传播者交流，可以即时做出反馈，传播者可以即时了解目标人群对信息的接受程度和营养教育效果。

2. 有利于提高营养教育的针对性。由于传播者与目标人群面对面交流，因此，可以直接向目标人群提供针对性的建议，解决目标人群的相关问题。针对目标人群的接受状况，还可针对性地及时调整策略。

3. 营造营养健康氛围，引导听众关注营养相关公共卫生问题，对咨询活动的主题和核心信息起到良好的人际传播作用。

4. 较大规模的咨询活动还可吸引大众媒体报道，形成信息的二次传播及营造良好舆论。

（二）主要流程

1. 确定活动主题　根据公众或目标人群的主要营养与健康问题、营养与健康需求，确定活动主题。可以是一次活动一个主题，也可以在一年内围绕已确定的一个或几个主题开展连续的活动。

2. 确定活动内容　需确定活动口号，要求响亮、朗朗上口，具有较好的倡导和动员效果，能够吸引目标人群参与。应确定活动形式，可考虑的活动形式包括咨询、义诊、发放/播放营养教育材料、简单体检（身高、体重、腰围等）、体验活动、知识问答等。

3. 确定活动时间和地点　时间和地点的选择主要考虑是否方便听众参加，如利用周末、节假日，在集市、广场、活动中心等举办。

4. 确定目标人群　根据活动主题及活动内容确定目标人群，涉及面不一定非常大，可以考虑将目标人群定得局限一点，如"高血压日"健康咨询活动可将目标人群定为高血压患者及其家属。

5. 准备活动资料　包括宣传横幅（活动口号、主题、核心信息）、展板、海报、文档资料、营养教育资料、实物资料（限盐勺、控油壶等）、设备、仪器、音像播放设备等。

6. 组织目标人群　根据目标人群的分布情况，可通过多种工作渠道召集目标人群。如通过工作网络通知，在公共信息栏张贴活动海报等。

7. 组织实施咨询活动　提前做好活动场地的布置，如悬挂横幅、张贴海报/招贴画、摆放桌椅展板、摆放演示模型/教具、摆放平面宣传资料、放置和调试音像设备等。按照计划开展咨询活动，并对咨询人数及主要内容进行简要记录；发放营养教育资料，对发放数量进行登记；讲解与展示营养教育资料和实物；开展现场咨询和（或）现场测试工作；开展其他计划中的项目。

8. 做好活动记录　根据活动开展的实际情况，及时填写《公众营养咨询活动记录表》《工作人员签到表》《咨询信息登记表》，收集、整理活动照片等，进行归档。

（三）效果评价

可通过个人访谈或专题小组讨论，了解目标人群对活动的满意度、对营养教育资料理解和接受程度、对活动的意见和建议，从而对营养咨询活动进行效果评价。

任务四　大众媒介传播

大众媒介传播是指职业性的信息传播机构和人员通过广播、电视、电影、报纸、期刊、书籍等大众媒介和特定传播技术手段，向范围广泛、人数众多的社会人群传递信息。

（一）活动特点

1. 覆盖面广　大众媒介的网络几乎覆盖了整个社会的各个角落。

2. 时效性高　传播信息及时高效，尤其是新媒体传播。

3. 舆论导向性　负有重大的舆论导向和社会责任。

4. 影响力大　受众人群广泛，发布机构资质得到官方认证，发布信息自带官方色彩，有较强的权威性。

（二）主要流程

1. 确定传播主题　根据目标人群的主要营养与健康问题、营养与健康需求，确定传播活动的主题。

2. 确定传播内容　围绕传播主题，确定传播信息。根据项目目标，结合公众关心的问题，设置传播话题，准备宣传口径和问答，开展营养传播。

3. 选择媒介　应考虑媒介效应、传播活动覆盖面、拥有该种媒介的受众比例、经费和其他资源情况，还要考虑是否适合特定信息的表达。

4. 设计传播方案　对活动的形式、内容、时限等进行设计，设计时应包括健康教育专家、营养专业专家、传媒专家等多方面人才。

5. 签订协议书并实施大众媒介宣传。

（三）效果评价

对大众媒介传播的效果评价则通过个人访谈或专题调查进行，在评价过程中应着重了解目标人群的活动参加率、认知度、记忆度和理解度等评价指标。

任务五　新媒体传播

新媒体是利用数字和现代通信技术，使信息传播突破时间和空间的限制，同时使信息发布者、传播者、接受者这三种角色不再被严格区分的信息传播模式。

（一）活动特点

1. 方便快捷 信息技术的发展使得文字、图像、声音等各种传播内容都能够转化为数字信号并在网络上传播，信息的发布和浏览不受时间和空间的限制。

2. 形式多样 新媒体可以整合多种传播形式进行传播，促使传播效果最大化。

3. 交流互动 这是新媒体最为重要的特点，即传播者和受众之间，以及受众和受众之间的沟通更加方便及时。

4. 信息量大 可以拥有海量信息，且信息可以长期保留。

5. 个性化 用户可以针对性地定制或发布自己感兴趣的内容。

在此背景下，营养教育工作者要强化"互联网＋"思维，突破媒介壁垒，积极运用好各类媒体，最大限度地扩大传播的有效覆盖面。

（二）主要流程

1. 确定传播主题 根据工作需要、舆情监测、热点问题、项目要求等，确定传播主题。

2. 确定传播内容 围绕传播主题，设置传播话题，确定传播信息。

3. 设计传播形式 一是内容设计，二是视觉设计。文字内容要简短、准确、精练，使用图表、插图、视频等帮助表达内容。

4. 发布信息 选择合适的媒介进行信息发布，包括网站、微博、微信、客户端等。选择媒介原则是效果原则、速度原则、经济原则。

5. 交流与互动 通过良好的互动，及时了解受众需求与反馈，为受众针对性地推送信息。除了简单的回复、转发等功能外，还可有读完后答题，答对后获取积分等形式互动，增加趣味性和活动黏性，提升传播效果。

（三）效果评价

通过点击量、转发量、点赞量、评论区留言等进行效果评价。

目标检测

答案解析

一、单项选择题

1. 健康教育的主要方法不包括（　　）

    A. 讲座 　　　　　　　B. 讨论 　　　　　　　C. 考试

    D. 角色扮演 　　　　　E. 发放传单

2. 健康教育的实施过程中，以下环节不必要的是（　　）

    A. 需求评估 　　　　　B. 计划制定 　　　　　C. 教育实施

    D. 效果评估 　　　　　E. 设计教育内容

3. 健康教育中，以下因素对教育效果影响最大的是（　　）

    A. 教育者的专业水平 　　　　　　　　　B. 教育内容的科学性

    C. 教育对象的接受能力 　　　　　　　　D. 教育环境

    E. 教育的趣味性

4. 下列关于美容营养健康知识讲座的叙述，错误的是（　　）

    A. 一般以 60～90 分钟为佳

    B. 目标人群不同，面对的主要营养健康问题就不同，因此，讲座的主题和内容也就不同

C. 根据需要准备背景板、海报、宣传单、展板、宣传册、签到表、效果评价问卷等

D. 授课老师应具备一定的健康传播技巧，技巧比良好的专业知识更重要

E. 课堂前后发放问卷，了解听众知识掌握情况，对讲座的满意度、意见和建议等

5. 下列关于海报的叙述，错误的是（　　）

A. 主要目的是吸引公众的注意力，引起关注，营造氛围

B. 其特点在于有强烈的视觉效果，文字、构图极具夸张、震撼力

C. 画面留白占整张海报的 $1/3 \sim 1/2$

D. 信息要足够完整，海报内容的字数要多一些

E. 插图可使用照片、插图、色彩等帮助读者理解信息或吸引读者注意力

二、多项选择题

1. 健康教育的主要任务包括（　　）

　　A. 传播健康知识　　　　B. 培养健康行为　　　　C. 提高健康意识

　　D. 改善健康环境　　　　E. 增强健康责任感

2. 美容健康教育的常见形式包括（　　）

　　A. 健康讲座　　　　　　B. 健康咨询　　　　　　C. 健康检查

　　D. 健康促进活动　　　　E. 同伴教育

3. 一个完整的传单包括（　　）

　　A. 题目　　　　　　　　B. 正文　　　　　　　　C. 插图

　　D. 单位落款　　　　　　E. 制作日期

4. 小册子是指介于折页与图书之间的一种科普读物，其特点包括（　　）

　　A. 信息量大　　　　　　B. 内容系统完整　　　　C. 图文并茂

　　D. 可读性强　　　　　　E. 便于携带

5. 平面传播材料的制作步骤包括（　　）

　　A. 确定传播信息　　　　B. 设计初稿　　　　　　C. 预试验

　　D. 修改与定稿　　　　　E. 制作与生产

书网融合……

重点小结　　　　　微课　　　　　习题

实　训

实训 1　混合膳食血糖生成指数与血糖负荷的计算

【实训目标】

1. 知识目标　掌握混合膳食血糖生成指数（GI）与血糖负荷（GL）的概念；熟悉血糖生成指数与血糖负荷在慢性疾病方面的应用。

2. 能力目标

（1）专业能力　具有熟练运用血糖生成指数与血糖负荷进行有效防治慢性病的能力。

（2）方法能力　具备较强的语言沟通能力；自主学习能力；信息处理能力；提高学习效率的能力；适应针对不同患者的应变能力。

3. 素质目标　培养良好的职业道德和较强的吃苦耐劳精神，树立较强的服务意识。

【实训要求】

1. 具备严谨的工作作风和实事求是的工作态度。

2. 准确无误地计算食物的血糖生成指数与血糖负荷。

3. 能以血糖生成指数与血糖负荷为依据，正确指导慢性病患者的饮食。

【实训准备】

1. 知识准备　血糖生成指数与血糖负荷的知识。

2. 膳食准备　准备一份混合食物或膳食，可包括 3～5 种原料或食物。记录每种原料或食物的来源、质量、比例。

3. 器具准备　查找文献，准备食物成分表、血糖生成指数表、计算器、记录纸等。

4. 心理准备　通过预习实训材料，准备好面临繁琐的计算，不怕苦，不怕累。

【任务训练】

（一）教师示教

案例：李某，53 岁，身高 156cm，体重 65kg，早餐食谱为牛奶 200g + 馒头 50g，请算出李女士早餐的总 GI 和 GL。

1. 确定食物可利用碳水化合物含量和 GI 值　查阅食物成分表、血糖生成指数表，确定食物可利用碳水化合物含量和 GI 值（实训表 1 - 1）。

实训表 1 - 1　食物可利用碳水化合物含量和 GI 值

食物	摄入量（g）	可利用碳水化合物含量（g/100g）	GI
牛奶	200	4.9	27.6
馒头	50	48.3	88

注：查阅食物成分表，查出膳食中每种食物的碳水化合物含量和膳食纤维含量，将碳水化合物减去膳食纤维量获得可利用碳水化合物含量。

2. 计算混合食物可利用碳水化合物总量

（1）牛奶碳水化合物总量 = 4.9 × 200/100 = 9.8g

（2）馒头碳水化合物总量 = 48.3 × 50/100 = 24.2g

（3）碳水化合物总量 = 9.8 + 24.2 = 34g

3. 各类食物对可利用碳水化合物的贡献程度

（1）牛奶 9.8g/34g = 28.8%

（2）馒头 24.2g/34g = 71.2%

4. 计算出总 GI   总 GI = 各类食物 GI 值 × 贡献比例

总 GI = 27.6 × 28.8% + 88 × 71.2% = 70.6

5. 计算出总 GL   总 GL = 总 GI × 总可利用碳水化合物量/100

总 GL = 70.6 × 34g/100 = 24.0

6. 根据 GI、GL 分级评价   综合 GI 与 GL 对混合膳食总 GI 进行评价，并结合它们的应用及意义，提出不同人群及不同情况下选择食物时的建议。

（1）GI > 70 为高升（生）糖食物，55 ~ 70 是中升（生）糖食物，≤55 是低升（生）糖食物。

（2）GL < 10 是低 GL 食物，10 ~ 20 是中 GL 食物，> 20 是高 GL 食物。

（3）本例中李女士早餐 GI 为 70.6，属于高 GI 膳食；GL 为 24.0，属于高 GL 食物，李女士的 BMI 为 26.7kg/m²，这份早餐不适合李女士长期食用，不利于控制体重。

（二）学生操作

1. 任务准备

（1）分组   本实训 4 ~ 6 人一组合作进行。

（2）任务分析   教师提前准备好案例，以抽签的方式，每组派一个同学抽任务，并在黑板上书写本组抽取的案例及需准备的物品，宜利用课外非实训时间完成。

2. 任务实施   各组在教师指导下，按照实例中所述的操作步骤计算出混合膳食的 GI 和 GL。

（1）查阅食物成分表、血糖生成指数表，确定食物可利用碳水化合物含量和 GI 值。

（2）计算混合食物可利用碳水化合物总量。

（3）各类食物对可利用碳水化合物的贡献程度。

（4）计算出总 GI。

（5）计算出总 GL。

（6）根据 GI、GL 分级评价。

（三）师生互动

1. 教师根据学生的请求，在实训操作过程中给予指导，及时提示学生正确的操作步骤。

2. 师生共同总结实训的经验与教训，对各组实验结果进行评价。

【注意事项】

1. 提前认真做好实训准备。

2. 按照实训步骤逐一完成。

3. 认真核对结果，保证计算结果无误。

4. 根据实训案例的结果，合理评价膳食，并给予正确的指导。

【考核标准】

混合膳食血糖生成指数与血糖负荷的计算考核标准见实训表 1 - 2。

实训表 1-2　混合膳食血糖生成指数与血糖负荷的计算考核标准

考核项目	考核要求	考核等级评分				得分
		好	较好	一般	较差	
实训态度	课前准备充分，实验认真，积极主动，操作仔细，认真记录	20	18	16	14	
操作能力	熟练操作各步骤要点，无失误现象	50	46	42	38	
实训报告	书写认真、格式规范、内容完整真实，结果分析到位，独立按时完成	30	26	22	18	
考核总成绩						

【实训报告】

实训结束后，编写实训报告，包括但不限于以下内容。

1. 实训情况的总结

（1）实训目的　要写出具体目标。

（2）实训准备　包括材料、工具、知识等。

（3）实训内容　写出本次实训的主要内容。

（4）实训步骤　逐一详细地写出每一个步骤及具体做法。

（5）实训结果　列出不同食物组合的 GI 和 GL 值。

（6）结论　通过比较不同食物组合的 GI 和 GL 值，得出实训结论。

2. 实训中遇到的问题及解决方法　在实训过程中遇到的具体，如发现某些食物的 GI 值在文献或数据库中难以找到，或者不同来源的 GI 值存在差异等情况，如何解决？对于含有膳食纤维的食物，如何进行计算等？

3. 体会（包括建议）　通过本次实训，学到了什么？对今后的膳食规划和健康管理具有什么意义？为了更好地完成实训有什么好的建议？

（郭艳东）

实训 2　机体能量需要量的计算——基础能量消耗计算法

【实训目标】

1. 知识目标　掌握机体能量需要量的计算方法——基础能量消耗计算法；熟悉机体能量需要量测定的意义。

2. 能力目标

（1）专业能力　能熟练运用基础能量消耗计算法，确定不同人群的能量需要量，避免能量摄入不足或过量的风险。

（2）方法能力　具备较强的计算能力；自主学习能力；信息处理能力；提高学习效率的能力；适应针对不同人群的应变能力。

3. 素质目标　培养良好的职业道德和较强的吃苦耐劳精神，树立较强的服务意识和合作意识。

【实训要求】

1. 具备严谨的工作作风和实事求是的工作态度。

2. 严肃认真地做好所从事的每一项工作。

3. 对工作中出现的问题要认真分析研究，虚心求教，正确处理，以确保机体能量需要量计算的准确性。

【实训准备】

1. 知识准备 人体能量来源和消耗的知识，机体能量需要量的计算知识。

2. 物品准备 计算器等。

3. 心理准备 通过预习实训材料，准备好面临繁琐的计算，不怕苦。

【任务训练】

（一）教师示教

病例：王某，男，40 岁，身高 179cm，体重 60kg，长期从事司机职业。请为其计算每日能量需要量。

1. 推算 BEE

根据 Schofield 公式：$BEE = 11.472 \times 60kg + 873.1 = 1561.42kcal/d$

按照此公式计算中国人的基础代谢偏高，且我国尚缺乏人群基础代谢的研究数据，因此，中国营养学会建议将 18 ~ 59 岁人群按此公式计算的结果减去 5%，作为该人群的基础代谢能量消耗参考值。

中国人 $BEE = 1561.42kcal/d - 1561.42kcal/d \times 5\% = 1483.35kcal/d$

2. 推算 EER 能量推荐摄入量仍然是以估算基础能量消耗（BEE）为重要基础，再与身体活动水平（PAL）的乘积来估算成年人 TEE，推算出成人的 EER。

$EER = 1483.35kcal/d \times 1.5 = 2225.03kcal/d$

（二）学生操作

1. 任务准备

（1）分组 本实训 4 ~ 6 人一组合作进行。

（2）任务分析 教师提前准备好案例，以抽签的方式，每组派一个同学抽任务，并在黑板上书写本组抽取的案例及需准备的物品，宜利用课外非实训时间完成。

2. 任务实施 各组在教师指导下，按照实例中所述的操作步骤计算出能量需要量。

（1）推算 BEE。

（2）推算 EER。

（三）师生互动

1. 教师根据学生的请求，在实训操作过程中给予指导，及时提示学生正确操作步骤。

2. 师生共同总结实训的经验与教训，对各组实验结果进行评价。

【注意事项】

1. 提前认真做好实训准备。

2. 按照实训步骤逐一完成。

3. 认真核对结果，保证计算结果无误。

4. 根据实训案例的结果，为合理食谱的制定提供依据。

【考核标准】

机体能量需要量的计算方法——基础能量消耗计算法考核标准见实训表 2 - 1。

实训表 2 - 1　机体能量需要量的计算方法
——基础能量消耗计算法考核标准

考核项目	考核要求	考核等级评分				得分
		好	较好	一般	较差	
实训态度	课前准备充分，实验认真，积极主动，操作仔细，认真记录	20	18	16	14	
操作能力	熟练操作各步骤要点，无失误现象	50	46	42	38	
实训报告	书写认真、格式规范、内容完整真实，结果分析到位，独立按时完成	30	26	22	18	
考核总成绩						

【实训报告】

实训结束后，编写实训报告，包括但不限于以下内容。

1. 实训情况的总结

（1）实训目的　要写通过基础能量消耗计算法确定机体能量需要量的具体目标。

（2）实训准备　包括个体数据、计算公式、计算工具、记录表格等，要写全。

（3）实训内容　用公式进行计算。

（4）实训步骤　包括结合实例的收集个体数据、计算 BEE、确定 PAL、计算总能量需要量、分析结果等详细具体的步骤。

（5）实训结果　列出每位参与者的 BEE 和总能量需要量。

（6）结论　说出个体的能量需要量与哪些因素密切相关？通过 BEE 计算法，有何作用？

2. 实训中遇到的问题及解决方法　如参与者的日常活动水平难以准确归类，如何确定 PAL？参与者的体重和身高数据存在误差应如何处理等？

3. 体会（包括建议）　通过本次实训，掌握了什么技能？可以为将来制定合理的膳食计划提供什么帮助？

（郭艳东）

实训 3　INQ 的计算

【实训目标】

1. 知识目标　掌握营养质量指数的定义、计算方法和评价标准；了解营养质量指数的用途。

2. 能力目标

（1）专业能力　具备营养质量指数计算的能力；具备用营养质量指数指导食物选购和食品强化的能力。

（2）方法能力　具备自主学习能力；信息处理能力；分析解决问题的能力；随机应变的实践应用能力。

3. 素质目标　培养实事求是、积极探索的科学态度和工作作风，形成理论联系实际、自主学习和探索创新的良好习惯。

【实训要求】

1. 具有实事求是、积极探索的工作态度，严肃认真地完成每步计算。

2. 树立用信息化手段增强运算效率的意识。

3. 对实训过程遇到的问题要认真分析，触类旁通，尝试用以解决实际问题。

【实训准备】

1. **知识准备** 营养质量指数的知识；能量密度的知识；营养素密度的知识。

2. **物品准备** ①准备两种食品，食品标签应含能量和相关营养素；②《中国居民营养素参考摄入量（2023 版)》；③《中国食物成分表（2018 及 2019)》；④计算工具。

3. **心理准备** 通过预习，做好面临繁琐计算准备。

【任务训练】

（一）教师示教

案例：实训表 3 – 1 为某食品的营养标签（净含量 100g），假定食用对象为 36 岁成年女性（低强度身体活动），请对该食物的营养价值进行综合评价。

实训表 3 – 1 营养成分表

营养素	每100g	NRV%
能量	2505kJ	28
蛋白质	6.8g	10
脂肪	33.8g	58
碳水化合物	56.4g	19
钠	85mg	6

评价步骤如下：

1. **查 100g 食物所含的能量值和营养素对应数值** 由营养标签可知，100g 该食物所含的能量值为 2505kJ；蛋白质为 6.8g；脂肪 33.8g；碳水化合物 56.4；钠 85mg。若评价的食物无营养标签，可通过查食物成分表获得相应数值。

2. **根据食用对象查找相应的能量和营养素相应的参考摄入量** 由《中国居民膳食营养素参考摄入量（2023 版)》可知，该女性的能量参考摄入量为 1700kcal/d；蛋白质 55g/d；脂肪 38.8g ~ 56.7g/d（由供能比 20%~30% 换算：$1700 \times 20\%/9 ~ 1700 \times 30\%/9$）；碳水化合物 212.5g ~ 276.3g/d（由供能比 50%~65% 换算：$1700 \times 50\%/4 ~ 1700 \times 65\%/4$）；钠 1500mg。

3. **计算 INQ** 根据公式 $INQ = \dfrac{营养素密度}{能量密度} = \dfrac{某营养素密度/该营养素参考摄入量}{所产生能量/能量参考摄入量}$ 进行计算，计算时注意分子和分母单位要一致。

蛋白质的 $INQ = \dfrac{6.8/55}{2505/(1700 \times 4.184)} \approx 0.35$

脂肪的 $INQ = \dfrac{33.8/\ (38.8g ~ 56.7)}{2505/(1700 \times 4.184)} \approx 1.7 ~ 2.5$

碳水化合物的 $INQ = \dfrac{56.4/\ (212.5 ~ 276.3)}{2505/(1700 \times 4.184)} \approx 0.6 ~ 0.7$

钠的 $INQ = \dfrac{85/1500}{2505/(1700 \times 4.184)} \approx 0.2$

4. **进行评价** 评价标准如下。

INQ = 1，表示该食物提供营养素的能力和提供能量的能力相当，二者满足人体需要的程度相当。

INQ > 1，表示该食物提供营养素的能力大于提供能量的能力。

INQ < 1，表示该食物提供营养素的能力小于提供能量的能力。

一般认为 INQ ≥ 1 的食物营养价值高，INQ < 1 的食物营养价值低，长期单独摄入该食物易导致营养不足或能量过剩。

根据计算结果可知，该食物提供蛋白质的能力小于提供能量的能力，提供脂肪的能力大于提供能量的能力；提供碳水化合物的能力小于提供能量的能力；提供钠的能力小于提供能量的能力。长期单纯摄入该食物易引起蛋白质、碳水化合物和钠不足及脂肪过量或能量过剩。

（二）学生操作

1. 任务发布 实训表 3 - 2 为某食品的（净含量 100g）的营养标签，假定食用对象为 55 岁成年男性（低强度身体活动），请对该食物的营养价值进行综合评价。

实训表 3 - 2　营养成分表

营养素	每100ml	NRV%
能量	271kJ	3
蛋白质	3.0g	5
脂肪	3.7g	6
碳水化合物	4.9g	2
钠	72mg	4
钙	125mg	16

2. 任务实施 学生在教师指导下，按照实例中所述的评价步骤计算蛋白质、脂肪、碳水化合物、钠和钙的 INQ 并进行评价。

（三）师生互动

1. 随机抽取 1 ~ 2 份学生的作品引导学生进行纠错。

2. 引导学生再次总结 INQ 计算的方法步骤。

【实训报告】

实训结束后，编写实训报告，包括但不限于以下内容。

1. 实训情况的总结

（1）实训目的　本次实训的主要目的是通过计算食物的营养质量指数，掌握评估食物营养价值的科学方法，理解 INQ 在膳食规划中的应用。写出具体目标。

（2）实训准备　包括食物样本、营养成分表、参考摄入量标准、计算工具、记录表格以及需准备的具体知识。

（3）实训内容　本次实训的主要内容是通过计算食物的 INQ，评估其营养价值。要求写出具体食物。

（4）实训步骤　包括选择的具体食物、获取营养成分数据、计算 INQ 的过程、分析结果等详细具体的步骤。

（5）实训结果　列出每种食物的 INQ 值。

（6）结论　通过比较本次实训各种食物的 INQ 值，说明 INQ 值的用途。如哪些食物在哪些营养素方面具有较高的营养价值？哪些食物在哪些方面的 INQ 值较低，说明其营养价值相对单一等？

2. 实训中遇到的问题及解决方法 如 INQ 计算涉及多种营养素和参考摄入量，计算过程较为复杂，容易出现错误。应写明如何保证准确性等。

3. 体会（包括建议） 如通过本次实训，掌握了 INQ 的计算方法，还提高了对食物营养价值的认识，为今后的健康管理打下了坚实的基础等。对本次实训有什么好的建议？如除了 INQ，还可以引入其他营养评估方法（如营养密度指数 NDI），进行对比分析；增加食物种类等。

（谭　麟）

实训 4　食物成分表的使用

【实训目标】

1. 知识目标　掌握《中国食物成分表》构成、查阅及使用方法；熟悉食物的名称、分类和编码，食物成分的基础知识，相关食物成分的折算方法。

2. 能力目标

（1）专业能力　熟练应用食物成分表进行营养评估、完成营养咨询指导、营养配餐等营养管理工作；熟练使用移动互联技术中的食物成分表相关应用，培养创新创业能力。

（2）方法能力　具备利用食物成分表查询相关数据的能力；数据读取能力；自主学习能力；信息处理能力。

3. 素质目标　培养实事求是的专业态度，树立一丝不苟的专业意识。

【实训要求】

1. 具有严谨的工作作风和实事求是的工作态度。

2. 严肃认真地做好每一项工作。

3. 善于发现工作中的问题，积极思考，认真分析，总结归纳。

4. 注意严谨规范。

【实训准备】

1. 知识准备　基本数理运算知识；营养素与能量的基础知识；食物营养知识。

2. 物品准备　电脑、计算器、《中国食物成分表》、记录表等。

3. 心理准备　通过预习实训材料，准备好面临繁琐的查询计算工作，耐心练习，熟悉流程。

【任务训练】

（一）教师示教

案例：王某，女，40 岁，低强度身体活动，BMI 为 24.5kg/m²，希望可以进行膳食调理，现需要对其膳食摄入情况做评价，为下一步营养指导方案提供基础。通过膳食调查采集到该女性的一日食谱如实训表 4 -1。

实训表 4 -1　王女士的一日食谱

餐次	食谱（已折算可食部）
早餐	牛奶200g，馒头（标准粉100g）
中餐	米饭100g，芹菜肉片（猪瘦肉100g，芹菜250g，酱油2g，花生油6g，盐2g）
晚餐	青菜面条（菠菜100g，面条100g，芝麻油2g，酱油2g）

1. 明确食物和分类　根据《中国食物成分表》中食物分类，填入各食物类别，见实训表 4 -2。

实训表 4 -2　食物分类记录表（此处省略调味品）

餐次	食谱	食物	类别	重量（g）
早餐	牛奶	纯牛奶（代表值）	10. 乳类及制品	200
	馒头	标准粉	1. 谷类及制品	100

续表

餐次	食谱	食物	类别	重量（g）
中餐	米饭	稻米（代表值）	1. 谷类及制品	100
	芹菜肉片	猪腿肉	8. 畜肉类及制品	100
		芹菜茎	4. 蔬菜类及制品	250
晚餐	青菜面条	菠菜	4. 蔬菜类及制品	100
		面条	1. 谷类及制品	100

2. 根据营养工作的目的，确定需要查询的营养成分 如查询能量、蛋白质、脂肪、碳水化合物、维生素 A、维生素 B_1、维生素 C、钙、铁，制定本例的食物成分记录表（实训表 4-3）。

3. 按照食物分类在中国食物成分表中查找各种食物名录 如纯牛奶，在《中国食物成分表》中，查找目录，找到 10. 乳类及制品，在该大类中找到纯牛奶（代表值）条目，填入实训表 4-3 食物名称中，其他食物名称以此类推。

4. 查找营养素 在《中国食物成分表》中找到食物名称后的各列目标营养素，如"纯牛奶（代表值）"后的能量、蛋白质、脂肪、碳水化合物、维生素 A、维生素 B_1、维生素 C、钙、铁，记录下每 100g 该食物中各种目标营养素的含量，填入实训表 4-3 中。

实训表 4-3 食物成分记录表（100g 可食部含量）

食物名称	能量（kcal）	蛋白质（g）	脂肪（g）	碳水化合物（g）	维生素 A（μgRAE）	维生素 B_1（mg）	维生素 C（mg）	钙（mg）	铁（mg）
纯牛奶（代表值）	65	3.3	3.6	4.9	54	0.03	Tr	107	90.0
标准粉	362	15.7	2.5	70.9	0	0.46	0	31	0.6
稻米（代表值）	346	7.9	0.9	77.2	0	0.15	0	8	1.1
猪肉（腿）	190	17.9	12.8	0.8	3	0.53	Tr	6	0.9
芹菜茎	13	0.4	0.2	3.1	2	0.01	2	15	0.2
菠菜	28	2.6	0.3	4.5	243	0.04	32	66	2.9

5. 营养素计算 根据实际食物摄入量及查询的目标营养素含量，计算实际摄入食物中各营养素的含量，公式为：食物中某营养素含量 = 食物量（g）×EP×食物中某营养素含量/100g。

计算该女士摄入的牛奶中含有的能量：

牛奶中能量含量 = 200g×100%×65kcal/100g = 130kcal

（二）学生操作

1. 任务准备

（1）分组 本实训 4~6 人一组合作进行。

（2）任务分析 教师提前准备工作任务，随机分配任务到各组，每组至少一名同学利用《中国食物成分表》进行查询计算，一名同学利用手机端食物成分查询系统查询计算，一名同学利用电脑端营养计算机等软件查询计算，一名同学进行复核检查，其余同学进行协助、观察、记录。

1）分析任务目标。

2）确定需要查询的目标营养素。

（3）准备工具 将电子设备充好电备用，确认计算机软件能正常使用，制作符合目标的记录表，计算器。

2. 任务实施 食物成分查询流程：列出需查询食物并分类→按照分类查找各种食物的位置→找到需要查询的对应营养素→记录目标营养素的含量→计算实际摄入食物中各类营养素含量→完成记录表。

（1）列出需查询的食物并进行归类，参考实训表4-4分类，完成实训表4-2。

实训表4-4 食物分类

1. 谷类及制品	8. 畜肉类及制品	13. 婴幼儿食品
2. 薯类淀粉及制品	9. 禽肉类及制品	14. 小吃、甜饼
3. 干豆类及制品	10. 乳类及制品	15. 速食食品
4. 蔬菜类及制品	11. 蛋类及制品	16. 饮料类
5. 菌藻类	12. 鱼虾蟹贝类	17. 含酒精饮料
6. 水果类及制品		18. 糖、果脯和蜜饯、蜂蜜类
7. 坚果、种子类		19. 植物油及油脂
		20. 调味品类
		21. 其他

（2）各组根据自己的任务确定要查询的营养素，填入实训表4-3。

（3）查询食物成分表，计算实际摄入食物中各类营养素含量。

（4）完成记录表（实训表4-3）。

（5）核查总结。

（三）师生互动

1. 查询录入过程中，教师巡场，记录同学存在问题并给予相应建议。

2. 安排20分钟左右的小组讨论时间，2个小组发表讨论结果，各种录入方式的优缺点。

3. 老师总结本次实训中大家主要存在的问题，再安排10分钟纠错练习。

【注意事项】

1. 将资料统一通过营养计算器录入，每份资料分别由2~3人录入，然后对2人的录入结果进行校对，有差异的部分重新录入。

2. 若查询目的是要评价一日各种营养素摄入量，还需把所有食物提供的能量和营养素含量累计相加，得到膳食摄入的总能量和营养素。

3. 计算时要注意记录的食物重量是生重还是熟重，有熟食编码的尽量采用。

4. 要明确调查的食物是净重还是市重（毛重）。

5. 对于食物成分表中查询不到的食物，可以用近似食物的营养成分代替，但是要注意使用替代原则。

6. 不同的烹饪方法可制出不同重量的菜肴，食物成分表中表示的是食物的生重。

【考核标准】

食物成分表的使用考核标准见实训表4-5。

实训表4-5 食物成分表的使用考核标准

考核项目	考核要求	考核等级评分				得分
		好	较好	一般	较差	
实训态度	课前准备充分，实验认真，积极主动，操作仔细，认真记录	10	8	6	4	
实训设计	调查设计科学合理，符合查询目的	20	16	12	8	
操作能力	熟练操作各步骤要点，无失误现象	30	24	18	12	

续表

考核项目	考核要求	考核等级评分				得分
		好	较好	一般	较差	
查询记录表	记录数据完整性、准确性、规范性	20	16	12	8	
实训报告	书写认真、格式规范、内容完整真实，结果分析到位，独立按时完成	20	16	12	8	
考核总成绩						

【实训报告】

实训结束后，编写实训报告，包括但不限于以下内容。

1. 实训简介

（1）实训目的　阐述实训的目标，如掌握食物成分表的查阅和使用方法，学会根据食物成分表进行营养评估和饮食搭配等。

（2）实训内容　概述实训所涉及的具体任务，如对不同食品的成分表进行分析、根据特定人群的营养需求利用食物成分表制定食谱等。

（3）实训方法　说明实训过程中采用的方法，如资料查阅、实际案例分析、小组讨论等。

2. 实训过程

（1）任务分配　介绍实训小组的人员构成及分工情况。

（2）分析步骤　按照实训的实际操作顺序，逐步描述对食物成分表的分析过程，包括如何识别核心营养素、计算营养素参考值百分比、比较不同食品的营养成分等。

（3）数据查询　详细描述查询食物成分的途径和方法，如利用《食物成分表》查询食物类别等。

（4）遇到的困难及解决方法　记录在实训过程中遇到的问题，如对某些特殊食品成分的理解困难、计算错误、不同来源数据的差异等，并说明是如何解决的。

3. 实训结果　将收集到的食物成分表数据进行整理，以表格、图表等形式呈现，如列出不同食品的能量、蛋白质、脂肪、碳水化合物、钠等营养素的含量。

4. 讨论与建议

（1）讨论　对实训结果进行深入讨论，探讨食物成分表在实际应用中的局限性和影响因素，如食物加工过程对营养成分的影响等。

（2）建议　根据讨论结果，提出对实训内容、方法或食物成分表本身的改进建议等。

5. 收获与体会　分享在实训过程中的个人收获和体会，如对食物成分表的认识和理解的提升、在营养评估和饮食搭配方面的能力提高、团队协作能力的锻炼等，以及对未来学习和生活的启示。

（龚　琬）

实训 5　24 小时回顾法膳食调查

【实训目标】

1. 知识目标　掌握 24 小时回顾法膳食调查的基本步骤及技术要点；熟悉食物重量估计的各种方法；了解 24 小时回顾法的基础知识。

2. 能力目标

（1）专业能力　具备膳食调查的能力；熟练应用各种方法估计食物重量的能力；具备有效采集膳食信息的引导谈话能力；具备根据膳食信息计算营养素及能量摄入量的能力。

（2）方法能力　具备较强的沟通表达能力、自主学习能力、信息处理能力、应变协调能力。尝试利用现代信息技术完成膳食调查，培养创新创业能力。

3. 素质目标　树立规范工作的意识；提升关爱群众的职业素养。

【实训要求】

1. 具有严谨的工作作风和实事求是的工作态度。

2. 严肃认真地做好每一项工作。

3. 善于发现工作中的问题，积极思考，认真分析，总结归纳。

4. 注意人文关怀。

【实训准备】

1. 知识准备　营养素与能量的知识；食物营养价值的知识；平衡膳食的知识。

2. 物品准备　24 小时回顾法膳食调查表（或膳食调查移动互联设备）、食物模型、标准容器、图谱、食物成分表（食物成分查询系统）、称（测）量工具等。

3. 心理准备　通过预习实训材料，准备好面对不同人群时的耐心、细心、爱心。

【任务训练】

（一）教师示教

案例：李某，女，33 岁，身高 160cm，体重 55kg，办公室白领，无运动习惯，体成分测得内脏脂肪等级为 11，欲进行营养咨询，希望能对健康有所改善。

1. 采集调查对象的基本信息　参考示例，填入实训表 5-1。

实训表 5-1　基本信息记录

姓名	李某	性别	女	出生年月	1990.1
身高	160cm	体重	55kg	BMI 指数	$21.5kg/m^2$
生理状况	腹型肥胖风险	劳动强度	轻		

2. 确定调查内容　包括进餐时间、食物名称及原料重量等信息，制定调查相应的表格，见实训表 5-2。

实训表 5-2　24 小时回顾法膳食调查表

进餐时间	食物名称	原料名称	原料编码	原料重量（g）	是否可食用部

3. 确定调查对象食物摄入信息　注意采集顺序、零食、在外就餐情况及调味品用量，参考早餐示例，如李女士早餐为红豆稀饭，需确定原料为赤小豆和稻米，分别用量为 10g 和 40g，原料编码查询中国食物成分表，见实训表 5-3。

实训表 5 – 3　24 小时回顾法膳食调查表

调查对象姓名：<u>李某</u>　性别：<u>女</u>　年龄：<u>33</u>　生理状况：<u>复型肥胖风险</u>
身体活动水平：　低　中　重

餐次	就餐时间和地点	食物名称	原料名称	原料编码	原料重量（g）	可食用部
早餐	9：00　家中	红豆稀饭	赤小豆	033101	10g	是
			稻米	012001x	40g	是
午餐	…	…	…	…	…	…
晚餐	…	…	…	…	…	…

4. 核查和完善表格。

（二）学生操作

1. 任务准备

（1）分组　本实训 3 人一组开展角色扮演，抽取案例卡，一名同学为调查员，一名同学为被调查对象，一名同学为观察员，采用 24 小时回顾法案例对象进行膳食调查。

（2）任务分析　对调查对象进行讨论分析，确定调查时间、调查内容，准备调查表格，熟悉调查工具，制定调查计划。

（3）准备工具　根据分析结构，在准备台上选用本次调查需要用的估量工具，膳食营养素计算工具。

2. 任务实施

（1）确定调查对象　调查员介绍本次调查的内容，收集调查对象基本信息。

（2）询问和记录调查对象的膳食信息　按进餐时间顺序进行询问，对于每一餐次，按照主食、副食、调味品等依次来帮助每名调查对象对进食内容进行回忆，避免遗漏。应注意询问一些容易被忽略的食物，如两餐之间的零食。多种原料组成的食物，如果在食物成分表中无法找到，则应该分别记录原料的名称并估计每种原料的重量，填写实训表 5 – 3。

（3）观察员总结本次调查存在的问题，三人讨论改进办法。

（4）互换角色进行练习，重复上述步骤。

（三）师生互动

1. 角色扮演过程中，教师巡场，记录同学存在问题并给予相应建议。

2. 安排 20 分钟左右的小组展示时间，2 个小组上台展示练习成果，其他小组发现问题并提出讨论。

3. 教师总结本次实训中大家主要存在的问题，再安排 10 分钟改进练习。

【注意事项】

1. 调查员需要进行自我介绍，说明调查的目的与意义，首先与调查对象做好交流沟通工作，获得许可。

2. 注意调查的技巧，获得调查对象真实的基本信息，如年龄、性别、身高、体重、文化程度等。

3. 进行基本信息的填写，可根据调查对象的文化水平等实际情况，确定由调查对象自己填写还是调查员帮忙填写，但无论哪种情况都应对于不理解的事项需要给予解释。

4. 正确引导调查对象回忆食物摄入频率、摄入量等情况。除使用标准容器估重外，还可以采用一些间接的方法，如事先了解当前市场上主副食品的价格，根据调查对象的购买金额推算购买数量，食物的重量（毛重）＝消费金额/单价。

5. 当调查对象是家庭就餐时，需要询问该调查对象每种食物的摄入比例，从而估算出其实际摄入量。

6. 在调查完成后，立即对调查内容进行核查，再询问调查对象内容不可靠的部分。

7. 将资料统一通过营养计算器录入，每份资料分别由 2 人录入，然后对 2 人的录入结果进行校对，有差异的部分重新录入。

8. 要明确调查的食物是净重还是市重（毛重）。必要时需按食物成分表中食物的"可食部"换算成净重。

9. 不同的烹饪方法可制出不同重量的菜肴，这里表示的是食物生重。

10. 在调查过程中，要尊重调查对象的隐私，不得泄露其个人信息和膳食摄入情况。

【考核标准】

24 小时回顾法膳食调查考核标准见实训表 5 – 4。

实训表 5 – 4　24 小时回顾法膳食调查考核标准

考核项目	考核要求	考核等级评分				得分
		好	较好	一般	较差	
实训态度	课前准备充分，实验认真，积极主动，操作仔细，认真记录	10	8	6	4	
实训设计	调查设计科学合理，符合膳食调查目的	20	16	12	8	
操作能力	熟练操作各步骤要点，无失误现象	30	24	18	12	
调查表质量	信息收集完整性、准确性、真实性	20	16	12	8	
实训报告	书写认真、格式规范、内容完整真实，结果分析到位，独立按时完成	20	16	12	8	
考核总成绩						

【实训报告】

实训结束后，编写实训报告，包括但不限于以下内容。

1. 实训目的　阐述进行 24 小时回顾法膳食调查实训的目标。

2. 调查对象　描述被调查者的基本特征，如年龄、性别、劳动强度、健康状况等。

3. 调查方法　详细介绍 24 小时回顾法的具体实施过程，包括如何与被调查者进行沟通、询问的技巧和方式、使用的调查工具（如调查表、食物模型、食物图谱等）、调查的时间范围（如具体的 24 小时时间段）等。

4. 调查结果　以表格或图表的形式列出被调查者在 24 小时内摄入的各类食物的名称、数量和重量等。

5. 讨论与分析　探讨可能影响调查结果的因素，如被调查者的记忆偏差、食物称重的准确性、食物成分表的局限性、调查时间和季节的影响等。

6. 建议与措施　结合实训过程中的实际体验和发现的问题，对 24 小时回顾法的调查方法提出改进和完善的建议，如优化调查表的设计、提高调查员的培训质量、采用更准确的食物重量估计方法等，以提高调查结果的准确性和可靠性。

7. 实训收获与体会　分享在实训过程中的个人收获和体会，如对营养学知识的进一步理解和应用、调查能力的提升、团队协作能力的锻炼、对实际问题的解决能力等，以及对未来学习和工作的启示。

（龚　琬）

实训6　膳食调查结果的计算与评价

【实训目标】

1. 知识目标　掌握膳食调查的计算及评价方法；熟悉《中国居民平衡膳食宝塔》的基本内容，DRIs 相关的基本概念，膳食调查评价、膳食宝塔及 DRIs 的基本概念。

2. 能力目标

（1）专业能力　熟练掌握各类食物摄入量、热能和营养素摄入量的计算方法，能够准确运用食物成分表进行数据查询和计算；学会运用膳食营养素参考摄入量（DRIs）等标准，对个体或群体的膳食结构、营养素摄入水平、能量分配等进行全面评价，判断膳食的合理性；能够根据计算和评价结果，准确发现膳食中存在的问题，如营养素缺乏或过剩、食物种类不均衡等，并提出针对性的改进建议；具备膳食评估报告的撰写能力。

（2）方法能力　具备较强的思辨能力；自主学习能力；尝试利用现代信息计算完成膳食评价，培养创新创业能力；学会设计和使用膳食调查表格，能够准确收集、记录个体或群体的膳食摄入信息，并进行有效的整理和分类；熟练运用食物成分表、计算器等工具，进行数据的查询、计算和分析，提高数据处理能力；能够将计算和评价结果以清晰、准确的图表和文字形式呈现出来，并能向他人解释和说明结果的含义及重要性。

3. 素质目标　强化学生严谨、客观的工作态度；弘扬爱岗敬业、甘于奉献的劳模精神；强调对调查对象个人信息和膳食数据的保密意识，尊重他人隐私，不泄露任何可能涉及个人隐私的内容，树立良好的职业道德形象。

【实训要求】

1. 具有严谨规范的工作作风，养成实事求是的工作态度。

2. 学生需按时到达实训地点，按照规定的时间和步骤完成实训任务，不得无故拖延或缺席。

3. 在进行食物摄入量的记录、数据计算和评价过程中，要严格按照操作规程进行，确保数据的准确性和可靠性。

4. 善于发现工作中的问题，鼓励学生独立思考，积极探索解决问题的方法，但在需要时也应与团队成员密切合作，共同完成实训任务。

5. 注意文书撰写使用恰当的语言。

【实训准备】

1. 知识准备　学生在实训前应预习膳食调查的相关知识，包括膳食调查方法、食物成分表的使用、营养素计算方法、膳食评价标准等，为实训打下坚实的理论基础。

2. 物品准备　准备足够数量的膳食调查表格、平衡膳食宝塔、食物模型、食物图谱、计算器、营养计算软件等实训所需的工具和材料；确保实训场地宽敞、明亮、安静，具备足够的桌椅和电源插座，以满足学生的实训需求。

3. 心理准备　面对复杂数据的耐心与细心；克服困难的决心和毅力；接受不完美结果的心态；团队合作中的包容与协作精神；具备应对压力的能力，合理安排时间和任务，保持良好的心态，避免因压力过大而影响实训效果。

【任务训练】

（一）教师示教

案例：王某，女，35 岁，低强度身体活动，欲进行营养咨询，通过 24 小时回顾法对王某进行膳食调查，采集到的膳食数据见实训表 6 -1。

实训表 6 -1 王某的一日带量食谱

餐次	菜品名称	原材料名称	原材料名称重量（g）
早餐	玉米糊	玉米面	50
	鸡蛋	鸡蛋	50
	苹果	苹果	200
午餐	米饭	稻米	100
	西红柿炖牛肉	牛肉	40
		土豆	50
		西红柿	100
		花生油	5
		食盐	3
晚餐	臊子炸酱面	面条	50
		猪肉（肥瘦）	10
		上海青	100
		芝麻油	5
		食盐	3

1. 膳食结构评价 参考实训 7。

（1）按食物类别整理膳食调查数据，依据实训表 6 -1 信息，参照示例，填入实训表 6 -2。

实训表 6 -2 各类食物摄入量

食物种类	摄入量（g/d）			
	早餐	午餐	晚餐	合计
1 谷类	50	100	50	200
—全谷物				
—薯类		50		50
2 蔬菜		100	100	200
—深色蔬菜		（100）	（100）	（200）
3 水果	200			200
4 畜禽肉类		40	10	50
—蛋类	50			50
—水产品				
5 乳制品				
6 大豆和坚果				
7 烹调用油		5	5	10
8 烹调用盐		3	3	6
食物种类数	3 种	4 种	3 种	10 种

（2）按照中国居民膳食指南建议的 8 大类食物记录各类食物实际摄入量，对照《中国居民平衡膳食宝塔（2022）》中各类食物推荐摄入量，查询 DRIs（2023），确定王女士的每日能量需要量为 1700kcal，依据《中国居民膳食指南（2022）》对该能量水平的膳食结构建议完成评价，参照示例，

完成实训表 6-3。

实训表 6-3 膳食结构评价表

食物种类	实际摄入量（g）	膳食宝塔推荐（g）	评价
1 谷类	200	200~225	
—全谷物	0	50~150	↓
—薯类	50	50	
2 蔬菜	200	300~400	↓
—深色蔬菜	（200）	占所有蔬菜的1/2	
3 水果	200	200	
4 畜禽肉类	50	40~50	
—蛋类	50	40	
—水产品	0	40~50	↓
5 乳制品	0	300	↓
6 大豆和坚果	0	25	↓
7 烹调用油	10	25	
8 烹调用盐	6	<5	↑
食物种类数	10 种	>12 种	↓

2. 营养素及能量摄入量评价

（1）根据评价目的选择相关营养素，此处选择能量、蛋白质、脂肪、碳水化合物、维生素 C、钙，利用《中国食物成分表》计算各种营养素摄入量（参考实训4）并与 DRIs（2023）比较评价，此处选取部分为例进行评价，见实训表 6-4。

实训表 6-4 营养素及能量摄入量评价

营养素	能量 （kcal）	蛋白质 （g）	脂肪 （g）	碳水化合物 （g）	维生素 C （mg）	钙 （mg）
实际摄入量	1126	38	22	194	37	132.5
推荐量（RNI 或 AI）	1700	55	–	–	100	800
摄入量/推荐量（%）	66	69	–	–	37	17
评价	不足	不足			不足	不足

如蛋白质的供给能量，采用实训表 6-4 中蛋白质实际摄入量38g乘以蛋白质的供能系数4kcal/g，得到蛋白质供给的能量为152kcal，再计算蛋白质供能占总能量的比例：152kcal÷1126kcal×100% =13%，填入实训表 6-5 中，最后与 DRIs（2023）中膳食宏量营养素可接受范围（AMDR）进行比较评价。

实训表 6-5 产能营养素的供能比评价

	供给的能量 （kcal）	占总能量的比例 （%）	推荐的比例 （%）	评价
蛋白质	152	13	10~20	适宜
脂肪	198	18	20~30	不足
碳水化合物	776	69	50~65	过量
合计	1126	100	100	—

（2）根据不同人群选择适宜的优质蛋白质占比进行评价，本例 35 岁低强度身体活动女性，故初

步建议优质蛋白质应达 1/3 以上，按照蛋白质来源，统计来自动物类食物及大豆类食物的蛋白质，即优质蛋白质总数，进行优质蛋白质占比计算：$(16g + 0g) \div 38g \times 100\% = 42\%$，达到 1/3 以上评价为充足，见实训表 6-6。

实训表 6-6　蛋白质来源评价

类别	蛋白质（g）	占蛋白质总摄入量的百分比（%）	评价
动物类食物	16	42	充足
大豆类食物	0	0	
其他类食物	22	58	
合计	38	100	

（3）按照各餐次，将每餐摄入所有食物能量相加，分别计算各餐能量摄入总数，求得各餐总能量占全天总能量比例，与《中国居民膳食指南（2022）》推荐三餐能量比进行比较评价，完成实训表 6-7。

实训表 6-7　三餐分配比评价

餐次	能量（kcal）	占全天总能量的比例（%）	推荐的比例（%）	评价
早餐	360	32	25~30	↑
午餐	507	45	30~40	↑
晚餐	259	23	30~35	↓
合计	1126	100	100	

3. 结合更多营养调查结果，整理评价报告，提出建议。

（二）学生操作

1. 任务准备

（1）分组　本实训 4~6 人一组合作进行。

（2）任务分析　教师提前准备工作任务，随机分配任务到各组，每组至少一名同学利用《中国食物成分表》进行查询计算，依据《中国居民膳食营养素参考摄入量（2023）》进行评价，一名同学利用手机小程序完成膳食评价，一名同学利用电脑端营养计算机完成膳食评价，一名同学进行复核检查，其余同学进行协助、观察、记录。

（3）准备工具　将电子设备充好电备用，确认计算机软件能正常使用，制作符合目标的记录表，计算器。

2. 任务实施　膳食评价流程：小组讨论确定评价内容，制定评价计划→膳食结构评价→营养素与能量摄入评价→三餐分配比评价→宏量营养素供能比评价→蛋白质来源评价→完成评价报告（实训表 6-8），提出营养建议（记录表参考教师示教）。

实训表 6-8　评估报告

营养素摄入分析	
三餐分配分析	宏量营养素供能比分析
优质蛋白质比例分析	营养建议 1. 2. …

（三）师生互动

1. 评价过程中，教师巡场，记录同学存在问题并给予相应建议。

2. 安排 20 分钟左右的小组讨论时间，2 个小组发表讨论结果，阐述各种评价技术的优缺点。

3. 教师总结本次实训中大家主要存在的问题，再安排 10 分钟纠错练习。

【注意事项】

1. 进行食物归类时，奶制品和豆制品需要进行折算才能相加。

2. 遵循宝塔各层各类食物的大体比例。

3. 记录食物重量为可食部生重。

4. 在数据计算和录入过程中，要认真仔细，防止数据错误。

5. 应根据调查对象的年龄、性别、生理状况等因素，选择合适的膳食营养素参考摄入量（DRIs）标准进行评价，确保评价结果的科学性和合理性。

【考核标准】

膳食调查结果计算与评价考核标准见实训表 6 – 9。

实训表 6 – 9　膳食调查结果计算与评价考核标准

考核项目	考核要求	考核等级评分				得分
		好	较好	一般	较差	
实训态度	课前准备充分，实验认真，积极主动，操作仔细，认真记录	10	8	6	4	
实训设计	设计科学合理，符合平衡膳食要求	20	16	12	8	
操作能力	实训过程积极主动，规范熟练操作各步骤要点，团队协作良好，无失误现象	30	24	18	12	
评价报告	计算无误，评价深入全面，建议切实可行；报告完整、准确、规范、科学	20	16	12	8	
实训报告	书写认真、格式规范、语言表达清晰，内容完整、准确、真实，结果分析到位，独立按时完成	20	16	12	8	
考核总成绩						

【实训报告】

实训结束后，编写实训报告，包括但不限于以下内容。

1. 调查对象与方法　详细描述调查对象的基本特征，如年龄、性别、职业等，以及所采用的膳食调查方法，如 24 小时回顾法、记账法、称重法等。

2. 食物摄入量计算结果　以表格形式列出调查对象在调查期间内摄入的各类食物的名称、数量和重量，并计算出各类食物摄入量占总摄入量的百分比。

3. 营养素摄入量计算结果　根据食物摄入量和食物成分表，计算出调查对象摄入的能量和各种营养素的量，如蛋白质、脂肪、碳水化合物、维生素 A、维生素 C、钙、铁等，并列出详细的计算结果和数据表格。

4. 膳食评价　将调查对象的营养素摄入量与相应的膳食营养素参考摄入量（DRIs）标准进行比较和评价，判断营养素的摄入水平是否充足或过量；分析能量的三餐分配是否适宜等。

5. 讨论与分析　探讨可能影响调查结果准确性的因素，如调查方法的局限性、调查对象的记忆偏差、食物成分表的误差等；分析调查对象膳食中存在的问题及其可能导致的健康风险；结合实际情况，提出针对性的改进建议。

6. 结论 概括总结本次实训的主要成果，包括对调查对象膳食状况的总体评价、发现的主要问题和提出的建议等；分享在实训过程中的个人收获和体会，以及对未来学习和工作的启示。

（龚 琬）

实训 7 膳食结构评价

【实训目标】

1. 知识目标 掌握的膳食结构评价的内容和方法；熟悉膳食结构的类型；了解营养调查和评价的内容。

2. 能力目标

（1）专业能力 具备利用平衡膳食宝塔进行膳食结构评价的能力；熟练运用平衡膳食宝塔进行食谱评价和调整的应用能力。

（2）方法能力 具备较强的语言沟通能力；自主学习能力；信息归纳处理能力；提高学习效率的能力；适应针对不同人群的应变能力。

3. 素质目标 培养良好的职业道德和较强的吃苦耐劳精神，树立较强的服务意识和合作意识。

【实训要求】

1. 具有严谨的工作作风和实事求是的工作态度。

2. 严肃认真地做好所从事的每一项工作。

3. 对工作中出现的问题要认真分析研究，虚心求教，正确处理，以确保对膳食结构进行正确的评价和提出合理化的建议。

【实训准备】

1. 知识准备 中国居民膳食指南的 8 项准则及平衡膳食宝塔的内容。

2. 物品准备 3 日食谱、中国居民膳食指南及平衡膳食宝塔、纸、笔等。

3. 心理准备 通过预习实训材料，准备好面临繁琐的计算工作，不怕苦，不怕累。

【任务训练】

（一）教师示教

以一名 20 岁健康女大学生为例，得到她一日食物消耗的登记表如实训表 7-1，请评价其膳食结构是否合理并提出合理化建议。

实训表 7-1 某 20 岁女大学生一日食谱

餐次	食物名称	原料名称	重量（食部：g）
早餐	红枣发糕	标准粉	50
		红枣	5
	水煮蛋	鸡蛋	50
	凉拌黄瓜	黄瓜	100
	山药粥	大米	25
		山药	30
加餐	香蕉		150

续表

餐次	食物名称	原料名称	重量（食部：g）
午餐	二米饭	大米	50
		小米	10
	香菇炒油菜	油菜	200
		香菇	20
	滑熘里脊	猪里脊肉	60
		标准粉	10
	紫菜蛋花汤	紫菜	3
		鸡蛋	20
加餐	苹果	苹果	180
晚餐	发面饼	标准粉	50
	肉炒三丝	猪肉	30
		青椒	70
		土豆丝	100
		胡萝卜丝	50
	红薯稀饭	大米	25
		红薯	25
全天用油	花生油	花生油	30
全天用盐	碘盐	碘盐	8

1. 分类排序记录食物 按照中国居民平衡膳食宝塔进行归类并计算各类食物摄入的总量，分别填入实训表7 – 2中。

实训表7 – 2 各类食物摄入量统计表

食物类别	食物名称	摄入量	摄入总量	宝塔推荐量
谷类 —全谷物和杂豆	标准粉	50 + 10 + 50 = 110	220	213 —50 ~ 150
	大米	25 + 50 + 25 = 100		
	小米	10		
薯类	红薯	25	155	50
	土豆	100		
	山药	30		
蔬菜类 —深色蔬菜	黄瓜	100	443 —323	350 —175
	油菜	200		
	香菇	20		
	紫菜	3		
	青椒	70		
	胡萝卜丝	50		
水果类	香蕉	150	330	200
	苹果	180		

续表

食物类别	食物名称	摄入量	摄入总量	宝塔推荐量
动物性食物 —每天1个鸡蛋 —每周至少2次水产品	猪肉	90	90	45
	鸡蛋	70	70	40
	无	0	0	45
奶类	无	0	0	300
大豆及坚果类	红枣	5	5	25
	无豆类	0		
油脂	花生油	30	30	25
盐	碘盐	8	8	<5

2. 确定各类食物宝塔推荐量 查询 DRIs 确定被调查对象总能量（本例大学生的每日能量需要量为 1700kcal），再查询平衡膳食宝塔中不同能量膳食各类食物参考摄入量（表 4-4），填入实训表 7-2 宝塔推荐量一栏。

3. 评价食物种类 与膳食宝塔比较评价，评价食物种类（9 类）是否齐全（实训表 7-3）。该女大学生共摄入 15 种食物（蔬菜、水果按不同颜色统计，不计调料），缺少大豆、奶类和水产品。

实训表 7-3　膳食种类评价表

食物种类	实际摄入品种	评价
谷类	标准粉、大米	√
—全谷物及杂豆	小米	√
—薯类	红薯、土豆、山药	√
大豆		×
蔬菜	黄瓜、油菜、香菇、紫菜、青椒、胡萝卜丝	√
—深色蔬菜	油菜	√
水果	香蕉、苹果	√
畜禽肉类	猪里脊肉	√
乳类		×
蛋类	鸡蛋	√
水产品		×
坚果	红枣	√
烹调油	花生油	√
食盐	碘盐	√

4. 评价食物摄入数量 与膳食宝塔比较评价食物摄入数量是否充足（实训表 7-4）。在宝塔推荐量上下 10% 以内为充足，超过 10% 为过量，低于 10% 为不足，没有为缺乏。该女大学生谷类总量摄入合理，全谷物摄入不足，薯类过量；大豆、奶类和水产品缺乏；蔬菜、水果、畜禽肉类、蛋类、油脂和食盐均摄入过量，坚果摄入不足。

实训表 7-4　食物摄入量评价表

食物种类	实际摄入量（g）	宝塔推荐量（g）	评价
谷类	220	213	充足
—全谷物及杂豆	10	50~150	不足
—薯类	155	50	过量

续表

食物种类	实际摄入量（g）	宝塔推荐量（g）	评价
大豆	0	15	缺乏
蔬菜	443	350	过量
一深色蔬菜	323	175	过量
水果	330	200	过量
畜禽肉类	90	45	过量
乳类	0	300	缺乏
蛋类	70	40	过量
水产品	0	45	缺乏
坚果	5	10	不足
烹调油	30	25	过量
食盐	8	<5	过量

5. 总体评价和建议

（1）评价食物种类是否齐全。

（2）评价数量分布是否合理。

（3）大致估计能量是否足够。

（4）提出合理化建议　该女生食物种类丰富，但缺乏大豆、奶类和水产品。各类食物摄入数量不合理，主食充足，畜禽肉类等动物性食物和油脂过量，能量应该足够。建议该女生增加300g牛奶，增加5~10g花生等坚果，增加15g左右大豆，增加45g左右鱼类，减少40g左右猪肉，减少30g左右蛋类，减少100g苹果，减少50g油菜。

（二）学生操作

1. 任务准备

（1）分组　本实训2人一组合作进行。

（2）任务分析　教师提前布置任务，两个学生相互通过24小时回顾法收集3天食物摄入量。宜利用课外非实训时间完成，由实训指导教师审阅、修改后待用。

1）用膳对象分析，确定用膳对象的年龄、性别、身体活动度等。

2）确定用膳对象的能量需要量。

2. 任务实施　各组在教师指导下，按照实例中所述的操作步骤进行膳食结构评价并提出改进措施。

（三）师生互动

1. 教师课前根据学生的请求，对其收集的食谱提出修改建议，并在实训过程中进行巡视，及时提示学生正确评价方法。

2. 课堂上安排20分钟左右的实训交流活动，师生共同总结实训的经验与教训，随机抽取一组进行评价。

【注意事项】

1. 豆类及其制品摄入量的计算按照每百克各种豆类中蛋白质的含量与每百克大豆中蛋白质的含量的比作为系数，折算成大豆的量。

豆制品相当于大豆的量＝豆制品摄入量×豆制品蛋白质含量÷大豆中蛋白质含量

2. 奶类食物摄入量的计算按照每百克各种奶类中蛋白质的含量与每百克鲜奶中蛋白质的含量的比作为系数，折算成鲜奶的量。

奶制品相当于鲜奶的量＝奶制品摄入量×奶制品蛋白质含量÷鲜奶的蛋白质含量

3. 膳食宝塔的推荐量是生食物的可食部分的重量。

【考核标准】

膳食结构评价考核标准见实训表7－5。

实训表7－5　膳食结构评价考核标准

考核项目	考核要求	考核等级评分				得分
		好	较好	一般	较差	
实训态度	课前准备充分，积极主动，计算仔细，认真记录	20	10	8	6	
操作能力	熟练各步骤要点，计算准确，无失误现象	50	40	30	20	
实训报告	书写认真、格式规范、内容完整真实，结果分析到位，独立按时完成	30	30	22	14	
考核总成绩						

【实训报告】

实训结束后，编写实训报告，包括但不限于以下内容。

1. 实训目的。

2. 用餐对象的基本信息，包括年龄、性别、职业、身体状况（是否患有慢性疾病等）、饮食习惯特点（如是否素食主义者、是否有特殊饮食偏好等）。

3. 用餐对象的食谱。

4. 食物种类及数量的评价。

5. 食物构成比例。

6. 合理性评价。根据实验结果，从膳食构成的多样性、各类营养素的摄入平衡等角度评价膳食结构的合理性。

7. 存在问题分析。指出膳食结构中存在的问题，对于存在的问题，可以深入分析其可能产生的健康风险，如长期脂肪摄入过多可能增加心血管疾病的风险，钙摄入不足可能导致骨质疏松等。

8. 改进建议。调整食物摄入种类和数量。根据评价结果中发现的问题，针对食物种类不均衡的情况提出具体的调整建议。例如，如果谷类食物中粗粮摄入过少，建议增加玉米、燕麦、糙米等粗粮的摄入，减少精制大米和面粉的食用；如果奶类摄入不足，建议增加牛奶、酸奶或奶酪的摄入量等。

对食物的数量调整给出合理建议，如控制油脂类食物的摄入量，将每日油脂摄入控制在推荐范围内，同时适当增加蔬菜和水果的摄入量，以满足维生素、矿物质和膳食纤维的需求等。

（赵　琼）

实训8　营养成分计算法食谱编制

【实训目标】

1. 知识目标　掌握食谱编制的基本原则；食谱编制常用的方法；营养成分计算法编制食谱的工

作程序。

2. 能力目标

（1）专业能力　具备营养食谱编制的能力；营养食谱评价和调整的能力；在编制食谱过程中常见问题的灵活处理能力。

（2）方法能力　具备较强的语言沟通能力；信息处理能力；自主学习能力；适应针对不同用餐者的应变能力。

3. 素质目标　培养良好的职业道德和较强的吃苦耐劳精神，树立科学严谨的工作作风和较强的服务意识。

【实训要求】

1. 具有科学严谨的工作作风和实事求是的工作态度。

2. 严肃认真地做好所从事的每一项工作。

3. 对工作中出现的问题要认真分析研究，虚心求教，正确处理，以确保编制出的食谱营养合理，满足用餐者需求。

【实训准备】

1. 知识准备　食谱编制的知识；营养评价的知识；用餐者对能量和营养素需求的知识。

2. 物品准备　准备《食物成分表》、计算器、《中国居民膳食营养素参考摄入量》表、纸、笔等。

3. 心理准备　通过预习实训材料，准备好面临繁琐的分析计算，不怕苦，不怕累。

【任务训练】

（一）教师示教

案例：刘某，女，35岁，银行经理，身高155cm，体重70kg，想通过合理膳食减肥，达到苗条身材的目的，特前来进行减肥营养配餐咨询。请使用营养成分计算法为其量身定制一日营养食谱。

1. 分析刘某的一日能量和营养素目标

（1）计算标准体重　标准体重（kg）=身高（cm）-105 = 155 - 105 = 50

（2）计算体质指数（BMI）　$BMI（体质指数）= \dfrac{实际体重（kg）}{身高（m）^2} = \dfrac{70kg}{1.55（m）^2} = 29.1（肥胖）$

（3）每日所需能量　查单位标准体重每日所需能量表（实训表8-1），求出每日所需能量。银行经理为低强度身体活动，查表得出单位标准体重每日所需能量为20~25kcal/kg。因其有减肥需求，应减少能量摄入量，取20kcal/kg计算。

实训表8-1　成年人单位标准体重每日所需能量估算表（kcal/kg标准体重）

体型	身体活动水平			
	极低	低	中	重
消瘦	35	40	45	45~55
正常	25~30	35	40	45
超重	20~25	30	35	40
肥胖	15~20	20~25	30	35

每日所需能量=标准体重（kg）×单位标准体重每日所需能量（kcal/kg）

$\qquad\qquad = 50kg × 20kcal/kg = 1000kcal$

（4）计算每日3种宏量营养素的需要量　根据3种宏量营养素的供能比例：蛋白质占10%~20%，脂肪占20%~30%，碳水化合物占50%~65%。取其中等值：蛋白质占15%，脂肪25%，碳水化合物占60%，分别计算3种宏量营养素的一日能量供给量。再结合产能系数，计算出每日蛋白质、脂肪、碳水化合物的需要量。

计算3种宏量营养素每日提供的能量：

蛋白质提供能量 = 1000kcal × 15% = 150kcal

脂类提供的能量 = 1000kcal × 25% = 250kcal

碳水化合物提供的能量 = 1000kcal × 60% = 600kcal

接着计算3种宏量营养素的每日需要量：

蛋白质质量 = 150kcal ÷ 4kcal/g = 37.5g

脂肪质量 = 250kcal ÷ 9kcal/g = 27.8g

碳水化合物质量 = 600kcal ÷ 4kcal/g = 150g

（5）计算宏量营养素每餐需要量　根据三餐占每日总能量的适宜分配比例：早餐30%、午餐40%、晚餐占30%，计算3种宏量营养素每餐需要量。

早、晚餐：蛋白质 37.5g × 30% = 11.3g

　　　　　脂肪 27.8g × 30% = 8.3g

　　　　　碳水化合物 150g × 30% = 45g

午餐：蛋白质 37.5g × 40% = 15g

　　　脂肪 27.8g × 40% = 11.1g

　　　碳水化合物 150g × 40% = 60g

2. 结合食物成分表确定主副食种类和数量

（1）主食品种、数量的确定　根据每餐碳水化合物的需要量，确定主食的品种数量。

刘女士早餐碳水化合物需要量为45g，可选择鲜玉米为主食（鲜玉米碳水化合物含量为22.8g/100g），鲜玉米质量为：45 ÷ 22.8g/100g = 197g。

中餐碳水化合物需要量为60g，可选择米饭（蒸）为主食（米饭蒸碳水化合物含量为25.9g/100g），米饭质量为：60 ÷ 25.9g/100g = 232g。

晚餐碳水化合物需要量为45g，可选择燕麦粥为主食（燕麦碳水化合物含量为77.4g/100g），燕麦质量为：45 ÷ 77.4g/100g = 58g。

（2）副食品种、数量及蔬果的确定　在已确定主食用量的基础上，依据副食应提供的蛋白质重量确定副食品种和数量。

先计算主食中含有的蛋白质重量，然后用应摄入的蛋白质重量减去主食中蛋白质重量，得到副食应提供的蛋白质重量，再设定副食中蛋白质的2/3由动物性食物供给，1/3由豆制品供给，查食物成分表即可计算出各类动物性食物及豆制品的数量。最后根据市场的蔬菜供应情况，以及考虑与动物性食物和豆制品配菜的需要来确定蔬菜的品种和数量。

刘女士为肥胖者，在选择食物时优先选择有利于控制体重的食物。可选择鸡蛋、鸡胸肉、牛肉、鱼虾等作为动物性食物，搭配豆腐等豆制品作为蛋白质的主要来源食物，由食物成分表可知，每100g鸡蛋中蛋白质含量为13.1g，每100g鸡胸肉中蛋白质含量为24.6g，每100g对虾中蛋白质含量为18.6g，每100g北豆腐的蛋白质含量为9.2g，每100g鲜玉米中蛋白质含量为4.0g，每100g米饭（蒸）中蛋白质含量为2.6g，每100g燕麦中蛋白质含量为10.1g，则：

早餐选择鸡蛋，鸡蛋质量 = （11.3g - 197g × 4.0g/100g）÷ 13.1g/100g = 26g。

中餐选择鸡胸肉和北豆腐，鸡胸肉质量 = （15g - 232g × 2.6g/100g）× 2/3 ÷ 24.6g/100g = 24g；北豆腐重量 = （15g - 232g × 2.6g/100g）× 1/3 ÷ 9.2g/100g = 32g。

晚餐选择对虾，对虾质量 = （11.3g - 58g × 10.1g/100g）÷ 18.6g/100g = 29g。

根据动物性食物和豆制品配菜需要，选择鲜蘑菇、油菜、番茄、菜心、海带等作为蔬菜。

（3）纯能量食物的数量确定　纯能量食物一般指食用油，以植物油为主。查食物成分表计算每日摄入的各类食物提供的脂肪含量，将脂肪需要量减去各类食物提供的脂肪量即为每日植物油需要量。

3. 编制食谱　以计算出的每日每餐的饭菜用量为基础，根据用餐者饮食习惯和营养需要选择烹调方法，然后将其以表格的形式展示出来，形成食谱，见实训表8-2。

实训表8-2　刘女士的一日食谱

餐次	食物名称	原料名称	可食部质量（g）
早餐	蒸玉米	玉米（鲜）	197
	煮鸡蛋	鸡蛋	26
	白灼菜心	菜心	100
中餐	蒸米饭	米饭	232
	鸡胸肉炒蘑菇油菜	鸡胸肉	24
		鲜蘑菇	50
		油菜	100
	番茄炒豆腐	北豆腐	32
		番茄	80
晚餐	燕麦粥	燕麦	58
	姜葱炒虾	对虾	29
		姜	5
		葱	5
	海带汤	海带苗	100

4. 食谱的评价和调整

（1）归类排序，计算各类食物数量。

（2）计算食物所含能量与营养素。

（3）评价能量与营养素摄入量。

（4）计算三餐提供能量比例。

（5）计算优质蛋白质所占比例。

（6）计算三大产能营养素的供能比例。

核算食谱提供的能量和各种营养素的含量，与DRIs进行比较，相差在10%上下，可认为合乎要求，否则要增减或更换食物的种类或数量。具体方法参照实训6和实训7。

（二）学生操作

1. 任务准备

（1）分组　本实训2人一组进行。

（2）任务分析　教师提前准备好案例，以抽签的方式，每组派一个同学抽任务，小组讨论本组任务，并查阅相关技术资料，初步制定实验方案，宜利用课外非实训时间完成。

1）用餐对象分析。

2）确定主副食的种类和重量。

2. 任务实施　各组在教师指导下，按照实例中所述的操作步骤进行计算法食谱编制，食谱编制流程如下。

（1）分析用餐者的一日能量和营养素目标。

1）根据标准体重和单位标准体重每日所需能量表，求出每日所需能量。

2）计算每日 3 种宏量营养素的需要量。

3）计算宏量营养素每餐需要量。

（2）结合食物成分表确定主副食种类和数量。

1）根据每餐碳水化合物的需要量，确定主食的品种和数量。

2）在已确定主食用量的基础上，依据副食应提供的蛋白质确定副食品种和数量。

3）确定每日植物油需要量。

（3）各组编制完成一份完整的一日带量食谱。

（4）对食谱进行评价和调整。

（5）打扫清洁卫生。

（三）师生互动

1. 教师根据学生的请求，对其拟定的实验方案提出修改建议，并在实训操作过程中，及时提示学生正确操作各关键环节。

2. 安排 20 分钟左右的实训交流活动，师生共同总结实训的经验与教训，对各组编制食谱的营养价值、食物搭配、烹调方式选择等进行评价。

【注意事项】

1. 食谱中的食物原料重量指的是可食部质量，而不是市重，如果某种食物有不可食部分，在购买原料时要根据可食部分比例进行折算，否则会导致营养素供给不足。

2. 选择蔬菜的品种和数量时，要根据不同季节市场的蔬菜供应情况，以及考虑与动物性食物和豆制品配菜的需要来确定，一般蔬菜一日供给量要达到 300~500g，含 3~4 种，其中绿色蔬菜占 1/2 以上。

3. 核算食谱提供的能量和各种营养素的含量，与 DRIs 进行比较，不必严格要求每份食谱的能量和各类营养素与 DRIs 保持一致，相差在 10% 上下，可认为合乎要求，否则要增减或更换食物的种类或数量。一般情况下，每天的能量、蛋白质、脂肪和碳水化合物的量出入不应该很大，其他营养素以一周为单位进行计算、评价即可。

【考核标准】

食谱编制的考核标准见实训表 8-3。

实训表 8-3 食谱编制考核标准

考核项目	考核要求	考核等级评分				得分
		好	较好	一般	较差	
实训态度	课前准备充分，实验认真，积极主动，操作仔细，认真记录	10	8	6	4	
实训设计	设计科学合理，符合平衡膳食要求	20	16	12	8	
编制能力	熟练食谱编制计算方法和食物交换份法	30	24	18	12	
食谱编制质量	编制的食谱符合个体情况、营养均衡、合理可行，包括营养素分配合理、食物选择恰当、食谱具有可操作性等	20	16	12	8	
实训报告	书写认真、格式规范、内容完整真实，结果分析到位，独立按时完成	20	16	12	8	
考核总成绩						

【实训报告】

实训结束后，编写实训报告，其内容如下。

1. 实训目的与任务。

2. 案例个体的基本信息分析与评估结果。

3. 食谱编制的过程，包括能量需求计算、营养素分配、食物选择与食谱安排的详细步骤及依据。

4. 食谱的营养成分分析与评价结果，包括各项营养素含量对比、食物多样性评价等，并针对不足之处提出改进措施。

5. 实训总结与体会，包括在实训过程中遇到的问题、解决方法以及对减肥食谱编制的认识和理解的提升等内容。

（李叶青）

实训 9　减肥食谱的编制

【实训目标】

1. 知识目标　掌握肥胖人群的膳食设计原则及食谱编制的方法。

2. 能力目标

（1）**专业能力**　具备营养评估的能力；熟练运用食谱编制能力技巧的能力；在编制食谱过程中常见问题的灵活处理能力；培养制作减肥膳食的实际操作能力。根据不同个体的身体状况、减肥目标及生活习惯等因素，设计出科学合理、营养均衡且具有可操作性的减肥食谱，以满足实际应用需求。

（2）**方法能力**　具备较强的语言沟通能力；自主学习能力；信息处理能力；提高学习效率的能力；适应针对不同患者的应变能力。尝试进行减肥食谱的开发，培养创新创业能力。

3. 素质目标　培养良好的职业道德和较强的吃苦耐劳精神，树立较强的服务意识和合作意识。

【实训要求】

1. 具备严谨的工作作风和实事求是的工作态度。

2. 严肃认真地做好所从事的每一项工作。

3. 对工作中出现的问题要认真分析研究，虚心求教，正确处理，以确保设计的食谱价格低廉、食用安全、营养合理。

【实训准备】

1. 知识准备　食谱编制的知识；营养评估的知识。

2. 物品准备　计算器、《中国居民膳食指南（2022）》、《中国居民平衡膳食宝塔（2022）》、《中国食物成分表》。

3. 心理准备　通过预习实训材料，准备好面对繁琐的计算和编制，树立较强的服务意识和合作意识。

【任务训练】

（一）教师示教

案例：张某，男，48岁，办公室秘书，平时无运动，身高173cm，体重90kg，请为其设计一日食谱。

1. 确定饮食能量摄入量　饮食策略采取限能量饮食，即限制每日能量摄入目标小于所需的能量。但宏量营养素的供能比例符合平衡膳食模式：碳水化合物占40%~55%，脂肪占20%~30%，蛋白质占 15%~20%。

（1）确定一日总能量消耗 总能量消耗（TEE）=基础代谢率（BMR）×身体活动水平（PAL）。

1）确定基础代谢的能量消耗 查表 2-1 公式得出张某 BMR = 11.472×90+873.1 = 1905.58kcal。

中国营养学会建议将 18~59 岁人群按此公式计算的结果减去 5%，作为该人群的基础代谢能量消耗参考值。张某的基础代谢能量消耗 = 1905.58×95% = 1810.301kcal。

2）确定总能量消耗 查表 2-2，张某的 PAL 为 1.4，则张某总能量消耗 = 1810.301×1.4 = 2534.42kcal。

（2）确定负平衡能量

1）判断体型 BMI = 体重（kg）/身高（m）^{2} = 90/1.73^2 ≈ 30.2，根据《肥胖症诊疗指南（2024 年版）》判定为轻度肥胖。

2）确定减肥速度 《肥胖症诊疗指南（2024 年版）》建议超重和轻度肥胖患者 3~6 个月内将体重降低 5%~15% 并维持，张某属于轻度肥胖，假设张某在 6 个月内减少 15%，则需减少 90×15% = 13.5kg，每月减重 2.18kg。

3）计算负平衡能量 一般认为，减少 1kg 脂肪需要减少约 7700kcal。因此，减少 2.18kg 体重需要减少 16750kcal，则每天需要减少的能量摄入量 = 16750÷30 ≈ 550kcal。

（3）计算饮食能量摄入量 减重期间的每日饮食能量摄入量 = 总能量消耗 - 负平衡能量，则张某每日饮食能量摄入量 = 2534.42-550 ≈ 1984kcal。

2. 计算每天三大营养素的需求量 三大产能营养素取值范围：碳水化合物 40%~55%，脂肪 20%~30%，蛋白质 15%~20%。

蛋白质：1984kcal×20%÷4kcal/g = 99.2g

脂肪：1984kcal×25%÷9kcal/g = 55.1g

碳水化合物：1984kcal×55%÷4kcal/g = 272.8g

3. 计算每餐能量和营养素需求量

（1）早餐（30%）

能量：1984kcal×30% = 595.2kcal

蛋白质：99.2g×30% = 29.76g

脂肪：55.1g×30% = 16.53g

碳水化合物：272.8g×30% = 81.84g

（2）午餐（40%）

能量：2040kcal×40% = 793.6kcal

蛋白质：99.2×40% = 39.68g

脂肪：55.1g×40% = 22.04g

碳水化合物：272.8g×40% = 109.12g

（3）晚餐（30%）

能量：2040kcal×30% = 595.2kcal

蛋白质：99.2g×30% = 29.76g

脂肪：55.1g×30% = 16.53g

碳水化合物：272.8g×30% = 81.84g

4. 设计食谱 结合《中国食物成分表》，具体方法见实训 8。

以午餐为例：先主食后副食。主食优先选择富含膳食纤维、低 GI 值（血糖生成指数）的谷类食物，如全麦面包、燕麦、糙米等，适量控制精制谷物（如白米饭、白面包等）的摄入。副食保证充足的优质蛋白质来源，如瘦肉（鸡肉、牛肉、猪肉的瘦肉部分）、鱼类、豆类、蛋类、奶类及其制品等。优先选择脂肪含量较低的蛋白质食物，如去皮鸡肉、鱼虾类等。

（1）确定主食　设午餐主食为五色米（混合杂粮），计算出需主食 $109.12 \div 72.9\% = 150g$。

查《中国食物成分表》：五色米（混合杂粮）蛋白质含量 9.1%，碳水化合物含量 72.9%，鸡胸肉蛋白质含量 19.4%，豆腐蛋白质含量 8.1%，鱼蛋白质含量 17.7%。

（2）确定副食

1）计算由主食提供的蛋白质的量　主食提供蛋白质的量 $= 150g \times 8\% = 12g$。

2）计算由副食提供的蛋白质的量　副食提供蛋白质的量 $= 39.68 - 12 = 27.68g$。

3）设副食的蛋白质 1/3 由鸡胸肉供给，1/3 由鱼供给，1/3 由豆腐供给。

鸡胸肉数量 $= 27.68 \times 1/3 \div 19.4\% = 48g$

豆腐数量 $= 27.68 \times 1/3 \div 8.1\% = 74g$

鱼数量 $= 27.68 \times 1/3 \div 17.7\% = 52g$

4）蔬菜品种和数量确定　①微量营养素及膳食纤维的量选择蔬菜补齐；②蔬菜品种和数量要考虑季节性及与动物性食物和豆制品的搭配；③考虑与副食的配菜，番茄 100g，鲜蘑菇 50g，油菜 50g。

5）确定烹调用油的量　烹调用油的量 = 总脂肪需要量 - 食物中的脂肪含量。查《中国食物成分表》：100g 五色米含脂肪 1.8g，100g 鸡胸肉含脂肪 5g，100g 豆腐脂肪 3.7g，100g 刀鱼脂肪含量 4.9g。

植物油 $= 22.04 - 150 \times 1.8\% - 48 \times 5\% - 74 \times 3.7\% - 52 \times 4.9\% = 12g$

（3）粗配午餐食谱　见实训表 9 - 1。

实训表 9 - 1　张某午餐食谱

食物名称	原料	重量（g）
米饭	五色米（混合杂粮）	150
番茄豆腐	番茄	100
	豆腐	74
	植物油	4
	盐	1
清蒸刀鱼	刀鱼	52
	植物油	4
鸡胸肉炒鲜蘑菇油菜	鸡胸肉	48
	鲜蘑菇	50
	油菜	50
	植物油	4
	盐	1

（4）按此方法可设计出早餐和晚餐食谱。

1）早餐（595.2 kcal）

燕麦粥：50g 燕麦（约 105g 碳水化合物，3g 蛋白质，2g 脂肪）。

全脂牛奶：200ml（约 6g 蛋白质，8g 脂肪）。

鸡蛋：1 个（约 6g 蛋白质，5g 脂肪）。

水果：苹果 1 个（约 20g 碳水化合物）。

2）晚餐（595.2 kcal）

蒸米饭：100g（约77g碳水化合物，2g蛋白质）。

烤鸡胸肉：100g（约31g蛋白质，4g脂肪）。

炒蔬菜：200g（约5g蛋白质，10g脂肪，60g碳水化合物）。

加餐（根据需要）。

坚果：一小把（约5g蛋白质，10g脂肪）。

水果：香蕉1个（约20g碳水化合物）。

（5）食谱评价与调整　具体方法参考实训6和实训8。

（二）学生操作

1. 任务准备

（1）分组　本实训4~6人一组合作进行。

（2）任务分析　教师提前准备好案例，小组讨论任务。宜利用课外非实训时间完成，并要查阅和根据相关技术资料或经验进行修改、完善，由实训指导教师审阅、修改后确定。课堂上每组选取一名同学在黑板上书写出本组抽取的案例及需准备的材料信息。

1）针对给定的案例资料，详细分析个体的身体状况，包括但不限于：①根据身高、体重计算体重指数（BMI），判断其体重状况（消瘦、正常、超重、肥胖及分度）；②分析身体活动水平，确定其能量消耗等级（轻度活动、中度活动、重度活动）；③查看是否存在其他健康问题（如高血压、糖尿病、高血脂、肠胃疾病等）。

2）明确个体的减肥目标，如在特定时间段内减少的体重数量，并考虑其可行性和合理性。

2. 任务实施

（1）确定小组工作配餐对象，记录配餐对象的基本信息（实训表9-2）。

实训表9-2　配餐对象基本信息

姓名		性别		年龄	
身高		体重		体型	

（2）确定配餐对象目前体重下所需总能量。

（3）根据配餐对象的体型确定减重频率。

（4）确定负平衡能量。

（5）确定饮食应提供的能量。

（6）确定每日蛋白质、脂肪和碳水化合物的数量。

（7）确定主食和副食的带量生重。

（8）确定水果、蔬菜、油、盐的量。

（9）设计一日营养食谱。

（10）食谱计算与评价。

（11）食谱的调整。

（三）师生互动

1. 教师根据学生的设计，对其拟定的食谱提出修改建议，并在实训操作过程中，及时提示学生正确的设计方法。

2. 安排20分钟左右的实训交流活动，师生共同总结实训的经验与教训，对各组设计的减肥食谱等进行评价。

【注意事项】

1. 食谱编制时，应注意碳水化合物与蛋白质的均衡摄入 碳水化合物的选择应以低升糖食物为主，如紫薯、玉米等，同时确保蛋白质的摄入，如鸡胸肉、瘦牛肉、鸡蛋、鱼肉等，以维持身体功能和能量水平。

2. 控制食物的热量与脂肪 应减少高糖、高脂肪和高盐食物的摄入，如巧克力、糖果、奶油蛋糕、五花肉、红烧肉等，以免影响减脂效果。

3. 多吃蔬菜与水果 蔬菜和水果富含纤维和维生素，有助于促进消化和增加饱腹感，如西兰花、胡萝卜、菠菜、苹果、香蕉等。

4. 控制餐量与进食时间 采用分餐法，即一天分成多个小餐，每餐吃少量的食物，避免晚餐过饱。同时，晚上8点后尽量不吃喝，并禁止吃夜宵。

5. 饮食多样化与营养均衡 不要单一追求某一食物而过多摄入，应通过食物多样化来满足身体各种营养需要。

6. 注意烹饪方式 建议选择清蒸、水煮、清炒等烹饪方式，减少油炸和红烧等高油高盐烹饪方法的使用。

7. 选择合适的运动方式。

【考核标准】

减肥食谱编制考核标准见实训表8－3。

【实训报告】

实训结束后，编写实训报告，其内容参考实训8。

（温媛媛　赵　琼）

实训10　增重食谱的编制

【实训目标】

1. 知识目标　能准确识别消瘦患者，判断消瘦症的分度，掌握增重食物的适用对象及要求。

2. 能力目标

（1）**专业能力**　具备营养评估的能力；熟练运用食谱编制能力技巧的能力；在编制食谱过程中常见问题的灵活处理能力。

（2）**方法能力**　具备较强的语言沟通能力；自主学习能力；信息处理能力；提高学习效率的能力；适应针对不同患者的应变能力。

3. 素质目标　培养良好的职业道德和较强的吃苦耐劳精神，树立较强的服务意识和团队合作意识。

【实训要求】

1. 具备严谨的工作作风和实事求是的工作态度。

2. 严肃认真地做好所从事的每一项工作。

3. 对工作中出现的问题要认真分析研究，虚心求教，正确处理，以确保增重食谱的营养合理。

【实训准备】

食谱编制的知识；营养评估的知识；膳食的种类及适用对象的知识。

【任务训练】

（一）教师示教

案例：刘某，男，25 岁，身高 180cm，体重 55kg。电脑工程师，因长期工作压力大、饮食不规律，导致身体消瘦，近期体检发现存在轻度营养不良。经检查，无其他严重基础疾病，但胃肠功能较弱，消化吸收能力欠佳。请为其编制科学合理的增重食谱，满足其热量及营养需求，改善营养不良状况；帮助患者在三个月内体重增长 3~5kg，同时提高身体功能和免疫力。

1. 编制增重食谱的要求

（1）提供充足的能量和营养　通过合理搭配食物，提供足够的能量和营养素，满足消瘦者身体的需求，促进身体健康。

（2）提高肌肉质量　通过增加蛋白质的摄入量，促进肌肉的生长和发展，提高肌肉质量，改善身体形态。

（3）控制脂肪摄入　在增加能量的同时，要控制脂肪的摄入量，避免过度摄入脂肪导致身体不健康。

（4）提高饮食多样性　通过搭配不同的食物，提高饮食的多样性，避免单一食物或营养素的过度摄入。

（5）培养良好的饮食习惯　通过制定合理的饮食计划，帮助消瘦者养成良好的饮食习惯，如定时定量、细嚼慢咽、不暴饮暴食等，促进身体健康。

（6）合理安排餐次　每天安排三餐两点，即早餐、午餐、晚餐和上午加餐、下午加餐，合理分配每餐热量，早餐占 25%，午餐占 35%，晚餐占 30%，加餐共占 10%。

（7）食物搭配要合理　保证碳水化合物、蛋白质、脂肪、维生素和矿物质的均衡摄入，其中蛋白质摄入量应占总热量的 15%~20%，碳水化合物占 50%~60%，脂肪占 20%~30%。

（8）烹饪方式应多样化　以蒸、煮、炖、煎（少量油）为主，避免油炸、烧烤等高油脂烹饪方法，同时要考虑患者胃肠功能较弱的情况，确保食物易于消化吸收。

2. 增重食谱编制步骤

（1）确定全天总能量消耗　总能量消耗(TEE) = 基础代谢率(BMR) × 身体活动水平(PAL)。

1）确定基础代谢的能量消耗　查表 2-1 公式得出刘某 BMR = 15.057 × 55 + 692.2 ≈ 1520kcal

中国营养学会建议将 18~59 岁人群按此公式计算的结果减去 5%，作为该人群的基础代谢能量消耗参考值。刘某的基础代谢能量消耗 = 1520 × 95% = 1444kcal。

2）确定总能量消耗　查表 2-2，刘某的 PAL 为 1.4，则刘某总能量消耗 = 1444 × 1.4 ≈ 2022kcal

（2）补齐能量缺口　如果刘某按每天 2022kcal 能量摄入，则体重维持目前体重不变。所以应增加能量摄入。若按 3 个月增重 5kg 计算，增加 1kg 需能量 7700kcal，则需增加能量 7700 × 5 = 38500kcal，每天增加能量 38500 ÷ 3 ÷ 30 ≈ 428kcal。

（3）计算每天饮食能量摄入量　每日饮食能量摄入量 = 总能量消耗 + 能量缺口，则刘某每日饮食能量摄入量 = 2022 + 428 ≈ 2450kcal。

（4）编制食谱　具体方法见实训 8，注意编制增重食谱的要求，此处不再赘述。食谱举例如下：

早餐：燕麦粥一碗（燕麦 60g）、水煮蛋（鸡蛋 1 个，约 60g）、全麦面包（两片，约 60g）、牛奶一杯（牛奶 250ml）、香蕉（香蕉 1 根，约 100g）。

上午加餐：杏仁（15 颗，约 15g）、苹果（1 个，约 150g）。

午餐：香煎鸡胸肉沙拉（鸡胸肉 100g，生菜、黄瓜、西红柿等蔬菜共各 70g）、糙米饭（糙米 100g）。

下午加餐：酸奶（250g）、半个牛油果（约100g）。

晚餐：清蒸鱼一条（三文鱼或鳕鱼130g）、清炒时蔬（胡萝卜、西兰花各100g）、红薯粥一碗（红薯100g，大米50g）。

全天烹调油25g，盐5g。

该食谱提供能量约2377kcal、蛋白质104g、脂肪58.7g、碳水化合物302g、蛋白质供能比20.2%、脂肪供能比21.6%、碳水化合物供能比58.2%。

（二）学生编制食谱

1. 任务准备

（1）分组 本实训4~6人一组合作进行。

（2）任务分析 教师提前准备好案例，以抽签的方式，每组派一个同学抽任务，小组讨论，分析病例，制定食谱。

2. 任务实施 在教师指导下，分析案例，小组讨论，各组自行设计并完成一份增重食谱的编制。

（三）师生互动

1. 教师根据学生的请求，对其拟定的编制方案提出修改建议。

2. 分享交流活动，每组派一名代表上台分析案例，并交流所编制的食谱，师生共同总结进行评价。

【注意事项】

1. 密切关注患者进食后的反应，如有无消化不良、腹胀、腹泻等胃肠道不适症状，如有问题及时调整食谱。

2. 食材的选择要新鲜、卫生，购买渠道正规，加工过程要严格遵守食品安全规范，防止食物中毒等问题。

3. 鼓励患者适量运动，如散步、慢跑、瑜伽等，以促进胃肠蠕动和营养吸收，提高身体功能，但要避免过度运动消耗过多热量。在增重期间注意适当进行抗阻运动并评估肌肉量。

4. 定期监测患者体重、体脂率、血常规、生化指标等，根据身体变化调整食谱和营养方案。

5. 患者应保持充足的睡眠，良好的作息习惯有助于身体恢复和体重增长，建议每天睡眠时间为7~9小时。

【考核标准】

增重食谱编制考核标准参考实训表8-3。

【实训报告】

实训结束后，编写实训报告，其内容参考实训8。

（郭晓敏 赵 琼）

实训11 家庭匀浆膳的制作

【实训目标】

1. 知识目标 掌握匀浆膳的适用对象及要求，匀浆膳的配制方法及其质量控制方法；熟悉匀浆膳的特点。

2. 能力目标

（1）专业能力　具备营养评估的能力；熟练运用食谱编制能力技巧的能力及较强的医院膳食应用能力；在编制食谱过程中常见问题的灵活处理能力；培养制作匀浆膳的实际操作能力。

（2）方法能力　具备较强的语言沟通能力；自主学习能力；信息处理能力；提高学习效率的能力；适应针对不同患者的应变能力。尝试进行匀浆膳新产品的开发，培养创新创业能力。

3. 素质目标　培养良好的职业道德和较强的吃苦耐劳精神，树立匀浆膳制作过程中的质量安全意识，树立较强的服务意识和合作意识。

【实训要求】

1. 具备严谨的工作作风和实事求是的工作态度。

2. 严肃认真地做好所从事的每一项工作。

3. 对工作中出现的问题要认真分析研究，虚心求教，正确处理，以确保制作的匀浆膳价格低廉、食用安全、营养合理。

4. 注意安全，清洗破壁机时拔掉电源，清洗刀片时小心划伤手指。

【实训准备】

1. 知识准备　食谱编制的知识；营养评估的知识；医院膳食的种类及适用对象的知识。

2. 物品准备　食物秤、破壁机、不锈钢刀、砧板、电磁炉、蒸锅、铲、勺、盆、针头、所需食材、保鲜盒或带盖瓶子等。

3. 心理准备　通过预习实训材料，准备好面临繁琐的"家务劳动"，不怕苦，不怕脏，不怕累。

【任务训练】

（一）教师示教

案例：患者，女，38 岁，身高 150cm，体重 70kg，多食、贪食、食欲亢进，因肥胖入院，行胃旁路手术后 2 周，有轻微活动，无潜在并发症，目前进食流质饮食。请为其配制合理的匀浆膳 1000ml。

1. 确定主副食的品种及重量

（1）确定每日所需总热量　可按(身高 –105)×(20~25)kcal/(kg·d)进行计算。本例患者 BMI = 70 ÷ 1.50² ≈ 31kg/m²，属于中度肥胖，可用 20kcal/(kg·d)进行计算，即总能量 = (150 – 105)×20 = 900kcal。

（2）编制食谱　按三大营养素所占比例（碳水化合物 60%、蛋白质 20%、脂肪 20%）及能量系数（碳水化合物、蛋白质、脂肪分别为 4kcal/g、4kcal/g、9kcal/g），换算成碳水化合物、蛋白质、脂肪的量，根据患者的饮食习惯等确定主副食的品种，再结合食物成分表确定主副食的重量，具体方法见食谱编制。本例确定的食物（食部）如下：大米 25g、牛奶 300g、鲈鱼肉 40g、鸡肉 50g、鸡蛋 25g、干香菇 5g、胡萝卜 100g、小白菜 200g、苹果 150g、核桃 10g、植物油 7g、白糖 25g、盐 4g，加水至 1000ml。

该食谱含能量 940kcal、蛋白质 47g、脂肪 21g、碳水化合物 140g。

2. 制作匀浆膳

（1）制作前的用具准备

1）用具消毒　清洗用具，放入蒸锅，蒸汽上来后蒸 15 分钟，关火。

2）原料准备　①原料清洗：将蔬菜用清水洗净，剔除不适宜加工的部分，如粗皮、老筋、须根及腐烂斑点，鲈鱼去骨、去刺，鸡蛋洗净，核桃去壳，干香菇泡发等；对块形过大的，应适当切分，沥干明水备用。②称重及预处理：称取所需食材，将大米蒸熟，鸡肉和鲈鱼肉切碎煮熟，鸡蛋煮熟去壳，蔬菜切碎备用。

（2）加料定容　破壁机洗净，放入蒸熟的大米饭、鸡蛋、鸡肉、胡萝卜、香菇等所有食材，加入食盐和植物油，用凉开水定容至所需容量（1000ml）。

（3）精加工研磨　破壁机接通电源，选择"米糊"或"豆浆"模式，对食物原料进行循环研磨至符合要求。如果可经口进食，不用过分细腻口感，对需鼻饲患者来说，应经额外过筛步骤（用单层纱布将大颗粒过滤）。

（4）加热软化、消毒　制成的糊状食材放入蒸锅，蒸 15～20 分钟；或放入锅内烧煮，边烧边搅动锅内食物，煮沸 3～5 分钟，分装到消毒过（餐具蒸 15 分钟或煮沸 3～5 分钟）的干净饭盒中。

（5）储存　匀浆膳凉透后放入 4℃ 以下冰箱保存，注意不得超过 24 小时。

（6）质量控制　营养平衡、清洁卫生、色泽美观、香气浓郁、口感细腻。

3. 制作后的操作

（1）清洗所有用具，破壁机应该拆分拧开后清洗。

（2）所有用具用 84 消毒液泡 15 分钟。

（3）开水冲洗用具表面，清除残留 84 消毒液。

（4）晾干之后保存在密闭容器中。

（5）下次使用破壁机时，用开水冲烫，不需作其他处理。

（6）注意冰箱冷藏室温度在 4℃ 以下。

（二）学生操作

1. 任务准备

（1）分组　本实训 4～6 人一组合作进行。

（2）任务分析　教师提前准备好案例，以抽签的方式，每组派一个同学抽任务，小组讨论本组任务。宜利用课外非实训时间完成，并要查阅和根据相关技术资料或经验进行修改、完善，由实训指导教师审阅、修改后确定。课堂上每组选取一名同学在黑板上书写本组抽取的案例及需准备的物品。①用膳对象分析；②确定主副食的重量。

（3）准备食材　教师根据学生讨论的方案准备食材，把好采购关，确保质量安全。

2. 任务实施　各组在教师指导下，按照实例中所述的操作步骤加工出符合产品质量标准的匀浆膳。匀浆膳制作流程：用具消毒→原料选择→食物洗净切小块→称量→煮熟→装入破壁机→加水至需要量→加食盐、植物油→破壁机捣煮均匀（无颗粒）→消毒、装至保鲜盒放入冰箱备用。

（1）挑选食材　各组根据自己的设计方案挑选所需食材。

（2）制作要点　①清洗、称重及预处理；②捣碎；③加热分装；④质量控制。

（3）打扫清洁卫生。

（4）各组自行设计并完成一份匀浆膳制作试验方案。

（三）师生互动

1. 教师课前根据学生的请求，对其拟定的试验方案提出修改建议，并在实训操作过程中，及时提示学生正确操作各关键工序环节。

2. 课堂上安排 20 分钟左右的实训交流活动，师生共同总结实训的经验与教训，对各组制作的匀浆膳的色泽、香味、营养价值等进行评价。

【注意事项】

1. 酸性果汁不宜与奶类同煮，以防止凝块，橘子汁、番茄汁在加入混合奶后应立即给患者食用，不宜久放。

2. 食盐少量无影响，过多会使混合奶凝结成块，可将部分食盐与菜汁、肉汤同煮。

3. 保证食材尽量新鲜、卫生。注意食品安全问题，可根据实际情况一次做 1~2 天的量，最好每餐烹饪后即食用，如放置时间较长时，必须装瓶后用高压蒸汽或置锅内蒸 20~30 分钟。若需管饲，每餐烹制后，需冷却至 37~40℃。如果制作有多余的，应置冰箱储存（4℃左右），放置时间应 <24 小时，再次食用前，需充分加热，管饲所使用的器具、管路也需清洁消毒。

4. 自制匀浆膳黏度较高，管饲时可用温水或牛奶稀释，注意冲洗导管，避免堵管。

5. 初次制作匀浆膳用于管饲时，从少量开始，逐渐加量，如先从 100~200ml，3 次/天，逐渐过渡 300~400ml，5~6 次/天，口服者注意食用后消化及排便情况，结合自主进食多少动态调整用量。

6. 自制匀浆膳是一种过渡饮食，应在临床营养师或临床医师指导下使用，长期单一使用会导致营养缺乏及营养不良，可搭配其他营养制剂，从而达到目标营养需求。

7. 匀浆膳在加热、研磨的过程中，营养素有损失，尤其是一些不耐热的水溶性维生素、植物化学物等；若是单纯以匀浆膳为膳食来源的，需定期额外补充维生素及矿物质。

8. 食物先煮熟后再捣碎，因生食物捣碎后再煮，会凝结成块。

【考核标准】

匀浆膳制作考核标准见实训表 11-1。

实训表 11-1 匀浆膳制作考核标准

考核项目	考核要求	考核等级评分				得分
		好	较好	一般	较差	
实训态度	课前准备充分，实验认真，积极主动，操作仔细，认真记录	10	8	6	4	
实训设计	设计科学合理，符合平衡膳食要求	20	16	12	8	
操作能力	熟练操作各步骤要点，无失误现象	30	24	18	12	
成品质量	色、香、味好，能促进食欲	20	16	12	8	
实训报告	书写认真、格式规范、内容完整真实，结果分析到位，独立按时完成	20	16	12	8	
考核总成绩						

【实训报告】

实训结束后，编写实训报告，包括但不限于以下内容。

1. 实训目的

2. 实训准备 包括食材清单：详细列举所准备的各类食材，包括主食（如大米、面粉的种类与用量）、蛋白质来源（肉、蛋、奶、豆类及其具体数量）、蔬菜（品种及重量）、水果（种类与克数）以及油脂等其他添加物；设备工具介绍：罗列使用的搅拌机、刀具、案板、量具、烹饪器具及盛装容器等。

3. 实训过程

（1）食材预处理步骤。

（2）匀浆制作流程。

（3）调味与质量把控环节。

（4）分装与储存操作。

4. 实训结果 对制作完成的家庭匀浆膳的外观（颜色、质地、均匀度）、气味、口感（若进行品尝测试）进行客观描述，对比预期效果，分析是否达到了营养均衡、易于消化吸收、符合特定饮食要求（如低盐、低糖、低脂等）的目标。

5. 制作过程中遇到的困难与问题　例如食材处理不当导致的口感不佳、匀浆搅拌不均匀（因设备性能局限或操作失误）、调味不准确（过咸或过淡）等，详细描述问题发生的环节与表现形式。针对上述问题，深入分析其产生的根源，如设备操作不熟练、对食材特性了解不足、营养知识欠缺导致食材比例失衡、卫生意识淡薄引发污染风险等，从理论知识、能力水平、实践经验与态度意识等多方面进行剖析。

6. 改进措施　针对问题提出解决方案。

（赵　琼）

实训 12　美容药膳的制作

【实训目标】

1. 知识目标　掌握当归生姜羊肉汤的制作方法；熟悉当归、红枣、黄芪等食材补气生血的原理，以及生姜、羊肉温补的药用价值；了解当归补血汤、当归生姜羊肉汤中医方剂知识。

2. 能力目标

（1）**专业能力**　识别优质当归、黄芪、羊肉等原料；熟练掌握当归生姜羊肉汤的加工制作。

（2）**方法能力**　能够运用所学知识解决当归生姜羊肉汤制作过程中可能出现的问题，并对制作工艺进行优化。

3. 素质目标　培养严谨、认真、负责的工作态度和质量意识，培养热爱劳动的观念；提升团队协作精神和创新思维能力。

【实训要求】

1. 需提前预习当归生姜羊肉汤的相关知识，了解实训流程和注意事项。

2. 实训过程中严格遵守实验室或实训场地的规章制度，正确操作各类设备和工具，确保人身安全和设备正常运行。

3. 按照实训步骤认真完成当归生姜羊肉汤的制作，如实记录制作过程中的各项数据和现象等。

4. 制作完成的成品汤锅需达到外观、香气、口感等基本质量要求。

【实训准备】

1. 知识准备　当归生姜羊肉汤药膳组成、功效、适应证。

2. 物品准备　食材原料（当归 30g，羊肉 500g，生姜 60g，红枣 50g，黄芪 100g，黄酒 50ml，盐适量）；灶具；炊具（25cm 不锈钢锅、炖锅、菜刀等）；称量工具，电子秤或天平。

3. 心理准备　制作过程用火用刀等有一定危险，请安全用火、用刀，做好面对实训失败等挫折的心理准备。

【任务训练】

（一）教师示教

案例：张某，女，29 岁。2024 年 12 月 21 日（冬至节）进行营养咨询。面无血色，萎黄，唇淡，冬天尤其怕寒，月经不调，经量偏少而淡，时有痛经，以冷痛为主。平时腹中绵绵作痛，喜温喜按揉。舌淡，脉沉细弱。请对用膳对象进行体质分析，辨证药膳调理。

（1）**用膳对象分析**　根据其表现，确定该用膳对象为血虚内寒体质。

（2）膳食处方　正值冬至节，适合温补，选用当归生姜羊肉汤调理。当归 30g，羊肉 500g，生姜 60g，红枣 50g，黄芪 100g，黄酒 50ml，盐适量。

（3）烹饪　先把羊肉洗净切块，放锅里，加适量清水，用大火煮开，撇掉浮沫，然后把羊肉捞出来备用。接着把当归洗干净，放在清水里泡一会儿；生姜洗干净切成片；红枣洗净去核。以上汤料准备就绪后，同放进炖锅内，加适量清水，炖 1.5 小时，等羊肉炖得熟烂，根据口味加盐调味饮食。

（二）学生操作

1. 任务准备

（1）分组　本实训 5 人一组合作进行。

（2）任务分析　提前预习体质相关知识，根据张某的体质表现，运用所学知识，正确辨别体质。提前熟悉当归生姜羊肉汤的构成食材、功效，并准备好安全优质食材。

2. 任务实施　按照教师的示教方法，烹制药膳。

（三）师生互动

1. 教师课前根据学生设计的食谱提出修改建议，把关采购食材，并在实训过程中进行巡视，及时提示学生安全用刀用火，防止烫伤、刀伤、火灾等意外事故的发生。

2. 课堂上安排 20 分钟左右的实训交流活动，品尝评价。

3. 师生共同总结实训的经验与教训，让学生回顾当归生姜羊肉汤制作的全过程，包括所学到的知识、能力以及在实训过程中遇到的问题和解决方法。

【注意事项】

1. 在使用各类设备时，务必严格按照设备操作规程进行操作，防止发生安全事故，如烫伤、触电、刀伤、火灾等。

2. 基于本药膳温补之性，有口干口苦、咽喉肿痛及大便干结等实热证或阴虚火旺症状者慎用。

3. 痛风患者在急性期应避免食用，因为羊肉属于中嘌呤含量的食物，可能会导致血尿酸进一步升高，加重关节疼痛、红肿等症状。

4. 制作时可根据个人口味适量调整当归、生姜和羊肉的比例，以及调料的用量。

【考核标准】

当归生姜羊肉汤考核标准见实训表 12 - 1。

实训表 12 - 1　当归生姜羊肉汤考核标准

考核项目	考核要求	考核等级评分				得分
		好	较好	一般	较差	
实训素质	实训态度与纪律（10 分），如是否按时参加实训、是否遵守实训场地规章制度、是否认真对待实训任务等 团队协作能力（10 分），根据学生在小组实训中的表现，对沟通协作能力、任务分工合理性、团队问题解决能力等进行评价 创新思维与问题解决能力（10 分），考查学生在实训过程中是否提出创新性的想法或对遇到的问题提出有效的解决方案	30	25	15	10	

续表

考核项目	考核要求	考核等级评分				得分
		好	较好	一般	较差	
操作能力	食材的选择操作规范（10 分）；烹制操作能力（40 分），包括食材初期配料正确，切制肉块，撇浮沫、炖等操作过程规范度等。制作出的当归生姜羊肉汤，汤色清澈略带微黄，羊肉滑嫩，当归和生姜的香味融入汤中，减轻了羊肉的膻味，整体味道鲜美	50	40	33	20	
实训报告	书写认真、格式规范、内容完整真实，结果分析到位，独立按时完成	20	15	12	10	
考核总成绩						

【实训报告】

实训结束后，编写实训报告，其内容包括但不限于以下内容。

1. 实训目的 本次实训的主要目的是通过制作"当归生姜羊肉汤"，掌握药膳的基本原理和制作方法，理解药膳在美容养颜中的作用。要写出具体目标。

2. 实训材料与工具 包括主食材及辅料的种类及数量、烹饪工具及其他用具等。

3. 实训步骤 详细写出下面几个步骤。

（1）食材处理。

（2）炖煮。

（3）调味。

4. 实训结果 主要写制作出的汤品的特点及功效。

5. 实训分析

（1）食材功效分析 逐一分析所用食材的功效。

（2）烹饪技巧分析 分析几个重要细节，如羊肉焯水、小火慢炖、调味时机等。

6. 注意事项 详细写出制作过程中的注意事项，如食材选择、焯水处理、火候控制、食用禁忌等方面。

7. 实训总结 通过本次实训，掌握了什么？学会了什么？对将来有什么帮助？有什么好建议等？

（邓福忠）

实训 13　健康宣教材料的制作

【实训目标】

1. 知识目标 掌握健康饮食的基本原则和生活方式的推荐指南；了解信息传播的有效方式。

2. 能力目标

（1）专业能力 深入理解健康宣教的基本原理、方法和技巧；熟悉常见疾病的预防知识、健康生活方式等宣教内容；能够依据任务要求查阅相关资料；能够根据宣教主题和目标受众，设计合适的健康教育内容和形式；熟练掌握健康宣教材料的制作流程，包括文字编写、图片选择、版面设计等。

（2）方法能力 具备较强的团队协作与沟通能力；自主学习能力；信息收集和处理能力；面对制作过程中的问题和挑战，能够运用创新思维寻找解决方案，不断提升解决问题的能力，以应对实际工作中的各种复杂情况。

3. 素质目标 培养良好的职业道德和较强的吃苦耐劳精神；养成刻苦勤奋、严谨求实的学习和工作态度；通过团队合作完成宣教材料的设计，增强团队协作能力和沟通能力，同时提高对公共健康问题的关注和解决问题的创新思维。

【实训要求】

1. 在教师的指导下，独立完成健康宣教材料的设计和制作，内容需科学、准确、有说服力。

2. 在规定的时间内完成实训任务，确保作品质量。

3. 将完成的宣教材料进行展示和分享，接受同伴和教师的评议。

4. 根据确定的方案，使用图文编辑工具制作健康宣教材料。在此过程中，教师巡视指导，解答学生疑问。

5. 围绕案例展开讨论，提出自己的见解，并思考如何将这些见解应用到自己的设计中。

【实训准备】

1. **知识准备** 健康教育基础知识（需掌握健康教育的基本理论，包括健康行为模型、健康信念模型等）、宣教材料设计原则（清晰性、吸引力、针对性和可读性）。

（1）目标人群分析 学习如何根据不同年龄、性别、文化背景的目标人群定制宣教材料。

（2）媒体与技术运用 熟悉各种宣教媒体（如海报、传单、视频）的制作技术和工具。

2. **物品准备** 电脑、图文编辑软件、纸张、彩笔、贴纸等制作工具和材料。

3. **心理准备** 培养创新意识、团队合作精神、做好应对挑战的准备。

【任务训练】

（一）教师示教

教师首先向学生展示优秀的健康宣教材料样本，分析其设计理念、布局结构、色彩搭配和字体使用，并解释制作技巧（实训表 13 – 1）。

实训表 13 – 1　美容误区与辟谣宣传海报制作

【海报标题】 美容误区大揭秘 & 真相辟谣 【背景设计】 1. 使用明亮、清新的颜色作为背景，如淡蓝色或浅绿色，营造一种舒适、信赖的氛围。 2. 可以在背景上加入细微的护肤或美容元素图案，如叶子、花朵、护肤品瓶等，但要确保不干扰主要信息的传达。 【主要内容区域】 1. 误区一 误区描述：使用越多护肤品，皮肤越好。 辟谣文字：过度使用护肤品可能导致皮肤负担加重，引发过敏或堵塞毛孔。精简护肤，选择适合自己的产品更重要。 配图：一个满是瓶瓶罐罐的脸，旁边是一个大大的"X"符号，旁边再配一个简洁护肤的画面。 2. 误区二 误区描述：天然护肤品无刺激，适合所有人。 辟谣文字：即使是天然成分，也可能对某些皮肤类型产生刺激。了解自己的肤质，进行皮肤测试后再使用新产品。 配图：一个标有"天然"标签的护肤品瓶，但瓶内却有一个警告符号。 3. 误区三 误区描述：快速美白产品更安全有效。 辟谣文字：快速美白产品可能含有高浓度化学成分，对皮肤有害。美白需要时间和持续护理，选择温和的产品。 配图：一个闪电符号旁边是一个变白的脸，但脸上却有一个大大的问号。 4. 误区四 误区描述：洗脸时用力搓揉可以更干净。 辟谣文字：用力搓揉会破坏皮肤屏障，导致敏感和老化。轻柔按摩，用温水洁面即可。 配图：一个用力搓脸的手，旁边是一个破损的皮肤图示，再旁边是一个轻柔按摩的脸。 【底部信息区域】 标语："科学护肤，美丽不打折!" 二维码：提供一个二维码链接到自己的网站或社交媒体页面，方便读者获取更多美容信息和建议。 联系方式：包括微信公众号、社交媒体账号或客服热线，以便读者咨询和反馈。 【设计提示】 使用简洁明了的文字，确保读者能够快速理解信息。 配图要生动形象，能够直观地传达信息。 保持整体设计的一致性，确保所有元素都与主题紧密相关。

（二）学生操作

任务：制作一份关于"健康饮食与生活方式"的健康宣教材料。

1. 任务准备

（1）按小组分工，进行讨论，确定宣教材料的设计方案。根据教师的指导和样本学习，学生提出自己的设计思路，草拟设计方案，并与小组成员讨论确定最终方案。

（2）利用头脑风暴方法，每个小组提出不同的设计方案，包括主题、目标受众、主要内容和预期效果。

（3）自主研究健康饮食与生活方式的最新科学研究和指南。

2. 任务实施

（1）资料收集与整理　根据选定的方案，分配任务，如资料收集、文案撰写、设计与排版等。

（2）创意构思与草图设计　基于收集的信息，进行头脑风暴，产生创意点子，并绘制初步的草图或脚本。

（3）成品制作与修订　利用准备好的工具和材料，制作宣教材料的初稿，并根据同伴和教师的反馈进行修订完善。

（三）师生互动

1. 指导与反馈

（1）定期检查进度　教师检查各小组的进度，确保项目按计划推进，并提供必要的指导。

（2）提供专业建议　对于学生的设计方案，教师提供专业的意见和建议，如如何更好地传达健康信息、如何使用视觉元素增强吸引力等。

（3）鼓励开放式讨论　在课堂上设立时间，展示工作进展，其他人提出建设性的批评和建议，形成互助学习的氛围。

2. 讨论与总结

（1）每个小组展示自己的成果，并讲述设计思路和创作过程。

（2）分享在项目中遇到的挑战和解决方案，以及从中获得的经验教训。

（3）教师和学生共同评估每个小组的作品，讨论其优点和改进空间，以及如何在未来的健康宣教活动中应用所学知识和能力。

【注意事项】

1. 进度规划　合理安排时间，制定详细的项目进度计划，并按时完成各个阶段的任务。

2. 避免拖延　及时开始任务，以免最后匆忙完成工作而影响作品质量。

3. 灵活调整　在项目实施过程中，如遇特殊情况，应灵活调整计划，确保项目顺利完成。

4. 内容准确性和科学性　在设计前进行充分的资料搜集和验证，不得传播不实信息。

5. 设计专业性　不仅要确保宣教材料信息准确，在视觉和布局上也要注意设计的专业性。

6. 反馈循环　建立有效的反馈机制，在设计过程中不断接收同伴和教师的反馈，及时调整和完善作品。

【考核标准】

健康宣教材料的制作考核标准见实训表 13 − 2。

实训表 13 - 2　健康宣教材料的制作考核标准

考核项目	考核要求	考核等级评分				得分
		好	较好	一般	较差	
实训态度	课前准备充分，实验认真，积极主动，操作仔细，认真记录	10	8	6	4	
设计的专业性和美观性	材料的视觉效果、布局、色彩运用等专业且吸引人	20	16	12	8	
内容的准确性和科学性	确保宣教材料中的信息准确无误，符合科学依据	30	24	18	12	
目标人群适应性	设计贴近目标人群的实际需求，易于理解和接受	20	16	12	8	
实训报告	书写认真、格式规范、内容完整真实，结果分析到位，独立按时完成	20	16	12	8	
考核总成绩						

【实训报告】

实训结束后，编写实训报告，包括但不限于以下内容。

1. 实训目的　简要阐述本次实训课的目标和期望达到的学习效果。

2. 实训过程　详细描述实训课程的各个环节，重点突出自己在实训过程中的参与情况和关键经历、实训中遇到的问题及解决方法。

3. 实训结果　制作完成"健康饮食与生活方式"的健康宣教材料。

4. 实训收获与体会　总结在实训过程中所学到的健康饮食与生活方式的知识，分享自己在实践操作中的心得体会，如运动技巧的掌握、心理健康调节方法的应用等。分析健康饮食与生活方式对个人健康和生活质量的影响，谈谈自己对健康理念的深入理解。

（温媛媛）

附　录

参考文献

［1］杨月欣．中国营养科学全书［M］．2版．北京：人民卫生出版社，2019．

［2］孙长颢．营养与食品卫生学［M］．8版．北京：人民卫生出版社，2017．

［3］中国营养学会．中国居民膳食指南（2022）［M］．北京：人民卫生出版社，2022．

［4］中国营养学会．中国居民膳食营养素参考摄入量（2013版）［M］．北京：科学出版社，2013．

［5］马爱国．营养师基本能力与实践［M］．北京：人民卫生出版社，2023．

［6］中国营养学会．中国居民膳食指南科学研究报告（2021）［M］．北京：人民卫生出版社，2021．

［7］蒋钰，杨金辉．美容营养学［M］．2版．北京：科学出版社，2023．

［8］黄丽娃，晏志勇．美容营养学［M］．武汉：华中科技大学出版社，2022．

［9］张雪莹．临床营养学［M］．8版．镇江：江苏大学出版社，2017．

［10］吕玉珍，谢骏．食品营养与健康［M］．2版．大连：大连理工大学出版社，2022．

［11］浮吟梅．食品营养与健康［M］．北京：中国轻工业出版社，2020．

［12］何雄．食品营养与健康［M］．北京：人民卫生出版社，2019．

［13］易琴．美容营养学［M］．北京：中国轻工业出版社，2023．

［14］杨月欣．公共营养师（国家职业资格三级）［M］．2版．北京：中国劳动社会保障出版社，2014．

［15］杨月欣．中国食物成分表（标准版）［M］．北京：北京大学医学出版社，2022．

［16］徐晓庆，程晖，杨森．内源性皮肤衰老研究新进展［J］．中国麻风皮肤病杂志，2022，38（05）：334－337．

［17］张春元．美容营养学［M］．北京：中国中医药出版社，2014．

［18］张丽宏．美容实用技术［M］．北京：人民卫生出版社，2022．

［19］高永清，吴小南．营养与食品卫生［M］．2版．北京：科学出版社，2017．

［20］丁文龙，刘学政．系统解剖学［M］．9版．北京：人民卫生出版社，2018．

［21］李继承，曾园山．组织胚胎学［M］．9版．北京：人民卫生出版社，2018．

［22］王庭槐．生理学［M］．9版．北京：人民卫生出版社，2018．

［23］田维，王威．微量营养素与骨代谢的研究进展［J］．中国骨质疏松杂志，2010，16（8）：616－620．